T0224710

Quantenlogik

Günther Wirsching · Matthias Wolff · Ingo Schmitt

Quantenlogik

Eine Einführung für Ingenieure und Informatiker

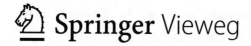 Springer Vieweg

Günther Wirsching
KU Eichstätt-Ingolstadt
Eichstätt, Deutschland

Ingo Schmitt ⓘ
BTU Cottbus-Senftenberg
Cottbus, Deutschland

Matthias Wolff ⓘ
BTU Cottbus-Senftenberg
Cottbus, Deutschland

ISBN 978-3-662-66779-8   ISBN 978-3-662-66780-4   (eBook)
https://doi.org/10.1007/978-3-662-66780-4

Die Deutsche Nationalbibliothek verzeichnet diese Publikation in der Deutschen Nationalbibliografie; detaillierte bibliografische Daten sind im Internet über http://dnb.d-nb.de abrufbar.

Planung/Lektorat: Ellen Klabunde
Springer Vieweg ist ein Imprint der eingetragenen Gesellschaft Springer-Verlag GmbH, DE und ist ein Teil von Springer Nature.
Die Anschrift der Gesellschaft ist: Heidelberger Platz 3, 14197 Berlin, Germany

Vorwort

Es ist eine besondere Herausforderung, als Autorenkollektiv mit drei unterschiedlichen fachlichen Hintergründen ein Lehrbuch zu schreiben. Wir, ein Mathematiker, ein Informatiker und ein Elektroingenieur, haben uns dieser Aufgabe gestellt. Unser Fachgebiet, die Quantenlogik, ist nicht unbedingt Bestandteil der universitären Ausbildung, weder in der Mathematik, noch in der Informatik oder in den Ingenieurwissenschaften, und selbst in einem Studium der Physik ist es möglich, dieses Thema weitgehend zu vermeiden. Dennoch denken wir, dass ein Studium der Quantenlogik in jedem der genannten Fächer lohnend ist, und dass diese inhaltliche Klammer Impulse für weitere Forschung geben kann. Man lernt voneinander.

Dieses Lehrbuch beginnt mit einer Darstellung von philosophisch-historischen Entwicklungslinien der Logik. Denn die Quantenlogik wirft nichts Altes über den Haufen. Sie steht fest auf der Basis der aristotelischen Logik, enthält den grundlegenden Syllogismus, verwendet das Prinzip der Widerspruchsfreiheit und respektiert das *Tertium non Datur*. Das bedeutet, Aussagen, die sich auf die aktuelle Realität beziehen, sind entweder wahr oder falsch, ein Drittes ist nicht möglich. Die Quantenlogik führt darüber hinaus zu mathematischen Strukturen, die eine sinnvolle Bewertung von Aussagen über nicht oder noch nicht feststehende Sachverhalte ermöglichen. Eine solche Bewertung wird durch eine Zahl zwischen Null und Eins ausgedrückt. Ein passendes Modell vorausgesetzt, kann die ermittelte Zahl in bestimmten experimentellen Situationen als die Wahrscheinlichkeit interpretiert werden, ein der Aussage entsprechendes Messergebnis zu erhalten.

Das Werkzeug zu tieferem Verständnis der Quantenlogik ist die Mathematik. Wir haben einige Mühe darauf verwendet, die benötigten mathematischen Strukturen so darzustellen, dass Studierende der Ingenieurwissenschaften eine gute Chance haben, das Wesentliche davon zu verstehen. Auf dieser Grundlage und mit vielen Beispielen beschreiben wir Aussagen-, Modal- und Prädikatenlogik. Probabilistische Erweiterungen der klassischen Logiken vermitteln einen ersten Eindruck über die Bewertung von Aussagen, bei denen nicht bekannt ist, ob der durch die Aussage beschriebene Sachverhalt vorliegt oder nicht vorliegt. Enthalten ist außerdem ein Abschnitt über Fuzzylogik, wo wir begründen, warum die Fuzzylogik zur Ermittlung derartiger Bewertungen wenig geeignet ist.

Die probabilistischen klassischen Logiken sind in der Lage, Aussagen über Sachverhalte zu bewerten, von denen zwar bekannt ist, dass sie entweder bestehen oder nicht bestehen, aber nicht bekannt, was davon zutrifft. Die Quantenlogik geht hier ein deutliches Stück weiter. Sie ist in der Lage, Aussagen über Sachverhalte zu bewerten, bei denen nicht feststeht, ob sie zutreffen oder nicht zutreffen und sie ermöglicht eine präzise Beschreibung der Phänomene der Überlagerung und der Verschränkung. Damit dies gelingt, ist es erforderlich, neben Logik und Wahrscheinlichkeit auch die Geometrie in die Überlegungen aufzunehmen. Dadurch ist es möglich, Überlagerungen zwischen dem Bestehen und dem Nicht-Bestehen eines Sachverhalts in der mathematische Struktur zu berücksichtigen. Doch der mathematische Aufwand hierfür ist nicht gering. Als Lohn der Mühe erlangen wir die Fähigkeit, Projektionswahrscheinlichkeiten zu berechnen und zu interpretieren. Insbesondere können wir die probabilistischen Erweiterungen der klassischen Logiken als Sonderfälle der Quantenlogik charakterisieren, in denen keine „echten" Überlagerungen berücksichtigt sind.

Die Quantenlogik ist nicht nur von abstraktem beziehungsweise rein erkenntnisorientiertem Interesse. Ingenieure und Informatiker sollen oft praktische Lösungen entwickeln. Beispielhaft werden Anwendungsgebiete diskutiert, in denen die Anwendung von Gesetzen der Quantenlogik im Vergleich zu herkömmlichen Methoden eine echte Bereicherung darstellt. Dabei werden passende Konzepte der Quantenlogik ausgewählt und restliche ignoriert. Aus diesen Gründen sprechen wir im Kontext von Anwendungen von quanteninspirierten Verfahren. Ein nicht unwichtiger Aspekt spielt dabei die Berücksichtigung der Effizienz der verwendeten Algorithmen. Ein anderes Anwendungsfeld quantenlogischer Verfahren ist die Psychologie. Wir zeigen an einem Beispiel eine Anwendung quantenlogischer Modelle zur mathematischen Beschreibung menschlicher Denkprozesse, die sich in psychologischen Experimenten bewährt hat.

Gegen Ende des durchaus mühevollen Entstehungsprozesses dieses Buches hat uns Frau Mandy Olschewski bei der Endredaktion mit großer Sorgfalt unterstützt. Dafür sind wir sehr dankbar.

Eichstätt und Cottbus im März 2023

Günther Wirsching
Ingo Schmitt
Matthias Wolff

Inhaltsverzeichnis

Formelzeichen und Symbole

Der Umgang mit Formeln und Symbolen ist in den von den drei Autoren vertretenen Disziplinen ziemlich unterschiedlich. Als Kompromiss verfolgen wir in diesem Lehrbuch die folgende Strategie:

Sämtliche Formelzeichen werden bei ihrem ersten Auftreten erklärt und, soweit das möglich und sinnvoll ist, konsequent in der gleichen Bedeutung verwendet. Um Beispiele und Beweise von anderen Textteilen abzugrenzen, verwenden wir das HALMOS-Square □ zum Markieren des Endes eines Beispiels oder eines Beweises.

In lateinischen Ausdrücken, die in der Logik einen festen Platz haben, schreiben wir die von Substantiven oder Verben abgeleiteten Worte mit großen Anfangsbuchstaben, zum Beispiel *Tertium non Datur*, *Reductio ad Absurdum* oder *Modus Ponens*. Dadurch werden diese Ausdrücke in einem deutschsprachigen Kontext besser lesbar.

Einführung und Aufbau des Buches

In der in diesem Buch behandelten Logik geht es um Aussagen, die entweder *wahr* oder *falsch* sind. Es kommt jedoch häufig vor, dass man von einer Aussage zwar weiß, dass sie entweder wahr oder falsch ist, aber (noch) unklar ist, ob sie wahr oder ob sie falsch ist. Von ARISTOTELES stammt die Beispielaussage „Morgen findet eine Seeschlacht statt". Die Quantenlogik stellt mathematische Strukturen zur Verfügung, die *Bewertungen von Möglichkeiten* durch Zahlen zwischen 0 und 1 begründen und ist in diesem Sinne eine Erweiterung der Logik von Aussagen über Sachverhalte. Man könnte die Quantenlogik als *Logik der Möglichkeiten* oder *Logik des Noch-nicht-Seienden* bezeichnen.

Die Quantenlogik erweitert die klassische Logik der Aussagen zu einer *Logik der Überlagerungen und Kompositionen* von Sachverhalten. Mit diesem Ziel vor Augen sind Verbindungen zur Geometrie und zur Wahrscheinlichkeitstheorie naheliegend. Konkret ergeben sie sich aus der logischen Struktur quantenmechanischer Messprozesse. Der wissenschaftshistorische Weg beginnt mit der formalen Logik des ARISTOTELES, geht über die EUKLIDische Geometrie zu NEWTONs klassischer Mechanik und von dort durch die Entwicklungen der klassischen Physik hindurch zur Quantenmechanik. Im zwanzigsten Jahrhundert erfolgte eine mathematische Analyse der Grundlagen der Quantenmechanik. Der mathematische Weg zur Quantenlogik beginnt bei den logischen Strukturen der Implikation und der Negation, führt von dort über die projektive Geometrie zur Algebra unendlich-dimensionaler HILBERT'scher Räume und schließlich zur Berechnung von Projektionswahrscheinlichkeiten, die in zahlreichen quantenmechanischen Experimenten mit gemessenen Häufigkeiten übereinstimmen.

Der Fokus in diesem Buch liegt auf der Beschreibung mathematischer Strukturen aus dem Bereich der Quantenlogik, die für Ingenieure und Informatiker interessant sind. Die beschriebenen mathematischen Strukturen ermöglichen unter anderem die Entwicklung von Algorithmen, die auf klassischen Rechnerarchitekturen ausführbar sind. Das primäre Ziel ist also nicht die Entwicklung von Algorithmen für Quantencomputer.

Die folgende Abbildung zeigt den Aufbau des Buches. Die erste Auflage umfasst die Kapitel 1 bis 7. Die restlichen Kapitel sind für weitere Auflagen geplant.

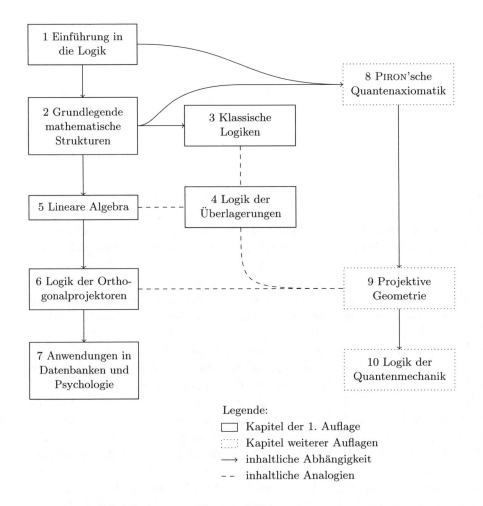

Legende:

☐ Kapitel der 1. Auflage

⋮⋮⋮ Kapitel weiterer Auflagen

⟶ inhaltliche Abhängigkeit

-- inhaltliche Analogien

Im 1. Kapitel werden historische Entwicklungen der Logik dargestellt, die einen Bezug zu unseren Themen in der Quantenlogik haben. Damit soll klar werden, dass die Quantenlogik nicht etwas völlig Neues ist, sondern neben den Wurzeln in der Physik auch Wurzeln in der philosophischen Logik hat.

Das 2. Kapitel erklärt diejenigen mathematischen Strukturen, die zur Verbindung der Quantenlogik mit der Ingenieurskunst relevant sind. Studierenden der Mathematik, der Informatik und der Ingenieurwissenschaften dürfte ein Großteil dieser Strukturen bekannt sein. Wir beschreiben hier ergänzend Bezüge zur Logik.

In Kapitel 3 wenden wir einige der in Kapitel 2 erarbeiteten mathematischen Strukturen auf verschiedene klassische Logiken an. Wir erhalten so mathematische Beschreibungen der Aussagenlogik, der Modallogik, der Prädikatenlogik sowie deren probabilistischen Erweiterungen. Wir beschreiben außerdem die Fuzzy-Logik, welche eigentlich keine klassische Logik ist, aber aus Sicht der Quantenlogik interessante Aspekte aufweist.

Kapitel 4 dient dem Aufbau intuitiver Vorstellungen zur Quantenlogik. Wir illustrieren anhand einfacher Beispiele und mit zahlreichen Abbildungen, wie man durch Überlagerungen von möglichen Sachverhalten neue Möglichkeiten gewinnen kann.

Das 5. Kapitel ist dem Rechnen mit Vektoren und Matrizen mit reellen oder komplexen Komponenten gewidmet. Es erstreckt sich von einer Definition der reellen Zahlen als Proportionen bis hin zur Bestimmung von Orthogonalprojektoren mit dem GRAM-SCHMIDT-Verfahren.

In Kapitel 6 gehen wir einen Schritt in die abstrakte Welt der *Skalarprodukträume*, unter Verwendung der DIRAC'schen *Ket-Bra-Notation*. Die größere Abstraktion bringt uns einerseits wieder näher zur Logik und eröffnet andererseits die Möglichkeit, die Berechnung von Projektionswahrscheinlichkeiten kurz und prägnant darzustellen.

Kapitel 7 ist Anwendungen der Quantenlogik gewidmet und stellt quanteninspirierte Verfahren vor. Die Mathematik hinter der Quantenmechanik ermöglicht eine Datenmodellierung von Systemzuständen. Diese Systemzustände sind mittels auf der Grundlage der Quantenlogik entwickelter Verfahren vielseitig auswertbar. In der Psychologie können unter Ausnutzung quantenmechanischer Effekte einige psychologische Phänomene geeignet beschrieben werden.

Kapitel 1
Einführung in die Logik

In diesem Kapitel beschreiben wir einige Aspekte der philosophischen Logik, die beim mathematischen Aufbau der Quantenlogik von Bedeutung sind. Wir beginnen mit der Frage, was man unter *Logik* versteht, und illustrieren die Antwort mit einigen Beispielen aus der griechischen Antike und der Scholastik. Manche Ideen und etliche Beispiele in unserer Darstellung sind dem umfangreichen Buch zur Geschichte der Logik von J. M. BOCHEŃSKI [7] entnommen. Trotz des Umfangs wird die Quantenlogik darin nur einmal indirekt über die Quantenmechanik erwähnt (auf Seite 472). Daher haben wir in unserer Darstellung einige Bezüge zur Quantenlogik zusätzlich aufgenommen. Der nach der griechischen und der scholastischen Gestalt der Logik nächste Schritt zur Quantenlogik ist die im neunzehnten Jahrhundert aufkommende mathematische Logik, der wir uns anhand eines Aufsatzes von GEORGE BOOLE nähern. Der letzte Abschnitt dieses Kapitels ist eine kurze Einführung in die Quantenlogik.

1.1 Was ist eigentlich Logik?

Das Wort „Logik" hat zu verschiedenen Zeiten und in verschiedenen Kontexten unterschiedliche Bedeutungen angenommen. Nach MENNE [13, Seite 1f] versteht man unter *Logik im engeren Sinne* die *Lehre von der Folgerichtigkeit* und mit *Logik im weiteren Sinne* meint man die *Lehre von der Folgerichtigkeit, ihren Voraussetzungen und Anwendungen.*

Die Logik ist in mehreren Kulturkreisen in unterschiedlichen Formen entwickelt worden [7]. Die stärkste Wirkung erzielten dabei formale Ansätze wie etwa die *Syllogistik*, deren Schlussfiguren ARISTOTELES im ersten Buch seiner *Analytica priora*, auf Deutsch der *Ersten Analytik*, in durchaus abstrakter und formaler Weise dargelegt hat.

© Springer-Verlag GmbH Deutschland, ein Teil von Springer Nature 2023
G. Wirsching et al., *Quantenlogik*, https://doi.org/10.1007/978-3-662-66780-4_1

1.1.1 Syllogistische Formulierungen und Aussagen

Beginnen wir mit ARISTOTELES, dem *maestro di colore que sanno* (zitiert
nach [18, S. 24], auf Deutsch etwa „Meister der Wissenden"). Wir werden in
Kapitel 2 beim mathematischen Aufbau der Quantenlogik die grundlegende
Rolle der Syllogistik in mathematischer Sprache neu formulieren.

Ein *Syllogismus* ist ein klassischer logischer Schluss. Die folgende Definition findet man bei ARISTOTELES:

> Ein Syllogismus ist eine Rede, in der, wenn bestimmte (Sachverhalte) gesetzt sind,
> ein von den gesetzten (Sachverhalten) verschiedener (Sachverhalt) sich mit Not-
> wendigkeit dadurch ergibt, daß die gesetzten (Sachverhalte) vorliegen. [2, Seite 16]
>
> Originalzitat 1.1 (Seite 45)

Die Bestandteile eines Syllogismus werden in der Logik häufig als *Urteile*
bezeichnet. In ihren Erläuterungen zur *Analytica Priora* definieren THEODOR
EBERT und ULRICH NORTMANN den Begriff *syllogistische Aussage* wie folgt:

> Eine syllogistische Aussage ist eine Aussage der Form: ‚Jedes S ist P', ‚kein S ist P',
> ‚irgendein S ist P' oder ‚irgendein S ist nicht P', [...] Im Unterschied zur späteren,
> sich auf Aristoteles berufenden Logik, die an Stelle von ‚jedes ... ist' auch ‚alle ...
> sind' zuläßt und entsprechend an Stelle ‚irgendein' auch ‚einige', hält Aristoteles
> sich strikt an die Formulierungen im Singular. Aristoteles benutzt aber an Stelle der
> mit der Kopula ‚ist' gebildeten Formulierungen, von wenigen Ausnahmen abgesehen
> [...], Wendungen wie ‚kommt ... zu' bzw. ‚wird ausgesagt von'. Statt ‚jedes S ist
> P' heißt es also im allgemeinen ‚P kommt jedem S zu' und entsprechend in den
> anderen Fällen. Die Ausdrücke, die für die Variablen ‚S' und ‚P' jeweils eingesetzt
> werden, heißen ‚Termini' (Singular: Terminus); davon abgeleitet, können auch die
> Variablen selbst als Termini bezeichnet werden. [2, Seite 97f]

Bei ARISTOTELES werden syllogistische Aussagen also stets in gleicher Weise
formuliert, während spätere Autoren unterschiedliche Formulierungen verwenden. Bei unserer mathematischen Analyse in Kapitel 2 wird sich heraus-
stellen, dass es sinnvoll ist, unterschiedliche Formulierungen einer Aussage
als *äquivalent* zu betrachten.

Wir gehen jetzt einen Schritt in Richtung Formalisierung und fassen die
Termini als *Eigenschaften* oder *Prädikate* auf – wir verwenden die Worte „Eigenschaft" und „Prädikat" synonym. Um auszudrücken, dass ein Individuum
x eine Eigenschaft S besitzt, oder anders ausgedrückt, dass ein Prädikat
S einem Individuum x zukommt, schreiben wir $S(x)$. Zu beachten ist hier
noch die Formulierung „Jedes S ist ein P". In einem Syllogismus dürfen nur
Prädikate vorkommen, nicht Bezeichnungen einzelner Individuen oder einzelner Objekte. Die Formulierung ist also so zu verstehen: „Jedem Individuum
oder jedem Objekt, dem das Prädikat S zukommt, kommt auch das Prädikat
P zu". In Tabelle 1.1 sind die vier klassischen syllogistischen Aussagentypen
zusammenfassend dargestellt. Es gibt die *allgemeinen Aussagen* der Typen
A und E, sowie die *partikulären Aussagen* der Typen I und O.

Tabelle 1.1: Dem Scholastiker PETRUS HISPANUS folgend bezeichnet man üblicherweise die Typen syllogistischer Aussagen mit den Buchstaben A, E, I und O. In den Formeln verwenden wir Kleinbuchstaben a, e, i und o, um sie von den Prädikaten zu unterscheiden. Die Buchstaben sind jeweils die ersten beiden Vokale der lateinischen Worte *AffIrmo* („ich bejahe") für die bejahenden Aussagen und *nEgO* („ich verneine") für die verneinenden Aussagen (zitiert nach [7, S. 246]):

A bejaht, E verneint, aber beide allgemein,
I bejaht, O verneint, aber beide partikulär, ...

Typ	Aussageform	Formel
A	Jedes S ist ein P.	$S\,a\,P$
E	Kein S ist ein P.	$S\,e\,P$
I	Irgendein S ist ein P.	$S\,i\,P$
O	Irgendein S ist kein P.	$S\,o\,P$

Der Schluss vom Allgemeinen aufs Partikuläre

Eine besondere Rolle spielt der Schluss vom Allgemeinen aufs Partikuläre, das heißt, von einer Aussage über alle Objekte mit einer Eigenschaft auf einzelne Objekte mit dieser Eigenschaft. Es handelt sich also um Schlüsse der Form

„Jedes S ist ein P" impliziert „Irgendein S ist ein P" oder
„Kein S ist ein P" impliziert „Irgendein S ist kein P".

Im ersten Fall folgt aus einem a-Urteil ein i-Urteil, im zweiten Fall aus einem e-Urteil ein o-Urteil. Eine Übersetzung in Prädikatenlogik könnte lauten:

„Jedes S ist ein P" entspricht „Für alle x mit $S(x)$ gilt $P(x)$" und
„Irgendein S ist ein P" entspricht „Es gibt ein x mit $S(x)$ und $P(x)$".

Diese Übersetzung legt nahe, eine partikuläre syllogistische Aussage mit einer Existenzaussage zu verbinden. Das wird jedoch der Syllogistik nicht wirklich gerecht. Betrachten wir zum Beispiel die allgemeine syllogistische Aussage

(a) Jedes Einhorn ist stark,

sowie die partikuläre syllogistische Aussage

(i_1) Irgendein Einhorn ist stark.

Eine naheliegende prädikatenlogische Formulierung wäre

(i_2) Es gibt ein Einhorn, das stark ist.

Die Formulierung (i_2) enthält eine *Existenzaussage*, die in (i_1) nicht unbedingt enthalten ist. Wenn man annimmt, dass Aussage (a) wahr ist, dann würde man ohne weiteres auch Aussage (i_1) akzeptieren. Um zu entscheiden, ob Aussage (i_2) wahr ist, müsste man sich zusätzlich mit der Frage auseinander setzen, ob es überhaupt Einhörner gibt.

Das passt jedoch nicht zur Syllogistik, denn allgemeine syllogistische Aussagen sind nicht notwendigerweise mit einer Existenzaussage verbunden. Die folgende Entsprechung ist eine Möglichkeit, eine partikuläre syllogistische Aussage so zu formulieren, dass damit keine Existenzaussage verbunden ist:

„Irgendein S ist ein P"   entspricht   „Wenn es ein x mit $S(x)$ und ein y mit $P(y)$ gibt, dann gibt es auch ein z mit $S(z)$ und $P(z)$".

Mit dieser Formulierung einer partikulären syllogistischen Aussage ist jedenfalls der Schluss vom Allgemeinen aufs Partikuläre stets möglich.

Das logische Quadrat

Eine Beschreibung der Verhältnisse zwischen den verschiedenen Typen syllogistischer Aussagen findet man in der *Analytica Priora* von ARISTOTELES, hier zitiert nach BOCHEŃSKI [7, S. 68, Zitat 12.09]:

> Ich sage nun, daß es in der Sprache vier Arten von entgegengesetzten Sätzen gibt, nämlich: jedem und keinem zukommen, jedem und nicht jedem, einem und keinem, einem und einem nicht, in Wirklichkeit aber nur drei. Denn einem und einem nicht sind nur verbal entgegengesetzt. Hiervon sind konträr entgegengesetzt die allgemeinen: jedem und keinem zukommen wie z. B.: „Jede Wissenschaft ist sittlich gut", „Keine Wissenschaft ist sittlich gut"; die anderen aber kontradiktorisch.

Diese Verhältnisse lassen sich im *logischen Quadrat* veranschaulichen, siehe Bild 1.1. Man beachte dabei, dass „nicht jedem zukommen" dasselbe bedeutet wie „einem nicht zukommen". Sind die Prädikate S und P festgelegt, dann sind die syllogistischen Aussagen $S\,a\,P$ und $S\,e\,P$ *konträr*, das heißt, sie schließen sich gegenseitig aus. Das Aussagenpaar $S\,a\,P$ und $S\,o\,P$ ist *kontradiktorisch*, das heißt, eine der Aussagen ist wahr und die andere falsch. Ebenso ist das Aussagenpaar $S\,e\,P$, $S\,i\,P$ kontradiktorisch. Die syllogistischen Aussagen $S\,o\,P$ und $S\,i\,P$ sind *subkonträr*, das heißt, sie können beide wahr sein, aber nicht beide falsch.

Der Wahrheitsgehalt der syllogistischen Aussagen im Rabenbeispiel in Bild 1.1 hängt davon ab, was genau man unter „Rabe" und unter „ist schwarz" versteht. Versteht man unter „Rabe" ausschließlich den Kolkraben (*Corvus corax*) und unter „ist schwarz" ein komplett schwarzes Gefieder, dann sind A und I richtig, während E und O falsch sind. Versteht man unter „Rabe" hingegen zusätzlich noch andere Vertreter der Gattung *Corvus*, etwa den in Afrika verbreiteten Schildraben (*Corvus albus*) mit seinem weißen Brustgefieder, und unter „ist schwarz" weiterhin ein komplett schwarzes Gefieder, dann sind A und E falsch, während I und O richtig sind. Das illustriert, dass

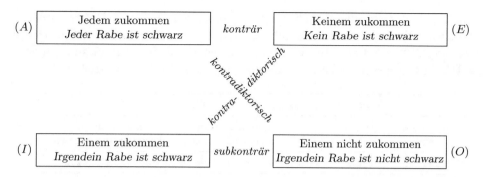

Bild 1.1: Das logische Quadrat der syllogistischen Aussagen mit einem Beispiel. Die Abbildung ist eine Variation der Darstellung bei BOCHEŃSKI [7, S. 69]. Anstelle der Bezeichnung „nur verbal" aus dem Zitat verwenden wir die treffendere Bezeichnung „subkonträr". Außerdem haben wir ein Beispiel hinzugefügt.

konträre Aussagen beide falsch sein können, während *subkonträre* Aussagen beide wahr sein können.

1.1.2 Der grundlegende Syllogismus

Der selbstverständlichste und aus logischer Sicht grundlegende Syllogismus ist bei ARISTOTELES wie folgt erklärt:

> Denn wenn das A von jedem B und das B von jedem C (ausgesagt wird), so wird notwendig auch das A von jedem C ausgesagt. [2, S. 19]   (Originalzitat 1.2)

Analysieren wir nun ARISTOTELES' Aussage. Zunächst ändern wir, dem zitierten Buch von EBERT und NORTMANN folgend, die Buchstaben. An Stelle von A schreiben wir P für „Prädikatterminus", an Stelle von B schreiben wir M für „Mittelterminus" und an Stelle von C schreiben wir S für „Subjektterminus". Dem einleitenden „denn wenn" folgen zwei *Prämissen*, die als zutreffend angenommen werden: P wird von jedem M ausgesagt ($M\,a\,P$) und M wird von jedem S ausgesagt ($S\,a\,M$). Daraus ergibt sich notwendig eine *Konklusion*, nämlich dass auch P von jedem S ausgesagt wird ($S\,a\,P$). Tabelle 1.2 zeigt diesen Syllogismus in der bisher entwickelten symbolischen Schreibweise mit einem Beispiel.

Der bei ARISTOTELES grundlegende Syllogismus ist auch in der Quantenlogik eine wichtige Grundlage. Um dies zu illustrieren, machen wir einen Sprung ins zwanzigste Jahrhundert, zu einem Aufsatz von CONSTANTIN PIRON mit dem Titel *Axiomatique Quantique* aus dem Jahr 1964 [17]. Auf der Grundlage einer physikalischen Analyse eines quantenmechanischen Messpro-

Tabelle 1.2: Der grundlegende Syllogismus mit einem Beispiel. Die Formulierung „Jeder Sokrates ist ein Mensch" entspricht der formelhaften Ausdrucksweise von ARISTOTELES. Sie ist so zu verstehen: „Jedem Individuum, dem
das Prädikat Sokrates zukommt, kommt auch das Prädikat Mensch zu".

	Symbolik	Aussageform	Beispiel
1. Prämisse:	$M \, a \, P$	Jedes M ist ein P.	Jeder Mensch ist sterblich.
2. Prämisse:	$S \, a \, M$	Jedes S ist ein M.	Jeder Sokrates ist ein Mensch.
Konklusion:	$S \, a \, P$	Jedes S ist ein P.	Jeder Sokrates ist sterblich.

zesses definiert PIRON, was für zwei physikalisch definierte Aussagen a und b
eine Formulierung der Art „wenn a, dann b" genau bedeutet:

Sind a und b zwei Aussagen, dann kann der folgende Fall eintreten:

$$\text{„}b \text{ ist jedes Mal wahr, wenn } a \text{ wahr ist".} \tag{1.1}$$

Wir notieren diese Relation als $a \leqslant b$, und $a = b$ wird $a \leqslant b$ und $b \leqslant a$ bedeuten.

(Originalzitat 1.3, eigene Übersetzung)

Unter Verwendung des damit eingeführten Zeichens „$\leqslant$" — sprich: „kleiner
(oder) gleich — formuliert PIRON anschließend sein erstes Axiom:

Axiom O: Die Relation $\leqslant$ ist eine Ordnungsrelation, das heißt:

$$O_1 \quad a \leqslant a \quad \text{für alle } a, \qquad O_2 \quad a \leqslant b \quad \text{und} \quad b \leqslant c \quad \Rightarrow \quad a \leqslant c.$$

(Originalzitat 1.4, eigene Übersetzung)

Es geht dabei um Wenn-Dann-Formulierungen, also um die Implikation, die
PIRON mit dem Zeichen „$\leqslant$" bezeichnet. PIRON erhebt also mit seinem Axiom
O die folgenden beiden Forderungen:

O_1 Jede physikalisch definierte Aussage impliziert sich selbst.

O_2 Der grundlegende Syllogismus gilt für beliebige physikalisch definierte
Aussagen.

Wir finden also grundlegende Eigenschaften syllogistischer Aussagen wieder
in der PIRON'schen Axiomatik für physikalisch definierte Aussagen.

1.1.3 Syllogistische Modi

Bei ARISTOTELES ist nur ein gültiger Schluss ein Syllogismus – ungültige
Schlüsse werden von ihm nicht betrachtet. Beim formalen Aufbau der Syllogistik ist es jedoch sinnvoll, einen Ausdruck zur Verfügung zu haben, der

sowohl gültige als auch ungültige Schlüsse umfasst. In [2, Seite 97] wird dafür
der Ausdruck *syllogistischer Modus* vorgeschlagen, den wir hier übernehmen.
Die Grundstruktur eines syllogistischen Modus ist eine Liste von drei syllogistischen Aussagen, nämlich zweier Prämissen und einer Konklusion. Damit
eine Dreierliste ein syllogistischer Modus ist, müssen insgesamt drei Prädikate
vorkommen, jedes genau zweimal und eines davon in den beiden Prämissen.
Bezeichnet man das Prädikat, das in den beiden Prämissen vorkommt, mit
M (für ‚Mittelterminus'), und die beiden Prädikate der Konklusion mit S
und P, und ordnet man die beiden Prämissen so, dass die erste das Prädikat
P enthält, dann liefert die Kombinatorik genau die in Tabelle 1.3 gezeigten
vier Dreierlisten, die *Schlussfiguren* genannt werden.

Tabelle 1.3: Schlussfiguren der Syllogistik nach ARISTOTELES.

	Erste Figur	Zweite Figur	Dritte Figur	Vierte Figur
1. Prämisse	$M * P$	$P * M$	$M * P$	$P * M$
2. Prämisse	$S * M$	$S * M$	$M * S$	$M * S$
Konklusion	$S * P$	$S * P$	$S * P$	$S * P$

Aus einer Schlussfigur erhält man einen syllogistischen Modus, indem man
für die Sternchen $*$ in den Prämissen und der Konklusion jeweils einen der vier
Typen a, e, i und o einsetzt. Die Kombinatorik liefert also pro Schlussfigur
$4^3 = 64$ Möglichkeiten, also insgesamt $4 \cdot 64 = 256$ syllogistische Modi.

> Die Aufgabe der [...] Syllogistik läßt sich dann dahingehend spezifizieren, daß sie in
> dieser Menge von 256 möglichen Schlußformen die Spreu der ungültigen vom Weizen
> der logisch gültigen Schlußformen trennen muß.
> Aristoteles erledigt diese Aufgabe mit einer bemerkenswerten Eleganz in den
> Kapiteln 4 bis 7 der *Ersten Analytiken*, [...] [2, Seite 100]

Das Ergebnis ist, dass es genau 24 Syllogismen gibt. Jeder einzelne ist durch
die Schlussfigur, zu der er gehört, und eine Folge aus drei Buchstaben aus
den vier Typbezeichnern a, e, i und o eindeutig gekennzeichnet.

Eine Besonderheit ist der Schluss vom Allgemeinen aufs Partikuläre. Einen
solchen Schluss bezeichnen wir als „Abschwächen". Hat man einen Syllogismus, dessen Konklusion eine allgemeine syllogistische Aussage ist, erhält
man durch Abschwächen der Konklusion einen weiteren Syllogismus. Es gibt
insgesamt fünf Syllogismen, die aus einem anderen Syllogismus durch Abschwächen der Konklusion entstehen.

Neunzehn dreisilbige Merkworte

Der Tradition entsprechend gibt es zu jedem Syllogismus ein dreisilbiges
Merkwort, das einer Schlussfigur zugeordnet ist und dessen Vokalfolge die

Folge der Typen der syllogistischen Aussagen widerspiegelt. Die neunzehn Syllogismen, die nicht durch „Abschwächen" entstehen, sind in Tabelle 1.4

Tabelle 1.4: Syllogismen, die nicht durch „Abschwächen" entstehen

	1. Prämisse	2. Prämisse	Konklusion	Folge der Typen	Merkwort
Erste Figur	MaP	SaM	SaP	$a\ a\ a$	Barbara
	MeP	SaM	SeP	$e\ a\ e$	Celarent
	MaP	SiM	SiP	$a\ i\ i$	Darii
	MeP	SiM	SoP	$e\ i\ o$	Ferio
Zweite Figur	PeM	SaM	SeP	$e\ a\ e$	Cesare
	PaM	SeM	SeP	$a\ e\ e$	Camestres
	PeM	SiM	SoP	$e\ i\ o$	Festino
	PaM	SoM	SoP	$a\ o\ o$	Baroco
Dritte Figur	MaP	MaS	SiP	$a\ a\ i$	Darapti
	MiP	MaS	SiP	$i\ a\ i$	Disamis
	MaP	MiS	SiP	$a\ i\ i$	Datisi
	MeP	MaS	SoP	$e\ a\ o$	Felapton
	MoP	MaS	SoP	$o\ a\ o$	Bocardo
	MeP	MiS	SoP	$e\ i\ o$	Feriso
Vierte Figur	PaM	MaS	SiP	$a\ a\ i$	Bramantip
	PaM	MeS	SeP	$a\ e\ e$	Camenes
	PiM	MaS	SiP	$i\ a\ i$	Dimaris
	PeM	MaS	SoP	$e\ a\ o$	Fesapo
	PeM	MiS	SoP	$e\ i\ o$	Fresison

aufgelistet. Es gibt für sie verschiedene Merkverse. Wir zitieren hier den von GEORGE BOOLE verwendeten [8, S. 31]. Die Verse lassen sich als Hexameter lesen; wir markieren die dafür zu betonenden Silben durch Akzente:

> Bárbara, Célarént, Darií, Ferióque prióris.
> Césare, Cámestrés, Festíno, Baróco secúndae.
> Tértia Dáraptí, Disámis, Datísi, Felápton,
> Bócardo, Fériso hábet. Quárta insúper áddit:
> Brámantip, Cámenés, Dimáris, Fesápo, Fresíson.

Beispiele

In Tabellen 1.5 bis 1.8 sind Beispiele für Syllogismen, geordnet nach den vier Schlussfiguren, aufgelistet. Dabei ist für jeden Syllogismus, der eine Abschwächung zulässt, diese auch formuliert.

Tabelle 1.5: Merkworte, Typfolgen und Beispiele zur ersten Schlussfigur

Die erste Schlussfigur:	$M * P$ und $S * M$ ergibt $S * P$	
Barbara		
M a P	1. Prämisse:	Jeder Vogel ist ein Wirbeltier
S a M	2. Prämisse:	Jeder Rabe ist ein Vogel
S a P	Konklusion:	Jeder Rabe ist ein Wirbeltier
	Abschwächung:	Irgendein Rabe ist ein Wirbeltier
Celarent		
M e P	1. Prämisse:	Kein Vogel ist ein Insekt
S a M	2. Prämisse:	Jeder Rabe ist ein Vogel
S e P	Konklusion:	Kein Rabe ist ein Insekt
	Abschwächung:	Irgendein Rabe ist kein Insekt
Darii		
M a P	1. Prämisse:	Jeder Vogel ist ein Wirbeltier
S i M	2. Prämisse:	Irgendein flugfähiges Tier ist ein Vogel
S i P	Konklusion:	Irgendein flugfähiges Tier ist ein Wirbeltier
Ferio		
M e P	1. Prämisse:	Kein Vogel ist ein Insekt
S i M	2. Prämisse:	Irgendein flugfähiges Tier ist ein Vogel
S o P	Konklusion:	Irgendein flugfähiges Tier ist kein Insekt

Tabelle 1.6: Merkworte, Typfolgen und Beispiele zur zweiten Schlussfigur

Die zweite Schlussfigur:	$P * M$ und $S * M$ ergibt $S * P$	
Cesare		
P e M	1. Prämisse:	Kein Insekt ist ein Vogel
S a M	2. Prämisse:	Jeder Rabe ist ein Vogel
S e P	Konklusion:	Kein Rabe ist ein Insekt
	Abschwächung:	Irgendein Rabe ist kein Insekt
Camestres		
P a M	1. Prämisse:	Jeder Rabe ist ein Vogel
S e M	2. Prämisse:	Kein Insekt ist ein Vogel
S e P	Konklusion:	Kein Insekt ist ein Rabe
	Abschwächung:	Irgendein Insekt ist kein Rabe
Festino		
P e M	1. Prämisse:	Kein Insekt ist ein Vogel
S i M	2. Prämisse:	Irgendein flugfähiges Tier ist ein Vogel
S o P	Konklusion:	Irgendein flugfähiges Tier ist kein Insekt
Baroco		
P a M	1. Prämisse:	Jeder Rabe ist ein Vogel
S o M	2. Prämisse:	Irgendein flugfähiges Tier ist kein Vogel
S o P	Konklusion:	Irgendein flugfähiges Tier ist kein Rabe

Tabelle 1.7: Merkworte, Typfolgen und Beispiele zur dritten Schlussfigur

Die dritte Schlussfigur:	$M * P$ und $M * S$ ergibt $S * P$

Darapti

$M\,a\,P$	1. Prämisse:	Jeder Vogel hat Federn
$M\,a\,S$	2. Prämisse:	Jeder Vogel ist ein Wirbeltier
$S\,i\,P$	Konklusion:	Irgendein Wirbeltier hat Federn

Disamis

$M\,i\,P$	1. Prämisse:	Irgendein Vogel ist schwarz
$M\,a\,S$	2. Prämisse:	Jeder Vogel ist ein Wirbeltier
$S\,i\,P$	Konklusion:	Irgendein Wirbeltier sind schwarz

Datisi

$M\,a\,P$	1. Prämisse:	Jeder Vogel hat Federn
$M\,i\,S$	2. Prämisse:	Irgendein Vogel ist schwarz
$S\,i\,P$	Konklusion:	Irgendein schwarzes Tier hat Federn

Felapton

$M\,e\,P$	1. Prämisse:	Kein Vogel ist ein Insekt
$M\,a\,S$	2. Prämisse:	Jeder Vogel ist ein Wirbeltier
$S\,o\,P$	Konklusion:	Irgendein Wirbeltier ist kein Insekt

Bocardo

$M\,o\,P$	1. Prämisse:	Irgendein Vogel ist nicht schwarz
$M\,a\,S$	2. Prämisse:	Jeder Vogel ist ein Wirbeltier
$S\,o\,P$	Konklusion:	Irgendein Wirbeltier ist nicht schwarz

Feriso

$M\,e\,P$	1. Prämisse:	Kein Vogel ist ein Insekt
$M\,i\,S$	2. Prämisse:	Irgendein Vogel kann fliegen
$S\,o\,P$	Konklusion:	Irgendein flugfähiges Tier ist kein Insekt

1.1.4 Logik und Metaphysik

Das aus dem Griechischen stammende Wort *Metaphysik* bedeutet soviel wie:
„hinter oder neben der Physik stehend". Vermutlich bezieht sich das auf eine
Anordnung der Schriften des ARISTOTELES einige Jahrhunderte nach seinem
Tod, bei der man diejenigen Schriften, die man nicht der Wissenschaft vom
Seienden, der „Physik" zuordnen konnte, *neben* oder *hinter* die Schriften
über „Physik" stellte. ARISTOTELES selbst hat das Wort „Metaphysik" nicht
verwendet, aber heute ist es üblich, einige seiner Schriften als *Metaphysik*
zu bezeichnen und diese mit großen griechischen Lettern zu nummerieren.
Wir betrachten nun eine Reihe von Prinzipien, die häufig der Metaphysik
zugeschrieben werden, und die für die Logik interessant sind. Wenden wir
uns nun dem ersten dieser Prinzipien zu.

Prinzip der Identität: *Zwei Gegenstände, die in derselben Hinsicht in
all ihren Eigenschaften gleich sind, sind identisch.*

Tabelle 1.8: Merkworte, Typfolgen und Beispiele zur vierten Schlussfigur

Die vierte Schlussfigur:	$P * M$ und $M * S$ ergibt $S * P$	
Bramantip		
P a M	1. Prämisse:	Jeder Rabe ist ein Vogel
M a S	2. Prämisse:	Jeder Vogel hat Federn
S i P	Konklusion:	Irgendein Tier mit Federn ist ein Rabe
Camenes		
P a M	1. Prämisse:	Jeder Rabe ist ein Vogel
M e S	2. Prämisse:	Kein Vogel ist ein Insekt
S e P	Konklusion:	Kein Insekt ist ein Rabe
	Abschwächung:	Irgendein Insekt ist kein Rabe
Dimaris		
P i M	1. Prämisse:	Irgendein flugfähiges Tier ist ein Vogel
M a S	2. Prämisse:	Jeder Vogel hat Federn
S i P	Konklusion:	Irgendein Tier mit Federn kann fliegen
Fesapo		
P e M	1. Prämisse:	Kein Insekt ist ein Vogel
M a S	2. Prämisse:	Jeder Vogel hat Flügel
S o P	Konklusion:	Irgendein Tier mit Flügeln ist kein Insekt
Fresison		
P e M	1. Prämisse:	Kein Insekt ist ein Vogel
M i S	2. Prämisse:	Irgendein Vogel hat Flügel
S o P	Konklusion:	Irgendein Tier mit Flügeln ist kein Insekt

Was hat es damit auf sich? Lesen wir zur Einstimmung eine leicht polemische Formulierung bei BOCHEŃSKI:

> Während Aristoteles das später so oft erörterte Identitätsprinzip wohl kannte, aber nur flüchtig erwähnte (**12.18**), hat er dem Widerspruchsprinzip ein ganzes Buch seiner *Metaphysik* (Γ) gewidmet. Es handelt sich bei diesem Buch offenbar um eine Jugendschrift, und vielleicht wurde es in Erregung verfaßt, denn es enthält logische Fehler; jedoch handelt es sich in ihm um eine für die Logik fundamentale Einsicht. [7, S. 70]

BOCHEŃSKIs Zitat (**12.18**) verweist auf das Buch B der *Analytica Priora* von ARISTOTELES, Kapitel 22, Abschnitt 68a20. Der Text selbst ist ohne ausführlichen Kommentar kaum verständlich, wir verweisen deshalb auf [4]. Darüber hinaus ist es zweifelhaft, ob diese Stelle tatsächlich als Hinweis auf das Prinzip der Identität interpretierbar ist. In HEINRICH MAIERs Buchreihe über *Die Syllogistik des Aristoteles* lesen wir:

> Ein P r i n c i p d e r I d e n t i t ä t sollte man bei Aristoteles nicht mehr suchen. [12, S. 101, längere Fußnote].

Trotzdem ist es interessant, das Prinzip der Identität aus Sicht der heutigen Physik und der Informatik genauer zu analysieren. In der Physik sind die Eigenschaften von Atomen und Molekülen fest definiert. So unterscheiden

sich zwei Wasserstoffatome nicht in ihren Eigenschaften. Entsprechend dem
Prinzip der Identität wären sie also identisch. Dann könnte man sie aber
auch nicht abzählen. Wenn man allerdings auch die Position und den Impuls als Eigenschaften hinzuzählen würde (unabhängig davon, ob man diese
Eigenschaften wirklich bestimmen kann), wäre die Identität zweier Wasserstoffatome nicht mehr gegeben.

In der Informatik spielt die Unterscheidung zwischen gleich und identisch eine wichtige Rolle in der objektorientierten Modellierung. Zwei Objekte können bezüglich Eigenschaften und deren Werten völlig gleich sein,
werden aber trotzdem mittels künstlich eingeführter Objektidentifikatoren
unterschieden, sind also per Definition nicht identisch.

Verletzen nun diese Überlegungen aus der Informatik und Physik das Prinzip der Identität? Nicht unbedingt, die Frage ist, ob man wirklich alle Eigenschaften betrachtet oder nur eine Auswahl. Aus praktischen Gründen ist man
natürlich nie in der Lage, alle Eigenschaften zu berücksichtigen. Insofern wird
das Prinzip der Identität generell nicht verletzt, aus praktischen Gründen ist
es aber sinnvoll, zwischen gleich und identisch zu unterscheiden.

Als nächstes betrachten wir die Forderung, dass wahre syllogistische Aussagen über einen Gegenstand keinen Widerspruch enthalten sollten.

Prinzip der Widerspruchsfreiheit: *Keinem Gegenstand kommt in derselben Hinsicht sowohl eine Eigenschaft als auch ihr Gegenteil zu.*

Dieses Prinzip ist eigentlich offensichtlich. Trotzdem fällt es schwer, es zu
„beweisen", also etwa aus noch fundamentaleren Prinzipien herzuleiten. In
modernen Formulierungen der Logik, wie zum Beispiel in der mathematischen
Logik, wird es oft als „Axiom" formuliert, also als stets wahre Aussage, die
nicht weiter hinterfragt wird.

Noch ein drittes Prinzip verdient eine genauere Betrachtung.

Prinzip des ausgeschlossenen Dritten: *Jedem Gegenstand kommt von
jeder Eigenschaft entweder diese selbst oder ihr Gegenteil zu.*

Dieses Prinzip wird manchmal auch *Tertium non Datur* (lateinisch für „ein
Drittes ist nicht gegeben") genannt. ARISTOTELES setzt sowohl das Prinzip
der Widerspruchsfreiheit als auch das *Tertium non Datur* praktisch immer
als wahr voraus und zwar explizit auch dann, wenn noch gar nicht bekannt
ist, ob ein Gegenstand eine bestimmte Eigenschaft hat oder nicht. Allerdings
bezieht sich das *Tertium non Datur* bei ARISTOTELES nur auf *Seiendes* und
nicht auf *Nicht-Seiendes*, wie die folgende nach [7, S. 73] zitierte Stelle zeigt:

> Wenn es wahr ist, zu sagen, daß etwas weiß ist oder daß es nicht weiß ist, so muß es
> weiß oder nicht weiß sein ..., und so ist denn notwendig entweder die Behauptung
> oder die Verneinung wahr. Folglich ist nichts und wird nichts und geschieht nichts
> durch Glück oder Zufall ..., sondern alles ist aus Notwendigkeit und nichts aus Zufall
> ... Es ist also klar, daß nicht notwendig in jedem (kontradiktorischen) Gegensatz die
> Bejahung oder die Verneinung wahr (und) die andere (von ihnen) falsch ist; denn
> wenn es sich um nicht Seiende handelt, die sein und nicht sein können, dann ist es
> nicht so wie mit den Seienden.

Das bedeutet: Für *Seiendes* gilt sehr wohl das Prinzip des ausgeschlossenen Dritten – es ist entweder weiß oder nicht weiß, eine dritte Möglichkeit gibt es nicht. Für *Nicht-Seiendes* hingegen gilt dies nicht – es kann unentschieden sein, ob es weiß ist oder nicht. Diesen Text des ARISTOTELES kann man als einen Vorläufer einer quantenlogischen Interpretation des *Tertium non Datur* betrachten.

1.1.5 Begriffslogik und Aussagenlogik

In der Geschichte der Logik unterscheidet man zwischen einer *Begriffslogik* und einer *Aussagenlogik*. Dabei ist die Syllogistik des PLATON-Schülers ARISTOTELES ein Beispiel für eine Begriffslogik. In der etwa 400 vor Christus gegründeten *megarisch-stoischen Schule* wurde hingegen eine *Aussagenlogik* entwickelt. BOCHEŃSKI bringt den Unterschied auf den Punkt [7, S. 125]:

> Während nämlich dieser im Grunde immer ein Schüler Platons, des Suchers nach dem Wesen, geblieben ist, und demgemäß sich ständig die Frage „Kommt *A* dem *B* zu?" stellte, gehen die Megariker von der vorplatonischen Fragestellung aus „Wie kann man die Behauptung *p* widerlegen?".

In der Begriffslogik geht es also um den Umfang von Begriffen, während die Aussagenlogik *Behauptungen* in den Mittelpunkt stellt. Wir untersuchen den Unterschied noch etwas genauer.

Die logische Inklusion in der Begriffslogik

Es ist naheliegend, eine syllogistische Aussage des Typs $S\,a\,P$ sprachlich etwa so auszudrücken: „das Prädikat S ist enthalten im Prädikat P". Daher können wir syllogistische Aussagen als *logische Inklusion* interpretieren:

$$S\,a\,P \quad \text{bedeutet} \quad \text{„}S \text{ ist enthalten in } P\text{",}$$
$$S\,e\,P \quad \text{bedeutet} \quad \text{„}S \text{ ist enthalten in nicht-}P\text{",}$$
$$S\,i\,P \quad \text{bedeutet} \quad \text{„}S \text{ ist nicht enthalten in nicht-}P\text{"und}$$
$$S\,o\,P \quad \text{bedeutet} \quad \text{„}S \text{ ist nicht enthalten in } P\text{".}$$

In der Begriffslogik können wir die *logische Inklusion* auf natürliche Weise als „Beziehung zwischen Aussagen" verstehen und interpretieren. Dies beschrieb CHARLES S. PEIRCE im Jahr 1870 in einer ziemlich formalen Weise:

> *Enthalten-Sein-in* oder *So-klein-Sein-wie* ist eine *transitive* Relation. Die Folgerung gilt, dass*

$$\begin{aligned} \text{Wenn} \quad & x \prec y\,, \\ \text{und} \quad & y \prec z\,, \\ \text{dann} \quad & x \prec z\,. \end{aligned}$$

Gleichheit ist die Konjunktion von So-klein-Sein-wie und seiner Umkehrung. Zu sagen, dass $x = y$, ist zu sagen, dass $x \prec y$ und $y \prec x$.

Kleiner-Sein-als ist So-klein-Sein-wie unter Ausschluss der Umkehrung. Zu sagen, dass $x \prec y$, ist zu sagen, dass $x \prec y$, und dass es nicht wahr ist, dass $y \prec x$.

Größer-Sein-als ist die Umkehrung von Kleiner-Sein-als. Zu sagen, dass $x \succ y$ ist zu sagen, dass $y \prec x$.

 * Ich verwende das $\prec$ an Stelle von $\leqq$. Meine Gründe dafür, dass ich das letztere Zeichen nicht mag, sind, dass es nicht schnell genug geschrieben werden kann, und dass es dem Anschein nach die Relation, die es darstellt, als zusammengesetzt aus zwei anderen ausdrückt, die beide in Wirklichkeit Komplikationen dieser Relation sind. [...]

(Originalzitat 1.5, eigene Übersetzung)

PEIRCE' Sprachgebrauch ist schon ziemlich mathematisch und sagt etwas Ähnliches aus wie der auf Seite 10 zitierte fast hundert Jahre später entstandene Text von PIRON. Die logische Inklusion, das *Enthalten-Sein-in*, ist bei PEIRCE eine *Relation*, was durchaus mit der mathematischen Bedeutung des Begriffs *Relation* zu verstehen ist, wie wir ihn in Abschnitt 2.2 definieren. Bemerkenswert ist, dass PEIRCE den grundlegenden Syllogismus Barbara als *transitive Relation* beschreibt.

Die materiale oder philonische Implikation in der Aussagenlogik

In einer Aussagenlogik ist die Situation eine andere. Hier erscheint es natürlich, einen *zusammenhängenden Satz* mit einem *Vordersatz a* und einem *Nachsatz b*, also eine Formulierung „wenn a, dann b", selbst wieder als *Aussage* zu betrachten. In diesem Kontext stellt sich die philosophische Frage, unter welchen Bedingungen die Aussage „wenn a, dann b" wahr sei, und unter welchen Bedingungen sie falsch sei.

Interessanterweise gibt es bereits von PHILON VON MEGARA (ca. 300 vor Christus) eine Antwort auf diese Frage, die bei BOCHEŃSKI in folgender Weise zitiert wird [7, S. 134]:

Philon sagte, daß der zusammenhängende (Satz) wahr wird, wenn (es) nicht (so ist, daß) er mit Wahrem beginnt und mit Falschem endet. Nach ihm entsteht also ein wahrer zusammenhängender (Satz) in dreifacher Weise, (nur) in einer Weise aber ein falscher. Denn (1), wenn er mit Wahrem beginnt und mit Wahrem endet, ist (er) wahr, z. B. „Wenn es Tag ist, gibt es Licht"; (2) wenn (er) mit Falschem beginnt und mit Falschem endet, ist er wahr, z. B. „Wenn die Erde fliegt, hat die Erde Flügel"; (3) ähnlich auch der mit Falschem beginnende und mit Wahrem endende, z. B. „Wenn die Erde fliegt, besteht die Erde". Falsch wird (dagegen der zusammenhängende Satz) nur dann, wenn er mit Wahrem anfangend, mit Falschem endet, z. B. „Wenn es Tag ist, ist es Nacht"; denn, wenn es Tag ist, ist der (Satz) „Es ist Tag" wahr – das war aber der Vordersatz; und der (Satz) „Es ist Nacht" ist (dann) falsch – und das war der Nachsatz.

Wir übernehmen auch die Analyse von BOCHEŃSKI zu diesem Zitat; die fettgedruckten Zahlen sind BOCHEŃSKIS Zitate, auf deren Auflösung wir hier verzichten [7, S. 134f.]:

Was nun den Inhalt der angeführten Stelle betrifft, so haben wir in ihr eine perfekte Wahrheitswertmatrize, die in folgender Tabelle dargestellt werden kann:

20.071	Vordersatz	Nachsatz	Zusammenhängender Satz
	wahr	wahr	wahr
	falsch	falsch	wahr
	falsch	wahr	wahr
	wahr	falsch	falsch

Es ist, wie man sieht, die in einer anderen als der heute üblichen Ordnung (**41.12**; jedoch **42.37**) aufgestellte Wahrheitswertmatrize der sogenannten materialen Implikation. Diese verdient entschieden „philonisch" genannt zu werden.

Hier lohnt sich wiederum ein Sprung ins neunzehnte Jahrhundert, zur *Begriffsschrift* von GOTTLOB FREGE. Für dieses Werk liegt mit MATTHIAS WILLE [23] eine umfangreich kommentierte Darstellung vor. Dort wird ebenfalls eine logische Implikation zwischen zwei Aussagen A und B behandelt, diesmal in der Form „B bedingt A", in der Bedeutung „wenn B, dann A". In der zitierten Darstellung der *Begriffsschrift* gibt es den Abschnitt

§ 13 „Ich wählte die Verneinung des dritten Falles".

Darin wird eine Wahrheitstafel verbal wie folgt beschrieben [23, S. 112]:

„Wenn A und B beurtheilbare Inhalte bedeuten, so giebt es folgende vier Möglichkeiten:

1) A wird bejaht und B wird bejaht;
2) A wird bejaht und B wird verneint;
3) A wird verneint und B wird bejaht;
4) A wird verneint und B wird verneint" [...]

Das Ergebnis ist, dass FREGE dem Urteil „B bedingt A" nur im dritten Fall den Wahrheitswert „falsch" gibt. GOTTLOB FREGE kommt also zum gleichen Ergebnis wie PHILON VON MEGARA – nur dass bei FREGE der Vordersatz B und der Nachsatz A heißt. Wir werden in Abschnitt 2.7 die materiale Implikation im Rahmen der mathematischen Strukturen der Quantenlogik untersuchen.

1.1.6 Kontraposition und doppelte Negation

ARISTOTELES' *Organon* enthält neben der Syllogistik noch einige andere Gesetze und Regeln [7, S. 101ff.]. In der Quantenlogik sind noch zwei weitere Prinzipien essentiell:

Prinzip der Kontraposition: *Die Formulierung „Wenn a, dann b" ist gleichbedeutend mit der Formulierung „Wenn nicht-b, dann nicht-a".*

Prinzip der doppelten Negation: *Die Formulierung „Nicht-nicht p" ist gleichbedeutend mit der Formulierung „p".*

Das Prinzip der Kontraposition hat ARISTOTELES zwar nicht explizit formuliert, aber Beispiele gebracht, aus denen hervorgeht, dass ihm das Prinzip sehr wohl bewusst war (zitiert nach [7, S. 105]):

> Wenn der Mensch ein Lebewesen (ist), so ist das Nicht-Lebewesen nicht Mensch.
>
> Wenn das Süße gut (ist), so (ist) das Nicht-Gute nicht süß.
>
> Denn dem Menschen folgt das Lebewesen, dem Nicht-Menschen aber (folgt) nicht das Nicht-Lebewesen, sondern umgekehrt.

Gleiches gilt für das Prinzip der doppelten Negation (zitiert nach [7, S. 133]):

> Der überverneinende (Satz) ist aber der verneinende des verneinenden, z. B. „Nicht – es ist nicht Tag". Dieser setzt, daß es Tag ist.

Eine explizite Formulierung des Prinzips der doppelten Negation gab der Scholastiker ROBERT KILWARDBY im dreizehnten Jahrhundert (zitiert nach [7, S. 231]):

> Und es ist zu sagen, daß die Verneinung verneint werden kann, und so gibt es eine Verneinung der Verneinung; diese zweite Verneinung ist aber, der Sache nach, eine Bejahung, akzidentell (*secundum quid*) aber und nur der Stimme nach eine Verneinung. Denn eine zu einer Verneinung hinzukommende Verneinung vernichtet diese, und indem sie sie vernichtet, setzt sie eine Bejahung.

1.1.7 Und was ist mathematische Logik?

Die Überschrift des fünften Kapitels in BOCHEŃSKIs Buch [7, S. 309] aus dem Jahr 1956 lautet: „Die mathematische Gestalt der Logik". Er beginnt seine Ausführungen so:

> Die Entwicklung der mathematischen Gestalt der Logik ist noch nicht abgeschlossen, und es gibt bis heute Diskussionen über ihren charakteristischen Gehalt, ja sogar über ihren Namen. Sie wird „mathematische Logik", „symbolische Logik", „Logistik" (dieser Name wurde 1901 gleichzeitig durch L. Couturat, Itelson und Lalande vorgeschlagen), zuweilen auch einfach „theoretische Logik" genannt. [7, S. 311]

Anschließend arbeitet BOCHEŃSKI den Unterschied zwischen der „mathematischen" und „anderen" Gestalten der Logik heraus:

> Alle anderen uns bekannten Gestalten der Logik bedienen sich einer *abstraktiven* Methode: die logischen Sätze werden durch Abstraktion aus der natürlichen Sprache gewonnen. Die mathematischen Logiker verfahren in entgegengesetzter Weise: sie *konstruieren zuerst* rein formalistische Systeme, und suchen erst nachher für sie eine Deutung in der Alltagssprache. [7, S. 311]

Dieser Einschätzung BOCHEŃSKIs würden vermutlich nicht viele Mathematiker zustimmen. Selbstverständlich macht sich der mathematische Logiker von Anfang an Gedanken über alltagssprachliche Deutungen seiner formalen Ausdrücke. Trotzdem ist etwas Wahres an BOCHEŃSKIs Formulierung: Kennzeichnend für die mathematische Logik ist die *axiomatische Methode*, die eine sichere Überprüfung der logischen Ableitungen ohne Bezug auf Deutungen in der Alltagssprache sowohl fordert als auch in neuer Weise ermöglicht.

1.2 Einführung in die mathematische Logik

> *Mathematics is the science which draws necessary conclusions.*
>
> BENJAMIN PEIRCE 1870 [15, p. 2]

Unter den Wegbereitern dessen, was wir heute als *mathematische Logik* bezeichnen, sind insbesondere zwei jeweils etwa 80-seitige Texte hervorzuheben. Der erste stammt von GEORGE BOOLE und erschien im Jahr 1847 unter dem Titel *The Mathematical Analysis of Logic* [8]. Der Autor des zweiten Textes ist GOTTLOB FREGE. Der Text erschien 1879 und trägt den Titel *Begriffsschrift, eine der arithmetischen nachgebildete Formelsprache des reinen Denkens.* Jeder der beiden Texte enthält eine Analyse der aristotelischen Syllogismen – der erste eher rechnerisch, der zweite axiomatisch. Außerdem liefern beide Texte wesentliche Grundlagen für die Quantenlogik. Im ersten schimmert eine algebraische Struktur durch, die BOOLE*'sche Algebra* oder der BOOLE*'sche Verband*, die ein wesentlicher Baustein für die in der Quantenlogik verwendeten algebraischen Strukturen ist. Im zweiten wird die *axiomatische Methode* vorgestellt, die zum Aufbau mathematischer Strukturen praktisch ist und außerdem eine automatische Verarbeitung logischer Ausdrücke ermöglicht.

1.2.1 *Rechnen mit Wahrheitswerten:* GEORGE BOOLE

Was genau soll man unter dem „Wahrheitswert" einer Aussage verstehen und wie geht man damit um? Eine interessante Antwort auf diese Frage gibt GEORGE BOOLE. Der nach der Einleitung erste Abschnitt seines Textes, überschrieben mit *"First Principles"*, beginnt wie folgt:

> Wir verwenden das Symbol 1, oder Ganzheit, um das Universum darzustellen, und wir verstehen es so, dass es jede vorstellbare Klasse von Objekten umfasst, ob sie tatsächlich existieren oder nicht, wobei vorausgesetzt ist, dass jedes Individuum in mehr als einer Klasse gefunden werden kann, insofern als es mehr als eine Qualität mit anderen Individuen gemeinsam haben kann. Wir verwenden die Buchstaben X, Y und Z, um die einzelnen Mitglieder der Klassen zu repräsentieren, wobei X auf jedes Mitglied einer Klasse anwendbar ist, als Mitglieder dieser speziellen Klasse, und Y auf jedes Mitglied einer anderen Klasse als Mitglieder so einer Klasse, und so weiter, gemäß der üblichen Sprache von Abhandlungen über Logik.
>
> (Originalzitat 1.6, eigene Übersetzung)

Die Ausgangssituation ist also wie in Bild 1.2 dargestellt.
Lesen wir weiter im BOOLE'schen Text (Abschnitteinteilung wie im Original):

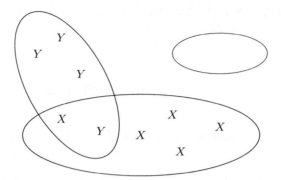

Bild 1.2: Das Universum umfasst alle vorstellbaren Klassen. Als Beispiele sind hier drei Klassen durch Ellipsen dargestellt. Jedes einzelne Objekt X oder Y kann zu mehr als einer Klasse gehören, und es ist auch eine Klasse ohne Objekte vorstellbar.

Weiter stellen wir uns eine Klasse von Symbolen x, y und z vor, die den folgenden Charakter haben.

Das Symbol x operiert auf jedem Gegenstand, das Individuen oder Klassen beinhaltet, indem es aus diesem Gegenstand diejenigen Xe auswählt, die es enthält. In ähnlicher Weise operiert das Symbol y auf jedem Gegenstand, indem es daraus alle Individuen der Klasse Y auswählt, die darin enthalten sind, und so weiter.

Wenn kein Gegenstand ausdrücklich genannt ist, werden wir annehmen, dass 1 (das Universum) gemeint ist, so dass wir die Gleichung

$$x = x \quad (1)$$

haben werden, wobei jeder Term die Auswahl aller Xe aus dem Universum bedeutet, und das Resultat der Operation die Klasse X in gewöhnlicher Sprache ist, also diejenige Klasse, von der jedes Mitglied ein X ist.

(Originalzitat 1.7, eigene Übersetzung)

Die (1) hinter der Gleichung in diesem Zitat ist eine Nummerierung der Gleichung.

Man muss sich vergegenwärtigen, dass es zur Zeit BOOLEs noch keine Mengenlehre gab. Deswegen stand ihm die elegante Sprache der Mengenlehre noch nicht zur Verfügung. Trotzdem wird klar, was gemeint ist: Man stelle sich zunächst eine Menge von Individuen vor, die wir mit U für „BOOLE'sches Universum" bezeichnen. Die Elemente von U bezeichnen wir mit $\alpha \in U$ (mit α für „Átomos", dem griechischen Wort für „Individuum"). Die Klasse X stellen wir uns als die Teilmenge von U vor, die genau diejenigen Individuen α enthält, welche die Eigenschaft X besitzen. Dann ist x eine *Evaluierungsfunktion* für die Eigenschaft X, also eine auf U definierte Funktion, die jedem $\alpha \in U$ die Zahl $x(\alpha) = 1$ oder die Zahl $x(\alpha) = 0$ zuordnet, je nachdem, ob α zur Klasse X gehört oder nicht. In einer Formel:

$$\alpha \mapsto x(\alpha) := \begin{cases} 1 & \text{falls } \alpha \text{ zur Klasse X gehört,} \\ 0 & \text{sonst.} \end{cases} \tag{1.2}$$

Dabei bedeutet $\alpha \mapsto x(\alpha)$: „dem Individuum α wird die Zahl $x(\alpha)$ zugeordnet". Unter Verwendung des Zeichens „$\Leftrightarrow$" für „ist äquivalent zu" kann man die Evaluierungsfunktion x einer Eigenschaft X wie folgt aussagenlogisch interpretieren:

$$x(\alpha) = 1 \Leftrightarrow \text{Das Individuum } \alpha \text{ hat die Eigenschaft X.} \tag{1.3}$$

Ebenso ist die Negation einer solchen Aussage aus der Evaluierungsfunktion ablesbar:

$$x(\alpha) = 0 \Leftrightarrow \text{Das Individuum } \alpha \text{ hat nicht die Eigenschaft X.} \tag{1.4}$$

In Anlehnung an BOOLE nennen wir eine Evaluierungsfunktion auch *Selektor*. Ein Selektor ist also eine Funktion auf U, welche nur die Werte 0 und 1 annehmen kann. Als Funktionen auf U kann man sie *punktweise addieren*, das heißt

$$(x + y)(\alpha) := x(\alpha) + y(\alpha),$$

und *punktweise multiplizieren*:

$$(xy)(\alpha) := (x \cdot y)(\alpha) := x(\alpha) \cdot y(\alpha).$$

Das Ergebnis der punktweisen Addition ist im Allgemeinen kein Selektor mehr, da Zahlenwerte größer als 1 auftreten können. BOOLE erwähnt zahlreiche Gesetze für Selektoren. Die ersten sind [8, p. 17]:

das *Kommutativgesetz*	$xy = yx,$	(1.5)
das *Idempotenzgesetz*	$xx = x^2 = x$	(1.6)
und das *Distributivgesetz*	$x \cdot (u + v) = xu + xv.$	(1.7)

Die BOOLE'sche Interpretation syllogistischer Aussagen

Im Abschnitt "Of Expression And Interpretation" seines Aufsatzes interpretiert BOOLE die aristotelischen syllogistischen Aussagen mit Hilfe seiner Selektoren. Besonders interessant ist dabei die Interpretation partikulärer syllogistischer Aussagen.

4. Formulieren der Aussage „Einige Xe sind Ye".

Wenn einige Xe Ye sind, dann sind einige Ausdrücke den Klassen X und Y gemeinsam. Diese Ausdrücke bilden eine gesonderte Klasse V, zu der ein gesondertes Selektorsymbol v korrespondiert, dann ist

$$v = xy \quad (6).$$

Weil v alle Ausdrücke beinhaltet, die den Klassen X und Y gemeinsam sind, können wir es als „Einige Xe sind Ye" interpretieren.

(Originalzitat 1.8, eigene Übersetzung)

Die Zahl (6) hinter der Gleichung ist hier wieder eine Nummerierung der Gleichung.

BOOLE führt mit der Klasse V eine Struktur ein, die in der Sprache der Mengenlehre als „mengentheoretischer Durchschnitt" der Klassen X und Y bezeichnet wird. Damit ist nicht explizit gesagt, dass diese Klasse überhaupt einen Gegenstand enthält. Tabelle 1.9 zeigt die BOOLE'sche Interpretation der syllogistischen Aussagentypen, mit den Typ-Bezeichnungen A, E, I und O nach PETRUS HISPANUS.

Tabelle 1.9: BOOLEs Tabelle für syllogistische Aussagen, [Originalzitat 1.9, eigene Übersetzung].

Alle Xe sind Ye,	$x(1-y) = 0,$	....A.
Kein X ist ein Y,	$xy = 0,$	....E.
Einige Xe sind Ye,	$v = xy,$	....I.
Einige Xe sind keine Ye,	$v = x(1-y),$	....O.

Noch ein paar Formeln aus dem BOOLE'schen Aufsatz

Im weiteren Verlauf untersucht BOOLE die vierundzwanzig aristotelischen Syllogismen [8, pp. 31–47]. Für spätere Anwendung vermerken wir in Tabelle 1.10 noch die BOOLE'schen Formeln für diverse Kombinationen von Evaluierungsfunktionen. Für uns interessant ist außerdem die kombinatorische Aufzählung der acht Möglichkeiten, die Wahrheitswerte 1 für „wahr" und 0 für „falsch" auf drei Aussagen zu verteilen, wie in Tabelle 1.11 gezeigt.

1.2.2 Die axiomatische Methode

Ein Vorzug der mathematischen Herangehensweise ist die *axiomatische Methode*. Man konstruiert zunächst eine genügend ausdrucksstarke Formelsprache. In dieser formuliert man dann mehr oder weniger willkürlich einige Terme, die man dann *Axiome* nennt. Mittels – ebenfalls vereinbarter und standardisierter – Schlussregeln erhält man aus den Axiomen neue Terme, die man dann *Theoreme* nennt. Mathematiker nennen einen aus Axiomen hergeleiteten Term häufig nicht „Theorem", sondern etwa „Proposition", „Lemma",

Tabelle 1.10: BOOLE'sche Formeln für Prädikate und Prädikatverbindungen. Derartige Formeln finden sich bei BOOLE in einem etwas anderen Kontext.

Prädikat	Evaluierungsfunktion
X	x
nicht-X	$1 - x$
X und Y	xy
X oder Y oder beides	$x + y - xy$
entweder X oder Y	$x + y - 2xy$
All-Prädikat	1
Null-Prädikat	0

Tabelle 1.11: Das Beispiel von GEORGE BOOLE zur Aufzählung der ja/nein-Möglichkeiten von drei Prädikaten (Originalzitat 1.10, eigene Übersetzung). Mit dem Ausdruck „1 = Summe" meint BOOLE, dass die Summe der acht kombinierten Evaluierungsfunktionen in der Tabelle gleich der konstanten Funktion 1 ist.

	Fälle	Selektoren
1.	Es regnet, hagelt und gefriert,	xyz
2.	Es regnet und hagelt, aber es gefriert nicht	$xy(1 - z)$
3.	Es regnet und gefriert, aber es hagelt nicht	$xz(1 - y)$
4.	Es gefriert und hagelt, aber es regnet nicht	$yz(1 - x)$
5.	Es regnet, aber es hagelt nicht und gefriert nicht	$x(1 - y)(1 - z)$
6.	Es hagelt, aber es regnet nicht und gefriert nicht	$y(1 - x)(1 - z)$
7.	Es gefriert, aber es hagelt nicht und regnet nicht	$z(1 - x)(1 - y)$
8.	Es regnet nicht, hagelt nicht und gefriert nicht	$(1 - x)(1 - y)(1 - z)$

$$1 = \text{Summe}$$

„Satz" oder „Folgerung". Diese Begriffe sind in der Regel nicht formalisiert, man verwendet sie häufig informell, manchmal, um auf den Stellenwert oder die Schwierigkeit des Beweises hinzuweisen, und manchmal einfach deshalb, weil es weniger formal klingt.

Mit der axiomatischen Methode geht eine größere Abstraktion einher. Die Argumentation darf sich nicht mehr auf ein „intuitives" Verstehen der Begriffe stützen, sie muss formal werden. Die Gültigkeit eines Theorems beruht allein auf der Gültigkeit der Axiome und der Ableitungsregeln. Trotzdem spielt die Intuition noch eine wichtige Rolle: Sie wählt aus, welche Axiome sinnvoll und welche Theoreme der Mühe eines Beweises wert sind. Auch Beweise lassen sich auf verschiedene Weisen führen: Manche sind intuitiv leichter nachvollziehbar als andere.

Die größere Abstraktion macht nicht nur Schwierigkeiten, sie hat auch Vorteile. Angenommen, wir haben ein System von Axiomen und abstrakt bewiesenen Theoremen. Und weiter angenommen, wir stellen in einem bestimmten Kontext fest, dass die Axiome sinnvoll interpretierbar und gültig sind. Dann folgt, dass in eben diesem bestimmten Kontext auch die Theoreme gültig sind – ebenso behält jeder abstrakte Beweis seine Gültigkeit. Das ist der Standpunkt des *postmodernen Formalisten*: Wir wollen nicht die Welt als Ganzes erklären, aber wir wollen bestimmte Teile der Welt mit Hilfe formaler Systeme verstehen. Aus Ingenieursicht erweisen sich derartige formale Systeme als hilfreich für eigene Konstruktionen.

Ein Beispiel für diese Vorgehensweise ist die Quantenlogik. Wir bauen ein formales System auf, das die Ergebnisse bestimmter physikalischer Experimente richtig vorhersagt. Aber die dabei gelernte Mathematik lässt sich auch in vielen anderen Kontexten sinnvoll anwenden – ohne dass wir unterstellen müssen, dass die Welt auf jeden Fall so aufgebaut ist.

1.2.3 Eine Formelsprache

Wie erwähnt, ist die *Begriffsschrift* von GOTTLOB FREGE die erste, in der der radikale Anspruch einer vollständigen Formalisierung der Aussagenlogik verwirklicht ist. Allerdings ist das Resultat „eine Formelsprache in der zweifachen Ausdehnung der Schreibfläche" und „hat sich in der modernen formalen Logik nicht durchgesetzt." [23, S. 88]. Deshalb verwenden wir hier eine mehr verbreitete Formelsprache, wobei wir uns wie FREGE auf die Aussagenlogik konzentrieren. Unsere Formelsprache benutzt

$$\textit{Variablennamen:}\quad a, b, c, \ldots, p, q, r, \ldots \quad \text{und} \qquad (1.8)$$

$$\textit{Feste Symbole:}\quad \vee, \wedge, \neg, \mathsf{w}, \mathsf{f}, (,). \qquad (1.9)$$

Auf die genaue Aussprache der festen Symbole kommt es in der formalen Sprache nicht an. Um dennoch die Terme lesen zu können, vereinbaren wir für die festen Symbole (außer den Klammern) die folgenden Ausspracheregeln:

Zeichen:	$\vee$	$\wedge$	$\neg$	w	f
sprich:	„Vase"	„Dach"	„Haken"	„wahr"	„falsch"

Die künstliche Sprache besteht aus Zeichenketten aus diesen Zeichen, die *Terme* genannt werden. Die Regeln zum Aufbau von Termen sind folgende:

1. Jeder Variablenname ist ein Term.

2. Die festen Symbole w und f sind Terme.

3. Ist p eine Term, dann ist auch $\neg(p)$ ein Term. Gemäß der obigen Vereinbarung zur Aussprache ist dieser Term so zu lesen: „Haken Klammer auf p Klammer zu".

4. Sind p und q Terme, dann sind auch $(p) \vee (q)$ und $(p) \wedge (q)$ Terme. Gemäß der obigen Vereinbarung zur Aussprache ist zum Beispiel der erste Term so zu lesen: „Klammer auf p Klammer zu Vase Klammer auf q Klammer zu".

Dadurch sind längere Terme möglich. Als Beispiel verwenden wir a und b als Variablennamen und konstruieren einen längeren Term wie folgt:

$$
\begin{array}{ll}
a & \text{Term nach Regel (i)} \\
b & \text{Term nach Regel (i)} \\
(a) \vee (b) & \text{Term nach Regel (iv)} \\
\neg((a) \vee (b)) & \text{Term nach Regel (iii)} \\
(b) \wedge (\neg((a) \vee (b))) & \text{Term nach Regel (iv)} \\
(a) \vee ((b) \wedge (\neg((a) \vee (b)))) & \text{Term nach Regel (iv).} \quad (1.10)
\end{array}
$$

Die Klammern machen klar, in welcher Reihenfolge die Regeln bei der Konstruktion des Terms angewandt wurden. Andererseits wirkt der Term in (1.10) mit Klammern überladen. Deshalb verwenden wir noch zwei Regeln zur Reduktion von Klammern:

(v) Ist p ein beliebiger Term, dann kann eine Klammer um einen Term der Form $\neg(p)$ weggelassen werden.

(vi) Klammern um einzelne Variablen können weggelassen werden.

Wir können also unsere oben begonnene Termkonstruktion fortsetzen:

$$
\begin{array}{ll}
(a) \vee ((b) \wedge (\neg((a) \vee (b)))) & \text{Term nach (1.10)} \\
(a) \vee ((b) \wedge \neg((a) \vee (b))) & \text{nach Regel (v)} \\
a \vee (b \wedge \neg(a \vee b)) & \text{nach Regel (vi).}
\end{array}
$$

Einen Term der Formelsprache, der nach den Regeln (i)–(vi) konstruiert ist, nennen wir einen *aussagenlogischen Term*.

1.2.4 Syntax und Semantik

Die obigen Regeln definieren die *Syntax* der künstlichen Sprache. Damit das Ganze etwas mit Logik zu tun hat, muss es auch eine *Semantik* geben, das heißt jeder Term muss eine *Bedeutung* haben – erst dadurch wird ein Term zu einer *Aussage*. Ein Term, der eine oder mehrere Variablen enthält, ist eine *Aussageform*, aber noch keine Aussage. Indem man für jede der Variablen eine Aussage einsetzt wird aus dem Term eine Aussage. Betrachten wir als Beispiel den Term $a \wedge b$ und die beiden Aussagen

a : „es regnet", und

b : „es ist kalt".

Setzt man diese in den Term $a \wedge b$ ein, dann sind verschiedene Formulierungen für die zusammengesetzte Aussage möglich, zum Beispiel:

- Es regnet und es ist kalt.
- Es ist kalt und gleichzeitig regnet es.

Ein wichtiger Bestandteil der Bedeutung einer Aussage ist deren *Wahrheitswert*, also ob die Aussage *wahr* oder ob sie *falsch* ist. Die Logik konzentriert sich traditionell auf diesen Bestandteil. Beim Formalisieren konzentriert man sich auch bei zusammengesetzten Aussagen auf deren Wahrheitswert. Außerdem nimmt man an, dass sich der Wahrheitswert der zusammengesetzten Aussage *kompositionell* aus den Wahrheitswerten der Einzelaussagen zusammen setzt, das heißt, der Wahrheitswert eines aussagenlogischen Terms ist allein durch die Form des Terms und die Wahrheitswerte der einzelnen Aussagen bestimmt.

Um den Wahrheitswert einer zusammengesetzten Aussage zu bestimmen, interpretieren wir zunächst die einzelnen Symbole. Die festen Symbole $\wedge$ und $\vee$ sollen jeweils zwei Aussagen verknüpfen und werden deshalb als *zweistellige Verknüpfungen* bezeichnet. Das feste Symbol $\neg$ soll den Wahrheitswert der ihm folgenden Aussage verändern, es stellt eine *einstellige Operation* dar. Die beiden Symbole $\top$ und $\bot$ sollen *Konstanten* darstellen und erhalten deshalb die *Stelligkeit* Null. Für die festen Symbolen verwenden wir die in Tabelle 1.12 aufgeführten Zuordnungen.

Tabelle 1.12: Bedeutungen der festen Symbole der Aussagenlogik.

Symbol	Bezeichnung(en)	Stelligkeit	Deutung in Alltagssprache
$\vee$	*Adjunktion*	2	Verknüpfung mit nicht-ausschließendem „oder"
$\wedge$	*Konjunktion*	2	Verknüpfung mit „und"
$\neg$	*Negation*	1	Verneinung
w	*Tautologie*	0	stets wahre Aussage
f	*Kontradiktion*	0	stets falsche Aussage

Die mit dem Zeichen $\vee$ dargestellte „Oder"-Verknüpfung wird in Logik-Texten häufig als *Disjunktion* bezeichnet. Wir bevorzugen die Bezeichnung *Adjunktion*, lateinisch für „Hinzufügung", weil es den nicht-ausschließenden Charakter besser zur Geltung bringt. Das Wort „Disjunktion" bedeutet dagegen „Unterscheidung", wodurch nahegelegt wird, dass nur eine der Aussagen wahr sein könne, dass sich also die Aussagen gegenseitig ausschließen. Wir werden in Kapitel 7 auch ein ausschließendes „Oder" verwenden und dieses dann als *exklusive Adjunktion* oder als *Disjunktion* bezeichnen.

Die mit dem Zeichen $\wedge$ dargestellte „Und"-Verknüpfung wird meist als *Konjunktion*, auf deutsch „Zusammentreffen", bezeichnet. In der Umgangssprache wird damit manchmal eine Reihenfolge verbunden, die in der BOOLE'schen Logik keine Rolle spielt. Wir werden jedoch in Kapitel 7 sehen, dass mit Hilfe der Quantenlogik auch der Bedeutung einer Reihenfolge bei einer „Und"-Verknüpfung Rechnung getragen werden kann.

Als nächstes bestimmen wir, welchen Einfluss die einzelnen Symbole auf den Wahrheitswert haben. Zur Analyse dieses Einflusses beschreiben wir zwei Möglichkeiten, die beide durch die Arbeit von GEORGE BOOLE motiviert sind: Wahrheitstafeln und Evaluierungsfunktionen.

Aufbau von Wahrheitstafeln

Jede Aussage ist entweder „wahr" oder „falsch". Indem man alle Möglichkeiten durchspielt, erhält man für jedes der festen Symbole $\vee$, $\wedge$, $\neg$, w und f einen eigenen *Wahrheitswerteverlauf*. Anstelle der BOOLE'schen Bezeichnungen „0" für „falsch" und „1" für „wahr" verwendet man in Wahrheitstafeln häufig einfach w für „wahr" und f für „falsch", wie in Tabelle 1.13.

Tabelle 1.13: Wahrheitstafeln für Adjunktion $\vee$, Konjunktion $\wedge$, Negation $\neg$, Tautologie w und Kontradiktion f.

Aussagen	a	b	$a \vee b$	$a \wedge b$	a	$\neg a$
Wahrheitswerte	w	w	w	w	w	f
	w	f	w	f	f	w
(w = wahr)	f	w	w	f		
(f = falsch)	f	f	f	f		

Um den Wahrheitswerteverlauf eines zusammengesetzten Terms zu ermitteln, spielt man alle Möglichkeiten durch, die im Term vorkommenden Variablen mit Wahrheitswerten wahr oder falsch zu belegen – bei $n \geqslant 0$ Variablen sind das 2^n Möglichkeiten. Die Wahrheitstafel zu einem zusammengesetzten Term baut man am besten schrittweise auf, indem man dem Aufbau des Terms folgt. Als Beispiel konstruieren wir die Wahrheitstafel für den Term $a \vee (b \wedge \neg a)$, den wir in (1.10) schrittweise aufgebaut haben:

a	b	$\neg a$	$b \wedge \neg a$	$a \vee (b \wedge \neg a)$
w	w	f	f	w
w	f	f	f	w
f	w	w	w	w
f	f	w	f	f

(1.11)

Verwendung einer Evaluierungsfunktion

Assoziiert man wie GEORGE BOOLE zum Wahrheitswert „wahr" die Zahl
1 und zum Wahrheitswert „falsch" die Zahl 0, so kann mit Wahrheitswerten rechnen, wie in Tabelle 1.10 gezeigt. Die Zuordnung einer Zahl zu einer
Aussage a nennen wir eine *Evaluierungsfunktion* und bezeichnen sie durch
eine doppelte eckige Klammer $[\![\cdot]\!]$. Da wir Evaluierungsfunktionen in unterschiedlichen Kontexten verwenden, fügen wir als Index eine Bezeichnung für
den Kontext hinzu. Im Kontext der BOOLE'schen Logik verwenden wir die
Bezeichnung

$$[\![a]\!]_{\text{Boole}} \in \{0, 1\}$$

für den Wahrheitswert der Aussage a. Mit dieser Evaluierungsfunktion kann
die Auswertung eines aussagenlogischen Terms durch Rechenoperationen auf
ganzen Zahlen ausgedrückt werden, siehe Tabelle 1.14.

Tabelle 1.14: Auswerten logischer Terme mit der Evaluierungsfunktion
$[\![\cdot]\!]_{\text{Boole}}$ der BOOLE'schen Logik.

Aussagenlogischer Term	Evaluierungsfunktion
a	$[\![a]\!]_{\text{Boole}} \in \{0, 1\}$
$\neg a$	$[\![\neg a]\!]_{\text{Boole}} = 1 - [\![a]\!]_{\text{Boole}}$
$a \wedge b$	$[\![a \wedge b]\!]_{\text{Boole}} = [\![a]\!]_{\text{Boole}} \cdot [\![b]\!]_{\text{Boole}}$
$a \vee b$	$[\![a \vee b]\!]_{\text{Boole}} = [\![a]\!]_{\text{Boole}} + [\![b]\!]_{\text{Boole}} - [\![a]\!]_{\text{Boole}} \cdot [\![b]\!]_{\text{Boole}}$
w	$[\![\text{w}]\!]_{\text{Boole}} = 1$
f	$[\![\text{f}]\!]_{\text{Boole}} = 0$

1.2.5 Logische Äquivalenz und logisches Konditional

Es kann vorkommen, dass zwei verschiedene aussagenlogische Terme p und q
den gleichen Wahrheitswerteverlauf haben. Um das symbolisch darzustellen,
verwenden wir das *Äquivalenzzeichen* „⇔" (sprich: „ist äquivalent zu"), das
wie folgt definiert ist:

$$p \Leftrightarrow q \quad \text{bedeutet} \quad \begin{array}{l} \text{die Terme } p \text{ und } q \text{ haben} \\ \text{denselben Wahrheitswerteverlauf.} \end{array} \tag{1.12}$$

Gemäß dieser Definition ist „⇔" kein Bestandteil unserer aussagenlogischen
Formelsprache – von der Formelsprache aus betrachtet gehört es zu einer *Metasprache*, einer Sprache, die Aussagen über Beziehungen zwischen Termen

der Formelsprache ermöglicht. Die durch „⇔" ausgedrückte *Beziehung* zwischen zwei Termen der Formelsprache nennen wir *logische Äquivalenz*. Zum Beispiel stimmt der Wahrheitswerteverlauf des Terms $a \vee (b \wedge \neg a)$ in (1.11) mit dem Wahrheitswerteverlauf des Terms $a \vee b$ aus Tabelle 1.13 überein. Es gilt also

$$a \vee b \Leftrightarrow a \vee (b \wedge \neg a); \tag{1.13}$$

die Terme $a \vee b$ und $a \vee (b \wedge \neg a)$ sind logisch äquivalent.

Eine Formulierung der Form *„wenn a, dann b"* wird in der Logik üblicherweise als *Implikation* oder *Konditional* bezeichnet. Die Implikation ist eine *Beziehung* zwischen zwei Aussagen a und b. Diese Beziehung besteht sicher, wenn die Aussage b immer dann wahr ist, wenn a wahr ist. Besteht die Beziehung „wenn a, dann b", und interpretiert man sie als philonische oder materiale Implikation, dann sind Situationen, in denen a wahr und b falsch ist, ausgeschlossen – nicht ausgeschlossen sind Situationen, in denen b wahr und a falsch ist. Die Situationen, in denen die Implikation richtig ist, können in zwei lateinischen Merkversen zusammengefasst werden [23, S. 113]:

Latein	Deutsch	
verum sequitur ex quodlibet	Wahres folgt aus Beliebigem	(1.14)
ex falso sequitur quodlibet	aus Falschem folgt Beliebiges	

Zur Bezeichnung der Implikation verwenden wir das *metasprachliche* Zeichen „⇒" (sprich: „impliziert") und definieren es formal durch eine Äquivalenz:

$$a \Rightarrow b \quad \text{bedeutet} \quad a \Leftrightarrow a \wedge b. \tag{1.15}$$

Wir bezeichnen die metasprachliche Formel „$a \Rightarrow b$" als *Implikation* oder *Konditional*. Die Formel drückt aus, dass zwischen den Aussagen a und b die auf der rechten Seite von Definition (1.15) stehende logische Äquivalenz gilt.

1.2.6 Subjunktion und Bisubjunktion

Eine Beziehung zwischen zwei Termen p und q der Form „$p \Leftrightarrow q$" oder „$p \Rightarrow q$" kann zutreffen oder nicht und kann deshalb auch selbst als Aussage betrachtet werden. Es ist dennoch sinnvoll, die beiden Sprachebenen auseinander zu halten: die *Formelsprache*, die aus Termen besteht, die wahr oder falsch sein können, und die *Metasprache*, in der die Gültigkeit von Aussagen oder das Bestehen von Beziehungen zwischen Aussagen behauptet wird.

Manchmal ist es praktisch, in der Formelsprache Analoga zur Implikation und zur logischen Äquivalenz zu haben. Das Analogon zur Implikation in der Formelsprache heißt *materiale Implikation* oder *Subjunktion* und wird zur Unterscheidung von der Implikation in der Formelsprache mit einem einfachen Pfeil „$\rightarrow$" bezeichnet. Das Analogon zur Äquivalenz in der Formelsprache heißt *Bisubjunktion* und wird mit einem einfachen Doppelpfeil „$\leftrightarrow$" bezeichnet. Subjunktion und Bisubjunktion sind jeweils zweistellige Verknüpfungen von Aussagen, ihre Wahrheitswertverläufe sind in Tabelle 1.15 dargestellt.

Tabelle 1.15: Wahrheitstafel mit Subjunktion $\rightarrow$ und Bisubjunktion $\leftrightarrow$.

a	b	$a \rightarrow b$	$a \leftrightarrow b$
w	w	w	w
w	f	f	f
f	w	w	f
f	f	w	w

Die folgenden Äquivalenzen sind in der klassischen Logik durch Vergleich der Wahrheitswerteverläufe leicht verifizierbar:

$$
\begin{aligned}
a \rightarrow b &\Leftrightarrow a \leftrightarrow (a \wedge b), \\
a \leftrightarrow b &\Leftrightarrow (a \rightarrow b) \wedge (b \rightarrow a), \\
a \rightarrow b &\Leftrightarrow \neg a \vee b, \\
a \leftrightarrow b &\Leftrightarrow (a \wedge b) \vee (\neg a \wedge \neg b).
\end{aligned}
\tag{1.16}
$$

1.3 Einführung in die Modallogik

Die erste Erweiterung der Aussagenlogik führt uns zu einer Analyse der logischen Bedeutung sogenannter *Modalitäten* wie zum Beispiel *möglich* oder *notwendig* oder *kontingent*. Deshalb spricht man hier auch von einer *Modallogik*. Historisch gesehen geht die Modallogik auf ARISTOTELES zurück und war später eines der wichtigsten Problemgebiete der *Scholastik* [7, S. 293].

1.3.1 Logik der möglichen Welten

Das in diesem Buch verwendete mathematische Modell der Modallogik beruht auf der Mengenlehre und ist daher ziemlich modern. Wesentliche Autoren des historischen Wegs zu dem hier verwendeten Modell sind GOTTFRIED WILHELM LEIBNIZ, der 1710 den Begriff *mögliche Welt* in die Philosophie einführte, und SAUL KRIPKE, der 1963 eine Semantik verschiedener modallogischer Systeme vorstellte [19]. Bei KRIPKES Herangehensweise ist die Modallogik eine *Logik der möglichen Welten*.

Die philosophische Schwierigkeit liegt hier im Begriff der *möglichen Welt*: Welche Welten sind „tatsächlich möglich", welche Welten sind „bloß vorstellbar", aber nicht möglich, und gibt es vielleicht Welten, die „möglich" aber „nicht vorstellbar" sind? KRIPKEs Lösung liegt in einer Formalisierung: Es genügt, eine *mögliche Welt* so zu beschreiben, dass man mittels der Beschreibung feststellen kann, ob eine gegebene Aussage in dieser Welt zutrifft oder nicht zutrifft. Damit ist weder eine intuitive Vorstellbarkeit noch eine physikalische Realisierbarkeit einer *möglichen Welt* erforderlich.

1.3.2 Modaloperatoren

Zur formelmäßigen Erfassung der Modalmodifikatoren verwendet man je nach Typ der Modallogik und Art der Modalität unterschiedliche einstellige *Modaloperatoren*. Tabelle 1.16 enthält einige verbale Beschreibungen und Zeichen für gebräuchliche Modaloperatoren.

In unserem Konzept sind insbesondere die *alethische* und die *temporale Modallogik* interessant. Wir verwenden im Folgenden das Zeichen $\Box$ für die *Notwendigkeit* und das Zeichen $\Diamond$ für die *Möglichkeit*. Angewandt auf eine gegebene Aussage a können wir mit deren Hilfe ausdrücken, ob die Richtigkeit der Aussage a *möglich* oder *notwendig* ist:

$\Box a$: Es ist notwendig, dass die Aussage a wahr ist.
Das heißt: In jeder möglichen Welt ist a wahr.

$\Diamond a$: Es ist möglich, dass die Aussage a wahr ist.
Das heißt: Es gibt eine mögliche Welt, in der a wahr ist.

Des weiteren nennt man eine Aussage *kontingent*, wenn beide Wahrheitswerte möglich sind. Das heißt: Es gibt eine mögliche Welt, in der a wahr ist und es gibt eine mögliche Welt, in der a falsch ist. Formal verwenden wir den Operator **K** mit folgender Definition:

$$\mathbf{K}a := \Diamond a \wedge \Diamond \neg a = \neg \Box a \wedge \neg \Box \neg a.$$

1.3.3 „Morgen findet eine Seeschlacht statt"

Ein bekanntes Beispiel aus Kapitel 9 der *Hermeneutik* von ARISTOTELES bezieht sich auf die Aussage

$$s := \text{„morgen findet eine Seeschlacht statt"}. \tag{1.17}$$

Tabelle 1.16: Verschiedene Typen von Modallogiken. Um die Darstellung kompakt zu halten, haben wir jeweils nur die Modaloperatoren aufgeführt und auf eine Bezeichnung der Aussagen verzichtet. Bei jedem Typ gibt es eine Modalität, die der Notwendigkeit in der alethischen Modallogik entspricht. Aus dem zugehörigen Modaloperator lassen sich bei jedem Typ die anderen Modaloperatoren ableiten, sodass in formaler Hinsicht jeweils nur ein Modaloperator benötigt wird. Die Gleichungen zeigen, dass es in jedem Typ der Modallogik eine Entsprechung zum Möglichkeitsoperator der alethischen Modallogik gibt.

Typ der Modallogik		
Modalität	Modaloperator	
Alethische (= auf Wahrheit bezogene) Modallogik		
es ist notwendig	$\mathbf{N}$	oder $\square$
es ist möglich	$\mathbf{M} = \neg\mathbf{N}\neg$	oder $\Diamond$
es ist kontingent	$\mathbf{K} = \neg\mathbf{N} \wedge \neg\mathbf{N}\neg$	oder $\neg\square \wedge \neg\square\neg$
Temporale (= auf Vergangenheit oder Zukunft bezogene) Modallogik		
es geschieht immer	$\mathbf{I}$	oder $\square$
es geschieht möglicherweise	$\mathbf{M} = \neg\mathbf{I}\neg$	oder $\Diamond$
Epistemische (= auf Wissen bezogene) Modallogik		
wir wissen	$\mathbf{W}$	
wir halten für möglich	$\mathbf{H} = \neg\mathbf{W}\neg$	
Deontische (= auf Gebot und Erlaubnis bezogene) Modallogik		
es ist geboten (*obliged*)	$\mathbf{O}$	
es ist erlaubt (*permitted*)	$\mathbf{P} = \neg\mathbf{O}\neg$	
es ist verboten (*forbidden*)	$\mathbf{F} = \mathbf{O}\neg$	
Doxastische (= auf Glauben und Vermuten bezogene) Modallogik		
ich glaube	$\mathbf{G}$	
ich vermute	$\mathbf{V} = \neg\mathbf{G}\neg$	

Wir formulieren diese Aussage unter Verwendung der Modaloperatoren $\square$ und $\lozenge$ in der temporalen Modallogik. Tabelle 1.17 zeigt den entsprechenden Text von ARISTOTELES in der Übersetzung von HERMANN WEIDEMANN und mit einer Übersetzung in unsere Formelsprache. Wir erhalten so aus dem Text von ARISTOTELES die Aussage

$$a := \underbrace{\square(s \lor \neg s)}_{Tertium\ non\ Datur} \land \underbrace{\neg\square s}_{s\ ist\ nicht\ notwendig} \land \underbrace{\neg\square\neg s}_{\neg s\ ist\ nicht\ notwendig} . \qquad (1.18)$$

Es handelt sich um eine Konjunktion von drei Aussagen. Die erste ist ein Spezialfall des Tertium non Datur, des *Prinzips vom ausgeschlossenen Dritten*. Die beiden anderen Aussagen ergeben

$$(\neg\square \land \neg\square\neg)s,$$

sind also gemäß den Formeln aus Tabelle 1.16 zusammen äquivalent zur kontingenten Aussage „morgen kann eine Seeschlacht geschehen oder nicht geschehen".

Tabelle 1.17: Das Seeschlachtbeispiel von ARISTOTELES.

Text nach ARISTOTELES [3, S. 101]	Formel
Ich meine damit,	
daß es beispielsweise zwar notwendig ist,	$\square$
daß morgen eine Seeschlacht entweder stattfinden	$(s$
oder	$\lor$
nicht stattfinden wird	$\neg s)$
,	$\land$
daß es aber nicht notwendig ist,	$\neg\square$
daß morgen eine Seeschlacht stattfindet,	s
und	$\land$
auch nicht notwendig,	$\neg\square$
daß morgen keine Seeschlacht stattfindet.	$\neg s$

Nimmt man wie ARISTOTELES das *Tertium non Datur* als gegeben an, dann findet der Text also eine natürliche Interpretation im Rahmen einer *temporalen Modallogik*. Unterschiedliche *mögliche Welten* sind zum Beispiel:

a) verschiedene Zeitpunkte in einer Welt,
b) mehrere Entwicklungsstadien einer Welt,
c) verschiedene mögliche Entwicklungen zu einem Zeitpunkt.

Zum Beispiel kann die Aussage (1.18) anhand von drei möglichen Welten α, β, γ veranschaulicht werden, wobei α die heutige Welt, β eine mögliche morgige Welt ohne Seeschlacht und γ eine mögliche morgige Welt mit Seeschlacht bezeichnet. Die Situation ist wie in Bild 1.3 dargestellt: der Wert der Evaluierungsfunktion $[\![s]\!]^{\alpha}_{\text{Boole}}$ für die mögliche Welt α im Kontext der Modallogik liegt heute noch nicht fest. Die Zahl $[\![s]\!]^{\alpha}_{\text{Boole}} \in \{0,1\}$ hängt davon ab, was morgen passiert. Die temporale Modallogik des ARISTOTELES führt dazu, dass manche Wahrheitswerte noch nicht bekannt sind – es ist eine *Logik des Noch-nicht-Seienden*.

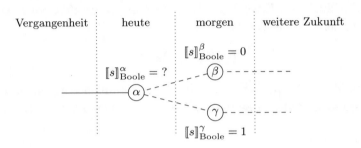

Bild 1.3: Ein Ausschnitt von drei möglichen Welten: einer heutigen Welt α und zwei morgigen Welten β und γ. Die Aussage s ist in der Welt β falsch und in der Welt γ wahr. Was morgen der Fall ist, steht heute noch nicht fest.

Ist der Lauf der Welt vorherbestimmt?

Der *philosophische Determinismus* ist die Vorstellung, dass der Lauf der Welt *determiniert*, also vorherbestimmt, ist. Die klassische Mechanik hatte den Anspruch, den Lauf der Welt vollständig zu beschreiben. Und sie stützt den philosophischen Determinismus, denn sofern alle relevanten Anfangsbedingungen bekannt sind, kommen ihre Bewegungsgleichungen immer zu eindeutig bestimmten Lösungen. Man kann dagegen nun allerdings einiges einwenden:

1. Die Sicht ist im wahrsten Sinn des Wortes mechanistisch. Der „Lauf" der Welt wird beispielsweise offensichtlich auch von kognitiven Prozessen, welche zu menschlichen Entscheidungen führen, bestimmt. Ob sich diese durch Bewegungsgleichungen adäquat beschreiben lassen, ist nicht klar.

2. Selbst wenn dem so wäre, stellt sich die Frage, ob man für jedes Problem alle relevanten Anfangsbedingungen genau genug kennen kann.

3. Etwa Anfang des zwanzigsten Jahrhunderts stellte man fest, dass die klassische Mechanik bestimmte Phänomene nicht adäquat beschreiben konnte. Aus diesem Grunde wurde sie durch die Relativitätstheorie und

die Quantenmechanik erweitert. Während man erstere durchaus als deterministisch ansehen kann, wird das bei letzterer allgemein bezweifelt.

Jedenfalls sind die Naturwissenschaften mit dem philosophischen Determinismus verbunden. Diese Problematik ist noch in der Entwicklung der Quantenmechanik spürbar: EINSTEIN, PODOLSKY und ROSEN kommen in [10] zu dem Schluss, dass die Quantenmechanik unvollständig ist, weil in ihr Messergebnisse nicht eindeutig vorhersagbar sind.

Mögliche Welten, Determinismus und Quantenmechanik

In einer Logik der möglichen Welten bedeutet *Determinismus*, dass zu jeder beliebigen Aussage a ihre Erfüllungsmenge $\Omega(a)$ von vornherein fest liegt. Damit ist dann auch für jede mögliche Welt $\omega \in \Omega$ der Wert der Evaluierungsfunktion $[\![a]\!]^\omega_{ML}$ festgelegt. Zur Auswertung eines aussagenlogischen Terms, der die Variable a enthält, in der Welt ω ist jedoch nur die Frage relevant, ob $[\![a]\!]^\omega_{ML}$ *bekannt* ist. Im mathematischen Modell spielt nur der *Informationsstand* über einen Sachverhalt eine Rolle. Ob ein Sachverhalt determiniert ist oder nicht, spielt für die Modallogik keine Rolle.

Die Quantenmechanik bietet bei unsicheren Sachverhalten eine Möglichkeit, aus einem gegebenen Informationsstand Wahrscheinlichkeiten für das Zutreffen und für das Nicht-Zutreffen des Sachverhalts zu berechnen. Die mathematischen Modelle der Quantenmechanik machen es möglich, in bestimmten Situationen eine Wahrscheinlichkeitsverteilung auf der Menge der möglichen Messergebnisse zu berechnen. Unsere Ergebnisse sind also:

1. Die Quantenmechanik liefert in Form von Wahrscheinlichkeiten exakte Beschreibungen nicht-deterministischen Verhaltens.

2. In praktischer Hinsicht ermöglichen von der Quantenmechanik inspirierte mathematische Modelle die Berechnung von Wahrscheinlichkeiten.

1.4 Einführung in die Quantenlogik

Die Quantenlogik ist ein Kind der Quantenmechanik. Die Quantenlogik hat ein bekanntes Geburtsdatum, den 4. April 1936. An diesem Tag erschien in der angesehenen Fachzeitschrift *Annals of Mathematics* ein Aufsatz mit dem Titel „*The Logic of Quantum Mechanics*" von GARRETT BIRKHOFF und JOHN VON NEUMANN [5]. Das Neue in diesem Aufsatz war die Darstellung einer engen Verbindung zwischen Logik, projektiver Geometrie und Wahrscheinlichkeiten von Messergebnissen.

In diesem Lehrbuch liegt der Fokus auf der Quantenlogik und deren technischen Anwendungen. Von diesem Standpunkt aus sind zwei Merkwürdigkeiten der Quantenmechanik interessant:

1. die Überlagerung und

2. die Verschränkung.

Zum Thema Überlagerung gibt es mit SCHRÖDINGERs *Katze* ein bekanntes und leicht zu erklärendes Gedankenexperiment, das die mathematische Struktur auf den Punkt bringt. Der Begriff Verschränkung geht ebenfalls auf ERWIN SCHRÖDINGER zurück. Wir bringen eine kurze Einführung in Abschnitt 1.4.4.

1.4.1 Zur Vorgeschichte von SCHRÖDINGERs *Katze*

Die ψ-Funktion

Das wichtigste mathematische Objekt der Quantenmechanik ist die nach ERWIN SCHRÖDINGER benannte *Wellenfunktion*, die häufig als *ψ-Funktion* bezeichnet wird. Die ψ-Funktion enthält eine vollständige Beschreibung des quantenmechanischen Zustands eines isolierten quantenmechanischen Objekts. Eine genaue mathematisch-physikalische Bestimmung ist traditionell nicht ganz einfach, wie im folgenden durch den im Jahr 1926 von ERICH HÜCKEL formulierten und auf ERWIN SCHRÖDINGER gemünzten Schüttelreim ausgedrückt wird [6]:

> „Gar Manches rechnet Erwin schon
> Mit seiner Wellenfunktion.
> Nur wissen möcht' man gerne wohl
> Was man sich dabei vorstell'n soll."

In der Folge wurden Berechnungen mit Wellenfunktionen ein wichtiger Bestandteil quantenmechanischer Forschung. Um eine übersichtliche – und deshalb weniger fehleranfällige – Methode für solche Berechnungen bereit zu stellen, entwickelte P. A. M. DIRAC 1939 eine *Ket-Bra-Notation* [9]. Diese Bezeichnung erklärt sich dadurch, dass in konkreten Rechnungen häufig Skalarprodukte auszuwerten sind, und *bracket* eine englische Bezeichnung für das Skalarprodukt ist. Die Wellenfunktion steht bei den Rechnungen meist an der zweiten Stelle des Skalarprodukts, also an der „Ket-Stelle". So wurde aus der Wellenfunktion ein *Ket-Vektor*.

Da wir uns in diesem Lehrbuch auf die mathematischen Konzepte konzentrieren, definieren wir *Ket-Vektoren* als mathematisches Objekt in einem *Skalarproduktraum*. Damit können wir sämtliche in unseren Anwendungen der Quantenlogik benötigten Rechenoperationen ohne direkten Bezug zur ψ-Funktion darstellen.

Der Kollaps der Wellenfunktion

Die Quantenmechanik beinhaltet ein mathematisches Modell für den *Kollaps der Wellenfunktion*, der häufig mit einer quantenmechanischen Messung in Verbindung gebracht wird. Wer in diesem Zusammhang das starke Wort *Kollaps* zum ersten Mal öffentlich benutzt hat, entzieht sich leider unserer Kenntnis. Die Vorstellung, dass sich die Wellenfunktion bei einer Beobachtung „unstetig" ändert, formulierte WERNER HEISENBERG wie folgt:

> Jede Beobachtung des vom Elektron kommenden Streulichts setzt einen lichtelektrischen Effekt (im Auge, auf der photographischen Platte, in der Photozelle) voraus, kann also auch so gedeutet werden, daß ein Lichtquant das Elektron trifft, an diesem reflektiert oder abgebeugt wird und dann durch die Linsen des Mikroskops nochmal abgelenkt den Photoeffekt auslöst. Im Augenblick der Ortsbestimmung, also dem Augenblick, in dem das Lichtquant vom Elektron abgebeugt wird, verändert das Elektron seinen Impuls unstetig. [11, Seite 174f.]

JOHN VON NEUMANN griff diese Idee in seinem Lehrbuch auf und formulierte sie neu, wobei er für die Messung den Buchstaben M und für die dabei zu ermittelnde Messgröße den Frakturbuchstaben $\mathfrak{R}$ verwendet:

> Wenn sich also das System zunächst in einem Zustande befindet, in dem der Wert von $\mathfrak{R}$ nicht mit Sicherheit vorausgesagt werden kann, so wird dieser Zustand durch eine Messung M von $\mathfrak{R}$ (...) in einen anderen Zustand überführt: nämlich in einen, in dem der Wert von $\mathfrak{R}$ eindeutig feststeht. Der neue Zustand, in den M das System versetzt, hängt übrigens nicht nur von der Anordnung von M ab, sondern auch vom Meßresultat von M (das im alten Zustande nicht kausal vorausgesagt werden konnte) – denn der Wert von $\mathfrak{R}$ im neuen Zustande muß ja gerade diesem M-Resultat gleich sein. [14, S. 112]

Zwei Aspekte kennzeichnen demnach eine quantenmechanische Messung:

1. Das Messergebnis kann nicht mit Sicherheit vorausgesagt werden.

2. Nach der Messung befindet sich das System in einem Zustand, der dem Messresultat entspricht. Das heißt, eine Messung kann zu einem Zustandswechsel führen.

Nicht-kommutierende Operatoren

Seine Analyse des quantenmechanischen Messprozesses führt VON NEUMANN zunächst zum Begriff der *Observablen*. Aus mathematischer Sicht ist eine Observable ein *linearer Operator*. Aus quantenlogischer Sicht ist besonders der Spezialfall des *Orthogonalprojektors* interessant, den wir in Kapitel 5 und 6 ausführlich untersuchen.

Nach VON NEUMANN gehört also zu jeder quantenmechanischer Messung ein linearer Operator. Will man nun zwei Messgrößen bestimmen, zum Beispiel *Ort* und *Impuls*, dann benötigt man zwei Operatoren. Außerdem stellt sich heraus, dass bei manchen Operatorpaaren die Häufigkeitsverteilungen der Messergebnisse davon abhängen, in welcher Reihenfolge man die Messungen durchführt. Das liegt daran, dass eine Messung zu einem Zustandswechsel führen kann. Wenn die Reihenfolge eine Rolle spielt, spricht man von *nicht-kommutierenden Operatoren*. Die Experimente zur Quantenmechanik haben ergeben, dass es zahlreiche Paare nicht-kommutierender Operatoren gibt. In Kapitel 7 untersuchen wir die Anwendung nicht-kommutierender Operatoren zur Erklärung psychologischer Phänomene.

1.4.2 *Der Beitrag von* EINSTEIN, PODOLSKY *und* ROSEN

Im Jahr 1935 erschien in den *Physical Reviews* ein vierseitiger Aufsatz mit dem Titel *„Can Quantum-Mechanical Description of Physical Reality Be Considered Complete?"* [10]. Die Autoren waren ALBERT EINSTEIN, damals Mitglied des *Institute for Advanced Study (IAS)* in Princeton, New Jersey, BORIS PODOLSKY, der 1935 vom *IAS* an die *University of Cincinnati* wechselte, und NATHAN ROSEN, damals Assistent von ALBERT EINSTEIN. Der Inhalt des Aufsatzes wird häufig einfach als *EPR-Paradoxon* referenziert. Das Thema des Aufsatzes ist die Frage, ob die SCHRÖDINGER'sche ψ-Funktion oder Wellenfunktion tatsächlich die gesamte physikalisch relevante Information über ein quantenmechanisches Objekt enthält. Hier ist die Einleitung des Aufsatzes:

> In einer vollständigen Theorie gibt es zu jedem Element der Wirklichkeit eine Entsprechung in der Theorie. Eine hinreichende Bedingung dafür, dass eine physikalische Größe real ist, ist die Möglichkeit, diese Größe mit Sicherheit vorauszusagen, ohne das System zu stören. In der Quantenmechanik schließt im Fall zweier physikalischer Größen, die durch nicht-kommutierende Operatoren beschrieben sind, die Kenntnis der einen die Kenntnis der anderen aus. Daher ist entweder (1) die durch die Wellenfunktion gegebene quantenmechanische Beschreibung der Wirklichkeit unvollständig, oder (2) die beiden Größen sind nicht gleichzeitig real. Eine Betrachtung des Problems, Voraussagen über ein System auf der Grundlage von Messungen an einem anderen System, das zuvor mit ihm interagiert hat, zu machen, führt zu dem Ergebnis, dass wenn (1) falsch ist, dass dann auch (2) falsch ist. Daraus muss man schließen, dass die Beschreibung der Wirklichkeit, die durch eine Wellenfunktion gegeben ist, nicht vollständig ist.   (Originalzitat 1.11, eigene Übersetzung)

Der Anknüpfungspunkt zur Quantenlogik ist die Anspielung auf *nicht-kommutierende Operatoren*. Die in der Quantenlogik relevanten Operatoren sind die in Kapitel 6 definierten *Orthogonalprojektoren*. In Abschnitt 6.4.5 werden wir die Verwendung des Wortes „kommutieren" im Kontext der Quantenlogik erklären. Außerdem werden wir zeigen, dass die Frage, ob zwei gegebene Orthogonalprojektoren kommutieren oder nicht, über die zu verwendenden mathematischen Strukturen entscheidet.

Aus wissenschaftshistorischer Sicht ist der zitierte Aufsatz einer der wichtigsten in der Entwicklung der Quantenmechanik, da er den „klassischen" Standpunkt, der ohne Quantenverschränkung auskommt, auf den Punkt bringt. Deshalb war das *EPR-Paradoxon* Anlass für zahlreiche experimentelle Untersuchungen zur Physik der Quantenverschränkung. Für eine Vertiefung dieses Themas siehe zum Beispiel [1].

1.4.3 SCHRÖDINGERs *Katze und „Generalbeichte"*

Die von EINSTEIN, PODOLSKY und ROSEN in [10] losgetretene Diskussion um die physikalische Realität prinzipiell messbarer Sachverhalte nahm ERWIN SCHRÖDINGER zum Anlass, im November und Dezember des Jahres 1935 in drei fortlaufenden Heften der Zeitschrift „Die Naturwissenschaften" jeweils sechs doppelspaltige Seiten zum Thema „Die gegenwärtige Situation in der Quantenmechanik" zu veröffentlichen. Im letzten dieser Beiträge findet sich in einer Fußnote, die sich auf den Aufsatz [10] bezieht, der folgende Hinweis:

> Das Erscheinen dieser Arbeit gab den Anstoß zu dem vorliegenden – soll ich sagen Referat oder Generalbeichte? [22, Fußnote auf S. 845]

SCHRÖDINGER beschreibt sein berühmtes Gedankenexperiment im ersten dieser Beiträge in folgender Weise:

> Man kann auch ganz burleske Fälle konstruieren. Eine Katze wird in eine Stahlkammer gesperrt, zusammen mit folgender Höllenmaschine (die man gegen den direkten Zugriff der Katze sichern muß): in einem GEIGERschen Zählrohr befindet sich eine winzige Menge radioaktiver Substanz, so wenig, daß im Lauf einer Stunde vielleicht eines von den Atomen zerfällt, ebenso wahrscheinlich aber auch keines; geschieht es, so spricht das Zählrohr an und betätigt über ein Relais ein Hämmerchen, das ein Kölbchen mit Blausäure zertrümmert. Hat man dieses ganze System eine Stunde lang sich selbst überlassen, so wird man sich sagen, daß die Katze noch lebt, *wenn* inzwischen kein Atom zerfallen ist. Der erste Atomzerfall würde sie vergiftet haben. Die ψ-Funktion des ganzen Systems würde das so zum Ausdruck bringen, daß in ihr die lebende und die tote Katze (s. v. v.) zu gleichen Teilen gemischt oder verschmiert sind. [20, S. 812]

Die Abkürzung „s. v. v." steht in diesem Text für *sit venia verbo*, lateinisch für „man verzeihe das Wort". Er entschuldigt sich also für die Aussage, die lebende und die tote Katze seien „zu gleichen Teilen gemischt oder verschmiert" – in der Tat ist eine solche Aussage kaum mit der oben beschriebenen Situation der Katze in Einklang zu bringen. Wir verwenden für diesen Zustand den Ausdruck *Überlagerung*. In der Physik hat sich für derlei Überlagerungen das Wort *Katzenzustand* eingebürgert.

In Bild 1.4 ist die von SCHRÖDINGER beschriebene Überlagerung grafisch dargestellt. Die Möglichkeit dieser Darstellung rechtfertigt die Bezeichnung *Projektionswahrscheinlichkeiten* für die Flächeninhalte der grau gezeichneten Quadrate. Damit verweist Bild 1.4 auf die Berechnung von Projektionswahrscheinlichkeiten, was wohl das wichtigste Thema dieses Lehrbuchs ist.

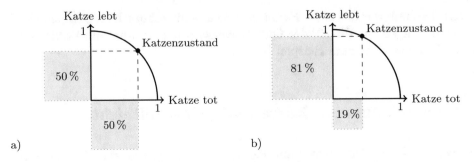

Bild 1.4: Der Zustand von SCHRÖDINGERs Katze ist auf dem Kreisbogen markiert. Die Flächeninhalte der Quadrate addieren sich jeweils zum Flächeninhalt eines Einheitsquadrats. Beim Öffnen der Stahlkammer ist sie in Bild a) mit 50 % Wahrscheinlichkeit tot und mit 50 % Wahrscheinlichkeit lebendig und in Bild b) mit 19 % Wahrscheinlichkeit tot und mit 81 % Wahrscheinlichkeit lebendig.

Ein quantenlogisches *Tertium non Datur*

Gilt nun das *Prinzip vom ausgeschlossenen Dritten*, das *Tertium non Datur*, auch in der Quantenlogik? Nun, wenn man Überlagerungszustände als *Noch-nicht-konkret-Seiendes* betrachtet, dann bezieht sich – ganz im Sinne von ARISTOTELES – das *Tertium non Datur* nur auf konkret Seiendes und nicht auf Gegenstände, die sich in einem *Katzenzustand* befinden. Die Quantenlogik vertieft und erweitert die zweiwertige Logik insofern, als sie es erlaubt, auf der Grundlage mathematischer Modelle *Projektionswahrscheinlichkeiten* für *Noch-nicht-konkret-Seiendes* zu berechnen.

1.4.4 Historisches zum Begriff „Verschränkung"

Der Begriff der „Verschränkung" im Kontext der Quantenmechanik wurde im Jahr 1935 von ERWIN SCHRÖDINGER in folgender Weise eingeführt:

> Wir fahren fort. Daß ein Teil des Wissens in Form disjunktiver Bedingungssätze *zwischen* den zwei Systemen schwebt, kann gewiß nicht vorkommen, wenn wir die beiden von entgegengesetzten Enden der Welt heranschaffen und ohne Wechselwirkung juxtaponieren. Denn dann „wissen" die zwei ja voneinander nichts. Eine Messung an dem einen kann unmöglich einen Anhaltspunkt dafür geben, was von dem anderen zu erwarten ist. Besteht eine „Verschränkung der Voraussagen", so kann sie offenbar nur darauf zurückgehen, daß die zwei Körper früher einmal im eigentlichen Sinn *ein* System gebildet, das heißt in Wechselwirkung gestanden, und *Spuren* aneinander hinterlassen haben. Wenn zwei getrennte Körper, die einzeln maximal bekannt sind, in eine Situation kommen, in der sie aufeinander einwirken, und sich

wieder trennen, dann kommt regelmäßig das zustande, was ich eben *Verschränkung* unseres Wissens um die beiden Körper nannte. [21, S. 827]

Interessant an diesem Zitat ist der etwas launig klingende Anfang. Aus Sicht der Logik ist es kein Problem, Eigenschaften zweier Systeme, die sich gegenseitig bedingen, als „Bedingungssätze" zu formulieren, etwa

- „Wenn Körper A rot ist, dann ist Körper B grün" oder

- „Wenn System A nach links fliegt, dann fliegt System B nach rechts".

Die Formulierung „in Form disjunktiver Bedingungssätze" bedeutet hier eine Liste von Bedingungssätzen, in der alle möglichen Messergebnisse enthalten sind. Eine „Verschränkung der Voraussagen" kann in solchen Bedingungssätzen formuliert werden, wie in unseren Beispielen gezeigt.

1.4.5 Quantenmechanisch versus quanteninspiriert

Dieser Abschnitt ist der Darstellung der Unterschiede zwischen Quantenmechanik, Quantenlogik und unseren quanteninspirierten algorithmischen Anwendungen gewidmet. Um bei dem Bild der Quantenlogik als Kind der Quantenmechanik zu bleiben, könnte man die verwandtschaftlichen Verhältnisse zwischen Quantenmechanik, Quantenlogik und quanteninspirierten Algorithmen als Mutter-Kind-Enkel-Beziehung beschreiben. In Bild 1.5 ist diese Beziehung grafisch dargestellt.

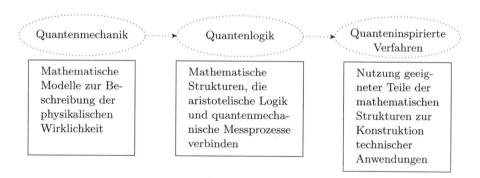

Bild 1.5: Die Quantenmechanik führte zur Quantenlogik und diese dann zu den in diesem Lehrbuch behandelten quanteninspirierten Verfahren

Die Quantenmechanik ist ein Höhepunkt der Naturwissenschaften, die Quantenlogik entstand aus mathematischen Ähnlichkeiten zwischen Strukturen der Logik und mathematischen Modellen für quantenmechanische Messprozesse, und quanteninspirierte Verfahren verwenden Teile dieser mathematischen Strukturen zur Konstruktion technischer Anwendungen. Entsprechende quanteninspirierte Algorithmen müssen jedoch nicht unbedingt auf Quantenrechnern abgearbeitet werden.

Quantenrechner benutzen konstruktionsbedingt quantenmechanische Effekte und quantenmechanische Messvorgänge. Wiederholt man, wie es bei Quantenrechnern üblich ist, gleichartige Messvorgänge genügend oft, dann erhält man eine Messstatistik. Bild 1.6 zeigt den Zusammenhang zwischen einzelnen Quantenmessungen und Messstatistiken. Um eine Messstatistik zu bestimmen, benötigt man allerdings nicht unbedingt einen Quantenrechner. Wir werden in Kapitel 7 quanteninspirierte Verfahren vorstellen, welche effizient auf klassischen Digitalrechnern implementierbar sind.

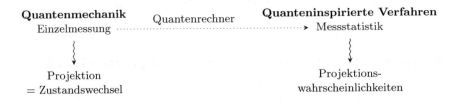

Bild 1.6: Zusammenhang zwischen Quantenmechanik und quanteninspirierten Verfahren und Zuordnung zu Vorgängen in Quantenrechnern.

1.5 Zitate in Originalsprache

Originalzitat 1.1 ARISTOTELES, *Analytica priora 24b18:*

συλλογισμὸς δέ ἐστι λόγος ἐν ὧι τεθέντων τινῶν ἕτερόν τι τῶν κειμένων ἐξ ἀνάγκης συμβαίνει τῶι ταῦτα εἶναι.

Originalzitat 1.2 ARISTOTELES, *Analytica priora 25b32:*

εἰ γὰρ τὸ Α κατὰ παντὸς τοῦ Β καὶ τὸ Β κατὰ παντὸς τοῦ Γ, ἀνάγκη τὸ Α κατὰπαντὸς τοῦ Γ κατηγορεῖσθαι·

Originalzitat 1.3 CONSTANTIN PIRON [17, p. 440]

Si a et b sont deux propositions, il peut se présenter le cas suivant:

«b est vraie chaque fois que a est vraie».

Nous noterons cette relation: $a \leqslant b$ et $a = b$ signifiera $a \leqslant b$ et $b \leqslant a$.

Originalzitat 1.4 CONSTANTIN PIRON [17, p. 440]

Axiome O: La relation $\leqslant$ est une relation d'ordre, c'est-à-dire:

$$O_1 \quad a \leqslant a \quad \forall a, \qquad O_2 \quad a \leqslant b \quad \text{et} \quad b \leqslant c \quad \Rightarrow \quad a \leqslant c.$$

Originalzitat 1.5 CHARLES S. PEIRCE [16, p. 318]

Inclusion in or *being as small as* is a *transitive* relation. The consequence holds that*

$$\text{If} \quad x \prec y ,$$
$$\text{and} \quad y \prec z ,$$
$$\text{then} \quad x \prec z .$$

Equality is the conjunction of being as small as and its converse. To say that $x = y$ is to say the $x \prec y$ and $y \prec x$.

Being less than is being as small as with the exclusion of the converse. To say that $x < y$ is to say $x \prec y$, and that it is not true that $y \prec x$.

Being greater than is the converse of being less than. To say that $x > y$ is to say that $y < x$.

* I use the sign $\prec$ in place of $\leq$. My reasons for not liking the latter sign are that it cannot be written rapidly enough, and that it seems to represent the relation it expresses as being compound of two others which in reality are complications of this. [...]

Originalzitat 1.6 GEORGES BOOLE [8, p. 15]

Let us employ the symbol 1, or unity, to represent the Universe, and let us understand it as comprehending every conceivable class of objects whether actually existing or not, it being premised that the same individual may be found in more than one class, inasmuch as it may possess more than one quality in common with other individuals. Let us employ the letters X, Y, Z, to represent the individual members of classes, X applying to every member of one class, as members of that particular class, and Y to every member of another class as members of such class, and so on, according to the received language of treatises of Logic.

Originalzitat 1.7 GEORGES BOOLE [8, p. 15f.]

Further let us conceive a class of symbols x, y, z, possessed of the following character.

The symbol x operating upon any subject comprehending individuals or classes, shall be supposed to select from that subject all the Xs which it contains. In like manner the symbol y, operating upon any subject, shall be supposed to select from it all individuals of the class Y which are comprised in it, and so on.

When no subject is expressed, we shall suppose 1 (the Universe) to be the subject understood, so that we shall have

$$x = x \quad (1),$$

the meaning of either term being the selection from the Universe of all the Xs which it contains, and the result of the operation being in common language, the class X, $i.\ e.$ the class of which each member is an X.

Originalzitat 1.8 GEORGES BOOLE [8, p. 21]

4. To express the Proposition, Some Xs are Ys.

If some Xs and Ys, there are some terms in common to the classes X and Y. Let those terms constitute a separate class V, to which there shall correspond a separate elective symbol v, then

$$v = xy \quad (6).$$

And as v includes all terms common to the classes X and Y, we can indifferently interpret ist, as Some Xs, Some Ys.

Originalzitat 1.9 GEORGES BOOLE [8, p. 26]

All Xs are Ys,	$x(1 - y) = 0$,	....A.
No Xs are Ys,	$xy = 0$,	....E.
Some Xs are Ys,	$v = xy$,	....I.
Some Xs are not Ys,	$v = x(1 - y)$,	....O.

Originalzitat 1.10 GEORGES BOOLE [8, p. 50]

	Cases.	Elective expressions.
1st	It rains, hails, and freezes,	xyz
2nd	It rains and hails, but does not freeze	$xy(1-z)$
3rd	It rains and freezes, but does not hail	$xz(1-y)$
4th	It freezes and hails, but does not rain	$yz(1-x)$
5th	It rains, but neither hails nor freezes	$x(1-y)(1-z)$
6th	It hails, but neither rains nor freezes	$y(1-x)(1-z)$
7th	It freezes, but neither hails nor rains	$z(1-x)(1-y)$
8th	It neither rains, hails, nor freezes	$(1-x)(1-y)(1-z)$

$$1 = \text{sum}$$

Originalzitat 1.11 ALBERT EINSTEIN, BORIS PODOLSKY *und* NATHAN ROSEN [10]

In a complete theory there is an element corresponding to each element of reality. A sufficient condition for the reality of a physical quantity is the possibility of predicting it with certainty, without disturbing the system. In quantum mechanics in the case of two physical quantities described by non-commuting operators, the knowledge of one precludes the knowledge of the other. Then either (1) the description of reality given by the wave function in quantum mechanics is not complete or (2) these two quantities cannot have simultaneous reality. Consideration of the problem of making predictions concerning a system on the basis of measurements made on another system that had previously interacted with it leads to the result that if (1) is false then (2) is also false. One is thus led to conclude that the description of reality as given by a wave function is not complete.

Literatur

1. Aczel, A.D.: Entanglement : the greates mystery in physics. Wiley (2003)
2. Aristoteles: Werke in deutscher Übersetzung; 3,1,1. Analytica Priora; Buch I. Akademie Verlag (2007). Übersetzt und erläutert von Theodor Ebert und Ulrich Nortmann.
3. Aristoteles: Hermeneutik / Peri Hermeneias. de Gruyter (2015). Herausgegeben, übersetzt und erläutert von Hermann Weidemann.
4. Aristoteles: Werke in deutscher Übersetzung; 3,1,2. Analytica Priora; Buch II. de Gruyter (2015). Übersetzt von Niko Strobach und Marko Malink, erläutert von Niko Strobach.
5. Birkhoff, G., von Neumann, J.: The logic of quantum mechanics. Annals of Mathematics **37**(4), 823–843 (1936). URL http://www.jstor.org/stable/1968621
6. Bloch, F.: Heisenberg and the early days of quantum mechanics. Physics Today **29**(12), 23–27 (1976)
7. Bocheński, J.M.: Formale Logik. Alber, Freiburg/München (1956)
8. Boole, G.: The Mathematical Analysis of Logic : Being an Essay Towards a Calculus of Deductive Reasoning. Macmillan, Cambridge (1847)
9. Dirac, P.A.M.: A new notation for quantum mechanics. Proceedings of the Cambridge Philosophical Society **35**(3), 416 (1939). DOI 10.1017/S0305004100021162
10. Einstein, A., Podolsky, B., Rosen, N.: Can Quantum-Mechanical Description of Physical Reality Be Considered Complete? Phys. Rev. **47**, 777–780 (1935). DOI 10.1103/PhysRev.47.777. URL https://link.aps.org/doi/10.1103/PhysRev.47.777
11. Heisenberg, W.: Über den anschaulichen Inhalt der quantentheoretischen Kinematik und Mechanik. Zeitschrift für Physik **43**(3), 172–198 (1927). DOI 10.1007/BF01397280. URL https://doi.org/10.1007/BF01397280
12. Maier, H.: Die Syllogistik des Aristoteles I. Georg Olms Verlag, Hildesheim (1969)
13. Menne, A.: Einführung in die formale Logik. Wissenschaftliche Buchgesellschaft Darmstadt, Darmstadt (1985)
14. von Neumann, J.: Mathematische Grundlagen der Quantenmechanik. Springer, Berlin (1932). Nachdrucke 1981 und 1996
15. Peirce, B.: Linear Associative Algebra. Washington City (1870)
16. Peirce, C.S.: Description of a notation for the Logic of Relatives, resulting from an Amplification of the Conceptions of Boole's Calculus of Logic. Memoirs of the American Academy of Arts and Sciences pp. 317–378 (1873)
17. Piron, C.: Axiomatique quantique. Helvetica Physica Acta pp. 439–468 (1964)
18. Pongratz, L.J.: Philosophie in Selbstdarstellungen / 1. Meiner, Hamburg (1975)
19. Schirn, M.: Kripke. In: J. Nida-Rümelin (ed.) Philosophie der Gegenwart in Einzeldarstellungen: von Adorno bis v. Wright, Kröners Taschenausgabe. Kröner, Stuttgart (1991)
20. Schrödinger, E.: Die gegenwärtige Situation in der Quantenmechanik. Die Naturwissenschaften **23**(48), 807–812 (1935)
21. Schrödinger, E.: Die gegenwärtige Situation in der Quantenmechanik. Die Naturwissenschaften **23**(49), 823–828 (1935)
22. Schrödinger, E.: Die gegenwärtige Situation in der Quantenmechanik. Die Naturwissenschaften **23**(50), 844–849 (1935)
23. Wille, M., Frege, G.: Gottlob Frege : Begriffsschrift, eine der arithmetischen nachgebildeten Formelsprache des reinen Denkens. Springer Spektrum, Berlin (2018)

Kapitel 2
Grundlegende mathematische Strukturen

Die Wissenschaften der Logik und der Mathematik sind ungefähr gleich alt und haben sich lange Zeit weitgehend unabhängig voneinander entwickelt. Im neunzehnten Jahrhundert begann jedoch eine Beziehung zwischen den beiden Wissenschaften, die sich für beide Seiten als äußerst fruchtbar erweisen sollte. Ein entscheidender Schritt war die Publikation eines Aufsatzes im Jahr 1847 von GEORGE BOOLE [2]. Der Aufsatz trägt den Titel "The Mathematical Analysis of Logic" und den Untertitel "Being an Essay Towards a Calculus of Deductive Reasoning". Das Ziel dieses Aufsatzes war es, die Mathematik als „Kunst des Rechnens" (*Calculus*) auf die Logik als „Kunst des deduktiven Denkens" (*Deductive Reasoning*) anzuwenden. In der Folge entstand bei zahlreichen Wissenschaftlern die Erkenntnis, dass der umgekehrte Weg eigentlich viel fruchtbarer sei: die Anwendung des deduktiven Denkens in der Mathematik und letztlich die Begründung der Mathematik durch die Logik. Früchte dieses Weges sind die Entwicklungen der Mengenlehre und der abstrakten Algebra. Doch damit ist der Weg noch nicht zu Ende: Untersucht man nun umgekehrt die Logik mit Hilfe der neuen mathematischen Methoden, dann zeigt sich ein unglaublich facettenreiches Bild des deduktiven Denkens.

Unser Ziel in diesem Kapitel ist es, einen großen Teil der für die folgenden Kapitel grundlegenden mathematischen Strukturen aufzubauen und deren Bezüge zur Logik zu beschreiben. Wir beginnen mit der Mengenlehre und bauen anschließend die zum Verständnis der Quantenlogik erforderlichen mathematischen Strukturen auf. In Bild 2.1 ist eine enge Verbindung dieser Strukturen zur klassischen Logik dargestellt, was den Umstand unterstreicht, dass es sich bei der Quantenlogik tatsächlich um eine *Logik* handelt. Wir beschränken uns hier auf das Minimum dessen, was zum Verständnis der engen Verwandtschaft zwischen klassischer Logik und Quantenlogik notwendig ist. Dennoch sind manche Konzepte zunächst schwer verständlich. Daher bemühen wir uns sowohl um logisch vollständige Beschreibungen, die kein Hintergrundwissen erfordern, als auch darum, praktische Beispiele und, wann immer möglich, Bilder zur Veranschaulichung anzugeben.

© Springer-Verlag GmbH Deutschland, ein Teil von Springer Nature 2023
G. Wirsching et al., *Quantenlogik*, https://doi.org/10.1007/978-3-662-66780-4_2

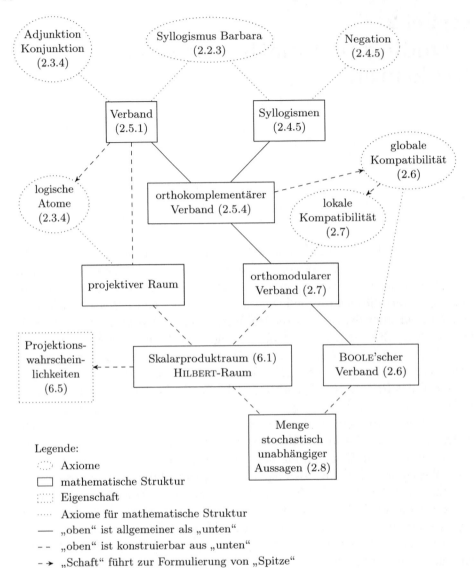

Bild 2.1: Aufbau der für die Quantenlogik benötigten mathematischen Strukturen von der antiken Logik der Syllogismen bis zur Berechnung von Projektionswahrscheinlichkeiten. Die Ziffern in Klammern verweisen auf den Abschnitt, in dem das Thema behandelt ist.

2.1 Mengenlehre

Die sprachliche Grundlage dieses Lehrbuchs ist die *naive Mengenlehre*. In ihrer Klarheit unübertroffen ist die klassische Definition des Begriffs „Menge" nach GEORG CANTOR (1845–1918):

> Unter einer „Menge" verstehen wir jede Zusammenfassung M von bestimmten wohlunterschiedenen Objekten m unserer Anschauung oder unseres Denkens (welche die „Elemente" von M genannt werden) zu einem Ganzen. [3]

Formal verwenden wir zur Kennzeichnung einer Menge die geschweifte Mengenklammer, zum Beispiel

$$M := \{7, 2, 4\}.$$

Diese Formel ist so zu lesen:

> „Wir verwenden im aktuellen Kontext den Buchstaben M zur Bezeichnung der Menge, die genau die drei Elemente 7, 2 und 4 enthält."

Der Doppelpunkt vor dem Gleichheitszeichen drückt aus, dass an dieser Stelle die Verwendung des Buchstaben M im aktuellen Kontext definiert wird.

Um auszudrücken, dass ein Objekt x ein *Element* einer Menge M ist, verwenden wir die Formel $x \in M$, zum Beispiel

$$7 \in M.$$

Um auszudrücken, dass ein Objekt x nicht in einer Menge M enthalten ist, verwenden wir die Formel $x \notin M$, zum Beispiel

$$8 \notin M.$$

2.1.1 Beschreibung von Mengen

Eine *Menge* kann auf verschiedene Arten beschrieben werden. Es folgt eine unvollständige Liste:

1. Durch explizites Aufzählen ihrer Elemente, zum Beispiel $M := \{7, 2, 4\}$. Wir weisen hier auf zwei wichtige Eigenschaften des CANTOR'schen Mengenbegriffs hin:

   a. Mehrfachaufzählung gleicher Elemente verändern die Menge nicht, zum Beispiel
   $$\{7, 7, 2, 4\} = \{7, 2, 4\}.$$

   b. Die Reihenfolge der Aufzählung spielt keine Rolle, zum Beispiel
   $$\{7, 2, 4\} = \{2, 4, 7\}.$$

2. Durch implizites Aufzählen ihrer Elemente. Zum Beispiel können wir zu einer gegebenen natürlichen Zahl n die Menge der natürlichen Zahlen, die nicht größer als n sind, wie folgt beschreiben: $\{1, \ldots, n\}$.

3. Durch das Verwenden etablierter Bezeichner, zum Beispiel

$$\mathbb{N} = \{1, 2, 3, \ldots\} \qquad \text{für die Menge der natürlichen Zahlen und}$$
$$\mathbb{Z} = \{\ldots, -1, 0, 1, 2, \ldots\} \quad \text{für die Menge der ganzen Zahlen.}$$

4. Durch eine Formel, zum Beispiel

$$\mathbb{Q} = \left\{ \frac{z}{n} \,\middle|\, z \in \mathbb{Z}, n \in \mathbb{N} \right\} \qquad \text{für die Menge der rationalen Zahlen.}$$

2.1.2 Kardinalzahl

Die Anzahl der Elemente einer Menge M nennen wir ihre *Kardinalzahl* und bezeichnen sie mit

$$|M| := \text{ Anzahl der Elemente von } M. \tag{2.1}$$

Ist M eine endliche Menge mit n Elementen, dann ist also $|M| = n$. Ist M eine unendliche Menge, schreiben wir $|M| = \infty$. CANTOR hat verschiedene – und vor allem: verschieden große – Unendlichkeiten betrachtet [3]. In unserem Kontext ist es nicht nötig, zwischen verschiedenen unendlichen Kardinalzahlen zu unterscheiden. Die Gleichung $|M| = \infty$ soll hier einfach nur bedeuten, dass die Menge M nicht endlich ist. Formal definieren wir

$$|M| = \infty \quad :\Leftrightarrow \quad |M| \notin \mathbb{N}_0, \tag{2.2}$$

wobei die Zeichenfolge $:\Leftrightarrow$ als „soll definitionsgemäß bedeuten" zu lesen ist.

2.1.3 Rechnen mit Teilmengen

Wenn man bereits eine Menge hat, kann man deren *Teilmengen* oder *Untermengen* betrachten und mit diesen einige grundlegende Rechenoperationen durchführen.

Beschreibung von Teilmengen

Gebräuchliche Verfahren zur Beschreibung von Teilmengen sind zum Beispiel:

1. Durch Aussondern von Elementen mit bestimmten Eigenschaften, zum Beispiel

$$\mathbb{N}_2 = \{n \in \mathbb{N} \mid n \geqslant 2\} \qquad \text{natürliche Zahlen} \geqslant 2,$$
$$\mathbb{P} = \{p \in \mathbb{N} \mid p \text{ ist Primzahl}\} \quad \text{Primzahlen,}$$
$$\mathbb{U} = \{n \in \mathbb{N} \mid n \text{ ist ungerade}\} \quad \text{ungerade Zahlen,}$$

2. durch Aussondern mittels einer Formel, zum Beispiel

$$Q = \{z^2 \mid z \in \mathbb{N}\} \qquad \text{Quadratzahlen,}$$
$$P = \{p^n \mid p \in \mathbb{P}, n \in \mathbb{N}\} \quad \text{Primzahlpotenzen.}$$

Eine *Teilmenge* T einer Menge M enthält nur Elemente, die auch in M enthalten sind. Ist T eine Teilmenge von M, dann nennt man M auch eine *Obermenge* von T. Gibt es mindestens ein Element in M, das nicht in T enthalten ist, dann nennt man T eine *echte Teilmenge* von M. Die Menge M selbst ist die einzige „unechte" Teilmenge von M. Ist T eine echte Teilmenge von M, dann nennt man M auch eine echte Obermenge von T. Wieder ist M die einzige „unechte" Obermenge von M. Tabelle 2.1 zeigt verschiedene Formelzeichen zur Bezeichnung solcher Beziehungen zwischen Mengen.

Tabelle 2.1: Verschiedene Zeichen für Teil- oder Obermengenbeziehungen

Zeichen: Bedeutung
$T \subset M$: T ist Teilmenge von M [A]
$M \supset T$: M ist Obermenge von T [A]
$T \subseteq M$: T ist echte oder unechte Teilmenge von M
$M \supseteq T$: M ist echte oder unechte Obermenge von T
$T \subsetneq M$: T ist echte Teilmenge von M
$M \supsetneq T$: M ist echte Obermenge von T

[A] Wird im Folgenden nicht verwendet, um Missverständnisse zu vermeiden.

Die leere Menge

Die *leere Menge* ist diejenige Menge, die keine Elemente besitzt. Wir bezeichnen sie mit dem Symbol $\varnothing$. Für jede beliebige Menge M gilt $\varnothing \subseteq M$. Für jede nichtleere Menge M gilt sogar $\varnothing \subsetneq M$. Außerdem ist die leere Menge die einzige Menge mit der Kardinalzahl Null: $|\varnothing| = 0$.

Durchschnitt, Vereinigung und Differenz

Um mit Teilmengen „rechnen" zu können, bestimmen wir eine umfassende Menge M, in der sich alles abspielen soll. Gerechnet wird dann nur mit den Teilmengen $T \subseteq M$. Die Rechenoperationen werden durch logische Verknüpfungen von Aussagen der Formen „$x \in T$" und „$x \notin T$" erklärt. Um die Rechenoperationen formal zu beschreiben, wählen wir zwei Teilmengen $T_1, T_2 \subseteq M$ und verwenden die Formelzeichen $\wedge$ für die logische Und-Verknüpfung und $\vee$ für die nicht-exklusive Oder-Verknüpfung. Mit dieser Vorbereitung definieren wir die folgenden Rechenoperationen auf Teilmengen:

$$\begin{aligned} \text{Durchschnitt:} \quad & T_1 \cap T_2 := \{x \in M : x \in T_1 \wedge x \in T_2\}, \\ \text{Vereinigung:} \quad & T_1 \cup T_2 := \{x \in M : x \in T_1 \vee x \in T_2\} \quad \text{und} \\ \text{Differenz:} \quad & T_1 \setminus T_2 := \{x \in M : x \in T_1 \wedge x \notin T_2\}. \end{aligned} \quad (2.3)$$

Beispiel 2.1 *Wir betrachten den Fall* $T_1 \subseteq T_2 \subseteq M$. *Dann gelten die Mengengleichungen*

$$T_1 \cap T_2 = T_1, \quad T_1 \cup T_2 = T_2 \quad und \quad T_1 \setminus T_2 = \varnothing.$$

Jede einzelne dieser Gleichungen ist äquivalent zur Aussage $T_1 \subseteq T_2$.   □

2.1.4 Die Potenzmenge einer Menge

Zu einer beliebigen Menge M gibt es ihre *Potenzmenge*, definiert als die Menge aller Teilmengen von M:

$$\wp(M) := \{T \mid T \subseteq M\}, \quad (2.4)$$

zum Beispiel:

$$\wp(\{0, 1, 2\}) = \Big\{\varnothing, \{0\}, \{1\}, \{2\}, \{0, 1\}, \{0, 2\}, \{1, 2\}, \{0, 1, 2\}\Big\}. \quad (2.5)$$

Die Auswahl einer Teilmenge $T \subseteq M$ kann man sich so veranschaulichen, dass jedes Element von M entweder mit 0 oder mit 1 markiert wird: mit 1, wenn es in T enthalten ist, und mit 0, wenn es nicht in T enthalten ist. Hat M die Kardinalzahl n, dann ist daher die Anzahl der möglichen Auswahlen gleich der Anzahl der Binärzahlen mit n Stellen, also ist $|\wp(M)| = 2^n$.

2.1.5 Bezüge zur Logik

Die Mengenlehre hat zahlreiche Bezüge zur Logik. Wir vermerken hier zwei Bezüge zu Themen, die wir in Kapitel 1 kennen gelernt haben.

Mengen von Objekten in der BOOLE'schen Logik

In Abschnitt 1.2.1 haben wir die BOOLE'sche Logik aus der Sicht der Mengenlehre interpretiert. Unser Ergebnis war, dass diese Sicht sehr gut passt. Das Universum ist eine Menge U von Objekten oder Individuen und jede Klasse X entspricht einer Teilmenge von U. Damit lassen sich logische Operationen als Operationen auf Teilmengen von U deuten. Zum Beispiel entspricht eine Aussage der Form, eine Klasse X sei enthalten in einer Klasse Y, der mengentheoretischen Aussage, dass die X entsprechende Teilmenge in der Y entsprechenden Teilmenge von U enthalten sei.

Mengen möglicher Welten in der Modallogik

Etwas anders gelagert ist die Situation in der Modallogik in Abschnitt 1.3. Hier stellt man sich eine Menge Ω möglicher Welten vor und zu jeder Aussage a gehört eine Teilmenge $\Omega(a) \subseteq \Omega$, welche genau diejenigen Welten enthält, in denen die Aussage a erfüllt ist. Die Menge $\Omega(a)$ bezeichnet man daher als Erfüllungsmenge der Aussage a. Trotz des anderen Ausgangspunkts entspricht wieder jeder Aussage eine Teilmenge von Ω.

2.2 Relationen

Angenommen, wir haben eine Menge. Ein nächster Schritt ist dann, eine mathematische Sprache aufzubauen, um Beziehungen zwischen den Elementen dieser Menge auszudrücken. Das geschieht mit dem Begriff der *Relation*, den wir uns für diesen Abschnitt vornehmen.

2.2.1 Eine Relation ist eine Menge von Tupeln

Eine *Menge* hatten wir nach CANTOR als „Zusammenfassung bestimmter wohlunterschiedener Objekte" definiert. Für unsere Anwendungen benötigen wir außerdem noch Aufzählungen einer bestimmten Anzahl von Objekten, die nicht unbedingt „wohlunterschieden" sein müssen, die aber eine Reihenfolge aufweisen. Eine solche Aufzählung nennen wir ein *Tupel*.

Gegeben sei also eine Menge M und eine Anzahl, also eine nicht-negative ganze Zahl, also ein Element $n \in \mathbb{N}_0$. Ein n-*Tupel aus* M besteht aus n Elementen der Menge M. Um eine Formel dafür zu schreiben, bezeichnen wir die Elemente mit x_i mit Indizes $i \in \{1, \ldots, n\}$, setzen diese in eine Klammer und trennen sie durch Kommata, also

$$(x_1, \ldots, x_n). \tag{2.6}$$

Im Fall $n = 0$ erhalten wir das *leere Tupel* () und für $n = 1$ einfach ein Element $x_1 \in M$ in einer Klammer (x_1). Ein 2-Tupel (x_1, x_2) nennen wir ein *Paar*, ein 3-Tupel (x_1, x_2, x_3) ein *Tripel* aus M. Ist n fixiert, dann nennen wir die Menge der n-Tupel aus M das n-*fache kartesische Produkt* von M mit der Bezeichnung

$$M^n := \underbrace{M \times \cdots \times M}_{n \text{ Faktoren}} := \big\{(x_1, \ldots, x_n) \mid x_i \in M \text{ für } i \in \{1 \ldots, n\}\big\}.$$

Ist M eine endliche Menge, dann lässt sich die Anzahl der n-Tupel aus M aus der Anzahl der Elemente von M berechnen. Für $n \in \mathbb{N}_0$ und $|M| \in \mathbb{N}_0$ gilt

$$|M^n| = |M|^n.$$

Im Fall $n = 0$ enthält M^0 nur ein Element, nämlich das leere Tupel () (nicht zu verwechseln mit der leeren Menge $\varnothing$). Daher ist $M^0 = \{()\}$. Im Fall $n = 1$ gibt es eine natürliche *Eins-zu-Eins-Beziehung* zwischen M und M^1, indem man jedem $x \in M$ das 1-Tupel (x) zuordnet, und umgekehrt:

$$M \leftrightarrow M^1, \qquad x \leftrightarrow (x). \tag{2.7}$$

Beispiel 2.2 *Sei* $n := 2$ *und* $M := \{1, 2, a\}$, *dann gelten*

$$M^2 = \{(1,1), (1,2), (1,a), (2,1), (2,2), (2,a), (a,1), (a,2), (a,a)\} \quad und$$
$$\big|M^2\big| = |M|^2 = 3^2 = 9. \qquad \square$$

Mengen und Tupel

Aus programmiertechnischer Sicht ist das Tupel eine grundlegende Datenstruktur, während die Menge eher als sprachliches Konstrukt erscheint. In der Tat ist eine gewisse Programmiertechnik erforderlich, um etwa aus einem gegebenen Tupel die Menge der (wohlunterschiedenen) Elemente zu extrahieren, oder um festzustellen, ob die Menge der Elemente eines gegebenen Tupels eine Teilmenge der Menge der Elemente eines anderen gegebenen Tupels ist.

Andererseits lässt sich eine unendliche Menge nicht als ein Tupel auffassen, wie etwa die Menge der Punkte auf einer Geraden oder die Menge der Schritte entlang einer Geraden.

n-stellige Relation

Ist M eine Menge und $n \in \mathbb{N}_0$, dann nennen wir ein Teilmenge $R \subseteq M^n$ eine *n-stellige Relation*. Unter einer *mathematischen Struktur* versteht man eine Menge, die mit einer oder mehreren *Relationen* kombiniert ist. Die zum Aufbau einer mathematischen Struktur verwendeten Relationen sind meistens zweistellig, können aber prinzipiell unterschiedliche Stelligkeiten haben.

Zweistellige Relationen

Zur Bezeichnung einer zweistelligen Relation verwenden wir das Zeichen ⓡ, und zwar sowohl zur Bezeichnung der Teilmenge, also $ⓡ \subseteq M^2$, als auch um auszudrücken, dass ein gegebenes Paar $(a, b) \in M^2$ sich in dieser Relation befindet,

$$a \; ⓡ \; b \quad :\Leftrightarrow \quad (a, b) \in ⓡ.$$

Wenn wir ausdrücken wollen, dass sich das Paar (a, b) nicht in der Relation ⓡ befindet, schreiben wir

$$a \; \cancel{ⓡ} \; b \quad :\Leftrightarrow \quad (a, b) \notin ⓡ.$$

Die Matrix einer zweistelligen Relation

Eine Relation auf einer Menge $M = \{x_1, \ldots, x_k\}$ mit nicht zu großer Kardinalzahl kann man durch Markieren der Felder in einer quadratischen Matrix veranschaulichen. Dazu schreibt man die Elemente der Menge einmal nach rechts entlang einer horizontalen Achse und einmal nach oben entlang einer vertikalen Achse und markiert die Paare $(x_i, x_j) \in ⓡ$, wobei x_i auf der horizontalen Achse liegt und x_j auf der vertikalen Achse.

Beispiel 2.3 *Wir veranschaulichen auf der Menge $M := \{1, 2, 3, a\}$ die Relation*

$$ⓡ := \{(1,1), (2,a), (3,2), (2,1), (1,3), (a,2)\} \subseteq M^2$$

durch die folgende Matrix:

a		ⓡ		
3	ⓡ			
2			ⓡ	ⓡ
1	ⓡ	ⓡ		
ⓡ	1	2	3	a

□

2.2.2 Klassen zweistelliger Relationen

Zweistellige Relationen eignen sich dazu, Vergleichbarkeit und Anordnungen zwischen Elementen einer Menge zu beschreiben. Um dies genauer darzustellen, versehen wir einige Eigenschaften, die eine zweistellige Relation haben kann, mit Namen. Einige in unserem Zusammenhang hilfreiche Bezeichnungen sind in Tabelle 2.2 zusammengefasst. Im Folgenden untersuchen wir die einzelnen Begriffe sowohl in mathematischer Sicht als auch anhand einfacher Beispiele.

Tabelle 2.2: Eigenschaften von Relationen.

Eine Relation r auf M heißt	
reflexiv,	wenn $x \, r \, x$ für jedes $x \in M$ gilt,
irreflexiv,	wenn $x \, r \, x$ für kein $x \in M$ gilt,
transitiv,	wenn aus $x \, r \, y$ und $y \, r \, z$ stets $x \, r \, z$ folgt,
symmetrisch,	wenn $x \, r \, y$ stets $y \, r \, x$ impliziert,
antisymmetrisch,	wenn aus $x \, r \, y$ und $y \, r \, x$ stets $x = y$ folgt,
total,	wenn für $x, y \in M$ stets $x \, r \, y$ oder $y \, r \, x$ gilt,
Äquivalenzrelation,	wenn sie reflexiv, transitiv und symmetrisch ist,
Quasiordnung,	wenn sie reflexiv und transitiv ist,
Halbordnung,	wenn sie reflexiv, transitiv und antisymmetrisch ist,
Totalordnung,	wenn sie reflexiv, transitiv, antisymmetrisch und total ist, und
Striktordnung,	wenn sie irreflexiv, transitiv und antisymmetrisch ist.

Eine Äquivalenzrelation führt zu Äquivalenzklassen

Wir beginnen mit einem Beispiel aus den Wirtschaftswissenschaften.

Beispiel 2.4 *Gegeben sei eine Menge H von Handelsgütern, von denen jedes einen festen Preis hat. Zwei Handelsgüter heißen* gleichpreisig, *wenn sie den gleichen Preis haben. Dann ist* Gleichpreisigkeit *eine Äquivalenzrelation, denn sie ist*

reflexiv,   *denn jedes Handelsgut hat einen festen Preis, ist also gleichpreisig mit sich selbst,*

transitiv,   *denn wenn zwei Handelsgüter h_1 und h_2 gleichpreisig sind, und h_2 gleichpreisig mit einem dritten Handelsgut h_3 ist, dann sind auch h_1 und h_3 gleichpreisig, und*

symmetrisch,   *denn aus der Gleichpreisigkeit von h_1 mit h_2 folgt auch die Gleichpreisigkeit von h_2 mit h_1.*   □

Nehmen wir nun an, eine Menge M mit einer Äquivalenzrelation sei gegeben. Wir bezeichnen die Äquivalenzrelation mit $\sim$ und definieren die *Äquivalenzklasse* eines Elements $a \in M$ wie folgt:

$$[a]^{\sim} := \{x \in M : x \sim a\}. \tag{2.8}$$

Wir beweisen für beliebige Elemente $a, b \in M$ zwei Implikationen.

1. Ist $a \sim b$, dann ist $[a]^{\sim} = [b]^{\sim}$.

   Beweis. Für beliebige $x \in M$ gilt die folgende Implikationskette

   $$x \in [a]^{\sim} \Rightarrow x \sim a \quad \text{nach Gleichung (2.8)}$$
   $$\Rightarrow x \sim b \quad \text{wegen } a \sim b \text{ und der Transitivität von } \sim.$$

   Daraus folgt die Teilmengenbeziehung $[a]^{\sim} \subseteq [b]^{\sim}$. Durch Vertauschen von a und b erhält man auf die gleiche Weise $[b]^{\sim} \subseteq [a]^{\sim}$, insgesamt also $[a]^{\sim} = [b]^{\sim}$. □

2. Ist $a \sim b$ falsch, dann ist $[a]^{\sim} \cap [b]^{\sim} = \varnothing$.

   Beweis. Wir beweisen zunächst die Implikation

   $$[a]^{\sim} \cap [b]^{\sim} \neq \varnothing \quad \Rightarrow \quad a \sim b. \tag{2.9}$$

   Ist $x \in [a]^{\sim} \cap [b]^{\sim}$, dann gilt nach Gleichung (2.8) sowohl $x \sim a$ als auch $x \sim b$. Wegen der Symmetrie von $\sim$ folgt aus dem ersten $a \sim x$. Wegen der Transitivität von $\sim$ folgt aus $a \sim x$ und $x \sim b$ die Relation $a \sim b$. Kontraposition der Implikation (2.9) ergibt

   $$a \not\sim b \quad \Rightarrow \quad [a]^{\sim} \cap [b]^{\sim} = \varnothing. \qquad □$$

Eine Äquivalenzrelation auf einer Menge M erlaubt also die Konstruktion von Äquivalenzklassen. Da jedes Element von M zu genau einer dieser Äquivalenzklassen gehört, bilden die Äquivalenzklassen eine Zerlegung von M in paarweise disjunkte Teilmengen. Eine solche Zerlegung nennt man eine *Partition* der Menge M.

Beispiel einer Quasiordnung

Aus unserem Beispiel mit den festpreisigen Handelsgütern können wir auch ein Beispiel für eine Quasiordnung konstruieren.

Beispiel 2.5 *Sei H eine Menge von Handelsgütern, von denen jedes einen festen Preis hat. Für beliebige $h_1, h_2 \in H$ definieren wir*

$$h_1 \preccurlyeq h_2 \quad :\Leftrightarrow \quad h_1 \text{ ist nicht teurer als } h_2.$$

Dann ist die Relation $\preccurlyeq$ eine Quasiordnung auf H, denn sie ist *reflexiv:*   *jedes Handelsgut h ist nicht teurer als es selbst, und*

transitiv: *ist h_1 nicht teurer als h_2, und ist h_2 nicht teurer als h_3, dann ist auch h_1 nicht teurer als h_3.*

Die Relation $\preccurlyeq$ ist jedoch nicht unbedingt antisymmetrisch: Ist h_1 nicht teurer als h_2, und ist h_2 nicht teurer als h_1, dann haben die Handelsgüter h_1 und h_2 zwar den gleichen Preis, müssen deswegen aber nicht gleich sein. Die Relation $\preccurlyeq$ ist also eine Quasiordnung, aber nicht unbedingt eine Halbordnung.   □

Konstruktion einer Äquivalenzrelation

Wir führen jetzt eine abstrakte Konstruktion durch. Angenommen, wir haben eine Menge M und eine Quasiordnung $\preccurlyeq$ auf M gegeben und wissen nicht, ob diese Quasiordnung irgendwie als „nicht teurer als" oder „nicht größer als" interpretierbar ist. Wir zeigen, dass es möglich ist, aus $\preccurlyeq$ eine Äquivalenzrelation zu konstruieren. Hierzu verwenden wir die *Umkehrrelation* $\succcurlyeq$, die formal durch Umkehrung von $\preccurlyeq$ wie folgt für beliebige $a, b \in M$ definiert ist:

$$a \succcurlyeq b \quad :\Leftrightarrow \quad b \preccurlyeq a.$$

Die Umkehrrelation $\succcurlyeq$ erbt von $\preccurlyeq$ die Reflexivität und die Transitivität. Eine Äquivalenzrelation erhalten wir durch Und-Verknüpfen der Quasiordnung $\preccurlyeq$ mit ihrer Umkehrrelation $\succcurlyeq$.

$$a \sim b \quad :\Leftrightarrow \quad \left(a \preccurlyeq b \text{ und } a \succcurlyeq b \right). \tag{2.10}$$

Wir prüfen nach, ob die so definierte Relation $\sim$ tatsächlich eine Äquivalenzrelation ist.

Reflexivität: Für beliebige $a \in M$ folgt $a \sim a$ aus der Reflexivität der Relation $\preccurlyeq$.

Transitivität: Gilt $a \sim b$ und $b \sim c$, so folgen aus (2.10) $a \preccurlyeq b$ und $b \preccurlyeq c$, also $a \preccurlyeq c$, weil $\preccurlyeq$ transitiv ist. Andererseits folgen auch $a \succcurlyeq b$ und $b \succcurlyeq c$, also auch $a \succcurlyeq c$, weil $\succcurlyeq$ die Transitivität von $\preccurlyeq$ erbt.

Symmetrie: Die Aussage $a \sim b \Leftrightarrow b \sim a$ für beliebige $a, b \in M$ folgt mit (2.10) wegen

$$a \sim b \Leftrightarrow \left(a \preccurlyeq b \text{ und } a \succcurlyeq b \right) \Leftrightarrow \left(a \succcurlyeq b \text{ und } a \preccurlyeq b \right) \Leftrightarrow b \sim a. \quad □$$

Beispiel 2.6 *In Beispiel 2.5 haben wir gesehen, dass auf den festpreisigen Wirtschaftsgütern die Relation „h_1 ist nicht teurer als h_2" eine Quasiordnung ist. Die aus dieser Quasiordnung konstruierte Äquivalenzrelation ist genau die in Beispiel 2.4 beschriebene Gleichpreisigkeit.*   □

2.2.3 Bezüge zur Logik

Prädikate entsprechen Relationen

Nehmen wir als Grundmenge eine Menge $\mathbb{I}$ von gegebenen Individuen oder Objekten, dann kann man jedem Prädikat P die Menge derjenigen Elemente von $\mathbb{I}$ zuordnen, denen das Prädikat P zukommt. Ein Prädikat ist also durch eine Teilmenge von $\mathbb{I}$ gegeben. Identifiziert man wie in (2.7) jedes Element $x \in \mathbb{I}$ mit dem 1-Tupel (x), dann entspricht einem Prädikat eine Menge von 1-Tupeln aus $\mathbb{I}$, also eine einstellige Relation.

Man kann sich auch Prädikate vorstellen, die nicht nur einem einzigen Individuum sondern einem Tupel aus Individuen zukommen. Zum Beispiel muss das Prädikat „lieben" mindestens einem Paar (x_1, x_2) von Individuen zukommen. Es drückt nämlich aus, dass jemand – nämlich x_1 – jemanden oder etwas – nämlich x_2 – liebt. In diesem Sinne entspricht das Prädikat „lieben" einer mehrstelligen Relation.

Die logische Inklusion ist eine Quasiordnung

Bezüglich der Begriffslogik des ARISTOTELES betrachten wir als Grundmenge eine Menge $\mathbb{E}$ von Eigenschaften oder Termini. Auf der Menge $\mathbb{E}$ ist durch „ist enthalten in" eine zweistellige Relation definiert. Wie in Abschnitt 1.1.5 zitiert, hat PEIRCE diese Relation mit $\prec$ bezeichnet und dargelegt, dass die Relation $\prec$ transitiv ist. Da jede Eigenschaft „in sich selbst enthalten" ist, ist die Relation $\prec$ auch reflexiv. Also ist $\prec$ eine Quasiordnung auf $\mathbb{E}$.

Äquivalente Formulierungen von Aussagen

In Abschnitt 1.2.4 haben wir gesehen, dass sich eine Aussage häufig auf verschiedene Weisen formulieren lässt. In der Aussagenlogik ist es sinnvoll, zwischen *Formulierung* und *Aussage* zu unterscheiden und verschiedene Formulierungen der gleichen Aussage als „äquivalent" zu bezeichnen. Betrachtet man eine Menge $\mathbb{F}$ von Formulierungen, so ergibt sich dadurch eine Äquivalenzrelation auf $\mathbb{F}$. In diesem mathematischen Modell entspricht jeder Aussage eine Äquivalenzklasse von Formulierungen.

Die logische Implikation

Die aus Abschnitt 1.1.5 bekannte Implikation kann als zweistellige Relation auf einer geeigneten Menge von Formulierungen oder Aussagen aufgefasst werden. Man erhält so eine Quasiordnung auf der betrachteten Menge.

2.3 Extremale Elemente

Eine Ordnungsrelation auf einer Menge eröffnet die Möglichkeit, „größere" und „kleinere" Elemente zu unterscheiden. Interessant sind dabei insbesondere die „größten" und die „kleinsten" Elemente, die als *extremale Elemente* bezeichnet werden. Ebenso gebräuchlich ist das Wort *Extremum*, im Plural *Extrema*. Eine genauere Analyse zeigt, dass man vier Typen von extremalen Elementen unterscheiden kann. Aus mathematischer Sicht ergeben sich Fragen nach Existenz und Eindeutigkeit und diese sind in Abhängigkeit von der betrachteten Menge und vom Typ der Ordnungsrelation unterschiedlich zu beantworten. Die Untersuchung derartiger Fragen führt uns zu mathematischen Strukturen, die für die Logik relevant sind.

Wir beginnen unsere Analyse mit einem Beispiel und einer Methode, endliche, halbgeordnete Mengen graphisch darzustellen.

2.3.1 Beispiel und HASSE-*Diagramm*

Beispiel 2.7 *Wir betrachten die* Teilerrelation *auf einer beliebigen Teilmenge* $M \subseteq \mathbb{N}$. *Man sagt, eine natürliche Zahl* a *ist Teiler einer natürlichen Zahl* b, *wenn es eine natürliche Zahl* n *mit der Eigenschaft* $a \cdot n = b$ *gibt. In einer Formel drücken wir das wie folgt aus:*

$$a \mid b \quad :\Leftrightarrow \quad es\ gibt\ ein\ n \in \mathbb{N}\ mit\ a \cdot n = b.$$

Wir prüfen nach, ob die Teilerrelation eine Halbordnung ist.

Reflexivität: Es ist $1 \in \mathbb{N}$ *und für jedes* $a \in M$ *gilt* $a \cdot 1 = a$.

Transitivität: Aus $a \mid b$ *und* $b \mid c$ *folgt, dass* $m, n \in \mathbb{N}$ *mit* $a \cdot m = b$ *und* $b \cdot n = c$ *existieren. Dann ist das Produkt* $m \cdot n \in \mathbb{N}$, *und es gilt* $a \cdot (m \cdot n) = (a \cdot m) \cdot n = b \cdot n = c$.

Antisymmetrie: Aus $a \mid b$ *und* $b \mid a$ *folgt, dass* $m, n \in \mathbb{N}$ *mit* $a \cdot m = b$ *und* $b \cdot n = a$ *existieren. Daraus folgt* $a \cdot (m \cdot n) = (a \cdot m) \cdot n = b \cdot n = a$, *also* $m \cdot n = 1$. *Weil* m *und* n *natürliche Zahlen sind, folgt daraus* $m = n = 1$, *also* $a = b$.

Damit ist die Teilerrelation eine Halbordnung auf M.   □

HASSE-Diagramm zu einer Halbordnung

Eine Methode zur Visualisierung einer Halbordnung auf einer endlichen Menge ist das HASSE-*Diagramm*, benannt nach dem deutschen Mathematiker HELMUT HASSE (1898–1979). In Bild 2.2 ist das HASSE-Diagramm der Teilerrelation auf der Menge der natürlichen Zahlen von 1 bis 6 dargestellt.

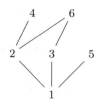

Bild 2.2: Hasse-Diagramm der Teilerrelation auf der Menge $\{1, 2, 3, 4, 5, 6\}$. Eine Kette aus einer oder zwei aufsteigenden Linien bedeutet „ist Teiler von". Sind zwei Elemente nicht durch eine Kette aufsteigender Linien verbunden, wie zum Beispiel 3 und 5, so sind sie in der Teilerrelation nicht vergleichbar.

2.3.2 Extremale Elemente, Extrema und Atome

Sei nun M eine Menge, die mit einer Halbordnung $\leqslant$ versehen ist. Etwas informell wollen wir ein Element von M „minimal" nennen, wenn es kein kleineres gibt. Das heißt, jedes andere Element $x \in M \setminus \{m\}$ ist entweder „größer oder gleich m" oder nicht vergleichbar. In jedem Fall ist „x nicht kleiner oder gleich m". Um dies in einer Formel auszudrücken, verwenden wir das Zeichen $\forall$ für „für alle" und erhalten

$$m \in M \text{ heißt } \textit{minimal} \quad :\Leftrightarrow \quad \forall x \in M \setminus \{m\} : m \ngeqslant x.$$

Bild 2.3 zeigt das als Beispiel das HASSE-Diagramm der Teilerrelation auf der Menge der natürlichen Zahlen von 2 bis 6.

Bild 2.3: Hasse-Diagramm der Teilerrelation auf der Menge $\{2, 3, 4, 5, 6\}$. Eine Kette aus einer oder zwei aufsteigenden Linien bedeutet „ist Teiler von". Die minimalen Elemente sind 2, 3 und 5.

Des weiteren wollen wir ein Element $m \in M$ ein „Nullelement" nennen, wenn es das kleinste ist. Das heißt, für jedes Element $x \in M$ soll „m kleiner oder gleich x" sein. In einer Formel drücken wir das so aus:

$$m \in M \text{ heißt } \textit{Nullelement} \quad :\Leftrightarrow \quad \forall x \in M : m \leqslant x.$$

Da ein Nullelement notwendigerweise auch minimal ist, wird es häufig auch als Minimum bezeichnet. Wir bevorzugen die – ebenfalls gebräuchliche –

Bezeichnung *Nullelement*, da dies die Unterscheidung von den minimalen Elementen betont.

Bezüglich der Existenz minimaler Element in einer halbgeordneten Menge sind drei Fälle sind möglich:

(a) Es gibt genau ein minimales Element, Beispiel siehe Bild 2.2.

(b) Es gibt mehrere minimale Elemente. Ein Beispiel ist die Menge der natürlichen Zahlen $n \geqslant 2$, versehen mit der Teilerrelation als Halbordnung. In dieser halbgeordneten Menge sind die minimalen Eemente genau die Primzahlen.

(c) Es gibt kein minimales Element. Zum Beispiel enthält die Menge der Bruchzahlen kein minimales Element, da es zu jedem Bruch einen kleineren gibt.

Bezüglich Existenz und Eindeutigkeit minimaler Elemente und Nullelemente in einer halbgeordneten Menge $(M, \leqslant)$ gelten die folgenden Aussagen:

1. M enthält höchstens ein Nullelement. Im Fall der Existenz wird dieses mit „$\mathbb{0}$" bezeichnet.

2. Enthält M ein Nullelement, so ist dieses zugleich das einzige minimale Element von M.

3. Ist M endlich, dann enthält M wenigstens ein minimales Element.

4. Ist M endlich und enthält M genau ein minimales Element, dann ist dieses zugleich das Nullelement von M.

In analoger Weise nennt man ein Element in einer halbgeordneten Menge „maximal", wenn es kein größeres gibt, und man nennt es ein „Einselement", wenn es größer als jedes andere ist. Hier eine formale Definition:

$$m \in M \text{ heißt } \textit{maximal} \quad :\Leftrightarrow \quad \forall x \in M \setminus \{m\} : m \nleqslant x,$$

$$m \in M \text{ heißt } \textit{Einselement} \quad :\Leftrightarrow \quad \forall x \in M : m \geqslant x.$$

Was die Existenz maximaler Elemente betrifft, sind analog zur Existenz minimaler Elemente drei Fälle möglich – und zwar unabhängig davon, wieviele minimale Elemente es gibt. Die Aussagen über maximale Elemente und Einselemente sind ebenfalls analog zu den Aussagen über minimale Elemente und Nullelemente. Das folgende Beispiel zeigt, dass Existenz und Bedeutung extremaler Elemente von der Wahl der Ordnungsrelation abhängen.

Beispiel 2.8 *Auf der Menge $\mathbb{N}_0 = \{0, 1, 2, \dots\}$ können wir zwei unterschiedliche Ordnungsrelationen betrachten.*

a) *Die natürliche Ordnung $\leqslant$. Bezüglich dieser Ordnung existiert in $\mathbb{N}_0$ ein Nullelement, nämlich $\mathbb{0} = 0$. Andererseits gibt es keine natürliche Zahl, die größer als alle anderen natürlichen Zahlen ist. Also enthält die Menge $\mathbb{N}_0$ bezüglich der natürlichen Ordnung kein Einselement.*

b) *Eine andere Halbordnung auf* $\mathbb{N}_0$ *ist durch die Teilerrelation* | *gegeben. Bezüglich der Teilerrelation enthält* $\mathbb{N}_0$ *das Nullelement* $\mathbb{0} = 1$ *und das Einselement* $\mathbb{1} = 0$. □

Im HASSE-Diagramm sind extremale Elemente sofort erkennbar. So sind im Beispiel in Bild 2.2 die Elemente 4 und 6 maximal und das Element 1 ist ein Nullelement.

Atome

Gegeben sei eine Menge M mit einer Halbordnung $\leqslant$ und einem Nullelement $\mathbb{0}$. Wir nennen ein Element von $M \setminus \{\mathbb{0}\}$ *atomar* oder *Atom* in M, wenn es in der halbgeordneten Menge $M \setminus \{\mathbb{0}\}$ minimal ist.

Beispiel 2.9 *Wir betrachten wieder auf der Menge* $\mathbb{N}_0 = \{0, 1, 2, \ldots\}$ *die beiden unterschiedlichen Ordnungsrelationen* $\leqslant$ *und* |.

a) *Bezüglich der natürlichen Ordnung* $\leqslant$ *ist* $\mathbb{0} = 0$ *das Nullelement. Nimmt man es heraus, so enthält die verbleibende Menge*

$$\mathbb{N} = \mathbb{N}_0 \setminus \{0\} = \{1, 2, 3, \ldots\}$$

genau ein minimales Element, nämlich die 1. *Dieses Element ist bezüglich der natürlichen Ordnung* $\leqslant$ *das einzige Atom von* $\mathbb{N}_0$. *Zudem ist jede natürliche Zahl als Summe von Einsen darstellbar, also gewissermaßen „aus diesem Atom aufgebaut".*

b) *Bezüglich der Teilerrelation* | *ist* $\mathbb{0} = 1$ *das Nullelement. Nimmt man dieses heraus, so sind die minimalen Elemente der verbleibenden Menge*

$$\mathbb{N} \setminus \{1\} = \{2, 3, 4, \ldots\}$$

genau die Primzahlen. Die Primzahlen sind also die Atome der natürlichen Zahlen bezüglich der Halbordnung, die durch die Teilerrelation gegeben ist. Dieses Beispiel erklärt die Verwendung des Wortes „atomar", welches aus dem Griechischen kommt und soviel wie „unteilbar" bedeutet: Primzahlen sind genau diejenigen natürlichen Zahlen, die nicht weiter „teilbar" sind. Zudem ist jede natürliche Zahl als Produkt von Primzahlen darstellbar, also gewissermaßen „aus Atomen aufgebaut". □

2.3.3 Suprema und Infima

Obere Schranken und Supremum in einer Halbordnung

Gegeben seien eine Menge M, die mit einer Halbordnung $\leqslant$ versehen ist, sowie eine Teilmenge $T \subseteq M$. Ein Element $s \in M$ heißt *obere Schranke* der Teilmenge T, wenn $t \leqslant s$ für alle $t \in T$ gilt. Wir verwenden die Abkürzung

$$T \leqslant s \quad :\Leftrightarrow \quad \forall t \in T : t \leqslant s.$$

Ein Element $s_1 \in M$ heißt *kleinste obere Schranke* oder *Supremum* von T, wenn s_1 selbst eine obere Schranke von T ist und $s_1 \leqslant s$ für jede obere Schranke s von T gilt. Nicht jede Teilmenge $T \subseteq M$ muss ein Supremum haben – aber wenn sie eines hat, ist es wegen der Antisymmetrie von $\leqslant$ eindeutig bestimmt. Im Fall der Existenz verwenden wir die Bezeichnung

$$\sup T := s_1.$$

Formal kann man die Eigenschaft eines Elements $s_1 \in M$, das Supremum einer Teilmenge $T \subseteq M$ zu sein, wie folgt in einer Äquivalenz ausdrücken:

$$\sup T = s_1 \quad \Longleftrightarrow \quad \forall x \in M : \big(T \leqslant x \Leftrightarrow s_1 \leqslant x \big). \qquad (2.11)$$

Um dies einzusehen, nehmen wir zunächst an, dass $\sup T = s_1$ gilt. Dann ist ein beliebiges $x \in M$ genau dann eine obere Schranke von T, wenn $s_1 \leqslant x$ gilt. Erfüllt umgekehrt ein Element $s_1 \in M$ für jedes $x \in M$ die Äquivalenz

$$T \leqslant x \Leftrightarrow s_1 \leqslant x,$$

dann ist wegen $s_1 \leqslant s_1$ das Element s_1 eine obere Schranke von T und jede obere Schranke x von T erfüllt $s_1 \leqslant x$. Daraus folgt $s_1 = \sup T$, womit (2.11) bewiesen ist.

Prinzipiell sind bezüglich des Supremums einer gegebenen Teilmenge $T \subseteq M$ drei Möglichkeiten denkbar:

(a) die Menge T besitzt in M kein Supremum,

(b) das Supremum von T liegt außerhalb T, und

(c) das Supremum von T liegt in T.

Jede dieser drei Möglichkeiten kann tatsächlich vorkommen, wie das folgende Beispiel zeigt.

Beispiel 2.10 *Wir betrachten die Menge $B := \{2, 3, 4, 6\}$ mit der Teilerrelation sowie die drei Teilmengen*

$$A_1 := \{4, 6\}, \quad A_2 := \{2, 3\} \quad \textit{und} \quad A_3 := \{3, 6\}.$$

In Bild 2.4 sind diese drei Mengen in HASSE-*Diagrammen von B jeweils mit ihrem Supremum gezeigt.* □

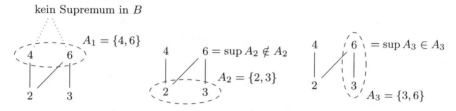

Bild 2.4: Suprema der Teilmengen A_1, A_2 und A_3 der Menge $B := \{2,3,4,6\}$ mit der Teilerrelation anhand von HASSE-Diagrammen.

Das Supremum der Vereinigung zweier Mengen

Ist $(M, \leqslant)$ eine halbgeordnete Menge, und sind T_1 und T_2 Teilmengen von M, die beide in M ein Supremum besitzen, dann folgt daraus nicht, dass die Vereinigungsmenge $T_1 \cup T_2$ ein Supremum besitzt.

Beispiel 2.11 *Die Menge $B := \{2,3,4,6\}$, versehen mit der Teilerrelation, enthält die beiden Teilmengen $A_1 = \{2,4\}$ und $A_2 = \{3,6\}$.*

$$A_1 = \{2,4\} \qquad A_2 = \{3,6\}$$

Jede dieser Teilmengen besitzt ein Supremum, $\sup A_1 = 4$ *und* $\sup A_2 = 6$, *aber die Menge* $\{\sup A_1, \sup A_2\} = \{4,6\}$ *besitzt kein Supremum in B, und auch die Vereinigung* $A_1 \cup A_2 = \{2,3,4,6\}$ *besitzt kein Supremum in B.* □

Wenn aber eine der beiden Mengen $T_1 \cup T_2$ und $\{\sup T_1, \sup T_2\}$ ein Supremum in M besitzt, dann auch die andere, und es gilt die Gleichung

$$\sup(T_1 \cup T_2) = \sup\{\sup T_1, \sup T_2\}. \tag{2.12}$$

Wir werden diese Gleichung in Abschnitt 2.4.4 benötigen, deswegen folgt hier ein Beweis.

Beweis. Ist s eine obere Schranke für $T_1 \cup T_2$, dann ist s sowohl eine obere Schranke für T_1 als auch eine obere Schranke für T_2, und umgekehrt. Also gilt für alle $x \in M$ die Äquivalenz

$$T_1 \cup T_2 \leqslant x \quad \Leftrightarrow \quad \left(T_1 \leqslant x \wedge T_2 \leqslant x\right). \tag{2.13}$$

Durch geschickte Anwendungen von (2.11) erhalten wir die folgende für alle $x \in M$ gültige Kette von Äquivalenzen:

$\sup(T_1 \cup T_2) \leqslant x$

$\quad \Leftrightarrow T_1 \cup T_2 \leqslant x \qquad\qquad$ nach (2.11) für $T = T_1 \cup T_2$

$\quad \Leftrightarrow (T_1 \leqslant x \wedge T_2 \leqslant x) \qquad$ nach (2.13)

$\quad \Leftrightarrow (\sup T_1 \leqslant x \wedge \sup T_2 \leqslant x) \quad$ zweimal (2.11) für $T = T_1$ und $T = T_2$

$\quad \Leftrightarrow \sup\{\sup T_1, \sup T_2\} \leqslant x \quad$ nach (2.11) für $T = \{\sup T_1, \sup T_2\}$.

Weil dies für alle $x \in M$ gilt, folgt durch eine erneute Anwendung der Äquivalenz (2.11) die Gleichung $\sup(T_1 \cup T_2) = \sup\{\sup T_1, \sup T_2\}$. $\qquad\qquad \square$

Untere Schranken und Infimum in einer Halbordnung

Unsere Erkenntnisse für obere Schranken gelten analog auch für untere Schranken. Sei also wieder $(M, \leqslant)$ eine halbgeordnete Menge und sei $T \subseteq M$ eine Teilmenge. Ein Element $s \in M$ heißt *untere Schranke* der Teilmenge T, wenn $s \leqslant t$ für alle $t \in T$ gilt. Wir verwenden die Abkürzung

$$s \leqslant T \quad :\Leftrightarrow \quad \forall t \in T : s \leqslant t.$$

Ein Element $s_0 \in M$ heißt *größte untere Schranke* oder *Infimum* von T, wenn s_0 selbst eine untere Schranke von T ist und $s \leqslant s_0$ für jede untere Schranke von T gilt. Nicht jede Teilmenge $T \subseteq M$ muss ein Infimum haben – aber wenn sie eines hat, ist es wegen der Antisymmetrie von $\leqslant$ eindeutig bestimmt. Im Fall der Existenz verwenden wir die Bezeichnung

$$\inf T := s_0.$$

Zur Charakterisierung des Infimums gilt analog zu (2.11) die Äquivalenz

$$\inf T = s_0 \quad \Leftrightarrow \quad \forall x \in M : \left(x \leqslant T \Leftrightarrow x \leqslant s_0\right). \tag{2.14}$$

Sind $T_1 \subseteq M$ und $T_2 \subseteq M$ zwei Teilmengen, die beide ein Infimum besitzen, dann muss die Vereinigungsmenge $T_1 \cup V_2$ nicht unbedingt ein Infimum besitzen, siehe Beispiel 2.11. In Analogie zum Supremum gilt auch hier

$$\inf(T_1 \cup T_2) \text{ existiert in } M \quad \Leftrightarrow \quad \inf\{\inf T_1 \inf T_2\} \text{ existiert in } M,$$

und im Fall der Existenz gilt die Gleichung

$$\inf(T_1 \cup T_2) = \inf\{\inf T_1, \inf T_2\}. \tag{2.15}$$

Der Beweis dieser Gleichung ist analog zum Beweis der entsprechenden Gleichung (2.12). Beide Gleichungen werden in Abschnitt 2.4.4 zur Begründung von Assoziativgesetzen verwendet.

Verbandsordnung

Eine Halbordnung $\leqslant$ auf einer Menge M heißt *Verbandsordnung*, wenn paarweise Suprema und Infima in M existieren. Das heißt, für beliebige $a, b \in M$ gibt es

$$\sup\{a, b\} \in M \quad \text{und} \quad \inf\{a, b\} \in M.$$

Diese Eigenschaft verdient einen eigenen Begriff, weil sie sich für die mit der Logik verbundenen mathematischen Strukturen als bedeutsam erweisen wird.

2.3.4 Bezüge zur Logik

Da die logische Implikation, als Relation betrachtet, reflexiv und transitiv ist, definiert sie eine Quasiordnung auf den Formulierungen logischer Aussagen, also eine Halbordnung auf den Klassen äquivalenter Formulierungen. Manchmal nennt man den Vordersatz einer Implikation „logisch stärker" als den Hintersatz und den Hintersatz entsprechend „logisch schwächer" als den Vordersatz.

Null- und Einselement in der Aussagenlogik

Die stets falsche Aussage, die Kontradiktion $\bot$, impliziert jede beliebige Aussage a, denn gemäß (1.14) gilt der Merkvers „*ex falso sequitur quodlibet*". Daher ist die Kontradiktion das Nullelement in der Halbordnung der Äquivalenzklassen von Aussagen, $\bot = \mathbb{0}$. Da die Kontradiktion jede beliebige Aussage impliziert, ist sie die logisch stärkste denkbar Aussage.

Umgekehrt wird die stets wahre Aussage, die Tautologie $\top$, von jeder beliebigen Aussage a impliziert, denn „*verum sequitur ex quodlibet*". Also ist die Tautologie das Einselement der Aussagenlogik, $\top = \mathbb{1}$. Die Tautologie ist die logisch schwächste denkbare Aussage, da sie von jeder beliebigen Aussage impliziert wird.

Logische Atome in der Aussagenlogik

Baut man aus einer Aussage a mit Hilfe von Negation, Konjunktion und Adjunktion eine Menge von Aussagen auf, so besteht diese aus a, der Negation

$\neg a$, der Kontradiktion $\bot = a \wedge \neg a$ und der Tautologie $\top = a \vee \neg a$. Mit der Implikation als Halbordnung sieht das HASSE-Diagramm dieser Aussagenmenge so aus:

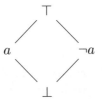

Die *logischen Atome* dieser Aussagenmenge sind diejenigen Aussagen, die ohne Zwischenschritt direkt über dem Nullelement $\mathbb{O} = \bot$ liegen, also die Aussage a selbst und ihre Negation $\neg a$.

Nimmt man eine zweite Aussage b hinzu, so vergrößert sich die Aussagenmenge, weil die Negation $\neg b$ und alle möglichen Konjunktionen und Adjunktionen hinzuzunehmen sind. Wir konzentrieren uns beim HASSE-Diagramm auf denjenigen Teil, der zwischen $\bot$ und a liegt:

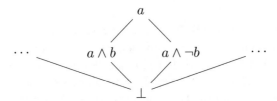

Zwischen $\bot$ und a liegen also noch die Aussagen $a \wedge b$ und $a \wedge \neg b$. Durch die Hinzunahme der zweiten Aussage b ist also a kein logisches Atom mehr, in diesem Fall sind zum Beispiel $a \wedge b$ und $a \wedge \neg b$ logische Atome.

Die Konjunktion ist ein Infimum

Für die Konjunktion $a \wedge b$ zweier Aussagen a und b gelten die Implikationen

$$a \wedge b \to a \quad \text{und} \quad a \wedge b \to b. \tag{2.16}$$

Hat man eine weitere Aussage c, die sowohl a als auch b impliziert, so impliziert diese auch die Konjunktion $a \wedge b$, also

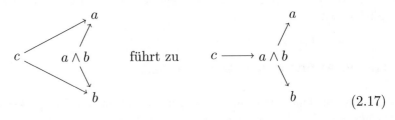

$$\tag{2.17}$$

Bezogen auf die durch die Implikation gegebene Halbordnung bedeutet (2.16), dass $a \wedge b$ eine untere Schranke der Menge $\{a, b\}$ ist, und (2.17) bedeutet, dass jede andere untere Schranke der Menge $\{a, b\}$ auch eine untere Schranke der Konjunktion $a \wedge b$ ist. Daraus folgt

$$a \wedge b = \inf\{a, b\}. \tag{2.18}$$

In anderen Worten: Die Konjunktion zweier gegebener Aussagen ist die logisch schwächste Aussage, die logisch stärker als jede der beiden gegebenen Aussagen ist.

Die Adjunktion ist ein Supremum

Für die Adjunktion $a \vee b$ zweier Aussagen a und b gelten die Implikationen

$$a \to a \vee b \quad \text{und} \quad b \to a \vee b.$$

Hat man eine weitere Aussage c, die sowohl von a als auch von b impliziert wird, so wird c auch von der Adjunktion $a \vee b$ impliziert, also

Daraus folgt

$$a \vee b = \sup\{a, b\}. \tag{2.19}$$

In anderen Worten: Die Adjunktion zweier gegebener Aussagen ist die logisch stärkste Aussage, die logisch schwächer als jede der beiden gegebenen Aussagen ist.

2.4 Abbildungen und Operationen

Nach den Mengen und Relationen bilden die Abbildungen die dritte mathematische Grundstruktur, die wir uns vornehmen. Diese gibt uns einen Rahmen, um Zuordnungen zwischen Elementen von Mengen formal beschreiben zu können.

2.4.1 Abbildungen

Angenommen, wir haben zwei Mengen, und wollen den Sachverhalt formal beschreiben, dass jedem Element der ersten Menge ein Element der zweiten Menge zugeordnet ist. Hier sind einige Bezeichnungen und Begriffe notwendig. Wir nennen die erste Menge *Definitionsbereich* oder *Definitionsmenge* und die zweite Menge *Wertebereich* oder *Wertemenge*. Die zur Zuordnung erforderliche Vorschrift nennen wir *Abbildung*. Um den Sachverhalt in einer Formel zu erfassen, verwenden wir die Schreibweise

$$a : D \to W, \quad x \mapsto y.$$

Die Bedeutungen der Zeichen sind in der folgenden Tabelle erläutert.

Symbol	Bedeutung
a	Name der Abbildung
:	Trennzeichen
D	Definitionsbereich
$\to$	Abbildungspfeil
W	Wertebereich
,	Trennzeichen
x	Element des Definitionsbereichs
$\mapsto$	wird abgebildet auf
y	Element des Wertebereichs

Man nennt y auch das *Bild von x unter der Abbildung a*. An die Stelle von y schreibt man häufig auch $a(x)$ oder eine Formel zur Berechnung des Bildes von x unter der Abbildung a. Welche Buchstaben wir im konkreten Fall verwenden, hängt vom Kontext ab. Es ist auch möglich, die Symbole für den Namen der Abbildung oder die konkreten Bezeichnungen der Elemente wegzulassen, wenn diese im Kontext nicht benötigt werden.

Beispiel 2.12 *Rechenoperationen lassen sich häufig als Abbildungen beschreiben. Wir nehmen in diesen Beispielen die Menge $\mathbb{N}$ der natürlichen Zahlen sowohl als Definitionsbereich als auch als Wertebereich.*

1. *Die Addition von 5 zu einer natürlichen Zahl ist die Abbildung*

$$\mathbb{N} \to \mathbb{N}, \quad n \mapsto n + 5.$$

2. *Die Multiplikation einer natürlichen Zahl mit sich selbst ist die Abbildung*

$$\mathbb{N} \to \mathbb{N}, \quad n \mapsto n^2. \qquad \square$$

2.4.2 Operationen

Eine *Operation* auf einer Menge M ist eine Abbildung mit Wertebereich M, deren Definitionsbereich D eine Menge von Tupeln über M ist. Ist $D = M^n$ für ein $n \in \mathbb{N}$, so spricht man von einer *n-stelligen Operation* auf M. Im Fall $n = 0$ enthält $D = M^0 = \{()\}$ als einziges Element das leere Tupel (). Eine 0-stellige Operation ist also die Zuordnung eines Elements $m \in M$ zum leeren Tupel (). Daher kann jede 0-stellige Operation mit einem konstanten Element aus M identifiziert werden. Man nennt deshalb eine 0-stellige Operation eine *Konstante*.

Beispiel 2.13 *Wir betrachten die Menge $\mathbb{N}$ der natürlichen Zahlen.*

a) Die Konstante $1 \in \mathbb{N}$ ist eine 0-stellige Operation.

b) Die Nachfolgerabbildung $\sigma : \mathbb{N} \to \mathbb{N}$, $n \mapsto n + 1$, ist eine einstellige Operation auf $\mathbb{N}$.

c) Ordnet man jedem Paar $(x, y) \in \mathbb{N}^2$ die Summe $x + y \in \mathbb{N}$ zu, so erhält man eine zweistellige Operation. □

Ist der Definitionsbereich eine echte Teilmenge von M^n, dann spricht man von einer *partiellen Operation*. Dieser Begriff lässt sich nicht vermeiden, wie das folgende Beispiel zeigt.

Beispiel 2.14 *Auf der Menge $\mathbb{Q}$ der rationalen Zahlen betrachten wir die einstellige Operation, die einer rationalen Zahl $x \in \mathbb{Q}$ ihren Kehrwert $1/x$ zuordnet. Da die rationale Zahl $0 \in \mathbb{Q}$ keinen Kehrwert besitzt, ist die Kehrwertbildung nicht für jede rationale Zahl definiert. Also ist die Kehrwertbildung eine partielle Operation.* □

2.4.3 Orthokomplementierung

Es gibt eine einstellige Operation, die sowohl in der aristotelischen Logik als auch in der Quantenlogik eine besondere Rolle spielt: die *Orthokomplementierung*. Der Anfangsteil „ortho" stammt aus dem Griechischen und bedeutet soviel wie „gerade, aufrecht, richtig", der zweite Teil „Komplement" ist romanischen Ursprungs und bedeutet soviel wie „Ergänzung, Zusatz". Im Kontext der Logik ist eine Orthokomplementierung eine „in korrekter Weise gebildete Ergänzung". Wegen seiner Bedeutung für die Logik definieren wir diesen Begriff in einer sehr allgemeinen Form, nämlich für beliebige quasigeordnete Mengen.

Sei also M eine Menge, die mit einer Quasiordnung $\preccurlyeq$ versehen ist. Um das Bestehen einer Relation $a \preccurlyeq b$ sprachlich ausdrücken zu können, sagen wir „a ist enthalten in b". Wir erinnern uns noch an die auf der Grundlage der Quasiordnung $\preccurlyeq$ definierte Äquivalenzrelation (2.10)

$$a \sim b \quad \Leftrightarrow \quad \left(a \preccurlyeq b \wedge b \preccurlyeq a \right).$$

Eine *Orthokomplementierung* ist eine einstellige Operation $(\cdot)'$ auf M mit folgenden Eigenschaften.

Involutivität: Zweimaliges Orthokomplementieren eines Element ergibt ein äquivalentes Element:

$$\forall a \in M : \left(a'' \sim a \right). \tag{2.20}$$

Kontraposition: Orthokomplementieren führt zur Umkehr der Quasiordnung:

$$\forall a, b \in M : \left(a \preccurlyeq b \Rightarrow b' \preccurlyeq a' \right). \tag{2.21}$$

Komplementarität: Wenn ein Element sowohl in einem Element a als auch in dessen Orthokomplementierung a' enthalten ist, dann ist es in jedem beliebigen Element aus M enthalten:

$$\forall a, x \in M : \left(x \preccurlyeq a \wedge x \preccurlyeq a' \Rightarrow (\forall y \in M : x \preccurlyeq y) \right). \tag{2.22}$$

Die schwierige Bedingung hier ist die Komplementarität, aber diese hat einen interessanten Bezug zur Logik, nämlich zum Prinzip der Widerspruchsfreiheit, vergleiche Abschnitt 1.1.4.

Ist auf einer Menge M eine Halbordnung $\leqslant$ gegeben, so können wir die Bedingungen für eine Orthokomplementierung, und zwar insbesondere die Komplementarität, etwas einfacher formulieren.

Involutivität: $\forall a \in M : \left(a'' = a \right)$

Kontraposition: $\forall a, b \in M : \left(a \leqslant b \Rightarrow b' \leqslant a' \right)$

Komplementarität: Hier sind zwei Fälle zu unterscheiden.

1. Fall: M enthält bezüglich $\leqslant$ ein Nullelement $\mathbb{0}$.

$$\forall a, x \in M : \left(x \leqslant a \wedge x \leqslant a' \Rightarrow x = \mathbb{0} \right).$$

2. Fall: M enthält bezüglich $\leqslant$ kein Nullelement.

$$\forall a \in M : \text{es gibt kein } x \in M \text{ mit } x \leqslant a \text{ und } x \leqslant a'.$$

Beispiel 2.15 *Wir konstruieren ein Beispiel einer halbgeordneten Menge ohne Nullelement. Hierzu betrachten wir die Menge M der nicht-leeren echten Teilmengen der dreielementigen Menge $D := \{1, 2, 3\}$, also*

$$M = \left\{ \{1\}, \{2\}, \{3\}, \{1, 2\}, \{1, 3\}, \{2, 3\} \right\}.$$

Die Teilmengenrelation $\subseteq$ ist eine Halbordnung auf M mit dem HASSE-*Diagramm*

$$\{1,2\} \qquad \{1,3\} \qquad \{2,3\}$$

$$\{1\} \qquad\qquad \{2\} \qquad\qquad \{3\}$$

Als Halbordnung ist die Teilmengenrelation $\subseteq$ insbesondere auch eine Quasiordnung auf M. Zu jedem Element $A \in M$, also jeder Teilmenge $A \subseteq D$, gehört ihre Komplementärmenge $A^{\complement} := D \setminus A$. Das ergibt die Zuordnung

Teilmenge A	$\{1\}$	$\{2\}$	$\{3\}$	$\{1,2\}$	$\{1,3\}$	$\{2,3\}$
Komplementärmenge $A^{\complement}$	$\{2,3\}$	$\{1,3\}$	$\{1,2\}$	$\{3\}$	$\{2\}$	$\{1\}$

Wir prüfen nach, ob diese Zuordnung eine Orthokomplementierung auf der quasigeordneten Menge $(M, \subseteq)$ ist.

Involutivität: Die Gleichung $\left(A^{\complement}\right)^{\complement} = A$ für alle 6 Elemente von M ist anhand der Tabelle leicht nachprüfbar.

Kontraposition: Es gibt insgesamt 6 Paare $(A, B) \in M^2$ mit $A \subseteq B$ und $A \neq B$. Für diese ist die Kontraposition $B^{\complement} \subseteq A^{\complement}$ ohne Weiteress nachprüfbar.

Komplementarität: Für jedes $A \in M$ ist $A \cap A^{\complement} = \varnothing$. Die leere Menge $\varnothing$ ist zwar eine Teilmenge von M, aber kein Element von M. Also gibt es kein $B \in M$ mit $B \subseteq A$ und $B \subseteq A^{\complement}$.   □

2.4.4 Zweistellige Operationen

Eine zweistellige Operation $\circledast$ heißt manchmal auch *binäre Operation* oder *binäre* oder *zweistellige Verknüpfung*. Um das Resultat einer zweistelligen Verknüpfung eines Paares $(a, b) \in M$ zu bezeichnen, bieten sich drei Möglichkeiten an:

$$\text{die \emph{Präfix-Notation}:} \quad \circledast(x, y),$$
$$\text{die \emph{Infix-Notation}:} \quad x \circledast y \quad \text{und}$$
$$\text{die \emph{Suffix-Notation}:} \quad (x, y)\circledast.$$

Wir bevorzugen in diesem Lehrbuch für viele zweistellige Operationen die verbreitete und gut lesbare Infix-Notation, wollen aber die Präfix- und die Suffix-Notation nicht grundsätzlich ausschließen.

Supremum und Infimum in einer Verbandsordnung

Sei nun $(M, \leqslant)$ eine Menge mit einer *Verbandsordnung*, das heißt, zu jedem Paar $(a, b) \in M^2$ besitzt die Menge $\{a, b\}$ in M ein Supremum und ein Infimum. Damit können wir Supremum und Infimum als zweistellige Verknüpfungen auf M auffassen. Um damit bequem rechnen zu können, führen wir die folgenden Infix-Notationen ein:

$$a \sqcup b := \sup\{a, b\} \quad \text{und} \quad a \sqcap b := \inf\{a, b\}. \tag{2.23}$$

Weil Supremum und Infimum auf Mengen definiert sind und bei der Aufzählung der Elemente einer Menge die Reihenfolge keine Rolle spielt, gelten die beiden *Kommutativgesetze*:

$$a \sqcup b = b \sqcup a \quad \text{und} \quad a \sqcap b = b \sqcap a. \tag{2.24}$$

Außerdem gilt das *Assoziativgesetz*:

$$\begin{aligned}
a \sqcup (b \sqcup c) &= \sup\{a, \sup\{b, c\}\} && \text{nach Gleichung (2.23)} \\
&= \sup(\{a\} \cup \{b, c\}) && \text{nach Gleichung (2.12)} \\
&= \sup(\{a, b\} \cup \{c\}) && \text{Mengengleichheit} \\
&= \sup\{\sup\{a, b\}, c\} && \text{nach Gleichung (2.12)} \\
&= (a \sqcup b) \sqcup c && \text{nach Gleichung (2.23).}
\end{aligned}$$

In analoger Weise folgt auch das Assoziativgesetz für das Infimum:

$$a \sqcap (b \sqcap c) = (a \sqcap b) \sqcap c.$$

Darüber hinaus folgen aus den Definitionen von Infimum und Supremum die *Absorptionsgesetze*

$$\begin{aligned}
a \sqcup (b \sqcap a) &= \sup\{a, \inf\{b, a\}\} = a && \text{wegen} \quad \inf\{b, a\} \leqslant a \quad \text{und} \\
a \sqcap (b \sqcup a) &= \inf\{a, \sup\{b, a\}\} = a && \text{wegen} \quad a \leqslant \sup\{b, a\}.
\end{aligned}$$

Neutrale Elemente

Ein Element $n \in M$ heißt *neutrales Element* einer Verknüpfung $\circledast$, wenn für jedes $x \in M$ die Gleichungen

$$n \circledast x = x = x \circledast n$$

gelten. Ein neutrales Element muss nicht unbedingt existieren, aber kann es mehr als ein neutrales Element zu einer zweistelligen Verknüpfung geben? Angenommen, n_1 und n_2 seien neutrale Elemente der Verknüpfung $\circledast$. Daraus folgt die Gleichungskette

$$\begin{aligned}
n_1 &= n_1 \circledast n_2 && \text{weil } x = x \circledast n_2 \text{ auch für } x = n_1 \text{ gelten muss, und} \\
&= n_2 && \text{weil } n_1 \circledast x = x \text{ auch für } x = n_2 \text{ gelten muss.}
\end{aligned}$$

Daher kann es zu jeder zweistelligen Verknüpfung höchstens ein neutrales Element geben. Deshalb ist die Bezeichnung $n_\circledast$ für das neutrale Element der zweistelligen Verknüpfung $\circledast$ sinnvoll.

Beispiel 2.16

a) *Die Menge* $\mathbb{N} = \{1, 2, \ldots\}$ *enthält kein neutrales Element für die Addition, denn* $0 \notin \mathbb{N}$.

b) *Die Menge* $\mathbb{N}_0 = \{0, 1, 2, \ldots\}$ *enthält ein neutrales Element für die Addition, nämlich* $n_+ = 0$.

c) *Die Menge* $\mathbb{N} = \{1, 2, \ldots\}$ *enthält ein neutrales Element für die Multiplikation, nämlich* $n_\times = 1$. $\qquad\qquad\square$

Iteration der Addition und der Multiplikation

Die Addition von zwei natürlichen Zahlen ergibt wieder eine natürliche Zahl. Daher kann die Addition als zweistellige Verknüpfung auf der Menge $\mathbb{N}$ der natürlichen Zahlen aufgefasst werden, in einer Formel:

$$ + : \mathbb{N}^2 \to \mathbb{N}, \quad (x_1, x_2) \mapsto x_1 + x_2, $$

wobei die bei der Addition weitgehend übliche Infix-Notation benutzt wurde. Man kann nun zum Ergebnis eine dritte natürliche Zahl x_3 hinzuaddieren. Das ergibt dann

$$ x_1 + x_2 + x_3. $$

Prinzipiell können beliebig viele Zahlen $x_1, \ldots, x_n$ addiert werden. Hierfür verwenden wir die in der mathematischen Fachliteratur übliche Notation mit dem griechischen Buchstaben Σ („Sigma") für „Summe":

$$ \sum_{i=1}^{n} x_i := x_1 + \ldots + x_n. $$

Diese Notation funktioniert ohne Weiteres für mindestens zwei Zahlen x_i, also wenn $n \geqslant 2$. Für $n = 1$ gibt es eigentlich kein Problem: In diesem Fall ist nur eine Zahl x_1 gegeben, und man setzt einfach

$$ \sum_{i=1}^{1} x_i := x_1. $$

Um den Fall $n = 0$ sinnvoll zu interpretieren, schauen wir uns unsere Konstruktion der Addition von drei Zahlen noch einmal genauer an. Wir haben zunächst zwei Zahlen addiert, und dann zum Ergebnis ein dritte addiert. Um vier Zahlen zu addieren, addiert man zunächst drei nach bekanntem Verfahren, und addiert dann zum Ergebnis die vierte Zahl. Und um n Zahlen zu addieren, bestimmt man zunächst die Summe der ersten $(n-1)$ Zahlen, um dann die n-te Zahl zu addieren. Man geht also nach folgender formalen Definition vor:

$$\sum_{i=1}^{n} x_i \;:=\; \sum_{i=1}^{n-1} x_i + x_n.$$

Wie sieht diese Gleichung aus, wenn wir $n = 1$ einsetzen?

$$\sum_{i=1}^{1} x_i \;=\; \sum_{i=1}^{0} x_i + x_1.$$

Da wir bereits wissen, dass die linke Seite gleich x_1 sein soll, muss die „leere Summe" auf der rechten Seite das neutrale Element der Addition sein. Wir setzen also

$$\sum_{i=1}^{0} x_i := 0.$$

Zusammenfassend ergibt die folgende *induktive Definition* der Notation der Summe von n Zahlen $x_1, \ldots, x_n$ mit dem Summenzeichen:

$$\sum_{i=1}^{0} x_i := 0 \quad \text{und für beliebige } n \geqslant 1 \text{ setze} \quad \sum_{i=1}^{n} x_i := \sum_{i=1}^{n-1} x_i + x_n. \quad (2.25)$$

Es ist sinnvoll, Analoges für die Multiplikation zu definieren. Als Zeichen für das Produkt nehmen wir den griechischen Buchstaben Π („Pi") für „Produkt". Das neutrale Element der Multiplikation ist 1, also lautet die induktive Definition für das Produktzeichen zur Multiplikation von n Zahlen $x_1, \ldots, x_n$ wie folgt:

$$\prod_{i=1}^{0} x_i := 1 \quad \text{und für beliebige } n \geqslant 1 \text{ setze} \quad \prod_{i=1}^{n} x_i := \prod_{i=1}^{n-1} x_i \cdot x_n. \quad (2.26)$$

Iteration zweistelliger Operationen

Eine zweistellige Verknüpfung $\circledast : M^2 \to M$ mit einem neutralen Element $n_\circledast$ kann in natürlicher Weise als n-stellige Verknüpfung auf n-Tupel mit beliebigem $n \in \mathbb{N}_0$ fortgesetzt werden. Das geschieht induktiv durch die Vorschriften

1. Die Verknüpfung eines leeren Tupels ergibt das neutrale Element

$$\circledast() := n_\circledast.$$

2. Ist $n \geqslant 1$ und $\circledast$ auf $(n-1)$-Tupeln bereits definiert, und ist ein n-Tupel $(x_1, \ldots, x_n) \in M^n$ gegeben, dann setze

$$\circledast(x_1, \ldots, x_n) := \circledast\big(\circledast(x_1, \ldots, x_{n-1}), x_n\big).$$

Wir können also jede zweistellige Verknüpfung mit einem neutralen Element als *beliebig-stellige Operation* auffassen. Wir verwenden dafür gleichberechtigt verschiedene Schreibweisen. Ist ein n-Tupel $(x_1, \ldots, x_n) \in M^n$ gegeben, dann sei

$$\underset{i=1}{\overset{n}{\circledast}}\, x_i := x_1 \circledast \ldots \circledast x_n := \circledast(x_1, \ldots, x_n) = \left(\underset{i=1}{\overset{n-1}{\circledast}}\, x_i\right) \circledast x_n. \qquad (2.27)$$

2.4.5 Bezüge zur Logik

Das mathematische Konzept der Abbildung haben wir bereits ohne formale Definition in Abschnitt 1.2.1 zur Analyse eines Textes von GEORGE BOOLE angewandt. Die in Gleichung (1.2) definierte Abbildung hatte das BOOLE'sche Universum U als Definitionsbereich und die Menge $\{0, 1\}$ als Wertebereich.

Die Bezüge des mathematischen Konzepts der Operation zur Logik ergeben sich daraus, dass die logischen Operationen der Negation, der Adjunktion und der Konjunktion als Spezialfälle des mathematischen Konzepts der Operation betrachtet werden können.

Die logische Negation

Die logische Negation von Eigenschaften oder Aussagen wird durch das mathematische Konzept der *Orthokomplementierung* abgebildet. Aus philosophischer Sicht sind mit der Negation mehrere Prinzipien verbunden. Hier ist ein Gegenüberstellung der Konzepte:

Philosophie	Mathematik
Doppelte Negation	Involutivität
Kontraposition	Kontraposition
Widerspruchsfreiheit	Komplementarität

Wir analysieren diese Konzepte in den speziellen Kontexten der Syllogistik und der Aussagenlogik etwas genauer.

Die klassischen Syllogismen

Die Syllogismen des ARISTOTELES werden in der mathematischen Struktur *„Quasigeordnete Menge ohne Nullelement und mit Orthokomplementierung"* erfasst.

Um dies einzusehen, stellen wir uns eine Menge E als Menge von *Eigenschaften* vor. Für zwei Eigenschaften $a, b \in E$ sei die Relation $a \preccurlyeq b$ durch „*a ist enthalten in b*" gegeben. Diese Relation ist reflexiv, denn jede Eigenschaft ist in sich selbst enthalten. Der grundlegende Syllogismus zeigt, dass die Relation „ist enthalten in" transitiv ist. Damit ist $\preccurlyeq$ eine Quasiordnung auf der Menge E.

Wir prüfen nach, ob die logische Negation von Eigenschaften tatsächlich eine Orthokomplementierung im mathematischen Sinn ist. Dafür bezeichnen wir mit $\sim a$ die Negation einer Eigenschaft a.

Involutivität: Die doppelte Negation einer Eigenschaft a ergibt wieder die Eigenschaft: $\sim(\sim a)$, vergleiche Abschnitt 1.1.6.

Kontraposition: Aus „Eigenschaft a ist enthalten in Eigenschaft b" folgt, dass $\sim b$ in $\sim a$ enthalten ist, vergleiche Abschnitt 1.1.6.

Komplementarität: Aus dem *Prinzip der Widerspruchsfreiheit* folgt, dass es keine Eigenschaft geben kann, die sowohl in einer Eigenschaft a als auch in deren Negation $\sim a$ enthalten ist. Damit kann die Menge E der Eigenschaften keine „Null-Eigenschaft" enthalten, und die Bedingung der Komplementarität für die Negation von Eigenschaften ist erfüllt, vergleiche Abschnitt 1.1.4.

Die Negation in der Aussagenlogik

Die Aussagenlogik wird in der mathematischen Struktur *Verbandsordnung mit Orthokomplementierung* erfasst.

Wie wir in Abschnitt 2.3.4 bereits gesehen haben, ist die Implikation auf einer Menge von Äquivalenzklassen von Aussagen eine Verbandsordnung. Noch nachzuprüfen ist, ob die logische Negation von Aussagen eine Orthokomplementierung im mathematischen Sinn ist. Dafür verwenden wir die Bezeichnung $\neg a$ für die Negation einer Aussage a.

Involutivität: Die doppelte Negation einer Aussage a ergibt eine äquivalent Aussage: $\neg(\neg a) = a$.

Kontraposition: Aus einer Implikation der Form $a \to b$ folgt die „umgekehrte" Implikation $\neg b \to \neg a$.

Komplementarität: Da die Implikation eine Verbandsordnung ist, muss die Konjunktion einer Aussage a mit ihrer Negation $\neg a$ wieder eine Aussage sein. Aus dem *Prinzip der Widerspruchsfreiheit* folgt, dass die Konjunktion einer Aussage a mit ihrer Negation $\neg a$ eine stets falsche Aussage ergibt, die wir *Kontradiktion* genannt und mit $\bot$ bezeichnet haben. Wir erhalten also die Formel

$$a \wedge \neg a \Leftrightarrow \bot.$$

Weil die Kontradiktion jede beliebige Aussage impliziert, folgt daraus, dass die Negation von Aussagen die Bedingung der Komplementarität erfüllt.

2.5 Verbandsstrukturen mit Orthokomplementierung

Der Begriff der *algebraischen Struktur* hat sich in der abstrakten Algebra des neunzehnten und zwanzigsten Jahrhunderts entwickelt und bewährt. Eine algebraische Struktur hat drei Bestandteile:

1. eine *Trägermenge*,

2. eine Reihe von *Operationen* auf der Trägermenge und

3. eine Reihe von *Axiomen*, welche die Operationen erfüllen müssen.

Der Graph einer Operation ist die Matrix einer Relation

Ist M eine Menge, D eine Menge von Tupeln über M und $\circledast : D \to M$ eine Operation, so nennt man die Menge

$$G_{\circledast} := \{(x, \circledast(x)) : x \in D\} \tag{2.28}$$

den *Graph* der Operation $\circledast$. Ist $\circledast$ eine n-stellige Relation, also $D = M^n$, dann besteht jedes Element von $G_{\circledast}$ aus einem n-Tupel $x \in M^n$ und dem – durch x eindeutig festgelegten – Element $\circledast(x) \in M$.

Beispiel 2.17 *Die Addition* $+$ *zweier natürlicher Zahlen ist eine* zweistellige Operation *auf der Menge* $\mathbb{N}$ *der natürlichen Zahlen, die jedem Zahlenpaar* (x, y) *seine Summe* $x + y$ *zuordnet. Bild 2.5 zeigt einen Ausschnitt ihres Graphen.*   □

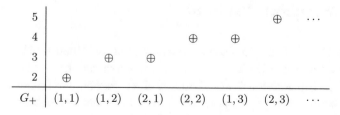

Bild 2.5: Ausschnitt des Graphen G_+ der Addition zweier Zahlen. Die Reihenfolge der Zahlenpaare ist nicht von Bedeutung. Über jedem Zahlenpaar ist das Tripel $(x, y, x + y)$ durch ein $\oplus$-Zeichen markiert.

Nach dieser Konstruktion kann jedes Element von $G_\circledast$ als $(n+1)$-Tupel aufgefasst werden. Wir können also schreiben: $G_\circledast \subseteq M^{n+1}$. In diesem Sinn kann
jede n-stellige Operation auf einer Menge M als $(n+1)$-stellige Relation auf
M aufgefasst werden.

Nicht jede Relation ist Graph einer Operation

Betrachtet man zum Beispiel die Relation $\leqslant$ auf einer zwei-elementigen Menge $M := \{0, 1\}$, also

$$\leqslant \; = \big\{(0,0), (0,1), (1,1)\big\}.$$

Würde man das in Form (2.28) hinschreiben wollen, so müsste die Operation
$\circledast$ dem 1-Tupel (0) sowohl das Element $0 \in M$ als auch das Element $1 \in M$
zuordnen. Wegen dieser Zweideutigkeit ist es nicht möglich, die Relation $\leqslant$
als Graph einer einstelligen Relation auf M aufzufassen.

Mathematische versus algebraische Strukturen

Analog zur algebraischen Struktur besteht eine *mathematische Struktur* ebenfalls aus drei Bestandteilen:

1. eine *Trägermenge*,

2. eine Reihe von *Relationen* auf der Trägermenge und

3. eine Reihe von *Axiomen*, die die Relationen erfüllen müssen.

Im Unterschied zum Begriff der mathematischen Struktur sind in einer algebraischen Struktur keine beliebigen Relationen erlaubt, sondern nur solche,
die sich als Graph einer Operation auffassen lassen.

2.5.1 Die Struktur Verband

Die Struktur *Verband* nimmt eine Zwitterstellung zwischen mathematischer
und algebraischer Struktur ein, da sie zwei verschiedene – aber letztlich
äquivalente – Definitionen erlaubt. Um auf einer gegebenen Trägermenge die
Struktur *Verband* zu konstruieren, kann man auf zwei verschiedene Weisen
vorgehen.

1. Man definiert eine Verbandsordnung auf der Trägermenge.

2. Man definiert zwei zweistellige Verknüpfungen und fordert, dass beide
   assoziativ und kommutativ sind und sich gegenseitig absorbieren.

Der Zugang über eine Verbandsordnung

Bei diesem Zugang genügt es, auf der Trägermenge eine Verbandsordnung zu definieren. In Tabelle 2.3 sind die Eigenschaften einer Verbandsordnung zusammengefasst.

Tabelle 2.3: Aufbau der Struktur *Verband* aus einer Verbandsordnung.

Verband, aufgebaut aus einer Verbandsordnung

$\mathbb{M}$	**Trägermenge**		
$\leqslant$	**Verbandsordnung** – eine Relation auf $\mathbb{M}$ mit den Eigenschaften:		
	reflexiv	für alle $a \in \mathbb{M}$ gilt	$a \leqslant a$
	transitiv	für alle $a, b, c \in \mathbb{M}$ gilt	$\begin{cases} \text{wenn } a \leqslant b \text{ und } b \leqslant c, \\ \text{dann } a \leqslant c \end{cases}$
	antisymmetrisch	für alle $a, b \in \mathbb{M}$ gilt	$\begin{cases} \text{wenn } a \leqslant b \text{ und } b \leqslant a, \\ \text{dann } a = b \end{cases}$
	paarweise Infima	zu $a, b \in \mathbb{M}$ existiert $\inf\{a, b\} \in \mathbb{M}$	
	paarweise Suprema	zu $a, b \in \mathbb{M}$ existiert $\sup\{a, b\} \in \mathbb{M}$	

Ist eine Verbandsordnung gegeben, dann enthält diese zwei zweistellige Verknüpfungen, nämlich das paarweise Infimum und das paarweise Supremum. Nach Abschnitt 2.4.4 erfüllen diese beiden Verknüpfungen Kommutativ-, Assoziativ- und Absorptionsgesetze.

Der Zugang über zweistellige Verknüpfungen

Bei diesem Zugang sind auf der Trägermenge zwei zweistellige Verknüpfungen so zu definieren, dass für jede der beiden das Kommutativgesetz und das Assoziativgesetz erfüllt sind und außerdem die Absorptionsgesetze gelten. Wir erhalten die in Tabelle 2.4 dargestellte algebraische Struktur.

Die Halbordnung im zweiten Zugang

Auf der in Tabelle 2.4 dargestellten Struktur kann man *im Nachhinein* eine Verbandsordnung definieren. Wir definieren eine Kandidatin für eine Verbandsordnung. Weil wir noch nicht wissen, ob das wirklich eine Verbandsordnung ist, wählen wir dafür ein neues Symbol $\prec$ und setzen für beliebige $a, b \in \mathbb{M}$.

Tabelle 2.4: Aufbau der algebraischen Struktur *Verband* aus zwei zweistelligen Verknüpfungen, die beide kommutativ und assoziativ sind sowie Absorptionsgesetze erfüllen.

Verband, aufgebaut aus Zusammentreffen und Verbinden

$\mathbb{M}$ **Trägermenge**

$\sqcap$ **Zusammentreffen**
   – eine zweistellige Verknüpfung auf $\mathbb{M}$ mit den Eigenschaften:

   kommutativ: für alle $a, b \in \mathbb{M}$ gilt $a \sqcap b = b \sqcap a$

   assoziativ: für alle $a, b, c \in \mathbb{M}$ gilt $(a \sqcap b) \sqcap c = a \sqcap (b \sqcap c)$

$\sqcup$ **Verbinden**
   – eine zweistellige Verknüpfung auf $\mathbb{M}$ mit den Eigenschaften:

   kommutativ: für alle $a, b \in \mathbb{M}$ gilt $a \sqcup b = b \sqcup a$

   assoziativ: für alle $a, b, c \in \mathbb{M}$ gilt $(a \sqcup b) \sqcup c = a \sqcup (b \sqcup c)$

Absorptionsgesetze

$\sqcup$ absorbiert $\sqcap$:   für alle $a, b \in \mathbb{M}$ gilt $a \sqcup (a \sqcap b) = a$

$\sqcap$ absorbiert $\sqcup$:   für alle $a, b \in \mathbb{M}$ gilt $a \sqcap (a \sqcup b) = a$

$$\left(a \prec b \right) \quad :\Leftrightarrow \quad \left(a = a \sqcap b \right)$$

Zu beweisen ist jetzt, dass diese Relation reflexiv, transitiv und antisymmetrisch ist, und dass paarweise Infima und Suprema existieren. Wir beginnen mit dem Idempotenzgesetz für die Verknüpfung $\sqcap$, welches für die weiteren Beweise nützlich sein wird.

Idempotenz: Das folgt aus den beiden Absorptionsgesetzen, denn

$$\begin{aligned}
a \sqcap a &= a \sqcap (a \sqcup (a \sqcap a)) \quad && \text{wegen } a = a \sqcup (a \sqcap a) \\
&= a && \text{wegen } a = a \sqcap (a \sqcup b) \text{ für } b := a \sqcap a.
\end{aligned}$$

Reflexivität: Aus dem Idempotenzgesetz folgt $a \prec a$.

Transitivität: Angenommen, $a \prec b$ und $b \prec c$ seien erfüllt. Dann gilt

$$\begin{aligned}
a \sqcap c &= (a \sqcap b) \sqcap c \quad && \text{wegen } a \prec b \\
&= a \sqcap (b \sqcap c) && \text{nach dem Assoziativgesetz} \\
&= a \sqcap b && \text{wegen } b \prec c \\
&= a && \text{wegen } a \prec b.
\end{aligned}$$

Daraus folgt $a \prec c$.

Antisymmetrie: Angenommen $a \prec b$ und $b \prec a$ seien erfüllt. Dann gilt

$$a = a \sqcap b \quad \text{wegen } a \prec b$$
$$= b \sqcap a \quad \text{nach dem Kommutativgesetz}$$
$$= b \quad \text{wegen } b \prec a.$$

Dualität: Zu zeigen ist $a \prec b \Leftrightarrow a \sqcup b = b$. Angenommen, $a \prec b$. Dann gilt

$$a \sqcup b = (a \sqcap b) \sqcup b \quad \text{wegen } a \prec b$$
$$= b \quad \text{nach dem Absorptionsgesetz.}$$

Ist umgekehrt $a \sqcup b = b$, dann gilt

$$a = a \sqcap (a \sqcup b) \quad \text{nach dem Absorptionsgesetz}$$
$$= a \sqcap b \quad \text{wegen } a \sqcup b = b,$$

also $a \prec b$.

Paarweise Infima: Nach dem Absorptionsgesetz gilt $a = a \sqcup (a \sqcap b)$. Zusammen mit der Dualität folgt daraus $a \sqcap b \prec a$. Ebenso zeigt man $a \sqcap b \prec b$. Angenommen, c sei bezüglich $\prec$ eine untere Schranke von a und b, also $c \prec a$ und $c \prec b$. Dann gilt

$$c = c \sqcap b \quad \text{wegen } c \prec b$$
$$= (c \sqcap a) \sqcap b \quad \text{wegen } c \prec a$$
$$= c \sqcap (a \sqcap b) \quad \text{nach dem Assoziativgesetz,}$$

also $c \prec a \sqcap b$. Daraus folgt, dass $a \sqcap b$ bezüglich $\prec$ die größte untere Schranke von a und b ist, also ist $\inf_{\prec}\{a, b\} = a \sqcap b$.

Paarweise Suprema: Nach dem Absorptionsgesetz gilt $a = a \sqcap (a \sqcup b)$, also $a \prec a \sqcup b$. Ebenso zeigt man $b \prec a \sqcup b$.
Angenommen c sei bezüglich $\prec$ eine obere Schranke von a und b, also $a \prec c$ und $b \prec c$. Dann gilt unter Verwendung der Dualität

$$c = c \sqcup b \quad \text{wegen } b \prec c$$
$$= (c \sqcup a) \sqcup b \quad \text{wegen } a \prec c$$
$$= c \sqcup (a \sqcup b) \quad \text{nach dem Assoziativgesetz,}$$

also $a \sqcup b \prec c$. Daraus folgt, dass $a \sqcup b$ bezüglich $\prec$ die kleinste obere Schranke von a und b ist, also ist $\sup_{\prec}\{a, b\} = a \sqcup b$.

Damit haben wir gezeigt, dass $\prec$ tatsächlich eine Verbandsordnung ist. Mehr noch: Aus den Gleichungen $\inf_{\prec}\{a, b\} = a \sqcap b$ und $\sup_{\prec}\{a, b\} = a \sqcup b$ folgt, dass die Verbandsordnung $\prec$ die vorgegebenen zweistelligen Verknüpfungen $\sqcap$ und $\sqcup$ erzeugt.

2.5.2 Die Struktur orthokomplementärer Verband

Die mathematische Struktur *orthokomplementärer Verband* besteht aus einer Trägermenge, einer Verbandsordnung und einer zur Verbandsordnung passenden Orthokomplementierung. Ein orthokomplementärer Verband enthält stets ein Nullelement und ein Einselement bezüglich der Verbandsordnung.

Um die Existenz der Extrema im orthokomplementären Verband zu beweisen, sei zunächst daran erinnert, dass eine Orthokomplementierung auf einer quasigeordneten Menge die drei Bedingungen (2.20), (2.21) und (2.22) erfüllen muss. Wir formulieren die Involutivität und die Kontraposition für eine Orthokomplementierung $(\cdot)'$ auf einer Menge M mit einer Verbandsordnung $\leqslant$:

Involutivität: $\forall a \in M : \left(a'' = a\right),$

Kontraposition: $\forall a, b \in M : (a \leqslant b \Rightarrow b' \leqslant a').$

Etwas komplizierter verhält es sich mit der Komplementarität. Unter Verwendung des Zeichens $\leqslant$ für die Verbandsordnung an Stelle von $\preccurlyeq$ für eine Quasiordnung erhalten wir aus (2.22) die Formel:

$$\forall a, x \in M : (x \leqslant a \wedge x \leqslant a' \Rightarrow (\forall y \in M : x \leqslant y)).$$

Der Vordersatz der Implikation, $x \leqslant a \wedge x \leqslant a'$, bedeutet einfach, dass x eine untere Schranke für a und a' ist. Da $\leqslant$ eine Verbandsordnung ist, gibt es in M eine solche untere Schranke, nämlich $x := a \wedge a' \in M$. Der Hintersatz der Implikation, $\forall y \in M : x \leqslant y$, bedeutet, dass x ein Nullelement bezüglich der Verbandsordnung $\leqslant$ ist. Wegen der Eigenschaft der Kontraposition muss das Orthokomplement des Nullelements ein Einselement bezüglich der Verbandsordnung sein.

2.5.3 Die DE MORGAN'schen Gesetze

Die nach AUGUSTUS DE MORGAN (geboren 1806, gestorben 1871) benannten Gesetze der formalen Aussagenlogik verbinden Adjunktion $\vee$, Konjunktion $\wedge$ und Negation $\neg$ für beliebige Aussagen p und q in folgender Weise:

$$\neg(p \vee q) = \neg p \wedge \neg q \quad \text{und} \quad \neg(p \wedge q) = \neg p \vee \neg q. \tag{2.29}$$

Nach BOCHEŃSKI [1, S. 241] sind diese beiden Gesetze mindestens seit dem vierzehnten Jahrhundert bekannt.

Im Rahmen einer zweiwertigen Logik ist es nicht schwierig, die DE MORGAN'schen Gesetze mit Hilfe von Wahrheitstafeln nachzuprüfen. Wir zeigen hier, dass die DE MORGAN'schen Gesetze im Rahmen der Struktur orthokomplementärer Verband beweisbar sind. Um das (zweite) DE MORGAN'sche

Gesetz
$$(x \sqcap y)' = x' \sqcup y' \tag{2.30}$$
zu beweisen, zeigen wir die beiden Ungleichungen

$$x' \sqcup y' \leqslant (x \sqcap y)' \quad \text{und} \quad (x \sqcap y)' \leqslant x' \sqcup y' \tag{2.31}$$

Beweis der ersten Ungleichung in (2.31):

$$
\begin{aligned}
& x \sqcap y = \inf\{x, y\} \leqslant x && \text{nach Definition des Infimums} \\
\Rightarrow \quad & \qquad\quad x' \leqslant (x \sqcap y)' && \text{durch Kontraposition.}
\end{aligned}
$$

In analoger Weise folgt aus $x \sqcap y \leqslant y$ die Ungleichung $y' \leqslant (x \sqcap y)'$. Die beiden Ungleichungen zusammen genommen ergeben

$$x' \sqcup y' = \sup\{x', y'\} \leqslant (x \sqcap y)',$$

also die gewünschte erste Ungleichung in (2.31).   □

Beweis der zweiten Ungleichung in (2.31):   Für $z := x' \sqcup y'$ gelten

$$
\begin{aligned}
& x' \leqslant z \wedge y' \leqslant z && \text{Verbandsordnung} \\
\Rightarrow \quad & z' \leqslant x'' \wedge z' \leqslant y'' && \text{Kontraposition} \\
\Rightarrow \quad & z' \leqslant x \wedge z' \leqslant y && \text{wegen } x'' = x \text{ und } y'' = y \\
\Rightarrow \quad & z' \leqslant \inf\{x, y\} = x \sqcap y && \text{nach Definition des Infimums} \\
\Rightarrow \quad & (x \sqcap y)' \leqslant z'' && \text{Kontraposition} \\
\Rightarrow \quad & (x \sqcap y)' \leqslant z && \text{wegen } z'' = z \\
\Rightarrow \quad & (x \sqcap y)' \leqslant x' \sqcup y' && \text{Einsetzen } z = x' \sqcup y'.
\end{aligned}
$$
                                                                    □

Das andere DE MORGAN'sche Gesetz

$$(x \sqcup y)' = x' \sqcap y'$$

gilt ebenfalls in jedem orthokomplementären Verband. Der Beweis ist analog zum Beweis von Gleichung (2.30).   □

DE MORGAN-Dualität

Die DE MORGAN'schen Gesetze begründen ein *Dualitätsprinzip* für orthokomplementäre Verbände. Das wird am besten klar an einem Beispiel. Gegeben sei in einem orthokomplementären Verband der Ausdruck

$$w = x \sqcup (y' \sqcap z),$$

dann ist dessen Orthokomplement dadurch gegeben, dass man für jede Variable deren Orthokomplement einsetzt und die Zeichen $\sqcap$ und $\sqcup$ vertauscht:

$$w' = x' \sqcap (y \sqcup z').$$

2.5.4 Ergänzung zum orthokomplementären Verband

Unser Beweis des zweiten DE MORGAN'schen Gesetzes (2.30) hat eine interessante Konsequenz. Tatsächlich bewiesen haben wir nämlich insbesondere die Existenz des paarweisen Supremums, wenn paarweises Infimum und Orthokomplementierung gegeben sind.

Konkret haben wir das Folgende gezeigt: Gegeben seien eine halbgeordnete Menge $\mathbb{K}$, in der paarweise Infima existieren, sowie eine Orthokomplementierung bezüglich der Halbordnung. Im ersten Teil des Beweises haben wir gezeigt, dass für je zwei Elemente $x, y \in \mathbb{K}$ durch $(\inf\{x,y\})'$ eine obere Schranke der Menge $\{x', y'\}$ gegeben ist, also

$$\{x', y'\} \leqslant (\inf\{x,y\})'.$$

Daraus folgt für jedes $z \in \mathbb{K}$ die Implikation:

$$(\inf\{x,y\})' \leqslant z \quad \Rightarrow \quad \{x', y'\} \leqslant z.$$

Im zweiten Teil des Beweis haben wir für jedes $z \in \mathbb{K}$ die umgekehrte Implikation bewiesen:

$$\{x', y'\} \leqslant z \quad \Rightarrow \quad (\inf\{x,y\})' \leqslant z.$$

Nach der Definition des Supremums in (2.11) folgt hieraus:

$$(\inf\{x,y\})' = \sup\{x', y'\}$$

Das heißt, wir haben nicht nur die Existenz des Supremums von x' und y' gezeigt, sondern auch eine Formel dafür gefunden. Für gegebene $w, q \in \mathbb{K}$ setzen wie $x := w'$ und $y := q'$ und können definieren:

$$w \sqcup q := \sup\{w, q\} = (\inf\{w', q'\})' = (w' \sqcap q')'.$$

Unser Ergebnis ist: Zum Aufbau eines orthokomplementären Verbands aus einer halbgeordneten Menge genügt es, die Existenz des Infimums von zwei beliebigen Elementen nachzuweisen und eine Orthokomplementierung zu konstruieren.

2.5.5 Bezüge zur Logik

Die beiden Zugänge zur Struktur Verband

Dem ersten Zugang zur Struktur Verband entspricht der Aufbau der Logik aus der Implikation, aufgefasst als eine Verbandsordnung auf den Klassen äquivalenter Aussagen. Wie in Abschnitt 2.3.4 bemerkt, ist bei dieser Auffassung die Konjunktion zweier Aussagen gleich deren Infimum bezüglich der Implikation, und die Adjunktion zweier Aussagen ist gleich deren Supremum.

Dem zweiten Zugang entspricht eine Aussagenlogik mit den Verknüpfungen der Adjunktion und der Konjunktion. Aus mathematischer Sicht muss man hier Kommutativ-, Assoziativ- und Absorptionsgesetze voraussetzen, was aus Sicht der Aussagenlogik aber nicht problematisch ist.

Die Aussagen bilden einen orthokomplementären Verband

Die Orthokomplementierung in der Verbandsstruktur entspricht der Negation in der Aussagenlogik. Tabelle 2.5 zeigt die Zuordnung der verbandstheoretischen Zeichen zu den von uns in der Aussagenlogik verwendeten Zeichen.

Tabelle 2.5: Die Bestandteile der mathematischen Struktur *orthokomplementärer Verband* und ihre Entsprechungen in der Aussagenlogik.

Orthokomplementärer Verband	Entsprechung	Aussagenlogik
Relation		
Verbandsordnung	$a \leqslant b \; \hat{=} \; a \to b$	Implikation
Zweistellige Verknüpfungen		
Zusammentreffen	$a \sqcap b \; \hat{=} \; a \land b$	Konjunktion
Verbinden	$a \sqcup b \; \hat{=} \; a \lor b$	Adjunktion
Einstellige Operation		
Orthokomplementierung	$a' \; \hat{=} \; \neg a$	Negation
Konstanten		
Nullelement	$\mathbb{0} \; \hat{=} \; \bot$	Kontradiktion
Einselement	$\mathbb{1} \; \hat{=} \; \top$	Tautologie

Widerspruchsfreiheit und *Tertium non Datur*

Die Widerspruchsfreiheit in der Aussagenlogik entspricht in der Verbands-theorie einer der Bedingungen für die Orthokomplementierung, nämlich der Komplementarität:

$$x \sqcap x' = \mathbb{0}.$$

Wendet man auf diese Gleichung die DE MORGAN-Dualität an, so erhält man

$$x' \sqcup x'' = \mathbb{0}',$$

also wegen $x'' = x$, $\mathbb{0}' = \mathbb{1}$ und der Kommutativität von $\sqcup$ die Gleichung

$$x \sqcup x' = \mathbb{1},$$

und diese entspricht in der Logik dem *Tertium non Datur*. Die Zusammen-hänge sind in Tabelle 2.6 dargestellt.

Tabelle 2.6: Widerspruchsfreiheit, *Tertium non Datur* und ihre Entsprechun-gen in der Theorie orthokomplementärer Verbände.

Aussagenlogik		Verbandstheorie	
Widerspruchsfreiheit:	$p \wedge \neg p = \mathsf{f}$,	Komplementarität:	$x \sqcap x' = \mathbb{0}$
		(DE MORGAN)	$\Updownarrow$
Tertium non Datur:	$p \vee \neg p = \mathsf{w}$,		$x \sqcup x' = \mathbb{1}$

2.6 Die Struktur BOOLE'scher Verband

In einer zweiwertigen Logik gelten zwischen Adjunktion $\vee$ und Konjunktion $\wedge$ für beliebige Aussagen p, q und r die beiden *Distributivgesetze*

$$\begin{aligned} p \wedge (q \vee r) &= (p \wedge q) \vee (p \wedge r) \quad \text{und} \\ p \vee (q \wedge r) &= (p \vee q) \wedge (p \vee r). \end{aligned} \tag{2.32}$$

Diese sind mittels Wahrheitstafeln leicht zu verifizieren. In der Quantenlogik sind die Distributivgesetze nur in bestimmten Ausnahmefällen gültig. Für unsere Anwendungen ist es wichtig, diese Ausnahmen genau zu kennen. Da-her sehen wir uns diejenigen orthokomplementären Verbände, in denen die Distributivgesetze gelten, etwas genauer an.

2.6.1 Die Bestandteile der Struktur

In der Welt der mathematischen Strukturen nennt man einen orthokomplementären Verband, in dem die Distributivgesetze gelten, einen BOOLE'*schen Verband* oder eine BOOLE'*sche Algebra*. Tabelle 2.7 zeigt eine Übersicht über die Strukturbestandteile und Regeln dieser mathematischen Struktur.

Tabelle 2.7: Übersicht über die Bestandteile und Regeln der mathematischen Struktur BOOLE'*scher Verband* oder BOOLE'*sche Algebra*. Die Regeln gelten für beliebige $a, b, c \in \mathbb{B}$. Sind in einer Zeile zwei Formen eines Gesetzes aufgeschrieben, so nennt man die erste die *primale* und die zweite die *duale* Form.

	BOOLE'scher Verband	oder	BOOLE'sche Algebra
$\mathbb{B}$	**Trägermenge**		
$\sqcap$	**Zusammentreffen**	(zweistellige Verknüpfung auf $\mathbb{B}$)	
$\sqcup$	**Verbinden**	(zweistellige Verknüpfung auf $\mathbb{B}$)	
kommutativ	$a \sqcap b = b \sqcap a$		$a \sqcup b = b \sqcup a$
assoziativ	$(a \sqcap b) \sqcap c = a \sqcap (b \sqcap c)$		$(a \sqcup b) \sqcup c = a \sqcup (b \sqcup c)$
absorbierend	$(a \sqcap b) \sqcup a = a$		$(a \sqcup b) \sqcap a = a$
distributiv	$(a \sqcup b) \sqcap c = (a \sqcap c) \sqcup (b \sqcap c)$		$(a \sqcap b) \sqcup c = (a \sqcup c) \sqcap (b \sqcup c)$
$\leqslant$	**Kleiner-gleich**	(Verbandsordnung auf $\mathbb{B}$)	
Definition	$a \leqslant b \;:\Leftrightarrow\; a = a \sqcap b$		
$\mathbb{0}$	**Nullelement**	(minimales Element)	
$\mathbb{1}$	**Einselement**	(maximales Element)	
extremal	$\mathbb{0} \leqslant a$		$a \leqslant \mathbb{1}$
neutral	$\mathbb{1} \sqcap a = a$		$\mathbb{0} \sqcup a = a$
absorbierend	$\mathbb{0} \sqcap a = \mathbb{0}$		$\mathbb{1} \sqcup a = \mathbb{1}$
$(\cdot)'$	**Orthokomplementierung**	(einstellige Operation auf $\mathbb{B}$)	
involutiv	$a'' = a$		
Kontraposition	$a \leqslant b \Rightarrow b' \leqslant a'$		
Komplement	$a \sqcap a' = \mathbb{0}$		$a \sqcup a' = \mathbb{1}$
DE MORGAN	$(a \sqcap b)' = a' \sqcup b'$		$(a \sqcup b)' = a' \sqcap b'$

2.6.2 Der Teilmengenverband einer Menge

Grundlegendes Beispiel für einen BOOLE'schen Verband ist der Teilmengenverband einer Menge. Die Übersetzung der Mengenoperationen in die Verbandsoperationen ist in Tabelle 2.8 beschrieben. Die Gültigkeit der Distributivgesetze in jedem Teilmengenverband folgt aus den Distributivgesetzen
der zweiwertigen Logik (2.32) zusammen mit unseren Definitionen der Mengenoperationen in (2.3). Bild 2.6 zeigt HASSE-Diagramme der Teilmengenverbände einer zwei- und einer dreielementigen Menge. An diesen beiden
HASSE-Diagrammen wird bereits ein allgemeiner Sachverhalt sichtbar: Der
Verband aller Teilmengen einer Menge M enthält ein Nullelement, nämlich
die leere Menge $\varnothing \subseteq M$, sowie ein Einselement, nämlich die Menge M selbst.
Nach Entfernung des Nullelements sind die einelementigen Mengen minimal;
diese sind also die Atome des Teilmengenverbands.

Tabelle 2.8: Die Potenzmenge einer Menge M ergibt mit Durchschnitt, Vereinigung und Komplementbildung einen BOOLE'schen Verband.

Teilmengenverband einer Menge M		
Trägermenge	$\mathcal{P}(M)$: die Potenzmenge von M	
Zusammentreffen	$A \sqcap B := A \cap B$	Schnittmenge
Verbinden	$A \sqcup B := A \cup B$	Vereinigungsmenge
Orthokomplement	$A' := M \setminus A$	Komplementärmenge
Nullelement	$\mathbb{O} := \varnothing$	die leere Menge
Einselement	$\mathbb{1} := M$	die Menge M selbst

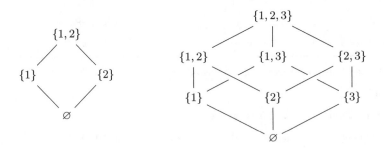

Bild 2.6: HASSE-Diagramme der Teilmengenverbände der zwei-elementigen
Menge $\{1, 2\}$ und der drei-elementigen Menge $\{1, 2, 3\}$. Jede aufsteigende
Linie bedeutet eine Teilmengenbeziehung.

2.6.3 Ein Binärcode für Teilmengen

Ist M eine beliebige endliche Menge, so kann man die Elemente von M nummerieren:

$$M = \{a_1, \ldots, a_n\}.$$

Unser nächstes Ziel ist es, n-Tupel aus den Ziffern 0 und 1 mit Teilmengen von M in Beziehung zu setzen. Dafür assoziieren wir zu jedem Element $a_i \in M$ eine *Binärziffer* $\beta_i \in \{0, 1\}$,

$$
\begin{array}{cccc}
a_1 & a_2 & & a_n \\
\updownarrow & \updownarrow & \ldots & \updownarrow \\
\beta_1 & \beta_2 & & \beta_n
\end{array}
$$

Außerdem gehört zu jedem *Binärcode* $\beta_n \ldots \beta_2 \beta_1$ eine ganze Zahl zwischen 0 und $2^n - 1$, nämlich

$$
\begin{aligned}
b :&= \left[\beta_n \ldots \beta_2 \beta_1\right]_2 \\
&= \beta_n \cdot 2^{n-1} + \ldots + \beta_2 \cdot 2^1 + \beta_1 \cdot 2^0 \quad \in \quad \{0, 1, \ldots, 2^n - 1\}.
\end{aligned}
$$

Über den Binärcode erhalten wir schließlich eine Nummerierung der Teilmengen von M. Wir illustrieren das am Beispiel des Binärcodes 01011:

$$
\begin{array}{ccccc}
a_5 & a_4 & a_3 & a_2 & a_1 \\
\updownarrow & \updownarrow & \updownarrow & \updownarrow & \updownarrow \\
\end{array}
$$
$$
b = 11 = \begin{bmatrix} 0 & 1 & 0 & 1 & 1 \end{bmatrix}_2 \mapsto T_{11} = T_{[01011]_2} = \{a_1, a_2, a_4\} \subseteq M
$$

Beispiel 2.18 *Wir benutzen diese Binärcodierung jetzt zur Darstellung des Teilmengenverbands einer vierelementigen Menge M. Das HASSE-Diagramm des Teilmengenverbands in dieser Kodierung ist in Bild 2.7 dargestellt.*   □

2.6.4 Bezüge zur Logik

Das Ziel dieses Abschnitts ist die Beschreibung einer Beziehung zwischen BOOLE'schen Verbänden und aussagenlogischen Termen, wie sie in Abschnitt 1.2.3 definiert sind.

Minterme

Wir beginnen mit einer Formelsprache L nach Abschnitt 1.2.3, welche die Variablennamen $M = \{a_1, \ldots, a_n\} \subseteq L$ enthält. Jede dieser Variablen kann den Wahrheitswert f oder w annehmen. Wir betrachten die Teilmenge derjenigen

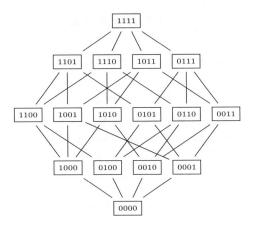

Bild 2.7: HASSE-Diagramm des Teilmengenverbands einer vierelementigen Menge, wobei jede Teilmenge durch ihren Binärcode dargestellt ist. Der Binärcode des Nullelements besteht nur aus Nullen, der Binärcode des Einselements nur aus Einsen, und ein Binärcode eines Atoms enthält genau eine Eins und sonst Nullen.

Variablen, die wahr sind:

$$T := \{a_i \in M \mid a_i = \mathsf{w}\}.$$

Die übrigen Variablen $a_i \in M \setminus T$ haben den Wahrheitswert f. Zur Notation der Negation verwenden wir hier die in der Technik übliche Schreibweise

$$\overline{a_i} := \neg a_i,$$

da sie in den folgenden Darstellungen leichter lesbar ist. Damit können wir $a_i = \mathsf{f}$ auch durch $\overline{a_i} = \mathsf{w}$ ausdrücken. Wie in Abschnitt 2.6.3 beschrieben, können wir dieser Teilmenge T eine Nummer $b \in \{0, \ldots, 2^n - 1\}$ zuordnen. Die Darstellung dieser Nummer als Binärcode laute $b = [\beta_n \ldots \beta_1]_2$. Wir suchen jetzt einen aussagenlogischen Term m_b, der ausdrückt, welche Variablen wahr sind und welche falsch. Das geschieht auf natürliche Weise durch folgende Konjunktion:

$$m_b := \bigwedge_{j=1}^{n} \left(\begin{cases} a_j & \text{falls } \beta_j = 1 \\ \overline{a_j} & \text{falls } \beta_j = 0 \end{cases} \right). \tag{2.33}$$

Solche Terme nennt man *Minterme*. Da die Konjunktion kommutativ ist, spielt die Reihenfolge der Indizes keine Rolle. In Analogie zum Binärcode indizieren wir in absteigender Reihenfolge. Sind n Variablennamen gegeben, so gibt es 2^n verschiedene Binärcodes, also auch 2^n verschiedene Minterme. Wir bezeichnen die Menge von Mintermen über n Variablen mit Ω_n. Die Zuordnung von Mintermen zu Teilmengen ergibt eine Eins-zu-Eins-Beziehung

$$\Omega_n \longleftrightarrow \wp(M). \tag{2.34}$$

Beispiel 2.19 *Hat man zum Beispiel eine Menge* $M = \{a_1, a_2, a_3\}$ *mit drei Variablennamen, dann existieren die folgenden acht verschiedenen Minterme* m_b, *für* $b \in \{0, 1, 2, 3, 4, 5, 6, 7\}$, *entsprechend den acht Teilmengen* $T_b \subseteq M$:

$$
\begin{aligned}
m_0 &= m_{[000]_2} = \overline{a_3} \wedge \overline{a_2} \wedge \overline{a_1} &&\longleftrightarrow& T_0 &= \varnothing, \\
m_1 &= m_{[001]_2} = \overline{a_3} \wedge \overline{a_2} \wedge a_1 &&\longleftrightarrow& T_1 &= \{a_1\}, \\
m_2 &= m_{[010]_2} = \overline{a_3} \wedge a_2 \wedge \overline{a_1} &&\longleftrightarrow& T_2 &= \{a_2\}, \\
m_3 &= m_{[011]_2} = \overline{a_3} \wedge a_2 \wedge a_1 &&\longleftrightarrow& T_3 &= \{a_1, a_2\}, \\
m_4 &= m_{[100]_2} = a_3 \wedge \overline{a_2} \wedge \overline{a_1} &&\longleftrightarrow& T_4 &= \{a_3\}, \\
m_5 &= m_{[101]_2} = a_3 \wedge \overline{a_2} \wedge a_1 &&\longleftrightarrow& T_5 &= \{a_1, a_3\}, \\
m_6 &= m_{[110]_2} = a_3 \wedge a_2 \wedge \overline{a_1} &&\longleftrightarrow& T_6 &= \{a_2, a_3\} \text{ und} \\
m_7 &= m_{[111]_2} = a_3 \wedge a_2 \wedge a_1 &&\longleftrightarrow& T_7 &= \{a_1, a_2, a_3\}.
\end{aligned}
$$
□

Konstruktionsbedingt haben Minterme zwei Eigenschaften:

1. Paarweise Unvereinbarkeit: Ist $b \neq c$, dann gilt

$$m_b \wedge m_c = \mathsf{f} \tag{2.35}$$

und

2. Vollständigkeit: Die Adjunktion *aller* Minterme ist wahr:

$$\bigvee_{b=0}^{2^n - 1} m_b = \mathsf{w}. \tag{2.36}$$

Das heißt, die Minterme bilden eine vollständige Zerlegung der Tautologie in paarweise disjunkte Terme. Eine solche Zerlegung nennt man eine *Partition der Tautologie*.

Disjunktive Normalform

Wie wir in Abschnitt 1.2.4 gesehen haben, gehört zu jedem aussagenlogischen Term $t \in L$ eine Wahrheitstafel, die seinen Wahrheitswerteverlauf zeigt. Nun ist durch jede Zeile einer Wahrheitstafel ein Minterm eindeutig bestimmt. Um den Wahrheitswerteverlauf eines Terms $t \in L$ abzubilden, sucht man sich nun diejenigen Zeilen der Wahrheitstafel heraus, in denen t der Wahrheitswert w zugewiesen wird. Wir bezeichnen die Menge der zum Term t gehörigen Minterme mit

$$M_t \subseteq \Omega_n. \tag{2.37}$$

Beispiel 2.20 *Betrachten wir in Tabelle 1.13 den Wahrheitswerteverlauf der Adjunktion zweier Variablen a und b. Der Wahrheitswert w wird in den Zeilen eins bis drei zugewiesen, der Wahrheitswert f nur in Zeile vier. Wir erhalten also die Minterm-Menge*

$$M_{a\lor b} = \left\{ m_{[11]_2}, m_{[10]_2}, m_{[01]_2} \right\} \subseteq \Omega_2. \qquad \square$$

Da der Tautologie w in jeder Zeile der Wahrheitstafel der Wahrheitswert w zugewiesen wird, ist

$$M_w = \Omega_n, \qquad (2.38)$$

und da der Kontradiktion f in jeder Zeile der Wahrheitstafel der Wahrheitswert f zugewiesen wird, ist

$$M_f = \varnothing. \qquad (2.39)$$

Sind $p, q \in L$ zwei Terme und $M_p, M_q \subseteq \Omega_n$ die zugehörigen Minterm-Mengen, dann gelten

für die Konjunktion: $M_{p \land q} = M_p \cap M_q,$ $\qquad (2.40)$

für die Adjunktion: $M_{p \lor q} = M_p \cup M_q$ und $\qquad (2.41)$

für die Negation: $M_{\overline{p}} = \Omega_n \setminus M_p.$ $\qquad (2.42)$

Unter der *disjunktiven Normalform* eines Terms $t \in L$ versteht man die Adjunktion aller zu t gehörenden Minterme:

$$\mathrm{DNF}(t) := \bigvee_{m \in M_t} m. \qquad (2.43)$$

Nach Konstruktion ist die disjunktive Normalform eines Terms t stets äquivalent zu t. Da zwei verschiedene Minterme nach Gleichung (2.35) unvereinbar sind, ist hier die Bezeichnung *disjunktiv* angemessen, obwohl es sich formal um eine Adjunktion handelt.

Beispiel 2.21 *Sind a_1 und a_2 zwei Variablen, dann ist deren Konjunktion $a_1 \land a_2$ bereits ein Minterm. Also gilt für die disjunktive Normalform der Konjunktion:*

$$\mathrm{DNF}(a_1 \land a_2) = a_1 \land a_2.$$

Um die disjunktive Normalform der Adjunktion $a_1 \lor a_2$ zu ermitteln, verwenden wir die passende Wahrheitstafel aus Tabelle 1.13 und erhalten

$$\mathrm{DNF}(a_1 \lor a_2) = (a_1 \land a_2) \lor (a_1 \land \overline{a_2}) \lor (\overline{a_1} \land a_2). \qquad \square$$

Die aussagenlogischen Atome sind die Minterme

Wie wir in Abschnitt 2.4.5 gesehen haben, wird die Aussagenlogik in der mathematischen Struktur *Verbandsordnung mit Orthokomplementierung* erfasst. Wir konzentrieren uns nun auf die aussagenlogischen Terme einer Sprache L, die von einer n-elementigen Variablenmenge $M = \{a_1, \ldots, a_n\}$ erzeugt wird. Wie in (2.37) vermerkt, gehört zu jedem Term $t \in L$ eine Menge M_t von Mintermen, und, wie in (2.34) vermerkt, korrespondiert jeder Minterm zu einer Teilmenge von M:

$$M_t \subseteq \Omega_n \longleftrightarrow \wp(M).$$

Es gibt also eine Eins-zu-Eins-Beziehung zwischen den Äquivalenzklassen $[t]$ aussagenlogischer Terme aus $t \in L$ und den Teilmengen der Potenzmenge $\wp(M)$. Damit entspricht die Verbandsordnung der Äquivalenzklassen von Termen aus L dem BOOLE'schen Verband der Teilmengen von $\wp(M)$, hat also insgesamt 2^{2^n} Elemente. Das Einselement dieses Verbands ist die Tautologie $\mathbb{1} = \mathsf{w}$, und das Nullelement ist die Kontradiktion $\mathbb{0} = \mathsf{f}$. Nimmt man das Nullelement heraus, so sind die Atome, also die minimalen Elemente der verbleibenden Halbordnung, genau die Minterme. Daher bezeichnen wir die Minterme auch als *aussagenlogische Atome*.

Konjunktive Normalform

Die *konjunktive Normalform* entsteht durch Dualisieren der disjunktiven Normalform unter Verwendung der DE MORGAN'schen Gesetze. Man bestimmt die Negation einer disjunktiven Normalform eines Terms $t \in L$,

$$\overline{\bigvee_{m \in M_t} m} = \bigwedge_{m \in M_t} \overline{m},$$

und kommt so zur konjunktiven Normalform des negierten Terms $\bar{t}$. Dieser ist die Konjunktion von negierten Mintermen, die als *Maxterme* bezeichnet werden. Ist m_b der Minterm zu einem Binärcode $b = [\beta_n \ldots \beta_1]_2$, dann entsteht aus diesem der Maxterm

$$\overline{m_b} = \bigvee_{j=1}^{n} \left(\begin{cases} \overline{a_j} & \text{falls } \beta_j = 1 \\ a_j & \text{falls } \beta_j = 0 \end{cases} \right).$$

Darauf aufbauend ist die konjunktive Normalform von t wie folgt definiert:

$$\text{KNF}(t) := \bigwedge_{m \in M_{\bar{t}}} \overline{m} = \bigwedge_{m \in \Omega_n \setminus M_t} \overline{m}.$$

Beispiel 2.22 *Seien zwei Variablen a_1 und a_2 gegeben. Deren Adjunktion ist bereits selbst ein Maxterm, also identisch mit ihrer konjunktiven Normalform:*

$$\mathrm{KNF}(a_1 \vee a_2) = a_1 \vee a_2.$$

Für die konjunktive Normalform der Konjunktion erhalten wir

$$\mathrm{KNF}(a_1 \wedge a_2) = (a_1 \vee a_2) \wedge (a_1 \vee \overline{a_2}) \wedge (\overline{a_1} \vee a_2). \qquad \square$$

Zusammenfassend erhalten wir für einen beliebigen aussagenlogischen Term $t \in L$ die folgende Gleichungskette:

$$
\begin{aligned}
t = \mathrm{DNF}(t) &= \bigvee_{m \in M_t} m && \text{disjunktive Normalform} \\[2mm]
&= \overline{\overline{\bigvee_{m \in M_t} m}} && \text{doppelte Negation} \\[2mm]
&= \overline{\bigwedge_{m \in M_t} \overline{m}} && \text{DE MORGAN'sches Gesetz} \\[2mm]
&= \bigwedge_{m \in \Omega_n \setminus M_t} \overline{m} && \text{Komplement der Minterm-Menge} \\[2mm]
&= \bigwedge_{m \in M_{\overline{t}}} \overline{m} \;\; = \mathrm{KNF}(t) && \text{konjunktive Normalform.}
\end{aligned}
$$

2.7 Die Struktur *orthomodularer Verband*

Die algebraische Struktur, die in der Quantenlogik gebraucht wird, liegt zwischen einem allgemeinen orthokomplementären Verband und einem BOOLE'schen Verband. Die benötigte Struktur wird *orthomodularer Verband* genannt. Die Bezeichnung „orthomodular" ist nicht ohne Weiteres zu verstehen. In diesem Abschnitt soll zunächst diese Wortwahl und ihre Bedeutung geklärt werden. Anschließend folgen dann einige Bezüge zur Logik im Allgemeinen sowie zum logischen Schließen im Besonderen. Diese motivieren dann die Formulierung des Satzes von MITTELSTAEDT, den wir im Rahmen der Struktur *orthomodularer Verband* beweisen.

2.7.1 Unterstrukturen eines orthokomplementären Verbands

Die Quantenlogik wird die BOOLE'sche Aussagenlogik zwar verallgemeinern, aber in manchen Teilen auch beibehalten. Um dies mathematisch sauber zu formulieren, untersuchen wir einige Unterstrukturen eines orthokomplementären Verbands.

Erzeugen eines Unterverbands aus einem Element

Der Ausgangspunkt ist ein gegebener orthokomplementärer Verband

$$\left(\mathbb{M}, \leqslant, (\cdot)'\right)$$

und ein Element seiner Trägermenge, sagen wir $a \in \mathbb{M}$. Wir suchen jetzt eine möglichst kleine Untermenge $\mathbb{T}(a) \subseteq \mathbb{M}$ mit $a \in \mathbb{T}(a)$ und der Eigenschaft, dass alle Verbandsoperationen, also Zusammentreffen, Verbinden und Orthokomplement, innerhalb von $\mathbb{T}(a)$ ausführbar sind. Wir bauen die Menge $\mathbb{T}(a)$ schrittweise auf und verwenden das Zeichen $\hookleftarrow$, um das Hinzufügen eines Elements zu notieren. Der Aufbau beginnt mit den leeren Menge $\mathbb{T}(a) = \varnothing$ und geschieht in drei Schritten.

1. Schritt: $\mathbb{T}(a) \hookleftarrow a$

2. Schritt: $\mathbb{T}(a) \hookleftarrow a'$

3. Schritt: $\mathbb{T}(a) \hookleftarrow a \sqcap a', a \sqcup a'$

Wegen $a \sqcap a' = \mathbb{0}$ und $a \sqcup a' = \mathbb{1}$ gilt also nach dem 3. Schritt

$$\mathbb{T}(a) = \left\{a, a', \mathbb{0}, \mathbb{1}\right\}.$$

Ist $a = \mathbb{0}$ oder $a = \mathbb{1}$, dann ist die Menge $\mathbb{T}(a) = \mathbb{T}(\mathbb{0}) = \{\mathbb{0}, \mathbb{1}\}$ zweielementig – es sei denn, es gelte $a = \mathbb{0} = \mathbb{1}$, dann wäre $\mathbb{T}(\mathbb{0}) = \{\mathbb{0}\}$ sogar nur einelementig. Ist $\mathbb{0} \neq a \neq \mathbb{1}$, dann ist $\mathbb{T}(a)$ vierelementig. In allen drei Fällen ist $\mathbb{T}(a)$ ein BOOLE'scher Verband. Die Beweise für den zwei- und den vierelementigen Fall sind in Bild 2.8 enthalten, denn zwei gleichgestaltige HASSE-Diagramme zeigen gleichgestaltige Verbände.

Erzeugen eines Unterverbands aus zwei angeordneten Elementen

Die Aufgabe, einen orthokomplementären Unterverband aus zwei Elementen $a, b \in \mathbb{M}$ aufzubauen, ist deutlich komplizierter. Wir beginnen, indem wir von den beiden Elementen a und b voraussetzen, dass sie in der Relation $a \leqslant b$ stehen. Die folgende Tabelle zeigt die ersten vier Schritte eines schrittweisen Hinzunehmens neuer Elemente.

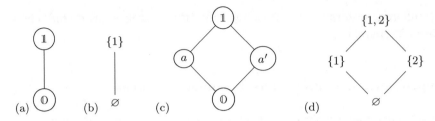

Bild 2.8: HASSE-Diagramme: (a) Der Unterverband $\mathbb{T}(\mathbb{0}) = \{\mathbb{0}, \mathbb{1}\}$ eines orthokomplementären Verbands, (b) der Teilmengenverband der einelementi-
gen Menge $\{1\}$, (c) der Unterverband $\mathbb{T}(a) = \{a, a', \mathbb{0}, \mathbb{1}\}$ mit $\mathbb{0} \neq a \neq \mathbb{1}$ eines
orthokomplementären Verbands und (d) der Teilmengenverband der zweiele-
mentigen Menge $\{1, 2\}$.

	Hinzufügung	Ergebnis
1. Schritt:	$\mathbb{T} \hookleftarrow a, b$	$\mathbb{T} = \{a, b\}$
2. Schritt:	$\mathbb{T} \hookleftarrow a', b'$	$\mathbb{T} = \{a, b, a', b'\}$
3. Schritt:	$\mathbb{T} \hookleftarrow a \sqcap b$	$\mathbb{T}$ unverändert, denn $a \leqslant b \Rightarrow a \sqcap b = a$
	$\mathbb{T} \hookleftarrow a \sqcap a'$	$\mathbb{T} = \{a, b, a', b', \mathbb{0}\}$,
		denn es gilt $a \sqcap a' = \mathbb{0}$
	$\mathbb{T} \hookleftarrow a \sqcap b'$	$\mathbb{T}$ unverändert, denn $a \leqslant b \Rightarrow a \sqcap b' = \mathbb{0}$
	$\mathbb{T} \hookleftarrow b \sqcap a'$	$\mathbb{T} = \{a, b, a', b', \mathbb{0}, b \sqcap a'\}$
	$\mathbb{T} \hookleftarrow b \sqcap b'$	$\mathbb{T}$ unverändert, denn es gilt $b \sqcap b' = \mathbb{0}$
	$\mathbb{T} \hookleftarrow a' \sqcap b'$	$\mathbb{T}$ unverändert, denn $a \leqslant b \Rightarrow a' \sqcap b' = b'$
4. Schritt:	$\mathbb{T} \hookleftarrow a \sqcup b$	$\mathbb{T}$ unverändert, denn $a \leqslant b \Rightarrow a \sqcup b = b$
	$\mathbb{T} \hookleftarrow a \sqcup a'$	$\mathbb{T} = \{a, b, a', b', \mathbb{0}, b \sqcap a', \mathbb{1}\}$,
		denn es gilt $a \sqcup a' = \mathbb{1}$
	$\mathbb{T} \hookleftarrow a \sqcup b'$	$\mathbb{T} = \{a, b, a', b', \mathbb{0}, b \sqcap a', \mathbb{1}, a \sqcup b'\}$
	$\mathbb{T} \hookleftarrow b \sqcup a'$	$\mathbb{T}$ unverändert, denn $a \leqslant b \Rightarrow b \sqcup a' = \mathbb{1}$
	$\mathbb{T} \hookleftarrow b \sqcup b'$	$\mathbb{T}$ unverändert, denn es gilt $b \sqcup b' = \mathbb{1}$
	$\mathbb{T} \hookleftarrow a' \sqcup b'$	$\mathbb{T}$ unverändert, denn $a \leqslant b \Rightarrow a' \sqcup b' = a'$
Ergebnis:		$\mathbb{T} = \{a, b, a', b', \mathbb{0}, b \sqcap a', \mathbb{1}, a \sqcup b'\}$

Der Prozess des Hinzunehmens neuer Elemente ist damit nicht unbedingt
abgeschlossen. Zum Beispiel müssen im nächsten Schritt die Elemente

$$a \sqcup (a' \sqcap b) \quad \text{und} \quad b \sqcup (a \sqcap b')$$

hinzugenommen werden – wenn sie nicht bereits enthalten sind. Wenn jedoch die beiden Gleichungen

$$a \sqcup (a' \sqcap b) = b \quad \text{und} \quad b \sqcup (a \sqcap b') = a \tag{2.44}$$

gelten, dann erhält man unter Verwendung der in jedem orthokomplementären Verband gültigen DE MORGAN-Dualität aus Abschnitt 2.5.3 auch die beiden Gleichungen

$$a' \sqcap (a \sqcup b') = b' \quad \text{und} \quad b' \sqcap (a' \sqcup b) = a'.$$

Insgesamt wird, wenn die Gleichungen (2.44) gelten, der Unterverband $\mathbb{T}(a, b)$ gleichgestaltig zum Teilmengenverband einer dreielementigen Menge, wie in Bild 2.9 dargestellt.

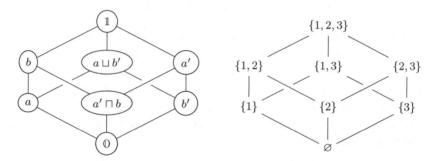

Bild 2.9: Links ist das HASSE-Diagramm der Menge $\mathbb{T}(a, b)$ mit der Bedingung $a \leqslant b$ und unter der Annahme (2.44) grafisch dargestellt, rechts das HASSE-Diagramm des Teilmengenverbands einer dreielementigen Menge $\{1, 2, 3\}$. Im Bild links zeigt eine aufsteigende Linie die Verbandsordnung $\leqslant$, im Bild rechts bedeutet sie das Bestehen einer Teilmengenbeziehung $\subseteq$. Mit den Identifikationen $a \doteq \{1\}$ und $b \doteq \{1, 2\}$ stimmen die beiden Strukturen überein. Also ist $\mathbb{T}(a, b)$ mit der Bedingung $a \leqslant b$ und unter der Annahme (2.44) Trägermenge eines BOOLE'schen Verbands.

Das DEDEKIND'sche Modulargesetz

Wir werden in Abschnitt 6.4.3 im Rahmen der linearen Algebra ein Gesetz kennenlernen, welches nach RICHARD DEDEKIND *Modulargesetz* genannt wird:

$$A \subseteq C \quad \Rightarrow \quad A + (B \cap C) = (A + B) \cap C. \tag{2.45}$$

Dabei sind A, B und C Elemente einer abstrakten algebraischen Struktur, die wenigstens noch eine Halbordnung $\subseteq$ mit Infima $B \cap C = \inf\{B, C\}$ und eine zweistellige Operation + enthält. In unserem Kontext interessiert uns nur der formale Aspekt des Gesetzes: Wenn man $\subseteq$ als $\leqslant$, die Infimumbildung $\cap$ als $\sqcap$ und die Operation + als $\sqcup$ interpretiert, erhalten wir die Form

$$A \leqslant C \quad \Rightarrow \quad A \sqcup (B \sqcap C) = (A \sqcup B) \sqcap C.$$

Jetzt nehmen wir an, dass A, B und C Elemente eines orthokomplementären Verbands sind, und setzen $B := A'$. Das führt zu

$$A \leqslant C \quad \Rightarrow \quad A \sqcup (A' \sqcap C) = (A \sqcup A') \sqcap C = \mathbb{1} \sqcap C = C,$$

wobei wir die im orthokomplementären Verband allgemeingültigen Gleichungen $A \sqcup A' = \mathbb{1}$ und $\mathbb{1} \sqcap C = C$ ausgenutzt haben. Durch Weglassen der letzten Zwischenschritte kommen wir zur Implikation

$$A \leqslant C \quad \Rightarrow \quad A \sqcup (A' \sqcap C) = C. \tag{2.46}$$

Diese Implikation ist insofern eine Einschränkung des DEDEKIND'schen Modulargesetzes, als sie nur für den Fall $B = A'$ formuliert ist. Aus der Bezeichnung „Orthokomplement" für A' und der Bezeichnung „Modulargesetz" für die Implikation (2.45) leitet sich das Kofferwort „Orthomodulargesetz" her. Man nennt einen gegebenen orthokomplementären Verband einen *orthomodularen Verband*, wenn für beliebige Elemente A und C seiner Trägermenge die Implikation (2.46) gilt.

Um von (2.46) zu den Gleichungen (2.44) zu gelangen, gehen wir wie folgt vor. Zunächst schreiben wir a statt A und b statt C und erhalten damit aus (2.46) eine Implikation, deren Hintersatz die ersten Gleichung von (2.44) ist:

$$a \leqslant b \quad \Rightarrow \quad a \sqcup (a' \sqcap b) = b. \tag{2.47}$$

Schreibt man in (2.46) b' statt A und a' statt C, erhält man eine „duale" Implikation, deren Hintersatz die zweite Gleichung von (2.44) ist:

$$b' \leqslant a' \quad \Rightarrow \quad b' \sqcup (b \sqcap a') = a'. \tag{2.48}$$

Weil im orthokomplementären Verband das Gesetz der Kontraposition gilt, also $a \leqslant b \Rightarrow b' \leqslant a'$, sind beide Gleichungen (2.44) garantiert, wenn im Verband das Orthomodulargesetz (2.46) gilt.

Unser Resultat ist also, dass in einem orthomodularen Verband zwei Elemente a und b mit der Bedingung $a \leqslant b$ stets dazu führen, dass die achtelementige Menge

$$\mathbb{T}(a, b) := \{\mathbb{0}, a, b, a', b', a' \sqcap b, a' \sqcup b, \mathbb{1}\}$$

Trägermenge eines BOOLE'schen Unterverbands ist.

2.7.2 Bezüge zur Logik

Angenommen, wir haben ein Universum $\mathbb{U}$ logischer Aussagen, in dem zu jeder Aussage ihre Negation und je zwei Aussagen auch deren Adjunktion und deren Konjunktion enthalten sind. Dann trägt die Menge $\mathbb{U}$ jedenfalls die algebraische Struktur eines orthokomplementären Verbands.

Kompatible Aussagen

Einer Idee von Constantin Piron [7, p. 446] folgend nennen wir zwei Aussagen a und b *kompatibel*, wenn der von a und b erzeugte orthokomplementäre Unterverband von $\mathbb{U}$ ein Boole'scher Verband ist. Wenn man nun voraussetzt, wie Piron es tut, dass zwei in der Relation $a \leqslant b$ stehende Aussagen stets kompatibel sind, dann folgt, dass der orthokomplementäre Verband mit Trägermenge $\mathbb{U}$ tatsächlich ein orthomodularer Verband ist.

Zur Unterscheidung nennen wir ein Universum $\mathbb{U}$ logischer Aussagen *global kompatibel*, wenn zwei beliebig herausgegriffene Aussagen a und b stets kompatibel sind. Das hat zur Folge, dass in einem global kompatiblen Universum jeder von einer endlichen Aussagenmenge erzeugte Unterverband ein Boole'scher Verband ist. Demgegenüber nennen wir das Universum $\mathbb{U}$ *lokal kompatibel*, wenn jeweils zwei in einer Relation $a \leqslant b$ stehende Aussagen kompatibel sind. In dieser Terminologie ist eine erste Erkenntnis dieses Abschnitts, dass ein lokal kompatibles Aussagenuniversum die algebraische Struktur eines orthomodularen Verbands trägt.

Relationale und materiale Implikation

In Kapitel 1 haben wir in der Begriffslogik die *Implikation* zunächst als *Relation zwischen zwei Begriffen* kennengelernt. Diese Implikation bezeichnen wir als *relationale Implikation* und verwenden dafür das Zeichen $\leqslant$. Die folgende verbale Umschreibung ist eine sinnvolle Definition der relationalen Implikation:

$$a \leqslant b \quad := \quad b \text{ ist immer dann wahr, wenn } a \text{ wahr ist.}$$

Nach einer Einführung in die mathematische Logik definierten wir die *Subjunktion* als Verknüpfung zweier Aussagen a und b durch eine Wahrheitstafel. Mit der Bezeichnung $a \to b$ für die Subjunktion erhalten wir so die Gleichung

$$a \to b \quad = \quad \neg a \lor b.$$

Weil die Subjunktion gemäß Wahrheitstafel eine Implikation ist und sich mit den Operationen der Negation, Konjunktion und Adjunktion darstellen lässt, nennen wir die Subjunktion auch *materiale Implikation* – oder, nach PHILON VON MEGARA, auch *philonische Implikation*.

Im orthomodularen Verband haben wir durch die Verbandsordnung bereits eine relationale Implikation. Jedoch steht uns die Methode der Wahrheitstafeln in dieser abstrakten algebraischen Struktur nicht zur Verfügung. Wir werden im Folgenden zeigen, dass es möglich ist, in der Struktur *orthomodularer Verband* eine materiale Implikation so zu definieren, dass bestimmte logische Schlussverfahren funktionieren.

Der *Modus Ponens*

Der *Modus Ponens*, lateinisch für „setzende Schlussfigur", erlaubt es, aus einer relationalen Implikation $a \leqslant b$ und dem „Setzen" der Prämisse a die Konklusion b zu folgern. Eine natürliche Forderung ist, dass dieser Schluss auch mit der materialen Implikation $a \to b$ funktioniert. So kommt man auf die Formel

$$a \wedge (a \to b) \quad \leqslant \quad b. \tag{2.49}$$

Diese Forderung allein legt aber die materiale Implikation noch nicht fest. Man benötigt eine zweite, mit dem *Modus Ponens* verwandte Forderung, die auf den ersten Blick einen ziemlich technischen Eindruck macht:

$$(a \wedge c) \leqslant b \quad \Rightarrow \quad (a \to c) \leqslant (a \to b). \tag{2.50}$$

In Worten fomuliert bedeutet diese Forderung: Gegeben seien zwei Aussagen a und c, deren Konjunktion $a \wedge c$ eine dritte Aussage b relational impliziert, dann soll die materiale Implikation $a \to c$ die materiale Implikation $a \to b$ relational implizieren.

Aus mathematischer Sicht ist es interessant, dass im Rahmen eines orthomodularen Verbands die beiden Forderungen (2.49) und (2.50) die materiale Implikation bereits eindeutig festlegen.

2.7.3 Der Satz von MITTELSTAEDT

Die Struktur orthomodularer Verband hat eine erstaunliche und für die Quantenlogik interessante Eigenschaft, die *Wenn-Dann-Aussagen* betrifft. Der *Satz von* MITTELSTAEDT beschreibt eine auf dem Orthomodularitätsgesetz beruhende Verbindung zwischen der logischen Implikation und den logischen Operationen Negation, Adjunktion und Konjunktion, die im Rahmen einer zweiwertigen Aussagenlogik nicht hätte entdeckt werden können.

Die materiale Implikation von MITTELSTAEDT

Abschnitt 2.3 im Buch *Quantum Logic* von PETER MITTELSTAEDT [6] trägt den Titel *"The material quasi-implication"*. Das Resultat dieses Abschnitts ist eine Formel für einen orthomodularen Verband, durch die sich eine materiale Implikation $a \to b$ durch die bekannten logischen Operationen Negation, Adjunktion und Konjunktion ausdrücken lässt:

$$a \to b \quad \Leftrightarrow \quad \neg a \vee (a \wedge b). \tag{2.51}$$

Wir formulieren diese Äquivalenz als Gleichung in einem orthomodularen Verband und übernehmen die wesentlichen Ideen des Beweises von MITTELSTAEDT.

Theorem 1. *Gegeben seien ein orthomodularer Verband mit der Träger-menge* $\mathbb{M}$ *und zwei Elemente* $a, b \in \mathbb{M}$. *Dann sind für ein beliebiges* $x \in \mathbb{M}$ *die folgenden Aussagen äquivalent:*

(a) $x = a' \sqcup (a \sqcap b)$

(b)   (i) $a \sqcap x \leqslant b$ *und*
      (ii) *für jedes* $c \in \mathbb{M}$ *gilt:* $\left(a \sqcap c \leqslant b \Rightarrow a' \sqcup (a \sqcap c) \leqslant x \right)$

Beweis. (a) $\Rightarrow$ (b):   [6, p. 38, (2.28) Theorem]
Wir setzen (a) voraus und beweisen die Aussage (i). Nach (2.48) ist $x = a' \sqcup (a \sqcap b) = b$. Daraus ergibt sich

$$a \sqcap x = a \sqcap b \leqslant b, \qquad \text{weil} \leqslant \text{eine Verbandsordnung ist.}$$

Nun zum Beweis von (ii). Wir setzen $a \sqcap c \leqslant b$ voraus.

$$
\begin{array}{ll}
a \sqcap c \leqslant a & \text{weil } a \sqcap c = \inf\{a, c\} \leqslant a \\
\Rightarrow a \sqcap c \leqslant a \sqcap b & \text{denn zudem gilt } a \sqcap c \leqslant b \\
\Rightarrow a' \sqcup (a \sqcap c) \leqslant a' \sqcup (a \sqcap b) & \text{verbinden mit } a' \\
\Rightarrow a' \sqcup (a \sqcap c) \leqslant x & \text{einsetzen von } x \text{ nach (a).}
\end{array}
$$

(b) $\Rightarrow$ (a):   [6, p. 39, (2.33) Theorem]
Wir setzen $x := a' \sqcup (a \sqcap b)$ und nehmen an, dass y die beiden Teilaussagen von (b) erfüllt. Wir setzen also die folgenden beiden Aussagen voraus:

(i') $a \sqcap y \leqslant b$ und
(ii') $a \sqcap c \leqslant b \Rightarrow a' \sqcup (a \sqcap c) \leqslant y$.

Setzt man $c := b$ in (ii'), so folgt $a' \sqcup (a \sqcap b) \leqslant y$, also $x \leqslant y$.

Noch zu zeigen ist $y \leqslant x$. Das ist nicht ganz einfach. Wir beginnen wie folgt:

$$a \sqcap y \leqslant a \sqcap b \qquad \text{nach (i') mit } a \sqcap y \leqslant a$$

$$\Rightarrow a' \sqcup (a \sqcap y) \leqslant a' \sqcup (a \sqcap b) \quad \text{Verbinden mit } a'.$$

Wir kommen damit zu der Ungleichungskette

$$
\begin{aligned}
a' &\leqslant a' \sqcup (a \sqcap y) && \text{weil } \leqslant \text{ Verbandsordnung} \\
&\leqslant a' \sqcup (a \sqcap b) && \text{nach obiger Herleitung} \\
&= x && \text{einsetzen von } x \\
&\leqslant y && \text{wegen } x \leqslant y, \text{ wie bereits gezeigt.}
\end{aligned}
$$

Aus dieser Ungleichungskette entnehmen wir die beiden Ungleichungen

$$a' \sqcup (a \sqcap y) \leqslant x \quad \text{und} \quad a' \leqslant y. \tag{2.52}$$

Die zweite Ungleichung $a' \leqslant y$, kombiniert mit dem Orthomodulargesetz (2.47), ergibt

$$y = a' \sqcup (a \sqcap y).$$

Die gesuchte Ungleichung $y \leqslant x$ folgt durch Kombination dieser Gleichung mit der ersten Ungleichung in (2.52). $\square$

2.8 Endliche Wahrscheinlichkeitsrechnung

In der Wahrscheinlichkeitsrechnung geht es um die quantitative Bestimmung von Wahrscheinlichkeiten zufälliger Ereignisse. In diesem Abschnitt klären wir die Grundbegriffe und definieren die in unseren Anwendungen benötigten mathematischen Werkzeuge. Aber was genau ist der Hintergrund? Was ist eigentlich „Zufall"?

Der Zufall ist das, was einem zufällt. In der germanischen Mythologie kommt das besonders schön durch die drei Nornen zum Ausdruck. Diese heißen *Urd* (Erde) für das in der Vergangenheit Geschehene, *Verdandi* (Werdendes) für das Gegenwärtige und *Skuld* (Schuld, die man beim Handeln auf sich lädt und die das zukünftige Schicksal beeinflusst) für das Zukünftige. Die Nornen bestimmen gemeinsam, was jedem Einzelnen zufällt. Diese Art von Zufall wird mit der mathematischen Wahrscheinlichkeitstheorie nicht erfasst, aber auch nicht ausgeschlossen. Die mathematische Theorie hat zwei Aspekte:

1. Analyse empirischer Daten und

2. Konstruktion von Modellen zur Berechnung erwarteter Häufigkeiten.

In unseren Anwendungen der Quantenlogik verwenden wir beide Aspekte.

2.8.1 Ergebnismengen und Ereignisalgebren

Ausgangspunkt der mathematischen Definition einer Wahrscheinlichkeits-funktion ist die Vorstellung einer Klasse vergleichbarer Situationen, in denen mehrere Ergebnisse möglich sind. Die Menge der möglichen Ergebnisse wird *Ergebnismenge* genannt und häufig mit Ω bezeichnet, wenn der Kontext keine andere Bezeichnung nahelegt.

Beispiel 2.23 *Ein klassisches Beispiel ist im Bereich des Glücksspiels, etwa das Werfen eines Würfels. In diesem Fall enthält die Ergebnismenge die möglichen Augenzahlen, also*

$$W_1 := \{1, 2, 3, 4, 5, 6\} = \Omega.$$

Würfelt man zweimal mit einem Würfel oder gleichzeitig mit zwei Würfeln, so wird man als Ergebnismenge die Menge der geordneten Paare von Augenzahlen betrachten, also

$$W_2 := \{1,2,3,4,5,6\}^2 = \left\{ \begin{array}{l} (1,1),(1,2),(1,3),(1,4),(1,5),(1,6), \\ (2,1),(2,2),(2,3),(2,4),(2,5),(2,6), \\ (3,1),(3,2),(3,3),(3,4),(3,5),(3,6), \\ (4,1),(4,2),(4,3),(4,4),(4,5),(4,6), \\ (5,1),(5,2),(5,3),(5,4),(5,5),(5,6), \\ (6,1),(6,2),(6,3),(6,4),(6,5),(6,6) \end{array} \right\}. \qquad \square$$

Prinzipiell kann die Ergebnismenge beliebig sein, zum Beispiel kann sie die Menge der reellen Zahlen zur Protokollierung von Messergebnissen umfassen. In unserem Kontext genügt es jedoch, zunächst nur *endliche* Ergebnismengen zu betrachten – das macht die Theorie erheblich einfacher.

Unter einer *Ereignisalgebra* $\mathcal{A}$ über der Ergebnismenge Ω versteht man eine Zusammenfassung bestimmter Teilmengen von Ω, die als *Ereignisse* bezeichnet werden. Der Zusatz *-algebra* ist dadurch gerechtfertigt, dass Durchschnitte, Vereinigungen und Komplemente von Ereignissen wieder Ereignisse sein sollen. In einer allgemeinen Situation mit einer unendlichen Ergebnismenge kann die Konstruktion einer *Ereignisalgebra* recht kompliziert sein. Bei endlichen Ergebnismengen ist die Sache aber recht einfach: ist $|\Omega| < \infty$, dann ist durch die Potenzmenge

$$\mathcal{A} := \wp(\Omega)$$

die in den meisten Fällen passende Ereignisalgebra gegeben. In diesem Fall ist jede Teilmenge $A \subseteq \Omega$ ein *Ereignis*.

Beispiel 2.24 *Zur Konstruktion von Beispielen betrachten wir als Ergebnismenge wieder die Menge $\Omega := W_2$ der Augenzahlpaare von zwei Würfeln. Ein*

Ereignis darin ist die Menge $A_1 \subseteq W_2$ aller Augenzahlpaare, in denen eine 1 vorkommt:

$$A_1 = \left\{ \begin{matrix} (1,1),(1,2),(1,3),(1,4),(1,5),(1,6), \\ (2,1),(3,1),(4,1),(5,1),(6,1) \end{matrix} \right\}, \qquad (2.53)$$

oder die Menge $A_{s5} \subseteq W_2$ aller Augenzahlpaare mit Summe 5:

$$A_{s5} = \{(1,4),(2,3),(3,2),(4,1)\}. \qquad \square \ (2.54)$$

2.8.2 Wahrscheinlichkeitsfunktion und -maß

Unter einer *Wahrscheinlichkeitsfunktion* versteht man eine Abbildung f_P, die jedem Ergebnis $\omega \in \Omega$ eine Zahl $f_P(\omega)$ mit $0 \leqslant f_P(\omega) \leqslant 1$ zuordnet, deren Werte sich zu 1 addieren. Ist die Ergebnismenge Ω endlich, $|\Omega| = n$, dann können wir sie mit einer endlichen Zahlenmenge identifizieren,

$$\Omega \quad \longleftrightarrow \quad \{1,\ldots,n\}.$$

In diesem Fall können wir die Bedingung für eine Wahrscheinlichkeitsfunktion wie folgt hinschreiben:

$$f_P : \Omega \to [0,1] \quad \text{mit} \quad \sum_{i=1}^{n} f_P(i) = f_P(1) + \ldots + f_P(n) = 1. \qquad (2.55)$$

Das Summationszeichen $\sum$ mit den Grenzen $i = 1$ und n bedeutet, dass über alle Indizes $i \in \{1,\ldots,n\}$ zu summieren ist. Man nennt die in Gleichung (2.55) formulierte Gleichung die *stochastische Randbedingung*. Eine Wahrscheinlichkeitsfunktion auf einer Ergebnismenge Ω ist also eine Abbildung $f_P : \Omega \to [0,1]$, welche die stochastische Randbedingung erfüllt.

Bestimmung einer Wahrscheinlichkeitsfunktion

Die Konstruktionen einer passenden Ergebnismenge und einer darauf definierten Wahrscheinlichkeitsfunktion bilden einen Teil einer mathematischen Modellbildung. Ist die Ergebnismenge Ω definiert, so gibt es zur Konstruktion der Wahrscheinlichkeitsfunktion $f_P : \Omega \to [0,1]$ drei Möglichkeiten:

1. Man ermittelt die Anzahl $n := |\Omega|$ der Elemente der Ergebnismenge und setzt

$$f_P(i) := \frac{1}{n} \quad \text{für jedes } i \in \{1,\ldots,n\} \mathrel{\hat{=}} \Omega.$$

Der Wert $1/n$ ist so gewählt, dass die stochastische Randbedingung erfüllt ist. Diese Wahrscheinlichkeitsfunktion modelliert eine *Gleichverteilung* auf Ω.

2. Die *frequentistische Bestimmung* einer Wahrscheinlichkeitsfunktion nach vielen Experimenten. Hierfür extrahiert man das Gemeinsame aus mehreren Situationen, beispielsweise Wetterbeobachtungen um die Mittagszeit. Eine mögliche Ergebnismenge wäre

$$
\Omega = \left\{
\begin{array}{l}
1 : \text{wolkenloser Himmel,} \\
2 : \text{teilweise bewölkt,} \\
3 : \text{stark bwölkt,} \\
4 : \text{Niederschlag}
\end{array}
\right\}.
$$

Protokolliert man dies nun über viele Tage, sagen wir über n Tage, dann erhält man für jedes Ergebnis $i \in \{1, 2, 3, 4\}$ eine *relative Häufigkeit* oder *Frequenz* f_i – deshalb heißt der Ansatz „frequentistisch". Man setzt nun

$$
f_P(i) := \frac{f_i}{n} \quad \text{für jedes } i \in \{1, \dots, 4\} \cong \Omega.
$$

Wenn man sich an jedem Tag für genau eine der vier Möglichkeiten entscheidet, gilt $n = f_1 + f_2 + f_3 + f_4$, und damit ist die stochastische Randbedingung erfüllt.

Möglicherweise ist das eine oder andere Ergebnis durch die Nornen bestimmt, aber das wurde nicht protokolliert. Beobachtet werden bei einer frequentistischen Bestimmung die relativen Häufigkeiten aus einer festgelegten Anzahl von Möglichkeiten. Damit wird nur ein Teil der Wirklichkeit erfasst. Insofern ist das mathematische Modell ein Modell des Nicht-genau-Wissens.

3. Eine Wahrscheinlichkeitsfunktion kann auch aufgrund eines abstrakten mathematischen Modells berechnet werden. Das ist insbesondere dann sinnvoll, wenn nicht genügend Beobachtungen für eine frequentistische Analyse vorliegen. Ein Beispiel für eine modellbasierte Bestimmung von Wahrscheinlichkeiten ist etwa eine Wettervorhersage der Form „morgen regnet es mit einer Wahrscheinlichkeit von 80%". Die Brauchbarkeit der Ergebnisse hängt in diesem Fall von der Stimmigkeit des mathematischen Modells ab.

Ein Wahrscheinlichkeitsmaß ist auf einer Ereignisalgebra definiert

Von einer Wahrscheinlichkeitsfunktion f_P zu unterscheiden ist das *Wahrscheinlichkeitsmaß P*. Letzteres ist eine auf einer Ereignisalgebra $\mathcal{A}$ definierte *Mengenfunktion*

$$
P : \mathcal{A} \to [0, 1], \tag{2.56}
$$

die zwei Bedingungen erfüllt: Sie muss

1. *additiv* sein, das heißt

   für $A, B \in \mathcal{A}$ mit $A \cap B = \varnothing$ gilt $P(A \cup B) = P(A) + P(B)$,   (2.57)

   und sie muss

2. *normiert* sein, das heißt, es muss $P(\Omega) = 1$ gelten.

Ist die Ergebnismenge Ω endlich und ist eine Wahrscheinlichkeitsfunktion $f_P : \Omega \to [0,1]$ gegeben, dann lässt sich ein Wahrscheinlichkeitsmaß auf der Ereignisalgebra $\mathcal{A} = \wp(\Omega)$ wie folgt bestimmen:

$$\text{für } A \subseteq \Omega \text{ setze } \quad P(A) := \sum_{\omega \in A} f_P(\omega). \qquad (2.58)$$

LAPLACE-**Wahrscheinlichkeiten**

Ist die Wahrscheinlichkeitsfunktion auf der Ergebnismenge Ω eine Gleichverteilung, dann erhält man das zugehörige Wahrscheinlichkeitsmaß durch die Formel:

$$P(A) = \frac{|A|}{|\Omega|} = \frac{\text{Anzahl günstiger Ergebnisse}}{\text{Anzahl möglicher Ergebnisse}} \quad \text{für } A \subseteq \Omega. \qquad (2.59)$$

Die nach dieser Formel ermittelte Wahrscheinlichkeit eines Ereignisses $A \subseteq \Omega$ nennt man die LAPLACE-*Wahrscheinlichkeit* des Ereignisses A.

Beispiel 2.25 *Wir bestimmen die* LAPLACE-*Wahrscheinlichkeiten der Ereignisse A_1 und A_{s5} aus Gleichungen* (2.53) *und* (2.54):

$$P(A_1) = \frac{|A_1|}{|W_2|} = \frac{11}{36} \quad und \quad P(A_{s5}) = \frac{|A_{s5}|}{|W_2|} = \frac{4}{36} = \frac{1}{9}. \qquad \square$$

Die Einschluss-Ausschluss-Formel für Wahrscheinlichkeitsmaße

Bei einem beliebigen Wahrscheinlichkeitsmaß kann man die Berechnung der Wahrscheinlichkeit einer Vereinigung von Ereignissen mit Hilfe von Wahrscheinlichkeiten von Durchschnitten dieser Ereignisse zurückführen. Dies gelingt mit der *Einschluss-Ausschluss-Formel*, die auch manchmal *Siebformel von* POINCARÉ *und* SYLVESTER genannt wird.

Der einfachste Fall ist für zwei Ereignisse A und B. Dann gilt:

$$P(A \cup B) = P(A) + P(B) - P(A \cap B). \qquad (2.60)$$

Hier ist der Beweis noch gut nachvollziehbar: Addiert man $P(A)$ und $P(B)$, so sind die Wahrscheinlichkeiten der Ergebnisse aus $A \cap B$ doppelt gezählt. Um die Wahrscheinlichkeit der Vereinigung $A \cup B$ zu berechnen, muss man also die doppelt gezählten Wahrscheinlichkeiten einmal abziehen. Für drei Mengen ist es etwas komplizierter:

$$
\begin{aligned}
P(A \cup B \cup C) = {} & P(A) + P(B) + P(C) \\
& - P(A \cap B) - P(B \cap C) - P(C \cap A) \\
& + P(A \cap B \cap C).
\end{aligned}
$$

Der Vollständigkeit halber sei erwähnt, dass auch eine Formel für eine beliebige Anzahl n von Ereignissen $A_1, \dots, A_n$ existiert. Hier ist die Notation etwas komplizierter, da man sämtliche Teilmengen der Indexmenge $I := \{1, \dots, n\}$ betrachten muss:

$$
P\left(\bigcup\nolimits_{i \in I} A_i \right) = \sum_{k=1}^{|I|} (-1)^{k-1} \sum_{\substack{J \subseteq I \\ |J| = k}} P\left(\bigcap\nolimits_{j \in J} A_j \right). \tag{2.61}
$$

Es ist möglich, diese Gleichung durch vollständige Induktion nach der Kardinalzahl n der Indexmenge I zu beweisen. In vielen Lehrbüchern wird dieser Beweis als Übungsaufgabe formuliert, siehe zum Beispiel [4, S. 67 und S. 115] oder [5, S. 16]. Da wir dieses Resultat in dieser allgemeinen Form nicht direkt benötigen, verzichten wir auf einen Beweis.

2.8.3 Verbundwahrscheinlichkeiten

Unter der *Verbundwahrscheinlichkeit* zweier Ereignisse A und B versteht man die Wahrscheinlichkeit, dass die beiden Ereignisse zugleich („im Verbund") eintreten. Wenn beide Ereignisse zu einer Ereignisalgebra $\mathcal{A}$ über einer Ergebnismenge Ω gehören, und außerdem auf $\mathcal{A}$ ein Wahrscheinlichkeitsmaß gegeben ist, dann ist die Verbundwahrscheinlichkeit gleich der Wahrscheinlichkeit des Durchschnitts der beiden Ereignisse, also $P(A \cap B)$.

Beispiel 2.26 *Wir berechnen die Verbundwahrscheinlichkeit der beiden Ereignisse A_1 und A_{s5} unseres Zwei-Würfel-Beispiels (2.24):*

$$
P(A_1 \cap A_{s5}) = P\big(\{(1,4),(4,1)\}\big) = \frac{2}{36} = \frac{1}{18}. \qquad \Box
$$

Stochastische Unabhängigkeit zweier Ereignisse

Zwei Ereignisse in einer Ereignisalgebra heißen *stochastisch unabhängig*, wenn ihre Verbundwahrscheinlichkeit gleich dem Produkt ihrer einzelnen Wahrscheinlichkeiten ist. In einer Formel ausgedrückt: zwei Ereignisse A und B einer Ereignisalgebra sind genau dann stochastisch unabhängig, wenn

$$P(A \cap B) = P(A) \cdot P(B). \tag{2.62}$$

Beispiel 2.27 *In unserem Zwei-Würfel-Beispiel (2.24) gilt*

$$P(A_1) \cdot P(A_{s5}) = \frac{11}{36} \cdot \frac{1}{9} = \frac{11}{324} \neq \frac{1}{18} = P(A_1 \cap A_{s5}),$$

also sind die beiden Ereignisse A_1 und A_{s5} nicht stochastisch unabhängig. Nimmt man dagegen die beiden Ereignisse

$$A_{1\star} := \text{„der erste Wurf liefert die Augenzahl } 1\text{"} \quad und$$
$$A_{\star 1} := \text{„der zweite Wurf liefert die Augenzahl } 1\text{",}$$

dann gilt nach der LAPLACE*'schen Formel für die Einzelwahrscheinlichkeiten*

$$P(A_{1\star}) = \frac{6}{36} = \frac{1}{6} \quad und \quad P(A_{\star 1}) = \frac{6}{36} = \frac{1}{6}.$$

Die Verbundwahrscheinlichkeit berechnet sich wie folgt:

$$P(A_{1\star} \cap A_{\star 1}) = P(\{(1,1)\}) = \frac{1}{36} = \frac{1}{6} \cdot \frac{1}{6} = P(A_{1\star}) \cdot P(A_{\star 1}).$$

Daher sind die beiden Ereignisse $A_{1\star}$ und $A_{\star 1}$ stochastisch unabhängig.   □

Stochastische Unabhängigkeit mehrerer Ereignisse

Nehmen wir nun an, wir hätten drei Ereignisse A, B und C, alle aus derselben Ereignisalgebra $\mathcal{A}$. Nehmen wir weiter an, diese seien „paarweise stochastisch unabhängig", also

$$\begin{aligned} P(A \cap B) &= P(A) \cdot P(B), \\ P(B \cap C) &= P(B) \cdot P(C) \quad und \\ P(C \cap A) &= P(C) \cdot P(A). \end{aligned} \tag{2.63}$$

Folgt dann bereits $P(A \cap B \cap C) = P(A) \cdot P(B) \cdot P(C)$?

Beispiel 2.28 *(vgl.* KLENKE *[5, S. 54f.])* *Wir nehmen an, wir würfeln drei Mal mit einem Würfel und betrachten die folgenden Ereignisse:*

$A_1 :=$ *die ersten beiden Würfe haben das gleiche Ergebnis,*

$A_2 :=$ *der zweite und der dritte Wurf haben das gleiche Ergebnis, und*

$A_3 :=$ *der erste und der dritte Wurf haben das gleiche Ergebnis.*

Ein sinnvoller Ergebnisraum besteht dann aus allen 3-Tupeln von Würfel-ergebnissen:

$$\Omega = \{1,\ldots,6\}^3 = \Big\{(\omega_1,\omega_2,\omega_3) : \omega_i \in \{1,\ldots,6\} \text{ für } i \in \{1,2,3\}\Big\},$$

wobei ω_1 das Ergebnis des ersten Wurfs, ω_2 das Ergebnis des zweiten Wurfs und ω_3 das Ergebnis des dritten Wurfs ist. In dieser Notation sind die be-trachteten Ereignisse wie folgt zu verstehen:

$$A_1 = \{(\omega_1,\omega_2,\omega_3) \in \Omega : \omega_1 = \omega_2\},$$
$$A_2 = \{(\omega_1,\omega_2,\omega_3) \in \Omega : \omega_2 = \omega_3\} \quad \text{und}$$
$$A_3 = \{(\omega_1,\omega_2,\omega_3) \in \Omega : \omega_1 = \omega_3\}.$$

Für diese Ereignisse gilt:

$$\begin{aligned}
A_1 \cap A_2 &= \{(\omega_1,\omega_2,\omega_3) \in \Omega : \omega_1 = \omega_2 = \omega_3\} \\
&= A_2 \cap A_3 = A_3 \cap A_1 \\
&= A_1 \cap A_2 \cap A_3.
\end{aligned} \tag{2.64}$$

Wir legen LAPLACE-*Wahrscheinlichkeiten zugrunde. Die Anzahl der mögli-chen Ergebnisse in Ω ist $6^3 = 216$, und jedes der Ereignisse A_i enthält 36 Ergebnisse, also ist*

$$P(A_i) = \frac{36}{216} = \frac{1}{6} \quad \text{für } i \in \{1,2,3\}.$$

Die Anzahl der Ergebnisse in einem der Durchschnitte in (2.64) ist 6, also ist

$$P(A_1 \cap A_2) = P(A_2 \cap A_3) = P(A_1 \cap A_3) = P(A_1 \cap A_2 \cap A_3) = \frac{6}{216} = \frac{1}{36}.$$

Daraus folgt

$$P(A_i \cap A_j) = \frac{1}{36} = P(A_i)P(A_j) \quad \text{für } i,j \in \{1,2,3\} \text{ mit } i \neq j.$$

Das heißt, die Ereignisse A_1, A_2 und A_3 sind paarweise *stochastisch un-abhängig. Andererseits gilt*

$$P(A_1)P(A_2)P(A_3) = \frac{1}{216} \neq \frac{1}{36} = P(A_1 \cap A_2 \cap A_3).$$

Daraus folgt, dass die drei Ereignisse A_1, A_2 und A_3 nicht stochastisch unabhängig sind.   □

Gilt wenigstens die Umkehrung? Wenn wir die Gleichung

$$P(A \cap B \cap C) = P(A) \cdot P(B) \cdot P(C)$$

voraussetzen, gelten dann die drei Gleichungen (2.63)? Nein, das folgende Beispiel zeigt, dass auch die Umkehrung im Allgemeinen falsch ist.

Beispiel 2.29 *Wir werfen dreimal eine Münze und erhalten den Ergebnisraum $\widetilde{\Omega} := \{0,1\}^3$. Wir betrachten die Ereignisse*

$$B_1 := \{000, 001, 010, 100\}$$
$$B_2 := \{000, 001, 010, 101\}$$
$$B_3 := \{000, 011, 101, 110\}$$

Dann ist
$$P(B_1) = P(B_2) = P(B_3) = \frac{1}{2}$$

und
$$P(B_1 \cap B_2 \cap B_3) = \frac{1}{8} = P(B_1)\, P(B_2)\, P(B_3).$$

Bei den paarweisen Durchschnitten von Ereignissen erhalten wir jedoch

$$P(B_1 \cap B_2) = \frac{3}{8} \neq \frac{1}{4}, \ P(B_2 \cap B_3) = \frac{2}{8} = \frac{1}{4} \ \text{und} \ P(B_3 \cap B_1) = \frac{1}{8} \neq \frac{1}{4}.$$

Das heißt, es kann vorkommen, dass die Produktformel für einen dreifachen Durchschnitt stimmt, nicht aber für jeden der paarweisen Durchschnitte.   □

Um zu überprüfen, ob mehrere gegebene Ereignisse $A_1, \ldots, A_n$ *stochastisch unabhängig* sind, muss man also für jede Teilmenge $J \subseteq \{1, \ldots, n\}$ die Verbundwahrscheinlichkeit mit dem Produkt der Einzelwahrscheinlichkeiten vergleichen. Das heißt:

$$\left.\begin{array}{l} A_1, \ldots, A_n \\ \text{sind stochastisch unabhängig} \end{array}\right\} \Leftrightarrow \left\{\begin{array}{l} \text{für jede Teilmenge } J \subseteq \{1, \ldots, n\} \text{ gilt} \\ P\left(\bigcap_{j \in J} A_j\right) = \prod_{j \in J} P(A_j). \end{array}\right.$$

2.8.4 Logik und Wahrscheinlichkeit

Um die Beziehung zwischen Logik und Wahrscheinlichkeitsrechnung genauer zu verstehen, unterscheiden wir zwei Typen von Aussagen:

1. *Faktische Aussagen*: Aussagen, von denen bekannt ist, ob sie wahr sind
   oder ob sie falsch sind. Diese erhalten den entsprechenden der beiden
   Wahrheitswerte.

2. *Potenzielle Aussagen*: Aussagen, die sich auf die Zukunft beziehen, oder
   deren Wahrheitsgehalt aus anderen Gründen nicht bekannt ist. Deren
   Wahrheitswert ist eine auf der Grundlage eines geeigneten Modells ermittelte Zahl zwischen 0 und 1, die wir als Wahrscheinlichkeit interpretieren.

Eine Verbindung zwischen Logik und Wahrscheinlichkeitsrechnung beruht
darauf, dass wir jeder Aussage a ein Ereignis A zuordnen:

$$A \quad \Leftrightarrow \quad \text{die Aussage } a \text{ ist wahr.} \tag{2.65}$$

Angenommen, wir haben einer potenziellen Aussage a eine Wahrscheinlichkeit $p \in [0,1]$ zugeordnet. Wie ist die Zahl p dann zu interpretieren?

Um diese Frage zu beantworten, schauen wir in das Statistik-Lehrbuch
von ECKLE-KOHLER und KOHLER [4]. Dort finden wir auf Seite 67:

Empirisches Gesetz der großen Zahl:
*Führt man ein Zufallsexperiment unbeeinflusst voneinander immer wieder durch,
so nähert sich für große Anzahlen von Wiederholungen die relative Häufigkeit des
Eintretens eines beliebigen Ereignisses A einer (von A abhängenden) Zahl $\mathbf{P}(A)$
zwischen Null und Eins an.*

Dieses Gesetz beruht auf einer frequentistischen Interpretation des Zufalls.
Es ist ziemlich plausibel und empirisch vielfach bestätigt. Um es mit unserer
Fragestellung in Verbindung zu bringen, verwenden wir die Korrespondenz
(2.65) zwischen Ereignis und Aussage und interpretieren die „Zahl $\mathbf{P}(A)$ zwischen Null und Eins" als unsere Wahrscheinlichkeit p:

$$p := \mathbf{P}(A).$$

Wenn wir also ein Zufallsexperiment so gestalten, dass im Ergebnis die Aussage a entweder bestätigt oder abgelehnt wird, dann sollte sich das Verhältnis
zwischen Bestätigung und Ablehnung bei großen Anzahlen von Wiederholungen der Zahl $p \in [0,1]$ annähern.

Fast sichere und fast unmögliche Ereignisse

Aus dem empirischen Gesetz der großen Zahl ergeben sich Eigentümlichkeiten
der beiden Extremfälle $p = 1$ und $p = 0$. Stellen wir uns ein Zufallsexperiment
vor, das wir 10.000 Mal durchführen, wobei in fünf Fällen die Aussage a
abgelehnt wird und die Aussage a in allen anderen Fällen bestätigt wird. Die
relative Häufigkeit der Bestätigung nach $n = 10.000$ Versuchen ist also

$$p_n = \frac{9.995}{10.000} = 0{,}9995.$$

Angenommen, wir führen das Zufallsexperiment noch weitere 10.000 Mal durch und erhalten ausschließlich Bestätigungen der Aussage a. Die relative Häufigkeit wird dann

$$p_{20.000} = \frac{19.995}{20.000} = 0,99975.$$

Weiteres Durchführen des Zufallsexperiments kann also dazu führen, dass sich die relative Häufigkeit der Bestätigung von Aussage a immer mehr der Zahl 1 annähert. Wenn wir uns vorstellen, dass das Zufallsexperiment „unendlich oft" durchgeführt wird, so kann durchaus der Fall

$$p_n \to 1 \quad \text{für} \quad n \to \infty \tag{2.66}$$

eintreten, ohne dass die Aussage a wirklich bei jedem einzelnen Zufallsexperiment bestätigt wurde.

Wenn wir nun umgekehrt auf der Grundlage eines mathematischen Modells für eine Aussage a die Wahrscheinlichkeit $p = 1$ berechnen, so können wir nach dem empirischen Gesetz der großen Zahl nur auf die Grenzwertaussage (2.66) schließen. Wir können daraus *nicht* folgern, dass die Aussage a wirklich in *jedem einzelnen* Fall bestätigt wird. In der mathematischen Fachsprache gibt es dafür eine Sprechweise: man sagt, das Ereignis A sei *fast sicher* oder die Aussage a sei *fast sicher* wahr. Kommt im mathematischen Modell die Wahrscheinlichkeit $p = 0$ heraus, so sagt man, das Ereignis A sei *fast unmöglich* oder die Aussage a sei *fast sicher* falsch.

Faktische versus potenzielle Aussagen

Es gibt also einen grundlegenden Unterschied zwischen faktischen und potenziellen Aussagen. Faktische Aussagen sind entweder wahr oder falsch, und das kann allein aus der Kenntnis ihres Wahrheitswerts abgeleitet werden. Potenzielle Aussagen sind ebenfalls entweder wahr oder falsch, aber aus der Kenntnis ihrer Wahrscheinlichkeit p kann keiner der beiden Wahrheitswerte sicher abgeleitet werden. Im Fall $p = 1$ ist die Aussage fast sicher wahr, im Fall $p = 0$ ist sie fast sicher falsch.

In der klassischen Logik können nur faktische Aussagen bewertet werden. Die Quantenlogik eröffnet die Möglichkeit, auch potenzielle Aussagen mit Wahrscheinlichkeiten zu bewerten. Dadurch wird eine potenzielle Aussage zwar nicht faktisch, aber in vielen Anwendungen ist eine rationale Berechnung einer Wahrscheinlichkeit hilfreich.

Literatur

1. Bocheński, J.M.: Formale Logik. Alber, Freiburg/München (1956)
2. Boole, G.: The Mathematical Analysis of Logic : Being an Essay Towards a Calculus of Deductive Reasoning. Macmillan, Cambridge (1847)
3. Cantor, G.: Beiträge zur Begründung der transfiniten Mengenlehre. Mathematische Annalen **46**, 481–512 (1895)
4. Eckle-Kohler, J., Kohler, M.: Eine Einführung in die Statistik und ihre Anwendungen, 3. überarbeitete und ergänzte Auflage. Springer-Lehrbuch (2017)
5. Klenke, A.: Wahrscheinlichkeitstheorie, 4. überarbeitete und ergänzte Auflage. Springer Spektrum, Berlin (2020)
6. Mittelstaedt, P.: Quantum Logic. D. Reidel Publishing Company, Dordrecht (1978)
7. Piron, C.: Axiomatique quantique. Helvetica Physica Acta pp. 439–468 (1964)

Kapitel 3
Klassische Logiken

Wir haben in Kapitel 1 Grundbegriffe der Logik kennengelernt und in Kapitel 2 die wesentlichen dazu gehörenden mathematischen Strukturen besprochen. In diesem Kapitel bringen wir beides zusammen und erörtern die mathematische Sprache der Logik an verschiedenen klassischen Ausprägungen der Logik.

Wie wir gesehen haben, ist die Logik seit ihren Anfängen in der Antike eng mit dem Begriff der Sprache verbunden. Galt dies zunächst im Wesentlichen für die natürliche Sprache, so entstand mit GEORGE BOOLE ebenfalls ein immer enger werdender Zusammenhang mit der Formelsprache der Mathematik.

Eine Sprache ist nichts anderes als ein System von *Zeichen*. Zum Begriff des Zeichens schreibt K.-D. BÜNTING schlicht:

> Mit Zeichen wird generell der Sachverhalt benannt, daß etwas auf etwas anderes verweist, daß etwas für etwas anderes steht. [3, S. 32]

Das mag auf den ersten Blick ein wenig banal klingen, trifft die Natur des Zeichens aber sehr genau.

Die Semiotik, die *Lehre* von den Zeichen, stellt den Zeichenbegriff in Form des sogenannten semiotischen Dreiecks dar, welches in Bild 3.1 abgebildet ist. Das *Symbol*, beispielsweise geschriebene oder gesprochene Wörter, mathematische oder chemische Formeln, Piktogramme, technische Zeichnungen, elektrische Schaltpläne und ähnliches (unten links, BÜNTINGS „Etwas"), steht in einer indirekten Beziehung zu seinem *Denotat* (unten rechts, BÜNTINGS „Anderes"), also einem Ding, einem Sachverhalt oder irgendetwas anderem in der realen Welt. Die Beziehung zwischen Symbol und Denotat besteht über die von ARISTOTELES als „Widerfahrnisse der Seele" [1, 16 a I, S. 65 Z. 7] bezeichnete Spitze des Dreiecks. Da wir der Mathematik an sich keine seelischen Widerfahrnisse unterstellen wollen, werden wir diesen Punkt im Lichte der mathematischen Sprache der Logik noch geeignet interpretieren.

Die enge Beziehung zwischen Zeichenlehre und Logik wurde von C. S. PIERCE wunderbar präzise auf den Punkt gebracht:

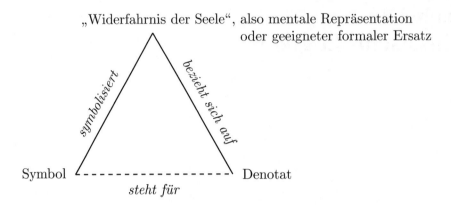

Bild 3.1: Semiotisches Dreieck. Die Bezeichnungen an den Kanten gehen auf
C. K. OGDEN und I. A. RICHARDS zurück [13, S. 11].

> Logik, in ihrem allgemeinen Sinne, ist, wie ich glaube gezeigt zu haben, nur ein
> anderer Name für Semiotik, der sozusagen erforderlichen – oder förmlichen – Lehre
> von den Zeichen.
>
> (Originalzitat 3.1, eigene Übersetzung)

Wir betrachten in diesem Kapitel die Sprachen der Aussagenlogik, der Mo-
dallogik sowie der Prädikatenlogik und deren Semiotik. In Vorbereitung der
Quantenlogik geben wir jeweils unscharfe Varianten unter Verwendung des
Wahrscheinlichkeitsbegriffs an. Zum Schluss besprechen wir mit der Fuzzy-
Logik eine technisch bedeutsame unscharfe Erweiterung der Logik, die jedoch
einige Grundprinzipien klassischer Logiken verletzt.

3.1 Aussagenlogik

Aussagenlogik ist eine Logik der Sachverhalte. In Abschnitt 1.2 haben wir
bereits einige grundlegende Aspekte kennengelernt.

3.1.1 Die Sprache der Aussagenlogik

Terme

Wir kommen auf die in Abschnitt 1.2.3 eingeführte Formelsprache zurück
und bezeichnen diese im Folgenden mit L. Die Elemente der Sprache heißen
Terme. Im semiotischen Dreieck nach Bild 3.1 sind die Terme der linken
unteren Ecke zugeordnet. Es gibt *elementare Terme* $a, b, c, \ldots \in L$, welche wir
auch als Variablen bezeichnen. Weiterhin verwenden wir einige feste Symbole:

runde Klammern, die in den Tabelle 3.1 angegebenen Konstanten sowie die in Tabellen 3.2 und 3.3 aufgelisteten Operatorzeichen.

Tabelle 3.1: Konstante Terme der Aussagenlogik mit Denotaten, für die geeignete sprachliche Formulierungen angegeben sind.

Term t	Name	Denotat $F(t)$
f	Kontradiktion	„falsch"
w	Tautologie	„wahr"

Tabelle 3.2: Wahrheitstafel des Negationsterms $t = \bar{p}$ in der Aussagenlogik für beliebige Terme $p \in L$. Als Denotat der Verneinung ist eine geeignete sprachliche Formulierung angegeben.

Term t	Name	Wahrheitswerteverlauf $p:$ f	w	Denotat $F(t)$
$\bar{p}$	Negation	w	f	„nicht p"

Sind $p, q \in L$ beliebige Terme, dann können nach den in Abschnitt 1.2.3 angegebenen Regeln rekursiv weitere Terme gebildet werden:

$\mathsf{f}, \mathsf{w} \in L$	Konstanten aus Tabelle 3.1,
$\bar{p} \in L$	Negation nach Tabelle 3.2, und
$(p) \circledast (q) \in L$	Verknüpfung durch Junktoren aus Tabelle 3.3.

Klammern um allein stehende Konstanten- und Variablensymbole können weggelassen werden. Für die Negation verwenden wir zur besseren Lesbarkeit einen Überstrich anstelle des ebenfalls üblichen Negationszeichens $\neg$.

Denotat

Gegeben sei nun eine Menge D zur Rede stehender Sachverhalte in der physischen Welt. Im semiotischen Dreieck nach Bild 3.1 sind diese Sachverhalte der rechten unteren Ecke zugeordnet. Da Sachverhalte im Allgemeinen keine Symbole und damit nicht notierbar sind, beschreiben wir sie im Folgenden mit sprachlichen Formulierungen in Anführungszeichen.

Beispiel 3.1 *In diesem Abschnitt verwenden wir als Beispiel folgende Menge zur Rede stehender Sachverhalte:*

Tabelle 3.3: Wahrheitstafel aller zweistelligen Verknüpfungen (*Junktoren*) $t = p \circledast q$ in der Aussagenlogik für beliebige Terme $p, q \in L$. Als Denotate sind geeignete sprachliche Formulierungen der Aussagenverknüpfungen angegeben.

Nr.	Term t	Name	Wahrheitswerteverlauf				Denotat $F(t)$
			$p:$ f	f	w	w	
			$q:$ f	w	f	w	
1	$p \perp q$	Antilogie	f	f	f	f	„falsch, wobei p und q egal sind"
2	$p \wedge q$	Konjunktion	f	f	f	w	„p und q"
3	$p \nrightarrow q$	Postsektion	f	f	w	f	„p, aber nicht q"
4	$p \lrcorner q$	Präpendenz	f	f	w	w	„p, wobei q egal ist"
5	$p \nleftarrow q$	Präsektion	f	w	f	f	„q, aber nicht p"
6	$p \llcorner q$	Postpendenz	f	w	f	w	„q, wobei p egal ist"
7	$p \veebar q$	Disjunktion[A]	f	w	w	f	„entweder p, oder q"
8	$p \vee q$	Adjunktion[B]	f	w	w	w	„p oder q"
9	$p \overline{\vee} q$	Rejektion	w	f	f	f	„weder p, noch q"
10	$p \leftrightarrow q$	Äquivalenz	w	f	f	w	„p, in anderen Worten: q"
11	$p \ulcorner q$	Postnonpendenz	w	f	w	f	„nicht q, wobei p egal ist"
12	$p \leftarrow q$	Replikation[C]	w	f	w	w	„wenn q, dann p"
13	$p \urcorner q$	Pränonpendenz	w	w	f	f	„nicht p, wobei q egal ist"
14	$p \rightarrow q$	Implikation[C]	w	w	f	w	„wenn p, dann q"
15	$p \overline{\wedge} q$	Exklusion	w	w	w	f	„höchstens eines, p oder q"
16	$p \top q$	Tautologie[D]	w	w	w	w	„wahr, wobei p und q egal sind"

[A] Auch XOR oder Kontravalenz, „Disjunktion" bezieht sich häufig auf das „logische" oder einschließende „Oder". Wir verwenden das Wort Disjunktion aus sprachlichen Gründen: es erinnert an „disjunkt", welches den Sachverhalt des gegenseitigen Ausschlusses betont.

[B] Häufig auch Disjunktion genannt. Zur Unterscheidung verwenden wir das ebenfalls gebräuchliche Wort „Adjunktion", welches aus dem Lateinischen kommt und auf Deutsch einfach „Hinzufügung" bedeutet.

[C] genauer: (philonische) *materiale* Implikation und Replikation

[D] die Bezeichnung eines Junktors als „Tautologie" ist etwas ungewöhnlich; wir haben diese hier wie auch die meisten anderen Junktorbezeichnungen aus [20, S. 45] übernommen.

$$D = \{ \text{„Es regnet"}, \text{„Die Straße ist nass"} \}. \qquad \square$$

Die Menge D wird auch als *Diskursuniversum* bezeichnet.

Bestimmte Aussagen aus dem Diskursuniversum bezeichnet man als *elementar* [18, Satz 4.21]. Elementare Aussagen sind logisch nicht zerlegbar, insbesondere nicht durch Verneinung oder Verknüpfung.

Beispiel 3.2 *In unserem Beispiel sind die Elemente der Menge D elementar, nicht jedoch Aussagen wie „Es regnet nicht" oder „Es regnet und die Straße ist nass".*   □

Innerhalb der Sprache L betrachten wir eine entsprechende Menge

$$L_{\text{elem}} := \{a, b, c, \ldots\}$$

elementarer Terme. Elementare Terme werden durch eine *Denotatfunktion*

$$F : L_{\text{elem}} \to D$$

axiomatisch, das heißt willkürlich, auf elementare Aussagen des Diskursuniversums abgebildet.

Beispiel 3.3 *Zu unserem Diskursuniversum aus Beispiel 3.1 definieren wir folgende Denotatfunktion, die zwei elementaren Aussagen $a, b \in L_{\text{elem}}$ ihre Denotate zuordnet*

$$F(a) = \text{„Es regnet" und}$$
$$F(b) = \text{„Die Straße ist nass".}$$ □

Konstante, negierte und verknüpfte Terme haben ebenfalls ein Denotat. Die Tabellen 3.1 bis 3.3 geben jeweils geeignete sprachliche Formulierungen an.

Beispiel 3.4 *Die Konjunktion $a \wedge b$ zweier elementarer Terme a und b mit den Denotaten $F(a) = $ „Es regnet" und $F(b) = $ „Die Straße ist nass" erzeugt einen verknüpften Sachverhalt in einem geeignet erweiterten Diskursuniversum, der durch $F(a \wedge b) = $ „Es regnet und die Straße ist nass" sprachlich ausgedrückt werden kann.*   □

Es ist üblich, verneinte und verknüpfte Aussagen stillschweigend als Elemente des Diskursuniversums zu betrachten, ohne sie bei der Angabe der Menge explizit aufzuzählen.

Welt

Nach LUDWIG WITTGENSTEIN ist die „Welt" alles, was der Fall ist [18, Satz 1]. In der Aussagenlogik besteht eine *Welt* entsprechend aus der Zuordnung eines Wahrheitswerts zu jedem Term. Wir beginnen mit den elementaren Termen und definieren eine Funktion

$$W : L_{\text{elem}} \to \{\mathsf{w}, \mathsf{f}\}.$$

Diese Zuordnung kann zum Beispiel durch geeignete Beobachtungen erfolgen. Ausgehend von den axiomatisch festgelegten Wahrheitswerten konstanter und elementarer Terme lassen sich rekursiv die Wahrheitswerte weiterer Terme definieren, und zwar

- für die Negation   nach Tabelle 3.2 und
- für Junktoren   nach Tabelle 3.3.

Die Wahrheitswerte negierter und verknüpfter Terme ergeben sich wie in den Tabellen unter „Wahrheitswerteverlauf" angegeben. Man nennt Tabellen dieser Form auch *Wahrheitstafeln*. Auf diese Weise erhalten wir eine auf der gesamten Sprache L definierte *Weltfunktion*

$$\widetilde{W} : L \to \{\mathsf{w}, \mathsf{f}\}.$$

Natürlich kann man mit aussagenlogischen Termen auch rechnen. Entsprechende Rechenregeln lassen sich mit Hilfe von Wahrheitstafeln ableiten und beweisen. Einige elementare Regeln sind:

$$\overline{\mathsf{f}} = \mathsf{w}, \qquad \overline{\mathsf{w}} = \mathsf{f} \quad \text{Negation der Konstanten,} \tag{3.1}$$

$$\mathsf{f} \vee p = p, \quad \mathsf{w} \wedge p = p \quad \text{neutrale Elemente,} \tag{3.2}$$

$$\mathsf{f} \wedge p = \mathsf{f}, \quad \mathsf{w} \vee p = \mathsf{w} \quad \text{absorbierende Elemente,} \tag{3.3}$$

$$p \wedge p = p, \quad p \vee p = p \quad \text{Idempotenz sowie} \tag{3.4}$$

$$p \wedge \overline{p} = \mathsf{f}, \quad p \vee \overline{p} = \mathsf{w} \quad \text{Widerspruchsfreiheit, Tertium non datur.} \tag{3.5}$$

Weiterhin gelten bestimmte Kommutativ-, Assoziativ- und Distributivgesetze sowie sonstige Zusammenhänge wie beispielsweise die DE MORGAN'sche Regel nach Gleichung (2.29). In Tabelle 3.4 geben wir beispielhaft den Beweis für das Distributivgesetz $p \wedge (q \vee r) = (p \wedge q) \vee (p \wedge r)$ an.

Tabelle 3.4: Beweis der Gleichheit $p \wedge (q \vee r) = (p \wedge q) \vee (p \wedge r)$. Diese gilt, da die Wahrheitswerteverläufe der linken Seite (Zeile 2) und der rechten Seite (Zeile 5) identisch sind.

Wahrheitswerteverlauf	$p \wedge (q \vee r) = (p \wedge q) \vee (p \wedge r)$							
p:	f	f	f	f	w	w	w	w
q:	f	f	w	w	f	f	w	w
r:	f	w	f	w	f	w	f	w
1 $\quad q \vee r$:	f	w	w	w	f	w	w	w
2 $\quad p \wedge (q \vee r)$:	f	f	f	f	f	w	w	w
3 $\quad p \wedge q$:	f	f	f	f	f	f	w	w
4 $\quad p \wedge r$:	f	f	f	f	f	w	f	w
5 $\quad (p \wedge q) \vee (p \wedge r)$:	f	f	f	f	f	w	w	w

Unter Verwendung der elementaren Rechenregeln lässt sich der Wahrheitswerteverlauf (siehe Abschnitt 1.2.4) aussagenlogischer Terme vollständig auf der Ebene der Formelsprache analysieren. Man setzt dazu für alle Variablen jeweils f und w ein und untersucht die sich daraus ergebenden Fälle. Die Analyse gelingt am einfachsten, wenn man sie grafisch in Form eines *logischen Baums* aufschreibt.

Beispiel 3.5 *Bild 3.2 zeigt die Analyse des Terms $\overline{p} \vee q$. Falls $p = f$ gilt, ist der Term unabhängig von q immer wahr; falls $p = q = w$ gilt, ist der Term ebenfalls wahr; andernfalls ist er falsch. Vergleicht man dieses Ergebnis mit dem Wahrheitswerteverlauf in Tabelle 3.3 Zeile 14, so stellt man fest, dass der Term $\overline{p} \vee q$ äquivalent zur materialen Implikation ist. Es gilt also offenbar $\overline{p} \vee q \Leftrightarrow p \rightarrow q$.* □

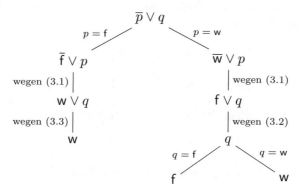

Bild 3.2: Logischer Baum zur Analyse des Terms $\overline{p} \vee q$.

Evaluierungsfunktion

Für die im Folgenden zu besprechenden technischen Anwendungen ist es praktischer, nicht mit Wahrheitswerten $\{f, w\}$, sondern mit Zahlen $\{0, 1\}$ zu rechnen. Wir erreichen dies mittels einer *Evaluierungsfunktion*, die zunächst nur für die Wahrheitswerte $\{f, w\}$ definiert ist:

$$[\![\cdot]\!]_{AL} : \{f, w\} \rightarrow \{0, 1\} \qquad \text{mit } f \mapsto [\![f]\!]_{AL} = 0 \text{ und } w \mapsto [\![w]\!]_{AL} = 1. \qquad (3.6)$$

Da die Weltfunktion $\widetilde{W}$ jedem Term der Sprache $t \in L$ einen Wahrheitswert zuordnet, kann die Evaluierungsfunktion mit Hilfe der Weltfunktion wie folgt fortgesetzt werden:

$$[\![t]\!]_{AL} := \left[\![\widetilde{W}(t)\right]\!]_{AL}. \qquad (3.7)$$

Sowohl die Funktionswerte der Weltfunktion $\widetilde{W}$ als auch die Funktionswerte der Evaluierungsfunktion $[\![\cdot]\!]_{AL}$ hängen, wie wir gesehen haben, nur von der Welt ab, also von der Zuordnung von Wahrheitswerten zu elementaren Termen. Wir weisen abschließend darauf hin, dass die hier definierte Evaluierungsfunktion identisch mit der in Abschnitt 1.2.4 eingeführten BOOLE'schen

Evaluierungsfunktion ist:

$$[\![\cdot]\!]_{\mathrm{AL}} = [\![\cdot]\!]_{\mathrm{Boole}}.$$

Wir verwenden das Zeichen $[\![\cdot]\!]_{\mathrm{AL}}$ lediglich um zu kennzeichnen, dass wir die Evaluierungsfunktion hier im Kontext der Aussagenlogik verwenden.

Beispiel 3.6 *Hat man ein Diskursuniversum mit zwei elementaren Aussagen und entsprechend eine Sprache mit zwei elementaren Termen $a \mapsto F(a) =$ „Es regnet" und $b \mapsto F(b) =$ „Die Straße ist nass", gibt es durch Kombination der möglichen Wahrheitswerte vier Welten. Zur Unterscheidung notieren wir die Kombination der zugehörigen Zahlenwerte als hochgestellte Indizes an die Evaluierungsfunktion:*

$$[\![\cdot]\!]_{\mathrm{AL}}^{00} := \{a \mapsto 0, b \mapsto 0\},$$

$$[\![\cdot]\!]_{\mathrm{AL}}^{01} := \{a \mapsto 0, b \mapsto 1\},$$

$$[\![\cdot]\!]_{\mathrm{AL}}^{10} := \{a \mapsto 1, b \mapsto 0\} \ und$$

$$[\![\cdot]\!]_{\mathrm{AL}}^{11} := \{a \mapsto 1, b \mapsto 1\}.$$

In den verschiedenen Welten ist nun folgendes der Fall:

In der Welt 00 regnet es nicht und die Straße ist nicht nass,	(3.8)
in der Welt 01 regnet es nicht und die Straße ist nass,	
in der Welt 10 regnet es und die Straße ist nicht nass und	
in der Welt 11 regnet es und die Straße ist nass.	□

Hat man allgemein $n = |L_{\mathrm{elem}}|$ elementare Terme, dann existieren genau 2^n mögliche Welten. Man beachte, dass diese Welten lediglich im formallogischen Sinne existieren. Es ist nicht nötig und nicht gesagt, dass die denotierten realen Welten physisch möglich oder sinnvoll sind.

Natürlichsprachliche Interpretation

Beispiel 3.7 *Zur Illustration betrachten wir die materiale Implikation $a \to b$ mit unseren Beispielaussagen $a \mapsto F(a) =$ „Es regnet" sowie $b \mapsto F(b) =$ „Die Straße ist nass". Zunächst halten wir fest, dass der Term $a \to b$ nach Tabelle 3.3 Zeile 14 ein Denotat im Diskursuniversum besitzt, welches sich sprachlich mit der Formulierung „Wenn es regnet, dann ist die Straße nass" ausdrücken lässt. Wir analysieren den Term $a \to b$ nun noch einmal analog zu Bild 3.2, wobei wir an Stelle der Wahrheitswerte f und w deren Evaluationen $[\![f]\!]_{\mathrm{AL}} = 0$ und $[\![w]\!]_{\mathrm{AL}} = 1$ einsetzen. Aus den eben gesetzten Evaluierungsfunktionen und dem Wahrheitswerteverlauf der materialen Implikation nach Tabelle 3.3 Zeile 14 leiten wir nun die folgenden Evaluationen des Terms $a \to b$ ab (vergleiche Bild 3.2):*

$$[\![a \to b]\!]_{\mathrm{AL}}^{00} = 1, \qquad (3.9)$$

$$[\![a \to b]\!]_{\mathrm{AL}}^{01} = 1,$$

$$[\![a \to b]\!]_{\mathrm{AL}}^{10} = 0 \ und$$

$$[\![a \to b]\!]_{\mathrm{AL}}^{11} = 1.$$

Wir analysieren als nächstes das verknüpfte Denotat $F(a \to b) =$ „Wenn es regnet, dann ist die Straße nass" und beachten dazu, was nach Gleichung 3.8 in den vier möglichen Welten der Fall ist. Wir sehen, dass die Welten 00, 01 und 11 plausibel sind, die Welt 10 jedoch nicht, was zu den Evaluationen der materialen Implikation nach Gleichung (3.9) passt. Die Analyse der Welten rechtfertigt die sprachliche Formulierung „Wenn es regnet, dann ist die Straße nass". Denn falls es nicht regnet, kann die Straße nass oder nicht nass sein (Welten 00 und 01). Falls es regnet, wird die Straße aber nass sein (Welt 11). Das verknüpfte Denotat ist in diesen Welten der Fall. Dahingegen ist es nicht plausibel, dass, falls es regnet, die Straße nicht nass ist (Welt 10). Das verknüpfte Denotat ist in dieser Welt nicht der Fall. □

Wir haben in den Gleichungen (3.9) gesehen, dass der Term $a \to b$ in einigen Welten zu 1 evaluiert, also wahr ist, jedoch nicht in allen. Terme, die in mindestens einer Welt wahr sind, nennt man *erfüllbar*. Jede Welt ω, in der ein Term $t \in L$ wahr ist – in der also $[\![t]\!]_{\mathrm{AL}}^{\omega} = 1$ gilt – heißt *Modell* des Terms t. In unserem Beispiel sind demnach also die Welten $\omega = 00$, $\omega = 01$ und $\omega = 11$ Modelle des Term $a \to b$. In Anlehnung an Tabelle 3.1 nennt man einen Term $t \in L$, der in jeder möglichen Welt wahr ist, eine *Tautologie*. Falls ein Term in keiner möglichen Welt wahr ist, heißt er *Kontradiktion*.

3.1.2 Die Semiotik der Aussagenlogik

Wir nehmen den Tractatus Logico-Philosophicus [18] von LUDWIG WITTGENSTEIN zur Hand und schauen dessen Hauptsätze an:

1 Die Welt ist alles, was der Fall ist.
2 Was der Fall ist, die Tatsache, ist das Bestehen von Sachverhalten.
3 Das logische Bild der Tatsachen ist der Gedanke.
4 Der Gedanke ist der sinnvolle Satz.
5 Der Satz ist eine Wahrheitsfunktion der Elementarsätze. (Der Elementarsatz ist eine Wahrheitsfunktion seiner selbst.)
6 Die allgemeine Form der Wahrheitsfunktion ist: $\left[\overline{p}, \overline{\xi}, N(\overline{\xi})\right]$. Dies ist die allgemeine Form des Satzes.
7 Wovon man nicht sprechen kann, darüber muss man schweigen.

(zitiert nach [18])

Der restliche Text des Tractatus besteht aus vertiefenden Ausführungen zu diesen sieben Sätzen.

Wir wollen die Sätze nun etwas genauer betrachten und sie in Beziehung zum semiotischen Dreieck nach Bild 3.1 setzen. Die Sätze **1** und **2** beziehen sich auf die Denotate der Aussagenlogik, nämlich die Sachverhalte, und somit auf die rechte untere Ecke des semiotischen Dreiecks. Die Sätze **3** und **4** beziehen sich auf die ARISTOTELES'schen „Widerfahrnisse" der Seele an der Spitze des semiotischen Dreiecks, die WITTGENSTEIN als „Gedanken" beziehungsweise als „sinnvolle Sätze" bezeichnet. Die in den Sätzen **5** und **6** erwähnte Wahrheitsfunktion sind der linken unteren Ecke des semiotischen Dreiecks, also den Symbolen oder Termen der Aussagenlogik, zuzuordnen. WITTGENSTEIN benutzt hier eine komplizierte Formelnotation, die uns aber nicht weiter interessiert. Über Satz **7** schließlich müssen die Autoren schweigen, da sie über ihn nicht sprechen können.

WITTGENSTEIN geht, ohne das semiotische Dreieck explizit zu erwähnen, also den Weg vom Denotat über das seelische Widerfahrnis zu den Symbolen einer Formelsprache. Wir wollen im Folgenden genau den umgekehrten Weg verfolgen und beginnen mit den aussagenlogischen Termen.

Wir haben im letzten Abschnitt gesehen, dass es zueinander äquivalente Terme gibt. Als Beispiel hatten wir die für beliebige aussagenlogische Terme $p, q \in L$ gültige Äquivalenz $\overline{p} \vee q \Leftrightarrow p \rightarrow q$ angegeben.

Beispiel 3.8 *Wir setzen für p und q noch einmal unsere elementaren Terme a mit dem Denotat $F(a) = $ „Es regnet" und b mit dem Denotat $F(b) = $ „Die Straße ist nass" ein. Nach den Regeln in Tabelle 3.3 leiten wir folgende sprachliche Formulierungen der verknüpften Denotate der linken und rechten Seiten der Äquivalenz ab:*

$$F(\overline{a} \vee b) = \text{„Es regnet nicht oder die Straße ist nass" und} \qquad (3.10)$$

$$F(a \rightarrow b) = \text{„Wenn es regnet, dann ist die Straße nass".} \qquad (3.11)$$

Anhand der Wahrheitswerteverläufe nach Bild 3.2 und Gleichung (3.9) sehen wir: Für beide Terme ist das verknüpfte Denotat in den beiden Welten, in denen es nicht regnet (Welten 00 und 01), der Fall. Wenn es regnet, dann ist das Denotat nur der Fall, wenn die Straße auch nass ist (Welt 11), ansonsten ist das Denotat nicht der Fall (Welt 10). Beide Terme beschreiben also ein und denselben verknüpften Sachverhalt im Diskursuniversum.

Dies lässt sich auch anhand der sprachlichen Formulierung des Denotats nach Gleichung (3.10) nachvollziehen. Man muss allerdings beachten, dass die Adjunktion nur wahr ist, wenn mindestens einer der verknüpften Sachverhalte zutrifft. In den Welten 00 und 01 regnet es nicht. Der erste Sachverhalt „Es regnet nicht" ist also der Fall und der verknüpfte Sachverhalt ist somit schon wahr. In den Welten 10 und 11 regnet es. Der erste Sachverhalt ist also nicht der Fall – man beachte hier die doppelte Verneinung! Ob der verknüpfte Sachverhalt in diesen Welten der Fall ist, hängt also nun davon ab, ob der zweite Sachverhalt „Die Straße ist nass" zutrifft oder nicht. In der Welt 10 trifft er nicht zu und der verknüpfte Sachverhalt ist somit nicht der Fall. In der Welt 11 schließlich trifft es zu, dass die Straße nass ist.

Der verknüpfte Sachverhalt ist damit in dieser Welt der Fall. Das passt zum Wahrheitswerteverlauf des Terms $\bar{a} \vee b$ und die sprachliche Formulierung aus Gleichung (3.10) erscheint daher gerechtfertigt.

Diese etwas umständliche Analyse zeigt, dass man mit der sprachlichen Formulierung verknüpfter Sachverhalte vorsichtig sein muss. Insbesondere darf man sich nicht allzu sehr vom umgangssprachlichen Gebrauch solcher Wörter wie „oder" leiten lassen, sondern muss von der formalen Bedeutung logischer Junktoren ausgehen. Umgangssprachlich wird man nämlich unter der Formulierung „Es regnet nicht oder die Straße ist nass" sicher etwas anderes verstehen als den eben aufgezeigten formallogischen Sachverhalt. Dies unterstreicht den praktischen Wert einer präzisen, mathematischen Sprache der Logik. □

Das Beispiel macht klar, dass ein und derselbe Sachverhalt im Diskursuniversum durch verschiedene aussagenlogische Terme ausgedrückt und auch verschieden sprachlich formuliert werden kann. Hinsichtlich natürlichsprachlicher Formulierungen erscheint uns eine solche Uneindeutigkeit aus der alltäglichen Erfahrung selbstverständlich: Natürlich kann man einen Sachverhalt unterschiedlich ausdrücken. Es besteht jedoch auch bei den aussagenlogischen Termen eine ähnliche Uneindeutigkeit.

Ausgehend von den voranstehenden Überlegungen ordnen wir abschließend die Begriffe der Aussagenlogik in das semiotische Dreieck ein. Da wir einen formalen Ersatz für die ARISTOTELES'sche Seelenregung an der Spitze des Dreiecks angeben wollen, bezeichnen wir semiotische Dreiecke für Sprachen der mathematischen Logik im folgenden als *semantische Dreiecke*. Es scheint klar, dass links unten für „Symbol" die aussagenlogischen Terme und rechts unten für „Denotat" die Sachverhalte im Diskursuniversum einzusetzen sind. Es bleibt die Frage, was man als „Widerfahrnis der Seele" an die Spitze des Dreiecks schreiben soll. WITTGENSTEIN benutzt hier den Begriff des „Gedankens" beziehungsweise des „sinnvollen Satzes". Wir interpretieren den Begriff des *sinnvollen* Satzes zunächst dahingehend, dass für menschliches logisches – das heißt folgerichtiges – Denken eine geeignete mentale Struktur vorhanden sein muss. Denn eine solche ist ja zum Bilden logisch sinnvoller Sätze erforderlich. Für eine mathematische Logiksprache stellt sich damit nun die Frage, ob man als Ersatz für eine geeignete mentale Struktur eine entsprechende mathematische Struktur angeben kann. Wir haben in Kapitel 2 gesehen, dass eine solche Struktur tatsächlich existiert, nämlich der orthomodulare Verband aus Abschnitt 2.7. Letzterer ist schon die allgemeine mathematische Struktur, welche wir für die Quantenlogik benötigen werden. Für die Aussagenlogik reicht zunächst der Spezialfall des BOOLE'schen Verbands nach Abschnitt 2.6 als Modell. Wie wir in Abschnitt 2.6.4 gesehen haben, können wir jedem Term über seine disjunktive Normalform eindeutig ein Element der Trägermenge eines Teilmengenverbands zuordnen. In Bild 3.3 ist diese Zuordnung durch eine durchgezogene Linie von der linken unteren Ecke zur Spitze des semantischen Dreiecks symbolisiert. Ebenfalls besteht mit der Denotatfunktion eine Abbildung von Termen der Sprache in das Diskursuni-

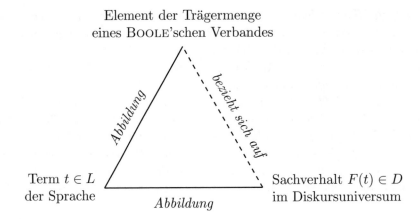

Bild 3.3: Semantisches Dreieck der Aussagenlogik

versum. Auch dies symbolisieren wir durch eine durchgezogene Linie. In der mathematischen Logiksprache existiert jedoch keine direkte Beziehung zwischen Verbandselementen und Denotat. Daher zeichnen wir im semantischen Dreieck hier eine gestrichelte Linie.

3.1.3 Logisches Schließen

Eine wichtige praktische Anwendung der Logik liegt darin, dass mit ihrer Hilfe Schlussfolgerungen formal beschrieben und technisch realisiert werden können. Man bedient sich dazu sogenannter *Schlussregeln* der Form „wenn die Voraussetzungen wahr sind, dann ist auch der Schluss wahr". Wir verwenden hier eine Notation, die sich am *Kalkül des natürlichen Schließens*, siehe beispielsweise [20, S. 68], anlehnt:

$$\frac{\text{Voraussetzungen}}{\text{Schluss}}. \tag{3.12}$$

Im Folgenden werden wir einige wichtige Schlussregeln der Aussagenlogik näher betrachten. Dazu greifen wir auf die Sprache und Rechenregeln nach Abschnitt 3.1.1 zurück.

Modus Ponendo Ponens

Wie schon in Abschnitt 2.7.2 ausgeführt, bedeutet *Modus Ponendo Ponens* „durch Setzen setzende Schlussweise". Es ist auch die Kurzbezeichnung *Modus Ponens* üblich. Die Schlussregel in der Notation nach Gleichung (3.12) lautet für beliebige Aussagen $p, q \in L$:

$$p \to q$$
$$\frac{p}{q} \, .$$

(3.13)

Mit der natürlichsprachlichen Formulierung der materialen Implikation nach Tabelle 3.3 kann man die Schlussfigur wie folgt lesen: „Wenn p der Fall ist, dann ist auch q der Fall. Nun ist p der Fall. Also ist auch q der Fall". Oder in anderen Worten: „Wenn q aus p folgt *und* p wahr ist, dann ist auch q wahr". Zum Beweis betrachten wir die folgende Wahrheitstafel:

		Voraus-setzung 1	Voraus-setzung 2	alle Voraus-setzungen wahr	Schluss
p	q	$p \to q$	p	$(p \to q) \wedge p$	
f	f	w	f	f	
f	w	w	f	f	
w	f	f	w	f	
w	w	w	w	w ✓	$q = $ w

Da beide Voraussetzungen wahr sein müssen, können nur die Wahrheitswerte der letzten Zeile auftreten. Daraus folgt notwendigerweise $q = $ w.

Beispiel 3.9 *Betrachten wir die Aussagen $p \mapsto F(p) = $ „der Tank ist leer" und $q \mapsto F(q) = $ „der Motor steht". Mit Hilfe des Modus Ponens kann man nun folgenden Schluss ziehen: „Wenn der Tank leer ist, steht der Motor. Nun ist der Tank leer. Also steht der Motor." Man beachte aber, dass man umgekehrt aus der Tatsache, dass der Tank nicht leer ist, weder eindeutig schließen kann, dass der Motor steht, noch dass er nicht steht. Beide Fälle sind möglich. Das ist sowohl anschaulich klar als auch mit einer entsprechenden Wahrheitstafel beweisbar:*

		Voraus-setzung 1	Voraus-setzung 2	alle Voraus-setzungen wahr	Schluss
p	q	$p \to q$	$\overline{p}$	$(p \to q) \wedge \overline{p}$	
f	f	w	w	w ✓	$q = $ f
f	w	w	w	w ✓	$q = $ w
w	f	f	f	f	
w	w	w	f	f	

Die beiden Voraussetzungen sind nur in den ersten beiden Zeilen der Wahrheitstafel erfüllt. In der ersten Zeile würde der Schluss $q = $ f lauten, in der zweiten Zeile hingegen $q = $ w. Das heißt, aus der Nicht-Wahrheit von p lässt sich kein *Schluss über die Wahrheit von q ziehen. Ähnliches gilt auch bei den im Folgenden vorgestellten Schlussfiguren. Alle dürfen ausschließlich in der jeweils angegebenen Form verwendet werden.* □

Modus Tollendo Tollens

Wir haben gesehen, dass die Verneinung einer Voraussetzung p, welche die linke Seite einer ebenfalls vorausgesetzten Implikation bildet, nicht zu einem sinnvollen Ergebnis führt. Wie sieht es nun mit der Verneinung der *rechten* Seite der Implikation, also $\bar{q}$, als zweite Voraussetzung aus? Aus der Implikation $p \to q$ und der Verneinung $\bar{q}$ ihrer rechten Seite kann man auf die Verneinung $\bar{p}$ der linken Seite der Implikation schließen. Diese Regel heißt *Modus Tollendo Tollens* (lateinisch „durch Aufheben aufhebende Schlussweise", kurz *Modus Tollens*) und lautet als Formel

$$\begin{array}{c} p \to q \\ \bar{q} \\ \hline \bar{p} \end{array} \ . \tag{3.14}$$

Mit der natürlichsprachlichen Formulierung der materialen Implikation nach Tabelle 3.3 kann man die Schlussfigur wie folgt lesen: „Wenn p der Fall ist, dann ist auch q der Fall. Nun ist q nicht der Fall. Also ist auch p nicht der Fall". Oder in anderen Worten: „Wenn q aus p folgt *und* q falsch ist, dann ist auch p falsch". Zum Beweis betrachten wir die folgende Wahrheitstafel:

p	q	Voraus-setzung 1 $p{\to}q$	Voraus-setzung 2 $\bar{q}$	alle Voraus-setzungen wahr $(p{\to}q) \wedge \bar{q}$	Schluss
f	f	w	w	w ✓	$p = $ f
f	w	w	f	f	
w	f	f	w	f	
w	w	w	f	f	

Da beide Voraussetzungen wahr sein müssen, können nur die Wahrheitswerte der ersten Zeile auftreten. Daraus folgt notwendigerweise $p = $ f.

Beispiel 3.10 *Mit den Aussagen p und q aus Beispiel 3.9 sieht die Anwendung des Modus Tollens wie folgt aus: „Wenn der Tank leer ist, steht der Motor. Nun steht der Motor nicht (das heißt umgangssprachlich, er läuft). Also ist der Tank nicht leer." Analog zum Modus Ponens kann man hier aus der Bejahung der zweiten Voraussetzung – also Tatsache, dass der Motor steht – weder eindeutig folgern, dass der Tank leer ist, noch dass er nicht leer ist. Formal lässt sich dies wie beim Modus Ponens durch eine Wahrheitstabelle zeigen. Wir verzichten hier darauf.* □

Weitere Schlussregeln

Es existiert eine Reihe von Schlussregeln, von denen Tabelle 3.5 einige zusammenstellt. Die Prüfung der Gültigkeit erfolgt jeweils wie oben ausgeführt.

Tabelle 3.5: Wichtige Schlussregeln der Aussagenlogik, nach [20, S. 60ff]

Name	Schlussregel	natürlichsprachliche Formulierung
Modus Ponendo Ponens	$p \to q$ p q	Wenn q aus p folgt und p wahr ist, dann muss auch q wahr sein.
Modus Tollendo Tollens	$p \to q$ $\overline{q}$ $\overline{p}$	Wenn q aus p folgt und q falsch ist, dann muss auch p falsch sein.
Kontraposition	$p \to q$ $\overline{q} \to \overline{p}$	Wenn q aus p folgt, dann folgt $\overline{p}$ aus $\overline{q}$
Modus Tollendo Ponens	$p \vee q$ $\overline{p}$ q	Wenn p oder q wahr ist und p falsch ist, dann muss q wahr sein.
Modus Ponendo Tollens	$\overline{p \wedge q}$ p $\overline{q}$	Wenn p und q falsch ist und p wahr ist, dann muss q falsch sein.
Kettenschluss (Syllogismus Barbara)	$p \to q$ $q \to r$ $p \to r$	Wenn q aus p folgt und r aus q folgt, dann folgt auch q aus p.
Reductio ad Absurdum	$p \to (q \wedge \overline{q})$ $\overline{p}$	Wenn aus p ein Widerspruch folgt, dann muss p falsch sein.
Konjunktionsbeseitigung	$p \wedge q$ p q	Wenn p und q wahr ist, dann müssen beide einzeln wahr sein.
Konjunktionseinführung	p q $p \wedge q$	Wenn p wahr ist und q wahr ist, dann sind auch p und q wahr.
Resolution	$p \to q$ $p \vee r$ $q \vee r$	Verallgemeinerung des Modus Ponens

Jede Schlussregel kann erweitert werden, indem einer oder mehrere Terme an *allen* Stellen der Regel jeweils durch ein und denselben anderen Term ersetzt werden (Einsetzungsregel). Ersetzt man beispielsweise im Modus Ponens den Term p durch $r \wedge s$, so erhält man die gültige Schlussregel

$$\frac{(r \wedge s) \to q}{\frac{(r \wedge s)}{q}}.$$

Des Weiteren können alle Terme innerhalb der Schlussregeln mit Hilfe der in Abschnitt 3.1.1 vorgestellten Rechenregeln umgeformt werden (Ersetzungsregel). Beispielsweise lässt sich aufgrund der Beziehung

$$p \to q = \overline{p} \vee q$$

der Modus Tollens wie folgt umschreiben:

$$\frac{\overline{p} \vee q}{\overline{p}} \, \frac{\overline{q}}{} \, .$$

Kalkül des natürlichen Schließens

Zum Aufbau eines Beweises aus mehreren Schlussregeln ist es sinnvoll, die Terme in einem Schema untereinander zu schreiben, zu nummerieren und in jeder Zeile auf die benötigten Schlüsse hinzuweisen. Ein einfaches Beispiel ist der Kettenschluss kombiniert mit einem Modus Ponens:

1	$p \to q$	Prämisse	
2	$q \to r$	Prämisse	
3	p	Prämisse	(3.15)
4	$p \to r$	Kettenschluss aus 1 und 2	
5	r	Modus Ponens aus 4 und 3	

Es ist im Allgemeinen keineswegs eindeutig bestimmt, welche Schlussregeln anzuwenden sind. In unserem Beispiel kann man aus den Prämissen 1, 2 und 3 die Konklusion 5 auch durch mehrfache Anwendung des Modus Ponens erhalten:

1	$p \to q$	Prämisse	
2	$q \to r$	Prämisse	
3	p	Prämisse	(3.16)
4	q	Modus Ponens aus 1 und 3	
5	r	Modus Ponens aus 2 und 4	

Implikationseinführung

Das Kalkül des natürlichen Schließens ermöglicht eine starke Erweiterung der klassischen Schlussregeln, nämlich die *Implikationseinführung*. Dabei wählt man eine beliebige *Annahme*, fügt diese zu den Prämissen und dem bisherigen Verlauf des Beweises hinzu, zieht Schlüsse daraus und erhält eine Implikation als weiteren Term der Beweisführung. In der Notation ist es wichtig, die eingeführte Annahme und die Konsequenzen daraus kenntlich zu machen. Wir markieren eine Beweiszeile, die nur nach Einführung einer Annahme gezeigt ist, durch einen senkrechten Strich | am Anfang. Hier ein Beispiel:

1	$p \lor q$	Prämisse
2	$p \to q$	Prämisse
3	$\quad \mid \quad \bar{q}$	Annahmeeinführung
4	$\quad \mid \quad \bar{p}$	Modus Tollens aus 2 und 3
5	$\quad \mid \quad q$	Disjunktionsbeseitigung aus 1 und 4
6	$\quad \mid \quad \bar{q} \land q$	Konjunktionseinführung aus 3 und 5
7	$\bar{q} \to \bar{q} \land q$	Implikationseinführung aus 3 und 6
8	q	Reductio ad absurdum aus 7

Man kann auch mehrere Annahmeeinführungen ineinander schachteln. Ein Beispiel ist die Regel der *Vertauschbarkeit der Prämissen* [20, S. 69f.]:

1	$p \to (q \to r)$	Prämisse
2	$\quad \mid \quad q$	Annahmeeinführung
3	$\quad \mid \quad \mid \quad p$	Annahmeeinführung
4	$\quad \mid \quad \mid \quad q \to r$	Modus Ponens aus 1 und 3
5	$\quad \mid \quad \mid \quad r$	Modus Ponens aus 4 und 2
6	$\quad \mid \quad p \to r$	Implikationseinführung aus 3 und 5
7	$q \to (p \to r)$	Implikationseinführung aus 2 und 6

Anwendung

Das Kalkül des natürlichen Schließens ist eine wesentliche Grundlage von Expertensystemen der klassischen künstlichen Intelligenz. Zur technischen Realisierung des automatischen Schließens in der Aussagenlogik werden *Theorembeweiser* eingesetzt. Diese basieren auf Algorithmen, welche Schlussregeln einsetzen (vgl. [15]). Populär ist etwa die *Resolutionsmethode*, welche die Schlussregel Resolution nutzt. Das Problem des Schließens ist in der Aussagenlogik entscheidbar – das heißt, durch einen endenden Algorithmus lösbar –, allerdings im Allgemeinen nicht ohne weiteres effizient berechenbar.

Abschließend sei noch darauf hingewiesen, dass (formal)logische Schlussfolgerungen nicht unbedingt mit realen Tatsachen übereinstimmen müssen.

Beispiel 3.11 *Betrachten wir die Aussagen $p \mapsto$ „es regnet" und $q \mapsto$ „alle Katzen sind grün-kariert". Die Anwendung des Modus Ponens lässt dann folgenden formallogisch korrekten Schluss zu: „Wenn es regnet, sind alle Katzen grün-kariert. Nun regnet es. Also sind alle Katzen grün-kariert." Das Problem liegt hier natürlich in der Wahrsetzung von Aussagen, welche in der Welt so nicht zutreffen, und nicht etwa in der formalen Logik.* □

3.1.4 Schaltalgebra und Logikgatter

Die technisch womöglich bedeutsamste Anwendung der Aussagenlogik liegt darin, dass sie die mathematische Grundlage für die Konstruktion von

Digital- oder VON-NEUMANN-*Rechnern* bildet. Interessanterweise ist der Namensgeber eben jener JOHN VON NEUMANN, welcher gemeinsam mit GARRETT BIRKHOFF im Jahr 1936 auch die Grundlagen der Quantenlogik legte [2]. Digitalrechner sind der heute mit Abstand am weitesten verbreitete Rechnertyp. Sie sind in Form von Personalcomputern, Smartphones und vieler Arten elektronischer Geräte allgegenwärtig. Weitere bekannte Rechnerarten sind beispielsweise Analogrechner und Quantenrechner.

Schaltalgebra

Der Begriff *Schaltalgebra* rührt daher, dass sich mit ihrer Hilfe Schaltzustände in elektronischen digitalen Schaltungen beschreiben lassen. Verschiedene elektrische Leitungen können entweder auf einen niederen (*low*) oder auf einen höheren (*high*) Spannungswert „geschaltet" werden. Man identifiziert diese beiden Schaltzustände wie in Tabelle 3.6 gezeigt mit den Wahrheitswerten f und w.

Tabelle 3.6: Beispiele für Wahrheitswerte in Digitalrechnern mit Zahlenwerten der Evaluierungsfunktion und Denotaten für TTL- (*transistor-transistor logic (TTL)*) und CMOS-Schaltungen (*complementary metal-oxide semiconductor (CMOS)*). Dabei steht u_B für die Betriebsspannung von CMOS-Schaltungen, typischerweise $3\,\mathrm{V} \leqslant u_B \leqslant 15\,\mathrm{V}$ (siehe beispielsweise [16, S. 82 und 99]).

Term t	Name	Evaluierung $[\![t]\!]_{\mathrm{AL}}$	Denotat $F_{\mathrm{TTL}}(t)$	$F_{\mathrm{CMOS}}(t)$
f	u_L: Low-Pegel (L)	0	$0\,\mathrm{V} \leqslant u_L \leqslant 0{,}8\,\mathrm{V}$	$0\,\mathrm{V} \leqslant u_L < 0{,}3 \cdot u_B$
w	u_H: High-Pegel (H)	1	$2\,\mathrm{V} \leqslant u_H \leqslant 4{,}8\,\mathrm{V}$	$0{,}7 \cdot u_B < u_H \leqslant u_B$

Da Digitalrechner mit Zahlen rechnen, ist es zweckmäßig, anstelle der Wahrheitswerte mit den Zahlenwerten 0 und 1 der Evaluierungsfunktion zu arbeiten. Zur mathematischen Beschreibung der logischen Funktion von Digitalschaltungen betrachten wir eine BOOLE'sche Algebra mit einer zweielementigen Grundmenge $\{0, 1\}$. Dabei bezeichnen $0 = [\![\mathsf{f}]\!]_{\mathrm{AL}}$ und $1 = [\![\mathsf{w}]\!]_{\mathrm{AL}}$ die Zahlenwerte der Evaluierungsfunktion für die Wahrheitswerte. Nimmt man zudem $^-$ für die Negation sowie $\vee$ und $\wedge$ für die Adjunktion und Disjunktion, so erhält man die sogenannte Schaltalgebra

$$\mathbb{S} = \big(\{0, 1\}, \vee, \wedge, {}^-, 0, 1\big). \tag{3.17}$$

Die Bestandteile und Rechenregeln allgemeiner BOOLE'scher Algebren haben

Tabelle 3.7: Übersicht über die Bestandteile und Regeln der Schaltalgebra, vergleiche Tabelle 2.7. Die Regeln gelten für beliebige $x, y, z \in \{0, 1\}$.

Schaltalgebra		
$\{0, 1\}$ **Trägermenge**		
$\wedge$ **Konjunktion** (oder Zusammentreffen)		
$\vee$ **Adjunktion** (oder Verbinden)		
kommutativ	$x \wedge y = y \wedge x$	$x \vee y = y \vee x$
assoziativ	$(x \wedge y) \wedge z = x \wedge (y \wedge z)$	$(x \vee y) \vee z = x \vee (y \vee z)$
absorbierend	$(x \wedge y) \vee y = y$	$(x \vee y) \wedge y = x$
distributiv	$(x \vee y) \wedge z = (x \wedge z) \vee (y \wedge z)$	$(x \wedge y) \vee z = (x \vee z) \wedge (y \vee z)$
0 **Nullelement**		
1 **Einselement**		
neutral	$1 \wedge x = x$	$0 \vee x = x$
absorbierend	$0 \wedge x = 0$	$1 \vee x = 1$
$^-$ **Negation** (oder Orthokomplementierung)		
involutiv	$\overline{\overline{x}} = x$	
Komplement	$x \wedge \overline{x} = 0$	$x \vee \overline{x} = 1$
DE MORGAN	$\overline{(x \wedge y)} = \overline{x} \vee \overline{y}$	$\overline{(x \vee y)} = \overline{x} \wedge \overline{y}$

wir schon in Tabelle 2.7 kennengelernt. Speziell für die Schaltalgebra sind diese in Tabelle 3.7 noch einmal zusammengestellt.

Alle Junktoren der Aussagenlogik nach Tabelle 3.3 können durch die Operationen der Schaltalgebra wie in Tabelle 3.8 gezeigt ausgedrückt werden. Zur Darstellung der Junktoren reichen auch entweder die Adjunktion oder die Konjunktion jeweils zusammen mit der Negation aus.

Logikgatter und statische Logikschaltungen

Die Beschränkung auf möglichst wenige Junktoren ist technisch von Bedeutung, da die Schaltalgebra elektronisch durch *Logikgatter* – welche übrigens Namenspaten der Quantengatter waren – realisiert wird. Aus Aufwandsgründen möchte man möglichst wenige unterschiedliche Logikgatter verwenden. In diesem Zusammenhang sucht man eine minimal notwendige *Universalmenge* von logischen Operationen, mit deren Hilfe alle Operationen und Konstanten einer Logik ausgedrückt werden können. Solche Universalmen-

Tabelle 3.8: Die aussagenlogischen Junktoren ausgedrückt durch die Operatoren der Schaltalgebra. Falls eine Definition einer Normalform entspricht, ist diese angegeben (DNF: disjunktive Normalform, KNF: konjunktive Normalform).

Nr.	Junktor	Definition	NF
1	Antilogie	$x \perp y := \mathsf{f}$	DNF
2	Konjunktion	$x \wedge y$	DNF
3	Postsektion	$x \nrightarrow y := x \wedge \overline{y}$	DNF
4	Präpendenz	$x \lrcorner y := x$	—
5	Präsektion	$x \nleftarrow y := \overline{x} \wedge y$	DNF
6	Postpendenz	$x \llcorner y := y$	—
7	Disjunktion	$x \mathbin{\dot{\vee}} y := (\overline{x} \wedge y) \vee (x \wedge \overline{y})$	DNF
8	Adjunktion	$x \vee y$	KNF
9	Rejektion	$x \overline{\vee} y := \overline{x} \wedge \overline{y}$	DNF
10	Äquivalenz	$x \leftrightarrow y := (\overline{x} \vee y) \wedge (x \vee \overline{y})$	KNF
11	Postnonpendenz	$x \ulcorner y := \overline{y}$	—
12	Replikation	$x \leftarrow y := x \vee \overline{y}$	KNF
13	Pränonpendenz	$x \urcorner y := \overline{x}$	—
14	Implikation	$x \rightarrow y := \overline{x} \vee y$	KNF
15	Exklusion	$x \overline{\wedge} y := \overline{x} \vee \overline{y}$	KNF
16	Tautologie	$x \top y := \mathsf{w}$	KNF

gen für die Aussagenlogik und damit für die Schaltalgebra sind sogar nur einelementig: nämlich entweder $\{\overline{\wedge}\}$ oder $\{\overline{\vee}\}$. Man benötigt also für die elektronische Realisierung der Schaltalgebra lediglich entweder sogenannte *NAND-Gatter* für die Exklusionsoperation $\overline{\wedge}$ oder *NOR-Gatter* für die Disjuktionsoperation $\overline{\vee}$. Wir wollen noch anmerken, dass die Verwendung der Universalmengen in theoretischen Betrachtungen höchst unpraktisch ist, da schon die Darstellung simpler Ausdrücke recht kompliziert werden kann.

Beispiel 3.12 *Wir illustrieren dies an ein paar Beispielen unter Verwendung der Exklusion:*

$$\overline{x} = x \overline{\wedge} x,$$
$$1 = x \overline{\wedge} x \overline{\wedge} x,$$
$$0 = (x \overline{\wedge} x \overline{\wedge} x) \overline{\wedge} (x \overline{\wedge} x \overline{\wedge} x),$$
$$x \vee y = (x \overline{\wedge} x) \overline{\wedge} (y \overline{\wedge} y) \text{ und}$$
$$x \wedge y = (x \overline{\wedge} y) \overline{\wedge} (x \overline{\wedge} y). \qquad \square$$

Tabelle 3.9 zeigt die Schaltsymbole wichtiger Logikgatter sowie Ersatzschaltungen nur unter der Verwendung des universellen NAND-Gatters.

Tabelle 3.9: Logikgatter nach DIN EN 60617-12 und NAND-Ersatzschaltungen zur Realisierung der aussagenlogischen Junktoren

Nr.	Name	Funktion	Schaltzeichen	NAND-Ersatzschaltung
0	NOT	$y = \overline{x}$		
1	—	$y = x_1 \perp x_2$	—	
2	AND	$y = x_1 \wedge x_2$		
3	—	$y = x_1 \nrightarrow x_2$	—	
4	—	$y = x_1 \lrcorner\, x_2$	—	
5	—	$y = x_1 \nleftarrow x_2$	—	
6	—	$y = x_1 \llcorner x_2$	—	
7	XOR	$y = x_1 \,\dot\vee\, x_2$		
8	OR	$y = x_1 \vee x_2$		

Nr.	Name	Funktion	Schaltzeichen	NAND-Ersatzschaltung
9	NOR	$y = x_1 \, \overline{\vee} \, x_2$		
10	XNOR	$y = x_1 \leftrightarrow x_2$		
11	—	$y = x_1 \ulcorner x_2$	—	
12	—	$y = x_1 \leftarrow x_2$	—	
13	—	$y = x_1 \urcorner x_2$	—	
14	—	$y = x_1 \rightarrow x_2$	—	
15	NAND	$y = x_1 \, \overline{\wedge} \, x_2$		—
16	—	$y = x_1 \top x_2$	—	

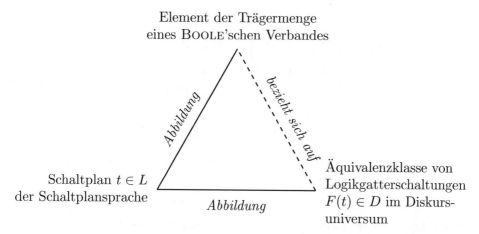

Bild 3.4: Semantisches Dreieck der Schaltplansprache für Logikgatter

Eine beliebige Zusammenschaltung von Logikgattern wird als *statische Logikschaltung* oder *statisches digitales System* bezeichnet. Der Begriff „statisch" kennzeichnet, dass kein Zeitverhalten betrachtet wird. Letzteres erfordert die Einführung von Speicherelementen in die Schaltung, was wir hier nicht weiter erörtern wollen. Als vertiefende Lektüre zur Theorie digitaler elektronischer Systeme sei anstelle dessen auf [19] oder [8] verwiesen.

Für die Platzierung von Gattersymbolen und die Verbindung der Gattersymbole durch elektrische Leitungen gibt es Regeln zur Erstellung von Schaltplänen. Daher können Schaltpläne als eine formale Sprache aufgefasst werden. Bild 3.4 zeigt das semantische Dreieck der Schaltplansprache. Wir fassen einen Schaltplan als Element $t \in L$ der Schaltplansprache auf. Da äquivalente Logikgatterschaltungen auf verschiedene Art und Weise physisch aufgebaut werden können, ist das Denotat $F(t)$ des Schaltplans eine Äquivalenzklasse von elektronischen Schaltungen.

Beispiel Addierwerk für binärkodierte Ganzzahlen

Eine Grundfunktion der VON-NEUMANN-Rechner ist die Arithmetik mit nicht-negativen ganzen Zahlen. Das Rechnen mit negativen oder gebrochenen Zahlen – als Näherung für das Rechnen mit reellen Zahlen – sowie die Verarbeitung von Text werden durch geeignete Kodierung auf die Arithmetik mit Ganzzahlen zurückgeführt.

Zunächst drückt man Ganzzahlen unter Verwendung der Zahlenwerte $0 = [\![\mathsf{f}]\!]_{\mathrm{AL}}$ und $1 = [\![\mathsf{w}]\!]_{\mathrm{AL}}$ für die Wahrheitswerte aus. Dies geschieht mit Hilfe der Binärzahlendarstellung, also durch ein Zahlensystem mit der Basis 2. Beispielsweise gilt $[1101]_2 = 1 \cdot 2^3 + 1 \cdot 2^2 + 0 \cdot 2^1 + 1 \cdot 2^0 = [13]_{10}$.

Grundlegendes Element für die Ganzzahlarithmetik ist nun ein Addierwerk für Binärzahlen. Dieses besteht aus einer Zusammenschaltung soge-

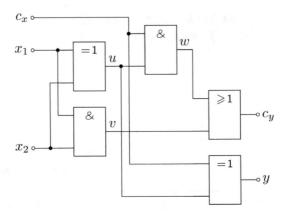

Bild 3.5: Logikgatterschaltung eines binären Volladdierers. Die Summanden-
eingänge sind mit x_1 und x_2 bezeichnet, der Summenausgang mit y. Die Ein-
und Ausgänge für das Übertragsbit heißen c_x und c_y. Die mit u, v und w be-
zeichneten Gatterausgänge werden zur Analyse des Wahrheitswerteverlaufs
in Tabelle 3.10 verwendet.

nannter *Volladdierer*, welche die Addition zweier einstelliger Binärzahlen
mit Übertrag realisieren. Bild 3.5 zeigt einen entsprechenden Schaltplan. Die
Funktion ist in Tabelle 3.10 dargestellt.

Tabelle 3.10: Wahrheitswerteverlauf zur Analyse des binären Volladdierers
nach Bild 3.5, wobei 0 für den Wahrheitswert f und 1 für den Wahrheitswert
w steht.

	Eingänge			Zwischenergebnisse			Ausgänge	
	x_1	x_2	c_x	$u = x_1 \dot\vee x_2$	$v = x_1 \wedge x_2$	$w = c_x \wedge u$	$y = c_x \dot\vee u$	$c_y = w \vee v$
0	0	0	0	0	0	0	0	0
1	0	0	1	0	0	0	1	0
2	0	1	0	1	0	0	1	0
3	0	1	1	1	0	1	0	1
4	1	0	0	1	0	0	1	0
5	1	0	1	1	0	1	0	1
6	1	1	0	0	1	0	0	1
7	1	1	1	0	1	0	1	1

Schaltet man n Volladdierer wie in Bild 3.6 gezeigt zusammen, erhält man
ein Addierwerk für n-stellige Binärzahlen. Typisch für Digitalrechner sind
$n = 64$ Bits.

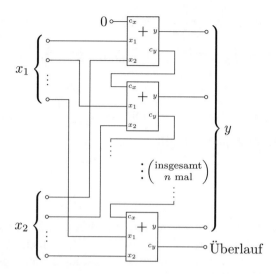

Bild 3.6: Schaltplan eines n-Bit-Addierwerks zur Berechnung der Summe zweier binärkodierter Ganzzahlen $y = x_1 + x_2$ unter Verwendung von n binären Volladdierern gemäß Bild 3.5. Die Anschlüsse für die niederwertigen Bits der Summanden und der Summe liegen jeweils oben, die Anschlüsse für die höchstwertigen Bits jeweils unten. Der Wert 1 am Überlauf-Ausgang zeigt an, dass die Summe größer $2^n - 1$ ist.

3.1.5 Probabilistische Erweiterung

Bislang haben wir Aussagen betrachtet, die entweder wahr oder falsch sind. In Abschnitt 2.8.4 haben wir solche Aussagen als faktisch bezeichnet. Bei der praktischen Anwendung stößt man damit jedoch oft an Grenzen.

Beispiel 3.13 *Betrachten wir die Aussage $a \mapsto F(a) = $ „morgen wird es regnen". Hier handelt es sich um eine potenzielle Aussage, da ihr Wahrheitsgehalt heute noch nicht bekannt ist. Daher sagt der Wetterbericht häufig so etwas wie „morgen wird es* wahrscheinlich *regnen" oder vielleicht präziser „morgen wird es mit* 80 % *Wahrscheinlichkeit regnen".* □

Eine mit einer *Wahrscheinlichkeit* behaftete Aussage nennt man *probabilistische Aussage*. Man beachte, dass es sich immer noch um eine zweiwertige Aussage handelt, da es – um in unserem Beispiel zu bleiben – morgen nach wie vor entweder regnet oder nicht.

Formal wollen wir eine *wahrscheinlichkeitswertige Evaluierungsfunktion*

$$[\![\cdot]\!]_{\mathrm{pAL}} : L \to [0, 1]$$

definieren. Analog zu den in Abschnitt 2.8.2 besprochenen Wahrscheinlichkeitsmaßen soll die Evaluierungsfunktion folgende Eigenschaften haben.

Additivität: Für alle Terme $p, q \in L$ gilt

$$[\![p \lor q]\!]_{\mathrm{pAL}} = [\![p]\!]_{\mathrm{pAL}} + [\![q]\!]_{\mathrm{pAL}} - [\![p \land q]\!]_{\mathrm{pAL}}. \tag{3.18}$$

Normierung:

Für jede Kontradiktion $k \in L$ gilt $[\![k]\!]_{\mathrm{pAL}} = 0$ sowie   (3.19)

für jede Tautologie $t \in L$ gilt $[\![t]\!]_{\mathrm{pAL}} = 1$.   (3.20)

Ergebnismenge

Wie wir in Abschnitt 2.8 gesehen haben, benötigen wir zur Definition einer Wahrscheinlichkeitsfunktion zunächst eine Ergebnismenge Ω. Zu deren Konstruktion gehen wir von einer aussagenlogischen Sprache L aus, die aus einer endlichen Menge $L_{\mathrm{elem}} = \{a_1, \ldots, a_n\} \subsetneq L$ von Elementartermen erzeugt wird. Wie bei der Erörterung der Evaluierungsfunktion in Abschnitt 3.1.1 ausgeführt, gibt es damit 2^n mögliche Welten, die jeweils durch Zuordnungen von Wahrheitswerten zu den Elementartermen bestimmt sind. Jede mögliche Welt ist also durch eine Kombination von Wahrheitswerten eindeutig gekennzeichnet. Wir haben in Abschnitt 2.6.3 einen Binärcode $b = [\beta_n \ldots \beta_2\beta_1]_2 \in [0, 2^n{-}1]$ mit $\beta_i \in \{0, 1\}$ eingeführt, der beschreibt, welche Elementaraussagen wahr und welche falsch sind. Zur besseren Lesbarkeit verzichten wir im Folgenden auf die explizite Bezeichnung der Binärschreibweise $[\cdot]_2$, schreiben also einfach $b = \beta_n \ldots \beta_2\beta_1$.

Man kann nun jeder Welt genau einen Minterm $m_b \in L$ nach Abschnitt 2.6.4 zuordnen, und umgekehrt entspricht jedem Minterm genau eine Welt. Wir haben also eine Eins-zu-Eins-Beziehung zwischen Welten und Mintermen. Wir nehmen nun die Menge aller 2^n Minterme als Ergebnismenge

$$\Omega_n := \{m_b \mid 0 \leqslant b < 2^n\}.$$

Beispiel 3.14 *Wir betrachten noch einmal unsere Aussagen $a \mapsto F(a) =$ „Es regnet" und $b \mapsto F(b) =$ „Die Straße ist nass". Daraus ergeben sich die folgenden Minterme:*

Welt 00: $m_{00} = \overline{a} \land \overline{b} \mapsto$ „Es regnet nicht und die Straße ist nicht nass",

Welt 01: $m_{01} = \overline{a} \land b \mapsto$ „Es regnet nicht und die Straße ist nass",

Welt 10: $m_{10} = a \land \overline{b} \mapsto$ „Es regnet und die Straße ist nicht nass" und

Welt 11: $m_{11} = a \land b \mapsto$ „Es regnet und die Straße ist nass".   (3.21)

Die Ergebnismenge im Beispiel lautet also:

$$\Omega_2 = \{m_{00}, m_{01}, m_{10}, m_{11}\} = \{\overline{a} \land \overline{b},\ \overline{a} \land b,\ a \land \overline{b},\ a \land b\}.$$

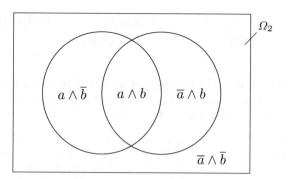

Bild 3.7: Veranschaulichung der Ergebnismenge Ω_2 aller Minterme über einer Sprache L mit zwei elementaren Aussagen a und b. Die Minterme bilden eine Partition der Tautologie $(\overline{a} \wedge \overline{b}) \vee (\overline{a} \wedge b) \vee (a \wedge \overline{b}) \vee (a \wedge b) = \mathsf{w}$. Die Flächeninhalte können so gewählt werden, dass sie proportional zu den Verbundwahrscheinlichkeiten der Minterme sind. In diesem Fall wären die Teilflächen als Punktmengen aufzufassen, deren Elemente einzelnen Beobachtungen der physischen Welt entsprechen (vergleiche Tabelle 3.11).

Bild 3.7 veranschaulicht die Ergebnismenge Ω_2 als VENN-Diagramm. Jedem Minterm ist eine Teilfläche zugeordnet. Das umgrenzende Rechteck steht für die gesamte Ergebnismenge. Die Flächen der Minterme bilden eine Partition der Gesamtfläche, also eine vollständige Zerlegung in paarweise disjunkte Teilflächen. $\qquad\square$

Wahrscheinlichkeitsfunktion und -maß

Wir definieren nun eine Wahrscheinlichkeitsfunktion

$$f_P : \Omega_n \to [0,1],$$

die jedem Minterm $m \in \Omega_n$ eine Wahrscheinlichkeit $f_P(m)$ zuweist. Es muss die stochastische Randbedingung

$$\sum_{m \in \Omega_n} f_P(m) = 1 \qquad (3.22)$$

gelten.

Die Zuordnung von Wahrscheinlichkeitswerten zu den Mintermen geschieht axiomatisch beziehungsweise in der Praxis frequentistisch durch wiederholte Beobachtung der physischen Welt, Zählen und Normieren. Da die Minterme nach Abschnitt 2.6.4 eine Partition der Tautologie bilden, führt das Normieren zur Einhaltung der stochastischen Randbedingung.

Beispiel 3.15 *Tabelle 3.11 zeigt ein Beispiel, wie die Wahrscheinlichkeiten von Mintermen frequentistisch ermittelt werden könnten.* □

Tabelle 3.11: Beispiel zur Ermittlung von Minterm-Wahrscheinlichkeiten durch Zählen und Normieren für zwei Elementarterme $a \mapsto F(a) = $ „Es regnet" und $b \mapsto F(b) = $ „Die Straße ist nass"

Welt (Binärcode)	Minterm	Denotat	Anzahl Beobachtungen	Wahrschein-lichkeit
b	m_b	$D(m_b)$	k_b	$f_P(m_b) = k_b/K$
00	$\overline{a} \wedge \overline{b}$	„Es regnet nicht *und* die Straße ist nicht nass"	65	0,5
01	$\overline{a} \wedge b$	„Es regnet nicht *und* die Straße ist nass"	39	0,3
10	$a \wedge \overline{b}$	„Es regnet *und* die Straße ist nicht nass"	0	0
11	$a \wedge b$	„Es regnet *und* die Straße ist nass"	26	0,2
		Summen:	$K = 130$	$P_{\text{ges}} = 1$

Unter Verwendung der Wahrscheinlichkeitsfunktion f_P definieren wir als nächstes ein Wahrscheinlichkeitsmaß nach Abschnitt 2.8.2 auf der Potenzmenge der Minterme

$$P : \wp(\Omega_n) \to [0,1].$$

Dieses ordnet einer beliebigen Teilmenge $M \subseteq \Omega_n$ von Mintermen die Wahrscheinlichkeit

$$P(M) := \sum_{m \in M} f_P(m) \tag{3.23}$$

zu. Das ist zur Definition einer wahrscheinlichkeitswertigen Evaluierungsfunktion nützlich, da wir in Abschnitt 2.6.4 gesehen haben, dass jedem Term $t \in L$ einer aussagenlogischen Sprache eindeutig eine Menge von Mintermen zugeordnet werden kann:

$$t \to M_t \in \wp(\Omega_n). \tag{3.24}$$

Beispiel 3.16 *Wir wollen nun in unserem Beispiel die Wahrscheinlichkeit der Aussage $\overline{a} \mapsto F(\overline{a}) = $„Es regnet nicht" bestimmen. Dies ist in genau zwei Welten, nämlich der Welt 00 und der Welt 01, der Fall. Die entsprechenden Minterme sind $m_{00} = \overline{a} \wedge \overline{b}$ und $m_{01} = \overline{a} \wedge b$. Die natürlichsprachliche Formulierung unserer Aussage $\overline{a}$ unter Bezugnahme auf die Welten, in denen sie der Fall ist, lautet: $\overline{a} \mapsto$ „Genau eines von beiden ist der Fall: Es regnet nicht und die Straße ist nicht nass oder es regnet nicht und die Straße ist nass". Bei der Formulierung haben wir berücksichtigt, dass verschiedene Minterme über* *denselben Variablen einander ausschließen. Unsere Formulierung entspricht genau der disjunktiven Normalform des Terms $\bar{a}$ nach Abschnitt 2.6.4:*

$$m_{00} \vee m_{01} = (\bar{a} \wedge \bar{b}) \vee (\bar{a} \wedge b) \qquad \textit{mit (3.21)}$$
$$= \bar{a} \wedge (\bar{b} \vee b) \qquad \textit{mit Distributivgesetz}$$
$$= \bar{a} \wedge \mathsf{w} \qquad \textit{mit (3.5)}$$
$$= \bar{a} \qquad \textit{mit (3.2).}$$

Die gesuchte Wahrscheinlichkeit ist nun nach Gleichung (3.23) die Summe der Minterme, die zu $\bar{a}$ gehören:

$$P(\{m_{00}, m_{01}\}) = f_P(m_{00}) + f_P(m_{01}) \qquad \textit{mit (3.23)}$$
$$= 0{,}5 + 0{,}3 = 0{,}8 \qquad \textit{Werte aus Tabelle 3.11.}$$

In unserem Beispiel ist die Wahrscheinlichkeit, dass es nicht regnet, also erfreuliche 80 %. □

Wahrscheinlichkeitswertige Evaluierungsfunktion

Nach Gleichung (3.24) kann jedem beliebigen Term $t \in L$ einer aussagenlogischen Sprache eindeutig eine Menge von Mintermen zugeordnet werden. Da unser Wahrscheinlichkeitsmaß solchen Mengen wiederum Wahrscheinlichkeiten zuordnet, kann es also ohne Weiteres dahingehend fortgesetzt werden, dass es jedem Term $t \in L$ eine Wahrscheinlichkeit zuordnet:

$$[\![t]\!]_{\mathrm{pAL}} := P(M_t) = \sum_{m \in M_t} f_P(m), \qquad (3.25)$$

womit wir schon die gesuchte wahrscheinlichkeitswertige Evaluierungsfunktion $[\![\cdot]\!]_{\mathrm{pAL}} : L \to [0,1]$ konstruiert haben. Termwahrscheinlichkeiten können natürlich auch in der üblichen Form

$$P(t) := [\![t]\!]_{\mathrm{pAL}}$$

notiert werden.

Es ist interessant anzumerken, dass eine aus n Elementartermen endlich erzeugte Sprache L zwar *unendlich* viele Terme $t \in L$ enthält, die eben konstruierte Evaluierungsfunktion $[\![\cdot]\!]_{\mathrm{pAL}}$ jedoch trotzdem ein *endliches* Wahrscheinlichkeitsmaß ist. Das liegt daran, dass für n Elementarterme nur 2^{2^n} verschiedene Minterm-Mengen existieren. Allen Termen, welche dieselbe Minterm-Menge – und damit dieselbe disjunktive Normalform – besitzen, wird daher auch dieselbe Wahrscheinlichkeit zugeordnet.

Wir untersuchen nun die Eigenschaften unserer wahrscheinlichkeitswertigen Evaluierungsfunktion etwas näher und zeigen insbesondere, dass sie tatsächlich die an sie gestellten Bedingungen nach den Gleichungen (3.18) bis (3.20) erfüllt.

Termwahrscheinlichkeiten (Marginalisierung):   Für jeden Term $p \in L$ und dessen Minterm-Menge M_p gilt

$$[\![p]\!]_{\mathrm{pAL}} = P(M_p) = \sum_{m \in M_p} f_P(m) \quad \text{nach (3.23)}. \tag{3.26}$$

Wahrscheinlichkeit der Tautologie (Normierung):   Es gilt

$$[\![w]\!]_{\mathrm{pAL}} = 1, \tag{3.27}$$

$$\begin{aligned} \text{da} \quad [\![w]\!]_{\mathrm{pAL}} &= P(\Omega_n) && \text{nach (2.36)} \\ &= \sum_{m \in \Omega_n} f_P(m) && \text{nach (3.23)} \\ &= 1. && \text{nach (3.22),} \end{aligned}$$

womit Forderung (3.20) erfüllt ist.

Wahrscheinlichkeit der Kontradiktion (Normierung):   Es gilt

$$[\![f]\!]_{\mathrm{pAL}} = 0, \tag{3.28}$$

$$\begin{aligned} \text{da} \quad [\![f]\!]_{\mathrm{pAL}} &= P(\varnothing) && \text{nach (2.39)} \\ &= 0 && \text{nach (3.23) für } M = \varnothing, \end{aligned}$$

womit Forderung (3.19) erfüllt ist.

Wahrscheinlichkeit der Konjunktion (Verbundwahrscheinlichkeit):   Für beliebige Terme $p, q \in L$ und deren Minterm-Mengen M_p, M_q gilt

$$\begin{aligned} [\![p \wedge q]\!]_{\mathrm{pAL}} &= P(M_p \cap M_q) && \text{nach (2.40)} \tag{3.29} \\ &= \sum_{m \in M_p \cap M_q} f_P(m) && \text{nach (3.23).} \end{aligned}$$

Wahrscheinlichkeit der Adjunktion (Additivität):   Für beliebige Terme $p, q \in L$ und deren Minterm-Mengen M_p, M_q gilt

$$[\![p \vee q]\!]_{\mathrm{pAL}} = [\![p]\!]_{\mathrm{pAL}} + [\![q]\!]_{\mathrm{pAL}} - [\![p \wedge q]\!]_{\mathrm{pAL}}, \tag{3.30}$$

$$\begin{aligned} \text{da} \quad [\![p \vee q]\!]_{\mathrm{pAL}} &= P(M_p \cup M_q) && \text{nach (2.41)} \\ &= P(M_p) + P(M_q) - P(M_p \cap M_q) && \text{nach (2.60)} \\ &= [\![p]\!]_{\mathrm{pAL}} + [\![q]\!]_{\mathrm{pAL}} - [\![p \wedge q]\!]_{\mathrm{pAL}} && \text{nach (3.26, 3.29),} \end{aligned}$$

womit Forderung (3.18) erfüllt ist. Will man die Wahrscheinlichkeit der Adjunktion von mehr als zwei Termen berechnen, so ist anstelle von (2.60) die Einschluss-Ausschluss-Formel (2.61) anzuwenden.

Wahrscheinlichkeit der Negation: Für jeden Term $p \in L$ und dessen Minterm-Menge M_p gilt

$$[\![\overline{p}]\!]_{\mathrm{pAL}} = 1 - [\![p]\!]_{\mathrm{pAL}},$$

$$
\begin{aligned}
\text{da} \quad 1 &= [\![\mathsf{w}]\!]_{\mathrm{pAL}} && \text{nach (3.27)} \\
&= [\![p \vee \overline{p}]\!]_{\mathrm{pAL}} && \text{nach (3.5)} \\
&= [\![p]\!]_{\mathrm{pAL}} + [\![\overline{p}]\!]_{\mathrm{pAL}} - [\![p \wedge \overline{p}]\!]_{\mathrm{pAL}} && \text{nach (3.30)} \\
&= [\![p]\!]_{\mathrm{pAL}} + [\![\overline{p}]\!]_{\mathrm{pAL}} - [\![\mathsf{f}]\!]_{\mathrm{pAL}} && \text{nach (3.5)} \\
&= [\![p]\!]_{\mathrm{pAL}} + [\![\overline{p}]\!]_{\mathrm{pAL}} && \text{nach (3.28).}
\end{aligned}
$$

Wahrscheinlichkeit weiterer Verknüpfungen: Jeder durch einen Junktor verknüpfte Term $p \circledast q$ lässt sich wie in Tabelle 3.12 dargestellt durch eine Adjunktion bestimmter Minterme $M_{\circledast} \subseteq \Omega_2 = \{\overline{p} \wedge q,\ p \wedge \overline{q},\ p \wedge q,\ \overline{p} \wedge \overline{q}\}$ aus seinen Operanden ausdrücken. Die Wahrscheinlichkeiten der verknüpften Terme lauten somit

$$[\![p \circledast q]\!]_{\mathrm{pAL}} := P(M_{\circledast}) = \sum_{m \in M_{\circledast}} [\![m]\!]_{\mathrm{pAL}} \quad \text{nach (3.25).}$$

Man beachte, dass die Terme p und q hier nicht unbedingt elementar sein müssen. Das heißt, dass jeder der Terme p und q durch eine nicht triviale disjunktive Normalform aus elementaren Termen ausgedrückt werden kann. Minterme über nicht elementare Terme haben jedoch konstruktionsbedingt die gleichen Eigenschaften wie Minterme über elementare Terme, so dass die Berechnung der Termwahrscheinlichkeiten nach Tabelle 3.12 gerechtfertigt ist. Wir verzichten hier auf einen Beweis.

Unter bestimmten Bedingungen vereinfacht sich das Rechnen mit Termwahrscheinlichkeiten etwas.

1. Genau dann, wenn die Terme p und q unvereinbar sind, gilt $p \wedge q = \mathsf{f}$. Wegen Gleichung (3.28) gilt in diesem Fall ebenfalls

$$[\![p \wedge q]\!]_{\mathrm{pAL}} = 0.$$

Damit vereinfacht sich Gleichung (3.30) zu

$$[\![p \vee q]\!]_{\mathrm{pAL}} = [\![p]\!]_{\mathrm{pAL}} + [\![q]\!]_{\mathrm{pAL}}.$$

2. Genau dann, wenn die Terme p und q nach Gleichung (2.63) stochastisch unabhängig sind, gilt

Tabelle 3.12: Berechnung der Wahrscheinlichkeiten verknüpfter Aussagen $p \circledast q$ aus den Wahrscheinlichkeiten $P_b := [\![m_b]\!]_{\text{pAL}}$ von Mintermen $m_{00} = \bar{p} \wedge \bar{q}$, $m_{01} = \bar{p} \wedge q$, $m_{10} = p \wedge \bar{q}$ und $m_{11} = p \wedge q$.

Nr.	Junktor	$\circledast$	Minterm-Menge $M_\circledast$ $[\![x \circledast y]\!]_P$	VENN-Diagramm (vgl. Bild 3.7)
1	Antilogie	$\perp$	$\{ \qquad 0 \qquad \}$	$P_{10}\ P_{11}\ P_{01}\quad P_{00}$
2	Konjunktion	$\wedge$	$\{ \qquad m_{11}\}$ P_{11}	$P_{10}\ P_{11}\ P_{01}\quad P_{00}$
3	Postsektion	$\nrightarrow$	$\{ \quad m_{10} \quad \}$ P_{10}	$P_{10}\ P_{11}\ P_{01}\quad P_{00}$
4	Präpendenz	$\lrcorner$	$\{ \quad m_{10}, m_{11}\}$ $P_{10} + P_{11}$	$P_{10}\ P_{11}\ P_{01}\quad P_{00}$
5	Präsektion	$\nleftarrow$	$\{ \ m_{01} \qquad \}$ P_{01}	$P_{10}\ P_{11}\ P_{01}\quad P_{00}$
6	Postpendenz	$\llcorner$	$\{ \ m_{01}, \quad m_{11}\}$ $P_{01} \quad + P_{11}$	$P_{10}\ P_{11}\ P_{01}\quad P_{00}$
7	Disjunktion	$\dot{\vee}$	$\{ \ m_{01}, m_{10} \quad \}$ $P_{01} + P_{10}$	$P_{10}\ P_{11}\ P_{01}\quad P_{00}$
8	Adjunktion	$\vee$	$\{ \ m_{01}, m_{10}, m_{11}\}$ $P_{01} + P_{10} + P_{11}$	$P_{10}\ P_{11}\ P_{01}\quad P_{00}$

Nr.	Junktor	$\circledast$	Minterm-Menge $M_\circledast$ $[\![x\circledast y]\!]_P$	VENN-Diagramm (vgl. Bild 3.7)
9	Rejektion	$\overline{\vee}$	$\{m_{00} \qquad\qquad \}$ P_{00}	P_{10} P_{11} P_{01} P_{00}
10	Äquivalenz	$\leftrightarrow$	$\{m_{00}, \qquad\quad m_{11}\}$ $P_{00} \qquad\quad +P_{11}$	P_{10} P_{11} P_{01} P_{00}
11	Postnonpendenz	$\ulcorner$	$\{m_{00}, \qquad m_{10} \quad\}$ $P_{00} \qquad +P_{10}$	P_{10} P_{11} P_{01} P_{00}
12	Replikation	$\leftarrow$	$\{m_{00}, \qquad m_{10}, m_{11}\}$ $P_{00} \qquad +P_{10}+P_{11}$	P_{10} P_{11} P_{01} P_{00}
13	Pränonpendenz	$\neg$	$\{m_{00}, m_{01} \qquad\quad \}$ $P_{00}+P_{01}$	P_{10} P_{11} P_{01} P_{00}
14	Implikation	$\rightarrow$	$\{m_{00}, m_{01}, \qquad m_{11}\}$ $P_{00}+P_{01} \qquad +P_{11}$	P_{10} P_{11} P_{01} P_{00}
15	Exklusion	$\overline{\wedge}$	$\{m_{00}, m_{01}, m_{10} \quad\}$ $P_{00}+P_{01}+P_{10}$	P_{10} P_{11} P_{01} P_{00}
16	Tautologie	$\top$	$\{m_{00}, m_{01}, m_{10}, m_{11}\}$ $P_{00}+P_{01}+P_{10}+P_{11}$	P_{10} P_{11} P_{01} P_{00}

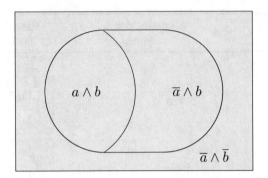

Bild 3.8: VENN-Diagramm der Minterme der Implikation $a \to b$ mit dem Denotat „Wenn es regnet, dann ist die Straße nass". Die Flächeninhalte sind so gewählt, dass sie die Evaluationen $[\![\overline{a} \wedge \overline{b}]\!]_{\mathrm{pAL}} = 0{,}5$, $[\![\overline{a} \wedge b]\!]_{\mathrm{pAL}} = 0{,}3$ und $[\![a \wedge b]\!]_{\mathrm{pAL}} = 0{,}2$ widerspiegeln. Wegen $[\![a \wedge \overline{b}]\!]_{\mathrm{pAL}} = 0$ gibt es in dieser Darstellung keine Fläche zum Minterm $a \wedge \overline{b}$.

$$[\![p \wedge q]\!]_{\mathrm{pAL}} = [\![p]\!]_{\mathrm{pAL}} \cdot [\![q]\!]_{\mathrm{pAL}}.$$

Damit vereinfacht sich Gleichung (3.30) zu

$$[\![p \vee q]\!]_{\mathrm{pAL}} = [\![p]\!]_{\mathrm{pAL}} + [\![q]\!]_{\mathrm{pAL}} - [\![p]\!]_{\mathrm{pAL}} \cdot [\![q]\!]_{\mathrm{pAL}}.$$

Beispiel 3.17 *Betrachten wir ein letztes Mal unsere Beispielaussagen a und b. Wir interessieren uns jetzt für die Wahrscheinlichkeit der Implikation*

$$(a \to b) \mapsto \text{„Wenn es regnet, dann ist die Straße nass".}$$

Mit Zeile 14 aus Tabelle 3.12 und den Minterm-Wahrscheinlichkeiten nach Tabelle 3.11 bestimmen wir diese als

$$[\![a \to b]\!]_{\mathrm{pAL}} = [\![\overline{a} \wedge \overline{b}]\!]_{\mathrm{pAL}} + [\![\overline{a} \wedge b]\!]_{\mathrm{pAL}} + [\![a \wedge b]\!]_{\mathrm{pAL}}$$
$$= 0{,}5 + 0{,}3 + 0{,}2 = 1.$$

Die Wahrscheinlichkeit, dass die Straße nass ist, wenn es regnet, ist also 1. Dieses plausible Ergebnis kommt natürlich durch die – allerdings geeignete – Wahl der Verbundwahrscheinlichkeiten zustande. In Bild 3.8 ist diese Situation in einem VENN-Diagramm veranschaulicht. □

Eindeutigkeit der wahrscheinlichkeitswertigen Evaluierungsfunktion

Abschließend begründen wir, warum jede wahrscheinlichkeitswertige Evaluierungsfunktion durch ihre Werte auf den Mintermen eindeutig festgelegt ist.

Beweis. Gegeben sei nun eine wahrscheinlichkeitswertige Evaluierungsfunktion $[\![\cdot]\!]_{\mathrm{pAL}} : L \to [0,1]$ sowie ein beliebiger Term $p \in L$. Dann gilt

$$
\begin{aligned}
1 &= [\![p \vee \overline{p}]\!]_{\mathrm{pAL}} && \text{denn } p \vee \overline{p} \text{ ist Tautologie,} \\
&= [\![p]\!]_{\mathrm{pAL}} + [\![\overline{p}]\!]_{\mathrm{pAL}} - [\![p \wedge \overline{p}]\!]_{\mathrm{pAL}} && \text{denn } [\![\cdot]\!]_{\mathrm{pAL}} \text{ ist additiv,} \\
&= [\![p]\!]_{\mathrm{pAL}} + [\![\overline{p}]\!]_{\mathrm{pAL}} && \text{denn } p \wedge \overline{p} \text{ ist Kontradiktion.}
\end{aligned}
$$

Daraus folgt für jeden Term $p \in L$

$$
[\![\overline{p}]\!]_{\mathrm{pAL}} = 1 - [\![p]\!]_{\mathrm{pAL}}. \tag{3.31}
$$

Seien nun $p, q \in L$ zwei äquivalente Terme, also $p \Leftrightarrow q$. Damit ist auch $\overline{p} \Leftrightarrow \overline{q}$, also insbesondere $p \vee \overline{q}$ eine Tautologie und $p \wedge \overline{q}$ eine Kontradiktion. Daraus folgt

$$
\begin{aligned}
1 &= [\![p \vee \overline{q}]\!]_{\mathrm{pAL}} && \text{denn } p \vee \overline{q} \text{ ist Tautologie,} \\
&= [\![p]\!]_{\mathrm{pAL}} + [\![\overline{q}]\!]_{\mathrm{pAL}} - [\![p \wedge \overline{q}]\!]_{\mathrm{pAL}} && \text{denn } [\![\cdot]\!]_{\mathrm{pAL}} \text{ ist additiv,} \\
&= [\![p]\!]_{\mathrm{pAL}} + [\![\overline{q}]\!]_{\mathrm{pAL}} && \text{denn } p \wedge \overline{q} \text{ ist Kontradiktion,} \\
&= [\![p]\!]_{\mathrm{pAL}} + 1 - [\![q]\!]_{\mathrm{pAL}} && \text{wegen Gleichung (3.31).}
\end{aligned}
$$

Daraus folgt für beliebige Terme $p, q \in L$

$$
(p \Leftrightarrow q) \quad \Rightarrow \quad [\![p]\!]_{\mathrm{pAL}} = [\![q]\!]_{\mathrm{pAL}}. \tag{3.32}
$$

Da jeder Term $t \in L$ zu seiner disjunktiven Normalform $\mathrm{DNF}(t)$ äquivalent ist, erhalten wir daraus

$$
[\![t]\!]_{\mathrm{pAL}} = [\![\mathrm{DNF}(t)]\!]_{\mathrm{pAL}}.
$$

Damit ist eine wahrscheinlichkeitswertige Evaluierungsfunktion durch ihre Werte auf den disjunktiven Normalformen eindeutig festgelegt. Das bedeutet, jede beliebige wahrscheinlichkeitswertige Evaluierungsfunktion kann wie in Gleichung (3.25) konstruiert werden. □

3.1.6 Probabilistisches Schließen

Zur besseren Lesbarkeit verwenden wir in diesem Abschnitt für Wahrscheinlichkeiten die übliche Schreibweise $P(\cdot)$ anstelle von $[\![\cdot]\!]_{\mathrm{pAL}}$.

Schlussregeln

Die in Tabelle 3.5 aufgeführten Schlussregeln lassen sich auch probabilistisch interpretieren. Die Grundlage dafür ist die Berechnung von Wahrscheinlichkeiten für Terme $t \in L$ mittels der disjunktiven Normalform. Die probabilistische Interpretation einer Schlussregel geschieht durch eine Betrachtung der Minterm-Mengen der Prämissen und der Konklusion. Das Schema ist wie in Tabelle 3.13 dargestellt. Weil für jeden Term $t \in L$ die Gleichung

$$P(t) = \sum_{m \in M_t} P(m)$$

gilt, folgt für die Konklusion f jeder Schlussregel

$$P(f) = \sum_{m \in M_f} P(m).$$

Da für die Minterm-Menge der Konklusion die Formel $M_f \supseteq M_k$ gilt, folgt für die Wahrscheinlichkeit der Konklusion die Ungleichung

$$P(f) \geqslant P(p_1 \wedge p_2).$$

In Tabelle 3.14 ist für jede Zwei-Term-Schlussregel nachgewiesen, dass die Minterm-Menge der Konjunktion der Prämissen eine Teilmenge der Minterm-Menge der Konklusion ist. Die beiden Schlussregeln mit drei Termen sind in Tabelle 3.15 behandelt.

Tabelle 3.13: Aussagen und Minterm-Mengen in einem Schlussschema.

	Aussage	Minterm-Menge
Erste Prämisse	p_1	M_{p_1}
Zweite Prämisse	p_2	M_{p_2}
Konjunktion der Prämissen	$k = p_1 \wedge p_2$	$M_k = M_{p_1} \cap M_{p_2}$
Konklusion (Folgerung)	f	$M_f \supseteq M_k$

Weitere Verfahren der Ableitung von Aussagen mit den Mitteln der Probabilistik sind etwa in [5] und [14] beschrieben. Insbesondere ist es auch

Tabelle 3.14: Probabilistische Interpretation von Schlussregeln der Aussagenlogik. Die Reductio ad absurdum und die Konjunktionseinführung können als Umformulierungen der Prämissen betrachtet werden. Bei den anderen Schlussregeln ist der Durchschnitt der Minterm-Mengen der Prämissen eine echte Teilmenge der Minterm-Menge der Folgerung.

Name	Schlussregel	Minterm-Mengen
Modus Ponendo Ponens	$p \to q$	$M_{p1} = \{m_{00}, m_{01}, \quad\ m_{11}\}$
	p	$M_{p2} = \{\qquad\quad m_{10}, m_{11}\}$
	———	$M_k = \{\qquad\qquad m_{11}\}$
	q	$M_f = \{\quad m_{01}, \quad m_{11}\}$
Modus Tollendo Tollens	$p \to q$	$M_{p1} = \{m_{00}, m_{01}, \quad\ m_{11}\}$
	$\bar q$	$M_{p2} = \{m_{00}, \quad\ m_{10}\quad\ \}$
	———	$M_k = \{m_{00}\qquad\qquad\}$
	$\bar p$	$M_f = \{m_{00}, m_{01}\qquad\}$
Kontraposition	$p \to q$	$M_p = \{m_{00}, m_{01}, \quad\ m_{11}\}$
	———	$M_k = M_p$
	$\bar q \to \bar p$	$M_f = \{m_{00}, m_{01}, \quad\ m_{11}\}$
Modus Tollendo Ponens	$p \lor q$	$M_{p1} = \{\quad m_{01}, m_{10}, m_{11}\}$
	$\bar p$	$M_{p2} = \{m_{00}, m_{01}\qquad\}$
	———	$M_k = \{\quad m_{01}\qquad\}$
	q	$M_f = \{\quad m_{01}, \quad m_{11}\}$
Modus Ponendo Tollens	$\overline{p \land q}$	$M_{p1} = \{m_{00}, m_{01}, m_{10}\quad\}$
	p	$M_{p2} = \{\qquad\quad m_{10}, m_{11}\}$
	———	$M_k = \{\qquad\quad m_{10}\quad\}$
	$\bar q$	$M_f = \{m_{00}, \quad m_{10}\quad\}$
Reductio ad Absurdum	$p \to (q \land \bar q)$	$M_p = \{m_{00}, m_{01}\qquad\}$
	———	$M_k = M_p$
	$\bar p$	$M_f = \{m_{00}, m_{01}\qquad\}$
Konjunktionseinführung	p	$M_{p1} = \{\qquad\quad m_{10}, m_{11}\}$
	q	$M_{p2} = \{\quad m_{01}, \quad m_{11}\}$
	———	$M_k = \{\qquad\qquad m_{11}\}$
	$p \land q$	$M_f = \{\qquad\qquad m_{11}\}$
Konjunktionsbeseitigung	$p \land q$	$M_p = \{\qquad\qquad m_{11}\}$
	———	$M_k = M_p$
	p	$M_{f1} = \{\qquad\quad m_{10}, m_{11}\}$
	q	$M_{f2} = \{\quad m_{01}, \quad m_{11}\}$

Tabelle 3.15: Analyse der Minterm-Mengen der Drei-Term-Schlussregeln.

Name	Schlussregel		Minterm-Mengen
Kettenschluss	$p \to q$	$M_{p1} = \{m_{000}, m_{001}, m_{010}, m_{011},$	$m_{110}, m_{111}\}$
	$q \to r$	$M_{p2} = \{m_{000}, m_{001},$ $\quad m_{011}, m_{100}, m_{101},$	$m_{111}\}$
	———	$M_k = \{m_{000}, m_{001},$ $\quad m_{011},$	$m_{111}\}$
	$p \to r$	$M_f = \{m_{000}, m_{001}, m_{010}, m_{011},$ $\quad m_{101},$	$m_{111}\}$
Resolution	$p \to q$	$M_{p1} = \{m_{000}, m_{001}, m_{010}, m_{011},$	$m_{110}, m_{111}\}$
	$p \lor r$	$M_{p2} = \{ \quad m_{001}, \quad m_{011}, m_{100}, m_{101}, m_{110}, m_{111}\}$	
	———	$M_k = \{ \quad m_{001}, \quad m_{011}, \quad m_{110}, m_{111}\}$	
	$q \lor r$	$M_f = \{ \quad m_{001}, m_{010}, m_{011}, \quad m_{101}, m_{110}, m_{111}\}$	

möglich, der Anwendung von Regeln im Kalkül des natürlichen Schließens, siehe Gleichungen (3.15) und (3.16), Wahrscheinlichkeiten zuzuordnen.

BAYES'sches Schließen

Eine typische Fragestellung in der probabilistischen Aussagenlogik bezüglich zweier Aussagen $a, b \in L$ ist: „Wie wahrscheinlich ist a der Fall, falls bekannt ist, dass b der Fall ist?" Es handelt sich dabei um einen Schluss vom Faktischen b auf das Potenzielle a.

Beispiel 3.18 *Mit unseren Beispielaussagen $a \mapsto F(a) = $ „Es regnet" und $b \mapsto F(b) = $ „Die Straße ist nass" könnte man also fragen: „Wie wahrscheinlich ist es, dass es regnet, falls die Straße nass ist?"*   □

Eine Antwort ist natürlich nur sinnvoll, wenn zwischen den Aussagen a und b ein inhaltlicher Zusammenhang besteht. Eine solche *bedingte Wahrscheinlichkeit* ist mathematisch wie folgt definiert:

$$P(a|b) := \frac{P(a \land b)}{P(b)}. \tag{3.33}$$

Die Wahrscheinlichkeit im Nenner darf dabei nicht Null sein. Die bedingte Wahrscheinlichkeit, dass a zutrifft, falls bekannt ist, dass b zutrifft, ergibt sich also als die Verbundwahrscheinlichkeit von a und b geteilt durch die Wahrscheinlichkeit, dass b überhaupt zutrifft. Die Terme a und b können vertauscht werden

$$P(b|a) := \frac{P(a \land b)}{P(a)}. \tag{3.34}$$

Beispiel 3.19 *Untersuchen wir die bedingten Wahrscheinlichkeiten unserer Beispielaussagen und gehen wir dabei von den in Tabelle 3.11 angegebenen*

Minterm-Wahrscheinlichkeiten aus. Zunächst bestimmen wir die Termwahr-scheinlichkeiten durch Marginalisierung nach Gleichung (3.26)

$$P(a) = P(a \wedge b) + P(a \wedge \overline{b}) = 0{,}2 + 0 = 0{,}2 \quad und$$
$$P(b) = P(a \wedge b) + P(\overline{a} \wedge b) = 0{,}2 + 0{,}3 = 0{,}5.$$

Daraus berechnen wir nun die bedingten Wahrscheinlichkeiten, dass es regnet, falls die Straße nass ist

$$P(a|b) = \frac{P(a \wedge b)}{P(b)} = \frac{0{,}2}{0{,}5} = 0{,}4$$

sowie, dass die Straße nass ist, falls es regnet

$$P(b|a) = \frac{P(a \wedge b)}{P(a)} = \frac{0{,}2}{0{,}2} = 1.$$

Die Ergebnisse scheinen plausibel: Wenn die Straße nass ist, muss es nicht unbedingt auch gerade regen. Aber wenn es regnet, dann ist die Straße nass.

□

Wir haben für unsere bisherigen Betrachtungen Verbundwahrscheinlichkei-ten $P(a \wedge b)$, $P(a \wedge \overline{b})$ und so weiter verwendet. Beim BAYES'schen Schließen ist es üblich, diese konsequent auf bedingte Wahrscheinlichkeiten zurückzu-führen. Daraus ergeben sich wichtige Zusammenhänge.

Totale Wahrscheinlichkeit: Für beliebige Terme $a, b \in L$ kann man aus bedingten Wahrscheinlichkeiten wie folgt *nicht* bedingte Wahrscheinlich-keiten bestimmen

$$P(a) = P(a|b) \cdot P(b) + P(a|\overline{b}) \cdot P(\overline{b}), \tag{3.35}$$

da $\quad P(a) = P(a \wedge b) + P(a \wedge \overline{b}) \qquad$ nach (3.26)

$$= P(a|b) \cdot P(b) + P(a|\overline{b}) \cdot P(\overline{b}) \quad \text{nach (3.33)}.$$

BAYES'sche Schlussregel: Für beliebige Terme $a, b \in L$ besteht folgende Beziehung zwischen den bedingten Wahrscheinlichkeiten

$$P(a|b) = \frac{P(b|a) \cdot P(a)}{P(b)}. \tag{3.36}$$

Zum Beweis stellt man Gleichungen (3.33) und (3.34) jeweils nach der Verbundwahrscheinlichkeit um und setzt die erhaltenen Ausdrücke gleich

$$P(a \wedge b) = P(a|b) \cdot P(b) = P(b|a) \cdot P(a).$$

Auflösen nach $P(a|b)$ ergibt Gleichung (3.36).

Gleichung (3.36) ist nach dem englischen Pfarrer und Mathematiker THOMAS BAYES benannt.

Beispiel 3.20 *Mit unseren Beispielsaussagen* $a \mapsto F(a) = $ *„Es regnet" und* $b \mapsto F(b) = $ *„Die Straße ist nass" kann die* BAYES-*Regel wie folgt gelesen werden:*

> *Die Wahrscheinlichkeit, dass es regnet, wenn bekannt ist, dass die Straße nass ist* $(P(a|b) = 0{,}4)$, *ergibt sich als die Wahrscheinlichkeit, dass die Straße nass ist, wenn bekannt ist, dass es regnet* $(P(b|a) = 1)$, *multipliziert mit der Wahrscheinlichkeit, dass es überhaupt regnet* $(P(a) = 0{,}2)$, *geteilt durch die Wahrscheinlichkeit, dass die Straße überhaupt nass ist* $(P(b) = 0{,}5)$. $\square$

BAYES'sches Schließen spielt unter anderem in der künstlichen Intelligenz eine Rolle. Sowohl natürliche als auch technische intelligente Systeme müssen Sachverhalte in ihrer Umwelt wahrnehmen. Das geschieht mit Hilfe von Sinnesorganen beziehungsweise Sensoren. Diese liefern aber nicht direkt Informationen über die interessierenden Sachverhalte, sondern lediglich Signale, aus denen Rückschlüsse über Sachverhalte gezogen werden können. Das Sensorsignal ist aus Sicht des Systems faktisch. Es wird ja tatsächlich vom System empfangen. Der Sachverhalt, auf den das Signal hindeutet, ist hingegen potenziell. Es gibt in Allgemeinen mehrere Möglichkeiten, ein und dasselbe Sensorsignal zu interpretieren. Beim Rückschluss von Sensorsignalen auf Sachverhalte kann die BAYES-Regel wie folgt verwendet werden:

1. Das Sensorsignal wird mit b bezeichnet und der daraus potenziell ableitbare Sachverhalt mit a.

2. Gesucht ist die A-Posteriori-Wahrscheinlichkeit $P(a|b)$, dass der Sachverhalt a vorliegt, falls das Sensorsignal b empfangen wurde. „A posteriori" bedeutet „im Nachhinein". Man drückt damit aus, dass es sich um eine bedingte Wahrscheinlichkeit *nach* dem Vorliegen einer (faktischen) Beobachtung handelt.

3. Gegeben ist die A-Priori-Wahrscheinlichkeit $P(a)$, dass der Sachverhalt überhaupt vorliegt. „A priori" bedeutet „im Vorhinein". Man drückt damit aus, dass es sich um eine unbedingte Wahrscheinlichkeit *vor* dem Vorliegen irgendeiner Beobachtung handelt. Man denke beispielsweise an eine Schriftzeichenerkennung: der Buchstabe „e" ist im Deutschen *a priori* deutlich wahrscheinlicher als der Buchstabe „q". A-Priori-Wahrscheinlichkeiten können in technischen Systemen durch maschinelles Lernen aus historischen Daten ermittelt werden.

4. Weiterhin gegeben ist die bedingte Wahrscheinlichkeit $P(b|a)$, dass man das Sensorsignal b empfängt, falls der Sachverhalt a vorliegt. Diese Wahrscheinlichkeit wird in technischen Systemen durch ein Modell geliefert, welches man durch maschinelles Lernen aus historischen Daten parametriert.

5. Die Wahrscheinlichkeit $P(b)$ der Beobachtung wird in technischen Systemen meist als Eins angenommen. Die Begründung ist, dass die Beobachtung ja tatsächlich vorliegt und damit faktisch ist. Da für die linke Seite der BAYES-Regel dann keine stochastische Randbedingung mehr gilt, ist diese dann jedoch keine Wahrscheinlichkeit, sondern lediglich eine *Plausibilität*. Der in der Technik gebräuchlichere englische Begriff lautet *Likelihood*.

Zur praktischen Verwendung der BAYES'schen Schlussregel bei der automatischen Objekterkennung sei auf [9] verwiesen. In der künstlichen Intelligenz kommen oft erweiterte und verfeinerte Verfahren des BAYES'schen Schließens zum Einsatz. Insbesondere wollen wir auf BAYES'*sche Netzwerke* verweisen [12].

3.1.7 Ist SCHRÖDINGERs Katze tot?

Antwort: Entweder sie ist tot, oder sie ist nicht tot, und zwar in Abhängigkeit von der Evaluierungsfunktion beziehungsweise „Welt".

Formal betrachten wir ein Diskursuniversum mit nur einem zur Rede stehenden Sachverhalt:

$$D = \{\text{„SCHRÖDINGERs Katze ist tot"}\}.$$

Diesen Sachverhalt ordnen wir mit Hilfe einer Denotatfunktion einem elementaren Term zu:

$$a \mapsto F(a) = \text{„SCHRÖDINGERs Katze ist tot"}.$$

Mögliche faktische Evaluierungen des Terms a sind nun $[\![a]\!]_{\text{AL}}^{0} = 0$, also die Katze ist nicht tot, und $[\![a]\!]_{\text{AL}}^{1} = 1$, also die Katze ist tot. Ebenfalls möglich ist eine potenzielle Evaluierung der Form $P_{\text{tot}} = [\![a]\!]_{\text{pAL}}$, welche besagt, dass die Katze mit einer Wahrscheinlichkeit P_{tot} tot ist. Mit der Wahrscheinlichkeit $1 - P_{\text{tot}}$ ist sie nicht tot. Aber dennoch ist sie faktisch entweder tot oder nicht tot, eines von beiden.

Abschließend sei darauf hingewiesen, dass die faktische Angabe $[\![a]\!]_{\text{AL}}^{1} = 1$ bedeutet, dass die Katze mit *Sicherheit* tot ist. Hingegen bedeutet die potenzielle Angabe $[\![a]\!]_{\text{pAL}} = 1$ nach Abschnitt 2.8.4 lediglich, dass die Katze *fast* sicher tot ist.

3.2 Modallogik

Modallogik ist eine Logik von möglichen Welten. Das legt nahe, dass es eine Verbindung zur Quantenlogik gibt, die ja eine Logik der Möglichkeiten ist. Wir beschreiben die Verbindung zwischen Modal- und Quantenlogik in Abschnitt 6.6.2. In Abschnitt 1.3 haben wir bereits eine kurze historische Einführung in die Modallogik gegeben. Wir konzentrieren uns hier auf die alethische Modallogik, also auf die spezielle Ausrichtung der Modallogik, die sich auf Wahrheitswerte bezieht. Für ein vertiefendes Studium, insbesondere eines axiomatischen Aufbaus der Modallogik, sei auf [20] verwiesen.

Mögliche Welten

In der Modallogik müssen die möglichen Welten nicht unbedingt konkret gegeben sein. Wir verstehen hier unter einer *möglichen Welt* eine solche, in der es bei jeder zur Rede stehenden Aussage möglich ist, eindeutig zu bestimmen, ob der durch sie beschriebene Sachverhalt der Fall ist oder nicht. In diesem Lehrbuch nehmen wir jedoch an, dass die möglichen Welten eine Menge bilden, und bezeichnen die Menge der möglichen Welten mit Ω. In Formeln bedeutet unsere Annahme, dass für jeden Term $t \in L$ in jeder möglichen Welt $\omega \in \Omega$ entweder $[\![t]\!]^{\omega}_{\text{AL}} = 0$ oder $[\![t]\!]^{\omega}_{\text{AL}} = 1$ gilt.

Beispiel 3.21 *In Abschnitt 1.3.3 beschrieben wir das berühmte Seeschlacht-beispiel von* ARISTOTELES. *Dabei ging es um den Satz*

> *„Morgen findet eine Seeschlacht statt.“*

In Bild 1.3 sind drei Welten dargestellt: die heutige Welt α und zwei morgige Welten β und γ. Heute steht noch nicht fest, ob morgen eine Seeschlacht stattfindet. In der morgigen Welt β gibt es keine Seeschlacht, und in der morgigen Welt γ findet eine Seeschlacht statt.

Nehmen wir an, der Satz stehe zur Rede und ist das Denotat eines aussagenlogischen Terms $a \mapsto F(a) = $ „Morgen findet eine Seeschlacht statt.“ Da der Wahrheitswert von a heute noch nicht fest steht, kann die Welt α nicht zur Menge der möglichen Welten Ω gehören, aber die Welten β und γ sind durchaus möglich. Also gelten $\alpha \notin \Omega$, $\beta \in \Omega$ und $\gamma \in \Omega$ sowie die Evaluierungen $[\![a]\!]^{\beta}_{\text{AL}} = 0$ und $[\![a]\!]^{\gamma}_{\text{AL}} = 1$. □

3.2.1 Die Sprache der Modallogik

Die Modallogik liefert einen Formalismus, der es erlaubt, manche Aussagen über die Menge Ω der möglichen Welten in einfacher Form auszudrücken.

Terme und Denotat

Wir erweitern die in Abschnitt 3.1.1 eingeführte Formelsprache L um sogenannte *Modaloperatoren*. Tabelle 3.16 stellt die Modaloperatoren der alethischen Modallogik zusammen. In Abschnitt 1.3 haben wir weitere Ausprägungen der Modallogik vorgestellt, in denen Modaloperatoren mit anderer Interpretation verwendet werden.

Tabelle 3.16: Modaloperatoren und deren Negationen für beliebige Terme $p \in L$. Als Denotate sind geeignete sprachliche Formulierungen angegeben.

Term t	Name	Denotat $F(t)$
$\Diamond p$	Möglichkeit	„Es ist möglich, dass p der Fall ist"
$\Box p$	Notwendigkeit	„Es ist notwendig, dass p der Fall ist"
$\neg \Diamond p$	Unmöglichkeit	„Es ist nicht möglich, dass p der Fall ist"
$\neg \Box p$	Nicht-Notwendigkeit	„Es ist nicht notwendig, dass p der Fall ist"

Ist $p \in L$ ein beliebiger Term, dann können unter Verwendung der Modaloperatoren aus Tabelle 3.16 wie folgt weitere Terme gebildet werden:

$$\Diamond(p) \in L,$$
$$\Box(p) \in L,$$
$$\neg\Diamond(p) \in L \text{ und}$$
$$\neg\Box(p) \in L.$$

Zur Vermeidung zu vieler Klammern wird vereinbart, dass die Modaloperatoren stärker binden als alle zweistelligen Operatoren. Zwischen den Modaloperatoren bestehen bestimmte Zusammenhänge, die man bei Berechnungen verwenden kann. Tabelle 3.17 stellt einige Rechengesetze zusammen.

Beispiel 3.22 *Beispiel 3.21 fortführend betrachten wir nochmals den Elementarterm $a \in L_{\text{elem}}$ mit $F(a) = $ „Morgen findet eine Seeschlacht statt."* ARISTOTELES *schrieb hierzu (in einer Übersetzung von* WEIDEMANN*):*

> Ich meine damit, daß es beispielsweise zwar notwendig ist, daß morgen eine Seeschlacht entweder stattfinden oder nicht stattfinden wird, daß es aber nicht notwendig ist, daß morgen eine Seeschlacht stattfindet, und auch nicht notwendig, daß morgen keine Seeschlacht stattfindet. [1, S. 101]

Dieser Aussage ordnen wir im Folgenden einen Term $t \in L$ zu. Wir hatten diesen in Gleichung (1.18) bereits wie folgt aufgestellt:

$$t = \Box(a \vee \neg a) \wedge \neg\Box\, a \wedge \neg\Box\, \neg a.$$

Tabelle 3.17: Einige Rechengesetze für Modaloperatoren mit beliebigen Termen $p, q \in L$

Formel	Beschreibung
$\neg \lozenge p \Leftrightarrow \square \neg p$	„p nicht möglich" ist gleichbedeutend mit „nicht p notwendig"
$\neg \square p \Leftrightarrow \lozenge \neg p$	„p nicht notwendig" ist gleichbedeutend mit „nicht p möglich"
$\neg \lozenge \neg p \Leftrightarrow \square p$	„nicht p nicht möglich" ist gleichbedeutend mit „p notwendig"
$\neg \square \neg p \Leftrightarrow \lozenge p$	„nicht p nicht notwendig" ist gleichbedeutend mit „p möglich"
$\lozenge(p \vee q) \Leftrightarrow \lozenge p \vee \lozenge q$	„p oder q ist möglich" ist gleichbedeutend mit „p ist möglich oder q ist möglich"
$\square(p \wedge q) \Leftrightarrow \square p \wedge \square q$	„p und q ist notwendig" ist gleichbedeutend mit „p ist notwendig und q ist notwendig"
$\lozenge(p \wedge q) \Rightarrow \lozenge p \wedge \lozenge q$	aus „p und q ist möglich" folgt „p ist möglich und q ist möglich"
$\lozenge(p \wedge q) \not\Leftarrow \lozenge p \wedge \lozenge q$	… jedoch nicht umgekehrt
$\square p \vee \square q \Rightarrow \square(p \vee q)$	aus „p ist notwendig oder q ist notwendig" folgt „p oder q ist notwendig"
$\square p \vee \square q \not\Leftarrow \square(p \vee q)$	… jedoch nicht umgekehrt

Nehmen wir $a \vee \neg a$ als Tautologie, also als notwendigerweise wahr, und verwenden wir die Rechenregeln aus Tabelle 3.17, so erhalten wir die modallogische Gleichung $t = \lozenge \neg a \wedge \lozenge a$.   □

Erfüllungsmenge und Evaluierungsfunktion

Für einen gegebenen Term $t \in L$ bezeichnen wir nun die Menge derjenigen möglichen Welten, in denen t wahr ist, wie folgt:

$$[\![t]\!]_{\mathrm{ML}} := \{\omega \in \Omega : [\![t]\!]_{\mathrm{AL}}^{\omega} = 1\} \subseteq \Omega. \tag{3.37}$$

Die Menge $[\![t]\!]_{\mathrm{ML}}$ wird auch als *Erfüllungsmenge* des Terms t bezeichnet. Wie die Notation $[\![\cdot]\!]_{\mathrm{ML}}$ bereits andeutet, fassen wir die durch (3.37) definierte Abbildung als *mengenwertige Evaluierungsfunktion* auf:

$$[\![\cdot]\!]_{\mathrm{ML}} : L \to \wp(\Omega).$$

Für die Wahrheitswertkonstanten $\mathsf{f}, \mathsf{w} \in L$ gilt nach Gleichung (3.37):

$$[\![\mathsf{f}]\!]_{\mathrm{ML}} = \varnothing \quad \text{und} \quad [\![\mathsf{w}]\!]_{\mathrm{ML}} = \Omega.$$

Die mengenwertige Evaluierungsfunktion der Negation sowie der Junktoren kann aus der Definition der Erfüllungsmenge abgeleitet werden. Die Tabellen 3.18 und 3.19 zeigen entsprechende Zusammenhänge.

Tabelle 3.18: Erfüllungsmenge (grau) des Negationsterms $t = \bar{p}$ in der Modallogik für beliebige Terme $p \in L$. Als Denotat der Verneinung ist eine geeignete sprachliche Formulierung angegeben.

Term t	Name	Erfüllungsmenge $[\![t]\!]_{\mathrm{ML}}$		Denotat $F(t)$
		Formel	VENN-Diagramm	
$\bar{p}$	Negation	$\Omega \setminus [\![p]\!]_{\mathrm{ML}}$	$[\![p]\!]_{\mathrm{ML}}$ Ω	„Welten, in denen p nicht der Fall ist"

3.2.2 Die Semiotik der Modallogik

Mögliche, notwendige und kontingente Sachverhalte

In der Modallogik können beliebige Mengen möglicher Welten Ω betrachtet werden. Für einen Term $p \in L$ unterscheidet man im Wesentlichen folgende drei sogenannte *Modalitäten*:

1. **Notwendigkeit:** Der Sachverhalt zum Term p ist *notwendig*

$$\Box p \;\Leftrightarrow\; [\![p]\!]_{\mathrm{ML}} = \Omega, \tag{3.38}$$

das heißt, p ist in allen möglichen Welten der Fall.
Insbesondere folgt aus der Notwendigkeit der Aussage p, dass die Aussage p bezüglich der Menge Ω der möglichen Welten eine Tautologie ist.

2. **Möglichkeit:** Der Sachverhalt zum Term p ist *möglich*

$$\Diamond p \;\Leftrightarrow\; [\![p]\!]_{\mathrm{ML}} \neq \varnothing,$$

das heißt, es gibt eine mögliche Welt $\omega \in \Omega$ mit $[\![p]\!]_{\mathrm{AL}}^{\omega} = \mathsf{w}$.
Insbesondere folgt aus der Möglichkeit der Aussage p, dass der durch p ausgedrückte Sachverhalt in mindestens einer möglichen Welt der Fall ist.

3. **Kontingenz:** Der Sachverhalt zum Term p ist *kontingent*

$$\Diamond p \wedge \Diamond \neg p \;\Leftrightarrow\; [\![p]\!]_{\mathrm{ML}} \neq \varnothing \wedge [\![p]\!]_{\mathrm{ML}} \neq \Omega,$$

Tabelle 3.19: Erfüllungsmengen (grau) verknüpfter Terme $p \circledast q$ in der Modallogik für beliebige Terme $p, q \in L$. In den Formeln und VENN-Diagrammen werden die Abkürzungen $P := [\![p]\!]_{\mathrm{ML}} \subseteq \Omega$ und $Q := [\![q]\!]_{\mathrm{ML}} \subseteq \Omega$ verwendet. Als Denotate sind jeweils geeignete sprachliche Formulierungen angegeben.

Nr.	Term t	Name	Erfüllungsmenge $[\![t]\!]_{\mathrm{ML}}$ Formel	VENN-Diagramm	Denotat $F(t)$
1	$p \perp q$	Antilogie	$\varnothing$		„keine Welt, wobei p und q egal sind"
2	$p \wedge q$	Konjunktion	$P \cap Q$		„Welten, in denen p und q der Fall sind"
3	$p \nrightarrow q$	Postsektion	$P \setminus Q$		„Welten, in denen p, aber nicht q der Fall ist"
4	$p \lrcorner q$	Präpendenz	P		„Welten, in denen p der Fall ist, wobei q egal ist"
5	$p \nleftarrow q$	Präsektion	$Q \setminus P$		„Welten, in denen q aber nicht p der Fall ist"
6	$p \llcorner q$	Postpendenz	Q		„Welten, in denen q der Fall ist, wobei p egal ist"
7	$p \dot{\vee} q$	Disjunktion	$(P \cup Q) \setminus (P \cap Q)$		„Welten, in denen entweder p oder q der Fall ist, jedoch nicht beides"
8	$p \vee q$	Adjunktion	$P \cup Q$		„Welten, in denen p oder q der Fall ist"

Nr.	Term t	Name	Erfüllungsmenge $[\![t]\!]_{\mathrm{ML}}$ Formel	VENN-Diagramm	Denotat $F(t)$
9	$p\,\triangledown\,q$	Rejektion	$\Omega\backslash(P\cup Q)$		„Welten, in denen weder p noch q der Fall ist"
10	$p\leftrightarrow q$	Äquivalenz	$\Omega\backslash((P\backslash Q)\cup(Q\backslash P))$		„Welten, in denen p und q entweder beide der Fall oder beide nicht der Fall sind"
11	$p\,\ulcorner\,q$	Postnonpendenz	$\Omega\backslash Q$		„Welten, in denen q nicht der Fall ist, wobei p egal ist"
12	$p\leftarrow q$	Replikation[A]	$\Omega\backslash(Q\backslash P)$		„Welten, in denen p der Fall ist, falls q der Fall ist"
13	$p\,\urcorner\,q$	Pränonpendenz	$\Omega\backslash P$		„Welten, in denen p nicht der Fall ist, wobei q egal ist"
14	$p\rightarrow q$	Implikation[A]	$\Omega\backslash(P\backslash Q)$		„Welten, in denen q der Fall ist, falls p der Fall ist"
15	$p\,\overline{\wedge}\,q$	Exklusion	$\Omega\backslash(P\cap Q)$		„Welten, in denen höchstens eines, p oder q, der Fall ist"
16	$p\,\top\,q$	Tautologie	Ω		„alle Welten, wobei p und q egal sind"

[A] genauer: (philonische) *materiale* Implikation und Replikation

das heißt, es gibt eine mögliche Welt $\omega_1 \in \Omega$ mit $[\![p]\!]_{\mathrm{AL}}^{\omega_1} = \mathsf{w}$ und eine andere mögliche Welt $\omega_2 \in \Omega$ mit $[\![p]\!]_{\mathrm{AL}}^{\omega_2} = \mathsf{f}$.

Insbesondere folgt aus der Kontingenz der Aussage p, dass der durch p ausgedrückte Sachverhalt in mindestens einer möglichen Welt der Fall ist und in mindestens einer anderen möglichen Welt nicht der Fall ist.

Beispiel 3.23 *Die Modalität eines gegebenen Sachverhalts hängt davon ab, welche Menge Ω möglicher Welten man zugrunde legt. Zur Illustration betrachten wir die beiden Aussagen*

$$a \mapsto F(a) = \text{„Es regnet“} \quad und \quad b \mapsto F(b) = \text{„Die Straße ist nass“}$$

sowie deren Verknüpfung

$$(a \to b) \; \mapsto \; F(a \to b) = \text{„Wenn es regnet, dann ist die Straße nass“.}$$

Als Mengen möglicher Welten nehmen wir sämtliche Teilmengen von

$$\Omega_2 = \left\{\omega^{00}, \omega^{01}, \omega^{10}, \omega^{11}\right\},$$

wobei in jeder Welt ω^{ij} die Gleichungen $[\![a]\!]_{\mathrm{AL}}^{\omega^{ij}} = i$ und $[\![b]\!]_{\mathrm{AL}}^{\omega^{ij}} = j$ gelten. Tabelle 3.20 enthält zu jeder Teilmenge $\Omega \subseteq \Omega_2$ die Information, welche der Modalitäten notwendig, möglich *oder* kontingent *dem zur Rede stehenden Sachverhalt $F(a \to b)$ in der Menge möglicher Welten Ω zukommt.* □

Zwei verschiedene Implikationen

Die Modallogik macht es möglich, einen neuen Blick auf die beiden in Abschnitt 2.7.2 beschriebenen Zugänge zur logischen Implikation zu werfen. Wir nehmen im Folgenden zwei aussagenlogische Terme $p, q \in L$ als gegeben an.

1. Die *relationale Implikation*, bezeichnet mit „$p \Rightarrow q$", meint, dass die Erfüllungsmenge des ersten Terms in der Erfüllungsmenge des zweiten Terms enthalten ist:

$$(p \Rightarrow q) \quad \Leftrightarrow \quad [\![p]\!]_{\mathrm{ML}} \subseteq [\![q]\!]_{\mathrm{ML}}. \tag{3.39}$$

2. In der *materialen Implikation*, bezeichnet mit „$p \to q$", wird die Implikation wieder selbst als Aussage interpretiert. Gemäß Zeile 14 in Tabelle 3.19 ist deren Erfüllungsmenge

$$[\![p \to q]\!]_{\mathrm{ML}} \quad = \quad \Omega \setminus \left([\![p]\!]_{\mathrm{ML}} \setminus [\![q]\!]_{\mathrm{ML}}\right). \tag{3.40}$$

Die folgende Überlegung dient zur Untersuchung des Verhältnisses zwischen den beiden Implikationen.

$$(p \Rightarrow q) \quad \Leftrightarrow \quad [\![p]\!]_{\mathrm{ML}} \subseteq [\![q]\!]_{\mathrm{ML}} \qquad\qquad \text{nach (3.39)}$$

Tabelle 3.20: Die Modalitäten einer Aussage hängt von den zugrunde liegenden möglichen Welten ab.

Mögliche Welten Ω	Modalitäten des Sachverhalts „Wenn es regnet, dann ist die Straße nass"		
	notwendig	möglich	kontingent
$\{\omega^{00}, \omega^{01}, \omega^{10}, \omega^{11}\}$	—	✓	✓
$\{\quad\omega^{01}, \omega^{10}, \omega^{11}\}$	—	✓	✓
$\{\omega^{00}, \quad\omega^{10}, \omega^{11}\}$	—	✓	✓
$\{\quad\quad\omega^{10}, \omega^{11}\}$	—	✓	✓
$\{\omega^{00}, \omega^{01}, \quad\omega^{11}\}$	✓	✓	—
$\{\quad\omega^{01}, \quad\omega^{11}\}$	✓	✓	—
$\{\omega^{00}, \quad\quad\omega^{11}\}$	✓	✓	—
$\{\quad\quad\quad\omega^{11}\}$	✓	✓	—
$\{\omega^{00}, \omega^{01}, \omega^{10}\quad\}$	—	✓	✓
$\{\quad\omega^{01}, \omega^{10}\quad\}$	—	✓	✓
$\{\omega^{00}, \quad\omega^{10}\quad\}$	—	✓	✓
$\{\quad\quad\omega^{10}\quad\}$	—	—	—
$\{\omega^{00}, \omega^{01}\quad\quad\}$	✓	✓	—
$\{\quad\omega^{01}\quad\quad\}$	✓	✓	—
$\{\omega^{00}\quad\quad\quad\}$	✓	✓	—
$\{\quad\quad\quad\quad\}$	✓	—	—

$$\Leftrightarrow \quad [\![p]\!]_{\mathrm{ML}} \setminus [\![q]\!]_{\mathrm{ML}} = \varnothing \qquad \text{Rechnen mit Mengen}$$
$$\Leftrightarrow \quad \Omega \setminus ([\![p]\!]_{\mathrm{ML}} \setminus [\![q]\!]_{\mathrm{ML}}) = \Omega \qquad \text{Rechnen mit Mengen}$$
$$\Leftrightarrow \quad [\![p \to q]\!]_{\mathrm{ML}} = \Omega \qquad \text{nach (3.40)}$$
$$\Leftrightarrow \quad \Box(p \to q) \qquad \text{nach (3.38).}$$

In der Modallogik bedeutet also das Bestehen einer relationalen Implikation, dass die entsprechende materiale Implikation eine in allen möglichen Welten wahre Aussage ergibt. In diesem Sinne ist die relationale Implikation in der Modallogik „stärker" als die materiale Implikation.

Das semantische Dreieck der Modallogik

Abschließend wollen wir auch für die Modallogik das semantische Dreieck aufstellen. Wie bisher schreiben wir die Terme $t \in L$ der modallogischen Sprache an die linke untere Ecke. An die rechte untere Ecke schreiben wir das Denotat $F(t)$ der Terme, also die durch jeden Term bezeichnete Menge möglicher Welten. Jeder Menge möglicher Welten ist in der zugrunde liegenden logischen Struktur ein Element eines BOOLE'schen Teilmengenverbands zugeordnet.

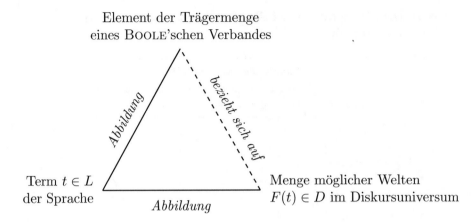

Bild 3.9: Semantisches Dreieck der Modallogik

Wir schreiben also an die Spitze des Dreiecks „Element der Trägermenge eines BOOLE'schen Verbands". Bild 3.9 zeigt das semantische Dreieck der Modallogik.

3.2.3 Logisches Schließen

Die uns aus Abschnitt 3.1.3 bekannten Regeln des natürlichen Schließens gelten in jeder möglichen Welt $\omega \in \Omega$. Wir legen im Folgenden eine fest gewählte Menge möglicher Welten Ω zugrunde. In dieser gibt es zu jedem Term $t \in L$ eine Erfüllungsmenge $[\![t]\!]_{\mathrm{ML}} \subseteq \Omega$. Auf dieser Basis können wir analog zu unserer Vorgehensweise in der probabilistischen Aussagenlogik die Schlussregeln mit Hilfe von Erfüllungsmengen aufschreiben. Zur Untersuchung einer Schlussregel bestimmen wir zunächst die Erfüllungsmengen der Prämissen. Deren Durchschnitt ist die Erfüllungsmenge der Konjunktion der Prämissen. Der Schluss ist gültig, wenn die Erfüllungsmenge der Folgerung eine Obermenge der Erfüllungsmenge der Konjunktion der Prämissen ist. Eine Zusammenfassung der Vorgehensweise befindet sich in Tabelle 3.21.

Tabelle 3.21: Aussagen und Erfüllungsmengen in einem Schlussschema.

	Aussage	Erfüllungsmenge
Erste Prämisse	p_1	$[\![p_1]\!]_{\mathrm{ML}}$
Zweite Prämisse	p_2	$[\![p_2]\!]_{\mathrm{ML}}$
Konjunktion der Prämissen	$k = p_1 \wedge p_2$	$[\![k]\!]_{\mathrm{ML}} = [\![p_1]\!]_{\mathrm{ML}} \cap [\![p_2]\!]_{\mathrm{ML}}$
Konklusion (Folgerung)	f	$[\![f]\!]_{\mathrm{ML}} \supseteq [\![k]\!]_{\mathrm{ML}}$

Um die Erfüllungsmenge eines aus n Elementaraussagen bestehenden Terms $t \in L$ zu ermitteln, verwenden wir seine disjunktive Normalform

$$\mathrm{DNF}(t) = \bigvee_{m \in M_t} m.$$

Damit können wir die Erfüllungsmenge des Terms t als Vereinigung der Erfüllungsmengen der zu t gehörenden Minterme darstellen:

$$[\![t]\!]_{\mathrm{ML}} = [\![\mathrm{DNF}(t)]\!]_{\mathrm{ML}} = \bigcup_{m \in M_t} [\![m]\!]_{\mathrm{ML}}.$$

Da wir die Menge Ω der möglichen Welten schon festgelegt haben, kann es hier durchaus vorkommen, dass für einen oder mehrere Minterme m die Erfüllungsmenge leer ist, also $[\![m]\!]_{\mathrm{ML}} = \varnothing$ gilt. Auf der Grundlage der disjunktiven Normalform ist es dennoch möglich, jede der Schlussregeln aus Tabelle 3.5 mit Mitteln der Modallogik zu beweisen. Dies ist in Tabelle 3.22 für die Zwei-Term-Schlussregeln und in Tabelle 3.23 für die Schlussregeln mit drei Termen durchgeführt.

Beispiel 3.24 *Wir betrachten ein weiteres Mal unsere elementaren Bei-spielaussagen $a \mapsto F(a) = $ „Es regnet" und $b \mapsto F(b) = $ „Die Straße ist nass". Wie wir in Beispiel 3.6 gesehen haben, gibt es im entsprechenden Dis-kursuniversum vier Welten $\Omega_2 = \{\omega^{00}, \omega^{01}, \omega^{10}, \omega^{11}\}$, welche durch jede mögliche Kombination von Zuordnungen der Wahrheitswerte f und w zu den Elementaraussagen definiert sind. Wir untersuchen nun den Sachver-halt „Wenn es regnet, dann ist die Straße nass. Nun regnet es.", in Zeichen: $(a \to b) \wedge a$. Nach Abschnitt 3.1.3 lässt sich mit Hilfe des Modus Ponens hieraus schließen, dass die Straße nass ist. Dieser Schluss kann auch in der Sprache der Modallogik nachvollzogen werden: Die Erfüllungsmenge der materialen Implikation $a \to b$ enthält alle Welten $\omega \in \Omega_2$, in denen die Implikation wahr ist, also $[\![a \to b]\!]_{\mathrm{ML}} = \{\omega^{00}, \omega^{01}, \omega^{11}\}$. Die Erfüllungsmenge der Aussa-ge $a \mapsto F(a) = $ „Nun regnet es" enthält alle Welten, in denen a wahr ist, also $[\![a]\!]_{\mathrm{ML}} = \{\omega^{10}, \omega^{11}\}$. Wir berechnen nun die Erfüllungsmenge der Kon-junktion beider Voraussetzungen:*

$$
\begin{aligned}
[\![(a \to b) \wedge a]\!]_{\mathrm{ML}} &= [\![a \to b]\!]_{\mathrm{ML}} \cap [\![b]\!]_{\mathrm{ML}} \qquad \textit{Zeile 2 in Tabelle 3.19}\\
&= \{\omega^{00}, \omega^{01}, \omega^{11}\} \cap \{\omega^{10}, \omega^{11}\}\\
&= \{\omega^{11}\}.
\end{aligned}
$$

Es bleibt also nur diejenige Welt übrig, in der es sowohl regnet, als auch die Straße nass ist. Damit kann man auch in der Modallogik schließen, dass die Straße nass ist, falls die gegebenen Voraussetzungen beide gelten. Tabelle 3.24 fasst die eben gezeigte Anwendung des Modus Ponens noch einmal zusammen und stellt ihn dem entsprechenden Schluss in der Aussagenlogik gegenüber. □

Tabelle 3.22: Erfüllungsmengen von Zwei-Term-Schlussregeln der Modallogik. Für die Erfüllungsmenge eines Minterms m_b mit dem Binärcode b wird das Zeichen $\Omega_b = [\![m_b]\!]_{ML}$ verwendet. Die Bezeichnungen p_1, p_2, k und f sind in Tabelle 3.21 definiert.

Name	Schlussregel	Erfüllungsmengen
Modus Ponendo Ponens	$p \to q$	$[\![p_1]\!]_{ML} = \Omega_{00} \cup \Omega_{01} \cup \phantom{\Omega_{10} \cup} \Omega_{11}$
	p	$[\![p_2]\!]_{ML} = \phantom{\Omega_{00} \cup \Omega_{01} \cup} \Omega_{10} \cup \Omega_{11}$
	———	$[\![k]\!]_{ML} = \phantom{\Omega_{00} \cup \Omega_{01} \cup \Omega_{10} \cup} \Omega_{11}$
	q	$[\![f]\!]_{ML} = \phantom{\Omega_{00} \cup} \Omega_{01} \cup \phantom{\Omega_{10} \cup} \Omega_{11}$
Modus Tollendo Tollens	$p \to q$	$[\![p_1]\!]_{ML} = \Omega_{00} \cup \Omega_{01} \cup \phantom{\Omega_{10} \cup} \Omega_{11}$
	$\bar{q}$	$[\![p_2]\!]_{ML} = \Omega_{00} \cup \phantom{\Omega_{01} \cup} \Omega_{10}$
	———	$[\![k]\!]_{ML} = \Omega_{00}$
	$\bar{p}$	$[\![f]\!]_{ML} = \Omega_{00} \cup \Omega_{01}$
Kontraposition	$p \to q$	$[\![p]\!]_{ML} = \Omega_{00} \cup \Omega_{01} \cup \phantom{\Omega_{10} \cup} \Omega_{11}$
	———	$[\![k]\!]_{ML} = [\![p]\!]_{ML}$
	$\bar{q} \to \bar{p}$	$[\![f]\!]_{ML} = \Omega_{00} \cup \Omega_{01} \cup \phantom{\Omega_{10} \cup} \Omega_{11}$
Modus Tollendo Ponens	$p \vee q$	$[\![p_1]\!]_{ML} = \phantom{\Omega_{00} \cup} \Omega_{01} \cup \Omega_{10} \cup \Omega_{11}$
	$\bar{p}$	$[\![p_2]\!]_{ML} = \Omega_{00} \cup \Omega_{01}$
	———	$[\![k]\!]_{ML} = \phantom{\Omega_{00} \cup} \Omega_{01}$
	q	$[\![f]\!]_{ML} = \phantom{\Omega_{00} \cup} \Omega_{01} \cup \phantom{\Omega_{10} \cup} \Omega_{11}$
Modus Ponendo Tollens	$\overline{p \wedge q}$	$[\![p_1]\!]_{ML} = \Omega_{00} \cup \Omega_{01} \cup \Omega_{10}$
	p	$[\![p_2]\!]_{ML} = \phantom{\Omega_{00} \cup \Omega_{01} \cup} \Omega_{10} \cup \Omega_{11}$
	———	$[\![k]\!]_{ML} = \phantom{\Omega_{00} \cup \Omega_{01} \cup} \Omega_{10}$
	$\bar{q}$	$[\![f]\!]_{ML} = \Omega_{00} \cup \phantom{\Omega_{01} \cup} \Omega_{10}$
Reductio ad Absurdum	$p \to (q \wedge \bar{q})$	$[\![p]\!]_{ML} = \Omega_{00} \cup \Omega_{01}$
	———	$[\![k]\!]_{ML} = [\![p]\!]_{ML}$
	$\bar{p}$	$[\![f]\!]_{ML} = \Omega_{00} \cup \Omega_{01}$
Konjunktionseinführung	p	$[\![p_1]\!]_{ML} = \phantom{\Omega_{00} \cup \Omega_{01} \cup} \Omega_{10} \cup \Omega_{11}$
	q	$[\![p_2]\!]_{ML} = \phantom{\Omega_{00} \cup} \Omega_{01} \cup \phantom{\Omega_{10} \cup} \Omega_{11}$
	———	$[\![k]\!]_{ML} = \phantom{\Omega_{00} \cup \Omega_{01} \cup \Omega_{10} \cup} \Omega_{11}$
	$p \wedge q$	$[\![f]\!]_{ML} = \phantom{\Omega_{00} \cup \Omega_{01} \cup \Omega_{10} \cup} \Omega_{11}$
Konjunktionsbeseitigung	$p \wedge q$	$[\![p]\!]_{ML} = \phantom{\Omega_{00} \cup \Omega_{01} \cup \Omega_{10} \cup} \Omega_{11}$
	———	$[\![k]\!]_{ML} = [\![p]\!]_{ML}$
	p	$[\![f_1]\!]_{ML} = \phantom{\Omega_{00} \cup \Omega_{01} \cup} \Omega_{10} \cup \Omega_{11}$
	q	$[\![f_2]\!]_{ML} = \phantom{\Omega_{00} \cup} \Omega_{01} \cup \phantom{\Omega_{10} \cup} \Omega_{11}$

Tabelle 3.23: Erfüllungsmengen von Drei-Term-Schlussregeln der Modallogik. Für die Erfüllungsmenge eines Minterms m_b mit dem Binärcode b wird das Zeichen $\Omega_b = [\![m_b]\!]_{\mathrm{ML}}$ verwendet. Die Bezeichnungen p_1, p_2, k und f sind in Tabelle 3.21 definiert.

Name	Schlussregel		Erfüllungsmengen		
Kettenschluss	$p \to q$	$[\![p_1]\!]_{\mathrm{ML}} = \Omega_{000} \cup \Omega_{001} \cup \Omega_{010} \cup \Omega_{011} \cup$		$\Omega_{110} \cup \Omega_{111}$	
	$q \to r$	$[\![p_2]\!]_{\mathrm{ML}} = \Omega_{000} \cup \Omega_{001} \cup$	$\Omega_{011} \cup \Omega_{100} \cup \Omega_{101} \cup$	Ω_{111}	
	———	$[\![k]\!]_{\mathrm{ML}} = \Omega_{000} \cup \Omega_{001} \cup$	$\Omega_{011} \cup$	Ω_{111}	
	$p \to r$	$[\![f]\!]_{\mathrm{ML}} = \Omega_{000} \cup \Omega_{001} \cup \Omega_{010} \cup \Omega_{011} \cup$	$\Omega_{101} \cup$	Ω_{111}	
Resolution	$p \to q$	$[\![p_1]\!]_{\mathrm{ML}} = \Omega_{000} \cup \Omega_{001} \cup \Omega_{010} \cup \Omega_{011} \cup$		$\Omega_{110} \cup \Omega_{111}$	
	$p \vee r$	$[\![p_2]\!]_{\mathrm{ML}} =$	$\Omega_{001} \cup$	$\Omega_{011} \cup \Omega_{100} \cup \Omega_{101} \cup \Omega_{110} \cup \Omega_{111}$	
	———	$[\![k]\!]_{\mathrm{ML}} =$	$\Omega_{001} \cup$	$\Omega_{011} \cup$	$\Omega_{110} \cup \Omega_{111}$
	$q \vee r$	$[\![f]\!]_{\mathrm{ML}} =$	$\Omega_{001} \cup \Omega_{010} \cup \Omega_{011} \cup$	$\Omega_{101} \cup \Omega_{110} \cup \Omega_{111}$	

Tabelle 3.24: Vergleich des Modus Pones für zwei elementare Aussagen $a, b \in L_{\mathrm{elem}}$ in der Aussagenlogik und in der Modallogik

– – – – – Aussagenlogik – – – – – –					Welt	– – – – – – Modallogik – – – – – –		
Elementar-aussagen	Voraussetzungen		Schluss			Voraussetzungen		
a b	1	2	alle			1	2	alle
	$a{\to}b$	a	$(a{\to}b)\wedge a$	b	$\omega \in \Omega_2$	$[\![a{\to}b]\!]_{\mathrm{ML}}$	$[\![a]\!]_{\mathrm{ML}}$	$[\![a{\to}b]\!]_{\mathrm{ML}} \cap [\![a]\!]_{\mathrm{ML}}$
f f	w	f	f		ω^{00}	✓		
f w	w	f	f		ω^{01}	✓		
w f	f	w	f		ω^{10}		✓	
w w	w	w	w ✓	w	ω^{11}	✓	✓	✓

3.2.4 Probabilistische Erweiterung

Das Rechnen mit Erfüllungsmengen eröffnet einen neuen Blick auf die Möglichkeit, mit Wahrscheinlichkeiten zu rechnen. Wir gehen hier davon aus, dass eine Wahrscheinlichkeitsfunktion $f_P : \Omega \to [0,1]$ auf einer geeigneten Grundlage gegeben ist. Die Wahrscheinlichkeitsfunktion f_P definiert ein Wahrscheinlichkeitsmaß

$$P : \wp(\Omega) \to [0,1], \quad A \mapsto P(A) := \sum_{\omega \in A} f_P(\omega).$$

Auf dieser Basis ist die *wahrscheinlichkeitswertige Evaluierungsfunktion* auf der Sprache L gegeben durch

$$\llbracket \cdot \rrbracket_{\mathrm{pML}} : L \to [0,1], \quad t \mapsto \llbracket t \rrbracket_{\mathrm{pML}} := P\left(\llbracket t \rrbracket_{\mathrm{ML}}\right) = \sum_{\omega \in \llbracket t \rrbracket_{\mathrm{ML}}} f_P(\omega).$$

3.2.5 Probabilistisches Schließen

Von dem in Abschnitt 3.1.6 beschriebenen probabilistischen Schließen im Rahmen der Aussagenlogik lässt sich vieles auf die alethische Modallogik übertragen. Ein erster Schritt ist das Ersetzen der wahrscheinlichkeitswertigen Evaluierungsfunktion der Aussagenlogik durch diejenige der Modallogik, wie in Tabelle 3.25 dargestellt.

Tabelle 3.25: Aussagen und Wahrscheinlichkeiten in einem Schlussschema.

	Aussage	Wahrscheinlichkeit
Erste Prämisse	p_1	$\llbracket p_1 \rrbracket_{\mathrm{pML}}$
Zweite Prämisse	p_2	$\llbracket p_2 \rrbracket_{\mathrm{pML}}$
Konjunktion der Prämissen	$k = p_1 \wedge p_2$	$\llbracket k \rrbracket_{\mathrm{pML}} = \llbracket p_1 \wedge p_2 \rrbracket_{\mathrm{pML}}$
Konklusion (Folgerung)	f	$\llbracket f \rrbracket_{\mathrm{pML}} \geqslant \llbracket k \rrbracket_{\mathrm{pML}}$

Die Berechnung der Wahrscheinlichkeiten von Prämissen und Konklusionen in den verschiedenen Schlussfiguren erfolgt dann analog zu den entsprechenden Berechnungen in der probabilistischen Aussagenlogik. Tabelle 3.26 enthält analog zu Tabelle 3.14 die Analyse der Zwei-Term-Schlussregeln. Die Schlussregeln mit drei Termen werden analog zu Tabelle 3.15 in Tabelle 3.27 analysiert.

3.2.6 Ist SCHRÖDINGERs Katze tot?

Antwort: Entweder sie ist tot, oder sie ist nicht tot, und zwar in Abhängigkeit von der Welt.

Wie schon in der Aussagenlogik betrachten wir formal ein Diskursuniversum mit nur einem zur Rede stehenden Sachverhalt:

$$D = \{\text{„SCHRÖDINGERs Katze ist tot“}\}.$$

Diesem Sachverhalt ordnen wir mit Hilfe einer Denotatfunktion wieder einen elementaren Term zu:

$$a \mapsto F(a) = \text{„SCHRÖDINGERs Katze ist tot“}.$$

Tabelle 3.26: Zwei-Term-Schlussregeln der probabilistischen Modallogik. Für die Wahrscheinlichkeit eines Minterms m_b mit dem Binärcode b wird das Zeichen $P_b = [\![m_b]\!]_{\mathrm{pML}}$ verwendet. Die Bezeichnungen p_1, p_2, k und f sind in Tabelle 3.21 definiert.

Name	Schlussregel	Wahrcheinlichkeiten
Modus Ponendo Ponens	$p \to q$	$[\![p_1]\!]_{\mathrm{pML}} = P_{00} + P_{01} + \qquad P_{11}$
	p	$[\![p_2]\!]_{\mathrm{pML}} = \qquad\qquad P_{10} + P_{11}$
	———	$[\![k]\!]_{\mathrm{pML}} = \qquad\qquad\qquad P_{11}$
	q	$[\![f]\!]_{\mathrm{pML}} = \qquad P_{01} + \qquad P_{11}$
Modus Tollendo Tollens	$p \to q$	$[\![p_1]\!]_{\mathrm{pML}} = P_{00} + P_{01} + \qquad P_{11}$
	$\overline{q}$	$[\![p_2]\!]_{\mathrm{pML}} = P_{00} + \qquad P_{10}$
	———	$[\![k]\!]_{\mathrm{pML}} = P_{00}$
	$\overline{p}$	$[\![f]\!]_{\mathrm{pML}} = P_{00} + P_{01}$
Kontraposition	$p \to q$	$[\![p]\!]_{\mathrm{pML}} = P_{00} + P_{01} + \qquad P_{11}$
	———	$[\![k]\!]_{\mathrm{pML}} = [\![p]\!]_{\mathrm{pML}}$
	$\overline{q} \to \overline{p}$	$[\![f]\!]_{\mathrm{pML}} = P_{00} + P_{01} + \qquad P_{11}$
Modus Tollendo Ponens	$p \vee q$	$[\![p_1]\!]_{\mathrm{pML}} = \qquad P_{01} + P_{10} + P_{11}$
	$\overline{p}$	$[\![p_2]\!]_{\mathrm{pML}} = P_{00} + P_{01}$
	———	$[\![k]\!]_{\mathrm{pML}} = \qquad P_{01}$
	q	$[\![f]\!]_{\mathrm{pML}} = \qquad P_{01} + \qquad P_{11}$
Modus Ponendo Tollens	$\overline{p \wedge q}$	$[\![p_1]\!]_{\mathrm{pML}} = P_{00} + P_{01} + P_{10}$
	p	$[\![p_2]\!]_{\mathrm{pML}} = \qquad\qquad P_{10} + P_{11}$
	———	$[\![k]\!]_{\mathrm{pML}} = \qquad\qquad P_{10}$
	$\overline{q}$	$[\![f]\!]_{\mathrm{pML}} = P_{00} + \qquad P_{10}$
Reductio ad Absurdum	$p \to (q \wedge \overline{q})$	$[\![p]\!]_{\mathrm{pML}} = P_{00} + P_{01}$
	———	$[\![k]\!]_{\mathrm{pML}} = [\![p]\!]_{\mathrm{pML}}$
	$\overline{p}$	$[\![f]\!]_{\mathrm{pML}} = P_{00} + P_{01}$
Konjunktionseinführung	p	$[\![p_1]\!]_{\mathrm{pML}} = \qquad\qquad P_{10} + P_{11}$
	q	$[\![p_2]\!]_{\mathrm{pML}} = \qquad P_{01} + \qquad P_{11}$
	———	$[\![k]\!]_{\mathrm{pML}} = \qquad\qquad\qquad P_{11}$
	$p \wedge q$	$[\![f]\!]_{\mathrm{pML}} = \qquad\qquad\qquad P_{11}$
Konjunktionsbeseitigung	$p \wedge q$	$[\![p]\!]_{\mathrm{pML}} = \qquad\qquad\qquad P_{11}$
	———	$[\![k]\!]_{\mathrm{pML}} = [\![p]\!]_{\mathrm{pML}}$
	p	$[\![f_1]\!]_{\mathrm{pML}} = \qquad\qquad P_{10} + P_{11}$
	q	$[\![f_2]\!]_{\mathrm{pML}} = \qquad P_{01} + \qquad P_{11}$

Tabelle 3.27: Drei-Term-Schlussregeln der probabilistischen Modallogik. Für die Wahrscheinlichkeit eines Minterms m_b mit dem Binärcode b wird das Zeichen $P_b = [\![m_b]\!]_{\mathrm{pML}}$ verwendet. Die Bezeichnungen p_1, p_2, k und f sind in Tabelle 3.21 definiert.

Name	Schlussregel		Erfüllungsmengen
Kettenschluss	$p \to q$	$[\![p_1]\!]_{\mathrm{pML}} = P_{000} + P_{001} + P_{010} + P_{011} +$	$P_{110} + P_{111}$
	$q \to r$	$[\![p_2]\!]_{\mathrm{pML}} = P_{000} + P_{001} + \quad\quad P_{011} + P_{100} + P_{101} +$	P_{111}
	————	$[\![k]\!]_{\mathrm{pML}} = P_{000} + P_{001} + \quad\quad P_{011} +$	P_{111}
	$p \to r$	$[\![f]\!]_{\mathrm{pML}} = P_{000} + P_{001} + P_{010} + P_{011} + \quad\quad P_{101} +$	P_{111}
Resolution	$p \to q$	$[\![p_1]\!]_{\mathrm{pML}} = P_{000} + P_{001} + P_{010} + P_{011} +$	$P_{110} + P_{111}$
	$p \lor r$	$[\![p_2]\!]_{\mathrm{pML}} = \quad\quad P_{001} + \quad\quad P_{011} + P_{100} + P_{101} + P_{110} + P_{111}$	
	————	$[\![k]\!]_{\mathrm{pML}} = \quad\quad P_{001} + \quad\quad P_{011} +$	$P_{110} + P_{111}$
	$q \lor r$	$[\![f]\!]_{\mathrm{pML}} = \quad\quad P_{001} + P_{010} + P_{011} + \quad\quad P_{101} + P_{110} + P_{111}$	

Als Menge zur Rede stehender Welten verwenden wir Teilmengen der Menge möglicher Welten der Aussagenlogik

$$\Omega \subseteq \Omega_1 = \left\{ \begin{array}{ll} \omega^0, & \text{„SCHRÖDINGERs Katze ist \textit{nicht} tot“} \\ \omega^1 & \text{„SCHRÖDINGERs Katze ist tot“} \end{array} \right\}.$$

Die Modallogik erlaubt nun beispielsweise die in Tabelle 3.28 angegebenen Aussagen. Ob diese wahr oder falsch sind, hängt von der Menge Ω möglicher Welten ab.

Tabelle 3.28: Modale Aussage $t \in L$ über das Ableben von SCHRÖDINGERs Katze. Ob die Aussage wahr sind, $[\![t]\!]_{\mathrm{ML}} = \Omega$, oder ob sie falsch sind, $[\![t]\!]_{\mathrm{ML}} = \varnothing$, hängt von der Menge Ω möglicher Welten ab. Um dies zu verdeutlichen, notieren wir die Menge möglicher Welten explizit als hochgestellten Index der Evaluierungsfunktion.

Term	Denotat	Evaluierung $[\![t]\!]_{\mathrm{ML}}^{\Omega}$			Bemerkung
$t \in L$	$F(t)$	$\Omega = \{\omega^0\}$	$\{\omega^1\}$	$\{\omega^0, \omega^1\}$	
$\Diamond a$	„Katze ist möglicherweise tot.“	$\varnothing$	Ω	Ω	
$\Box a$	„Katze ist garantiert tot.“	$\varnothing$	Ω	$\varnothing$	
$\neg\Diamond a$	„Katze ist unmöglich tot.“	Ω	$\varnothing$	$\varnothing$	$= \Box\neg a$
$\neg\Box a$	„Katze ist nicht unbedingt tot.“	Ω	$\varnothing$	Ω	$= \Diamond\neg a$
$\Diamond\neg a$	„Katze ist möglicherweise nicht tot.“	Ω	$\varnothing$	Ω	$= \neg\Box a$
$\Box\neg a$	„Katze ist garantiert nicht tot.“	Ω	$\varnothing$	$\varnothing$	$= \neg\Diamond a$

Anstelle der beispielhaft genannten faktischen Aussagen der Modallogik erlaubt deren probabilistische Erweiterung potenzielle Aussagen. Dabei ist von Weltwahrscheinlichkeiten nach Abschnitt 3.2.4 auszugehen.

3.3 Prädikatenlogik

Prädikatenlogik ist eine Logik der Beziehungen.

3.3.1 Die Sprache der Prädikatenlogik

Zur logischen Beschreibung komplexer Sachverhalte ist die Aussagenlogik zu unflexibel.

Beispiel 3.25 *Wir betrachten im Folgenden Sachverhalte wie „Alex liebt Corey, aber Corey liebt Bene" oder „alle Männer lieben Corey".*   □

Beispiel 3.26 *Für alle rechtwinkligen Dreiecke der EUKLIDischen Ebene ist das Hypothenusenquadrat gleich der Summe der Kathetenquadrate.*   □

Wenn wir derartige Sachverhalte formallogisch ausdrücken wollen, stoßen wir schnell an die Grenzen der Aussagenlogik. Das liegt insbesondere daran, dass Wörter wie „lieben" oder die Personennamen mehrfach genannt werden und es wünschenswert wäre, ihnen jeweils eigene Sprachelemente zuzuordnen, um diese dann wiederverwenden zu können. Problematisch für die Aussagenlogik sind auch Sachverhalte, in denen Quantoren wie beispielsweise „alle" vorkommen und die wir bislang nicht vernünftig ausdrücken können, insbesondere, da im Beispielsatz ja auch wieder „lieben" und „Corey" vorkommen. In der Aussagenlogik gibt es auch keine Funktionen, welche etwa die Summe oder das Quadrat reeller Zahlen berechnen.

Wir stellen im Folgenden die grundlegenden Konzepte der Sprache der *Prädikatenlogik erster Stufe* vor. Für Prädikatenlogiken höherer Stufen sei auf die weiterführende Literatur [17] verwiesen.

Terme der Sprache

Wir gehen von der formallogischen Sprache L nach Abschnitt 3.1.1 aus und modifizieren diese wie folgt. Wir starten mit vier paarweise disjunkten endlichen Mengen:

1. Menge der *Konstantensymbole* $\mathcal{K}$.

    Beispiel 3.27 $\mathcal{K} = \{\text{Alex, Bene, Corey}\}$.   □

2. Menge der *Prädikatensymbole* $\mathcal{P}$. Jedes Prädikatensymbol hat eine Stelligkeit $n \in \{0, 1, 2, \ldots\}$, welche die Anzahl seiner Argumente festlegt. Wir schreiben $\mathcal{P}_n$ für die Menge der n-stelligen Prädikate. Die zweistellige Gleichheit mit dem Symbol '$=$' wird in der Regel implizit als Element von $\mathcal{P}$ angenommen.

Beispiel 3.28 $\mathcal{P} = \{\mathsf{lieben}, \mathsf{Person}, \mathsf{Mann}\}$. *Das Symbol* lieben *ist zweistellig und die Symbole* Person *sowie* Mann *sind einstellig.* ☐

3. Menge der *Funktionssymbole* $\mathcal{F}$. Jedes Funktionssymbol hat eine Stelligkeit $n \in \{1, 2, \ldots\}$, welche die Anzahl seiner Argumente festlegt. Wir schreiben $\mathcal{F}_n$ für die Menge der n-stelligen Funktionen. Konstantensymbole aus $\mathcal{K}$ können im Prinzip als 0-stellige Funktionssymbole aufgefasst werden: $\mathcal{F}_0 := \mathcal{K}$.

Beispiel 3.29 $\mathcal{F} = \{\mathsf{Summe}, \mathsf{Quadrat}\}$. *Hier ist* Summe *ein zweistelliges und* Quadrat *ein einstelliges Funktionssymbol.* ☐

4. Menge der *Variablen* $\mathcal{V}$.

Beispiel 3.30 $\mathcal{V} = \{x, y, z\}$. ☐

Man beachte, dass die Symbole und Variablen nur syntaktische Elemente der Sprache sind und noch keine Semantik festlegen, obwohl die gewählten Namen auf eine später festzulegende Semantik hinweisen sollten. Auf der Grundlage dieser vier Mengen können nun rekursiv Terme der Sprache $L(\mathcal{K}, \mathcal{P}, \mathcal{F}, \mathcal{V})$ definiert werden. Zur besseren Lesbarkeit schreiben wir im Folgenden für die Sprache kurz L.

Jeder Term ist entweder ein *Diskursterm* oder ein *Wahrheitsterm*. Diese Unterscheidung wird später bei der Evaluierung anhand einer Denotatfunktion F ersichtlich. Im Folgenden wird ein Diskursterm rekursiv definiert:

1. Jedes Konstantensymbol ist ein Diskursterm.

Beispiel 3.31 Alex, Bene, Corey *sind Diskursterme.* ☐

2. Jede Variable ist ein Diskursterm.

Beispiel 3.32 *Die Variablen* x, y, z *sind Diskursterme.* ☐

3. Jedes Funktionssymbol, bei welchem als Argumente Diskusterme in der Präfix-Notation eingesetzt werden, ist ein Diskursterm.

Beispiel 3.33 $\mathsf{Summe}(x, y)$, $\mathsf{Quadrat}(z)$, $\mathsf{Summe}(\mathsf{Summe}(x, y), z)$ *sind Diskursterme, aber auch* Summe(Alex, Bene).
Der letzte Beispielterm scheint absurd, ist aber ein gültiger Sprachterm. Das Beispiel soll klar machen, dass wir bisher nur die Syntax definiert haben, die Bedeutung der Terme aber noch völlig ungeklärt ist. Insofern ist nichts am Beispiel zu beanstanden. ☐

Wegen der rekursiven Definition entsteht bei einer nichtleeren Menge von Funktionssymbolen eine unendliche Anzahl von Diskurstermen. Ein Diskursterm ohne Variable wird *Grunddiskursterm* genannt. Auf der Grundlage der Diskursterme lassen sich nun Wahrheitsterme rekursiv festlegen:

1. Jedes Prädikatensymbol, bei welchem als Argumente Diskursterme in der Präfix-Notation eingesetzt werden, ist ein Wahrheitsterm. Falls keines der Argumente eine Variable ist, nennen wir ihn einen *elementaren Grundwahrheitsterm*.

   Beispiel 3.34 *Die Terme* Person(Alex) *und* lieben(Bene, Bene) *sind elementare Grundwahrheitsterme.* □

   Beispiel 3.35 *Die Terme* lieben(x, Summe(y, z)) *sowie*

   $$= (\text{Summe}(\text{Quadrat}(x), \text{Quadrat}(y)), \text{Quadrat}(z))$$

   sind nicht-elementare Wahrheitsterme. Das letzte Beispiel ist besser lesbar, wenn die Infix-Notation verwendet wird:

   $$\text{Summe}(\text{Quadrat}(x), \text{Quadrat}(y)) = \text{Quadrat}(z).$$ □

2. Wie bei der Aussagenlogik können nach den in Abschnitt 1.2.3 angegebenen Regeln rekursiv weitere Wahrheitsterme gebildet werden. Sind $t_1, t_2 \in L$ prädikatenlogische Wahrheitsterme, dann sind etwa auch $t_1 \vee t_2$ oder $\overline{t_1} \wedge t_2$ prädikatenlogische Wahrheitsterme.

   Beispiel 3.36 Person(Corey) $\wedge$ Person(Bene) $\wedge$ $\overline{\text{lieben}(\text{Corey}, \text{Bene})}$. □

3. Schließlich führen wir sogenannte *Quantoren* ein. Ist $x \in \mathcal{V}$ eine Variable und $t(x) \in L$ ein prädikatenlogischer Term, der x enthält, dann sind auch

   $$\forall x : t(x) \quad \text{Allquantor:} \quad \text{„für alle } x \text{ gilt } t(x)\text{“ und}$$
   $$\exists x : t(x) \quad \text{Existenzquantor:} \quad \text{„es gibt ein } x \text{ mit } t(x)\text{“}$$

   prädikatenlogische Wahrheitsterme, also $\forall x : t(x) \in L$ und $\exists x : t(x) \in L$. Beide Quantoren können verneint werden. Es gelten die Beziehungen

   $$\neg \forall x : t(x) = \exists x : \neg t(x) \quad \text{sowie}$$
   $$\neg \exists x : t(x) = \forall x : \neg t(x).$$

Man beachte die Analogie zur Verneinung bei Modaloperatoren laut den Zeilen 1 und 2 in Tabelle 3.17.

Beispiel 3.37

$$\forall x : \forall y : \forall z : (\text{Summe}(\text{Quadrat}(x), \text{Quadrat}(y)) = \text{Quadrat}(z))$$
$$\forall x : (\overline{\text{Mann}(x)} \vee \text{lieben}(x, \text{Corey})).$$ □

Jede Variable darf in einem Wahrheitsterm maximal ein Mal durch einen Quantor gebunden werden. Eine Variable, die in einem Wahrheitsterm nicht gebunden ist, wird als *freie Variable* bezeichnet. Ein Wahrheitsterm ohne jede Variable wird *Grundwahrheitsterm* und ein Wahrheitsterm ohne freie Variable wird *geschlossenener Wahrheitsterm* genannt.

Diskursuniversum

Auch die Prädikatenlogik soll Aussagen über die physische Welt ermöglichen. Dazu definieren wir wie schon in der Aussagenlogik ein Diskursuniversum D. Allerdings stehen in der Prädikatenlogik nicht einfach Aussagen, sondern Objekte in der physischen Welt sowie Beziehungen zwischen diesen Objekten zur Rede. Man nennt die Objekte auch *Entitäten*. Wir bezeichnen die Menge der Entitäten mit E. In der Literatur wird diese Menge oft auch als *Universum* bezeichnet. Für eine ganze Zahl $n \geqslant 0$ wird eine n-stellige Beziehung R_n durch eine Menge von n-Tupeln von Entitäten ausgedrückt:

$$R_n \subseteq E^n.$$

Die Elemente jedes n-Tupels in einem bestimmten R_n sind Entitäten, die in der physischen Welt jeweils in einer gleichartigen Beziehung zueinander stehen. Wir notieren die Menge aller zur Rede stehenden n-stelligen Beziehungen mit $\mathcal{R}_n$. Der Fall $n = 0$ wird benötigt, wenn Wahrheit und Falschheit explizit zur Rede stehen. Wir definieren zu diesem Zweck die Symbole

$$R_{\mathsf{f}} := \varnothing \qquad \text{für Falschheit und}$$
$$R_{\mathsf{w}} := \{()\} \qquad \text{für Wahrheit.}$$

Die entsprechende Menge der nullstelligen Prädikate bezeichnen wir mit

$$\mathcal{R}_0 := \{R_{\mathsf{f}}, R_{\mathsf{w}}\} = \wp(E^0) = \wp(\{()\}) = \{\varnothing, \{()\}\}.$$

Das Diskursuniversum der Prädikatenlogik ist nun die Menge aller zur Rede stehenden Entitäten und Beziehungen:

$$D = E \cup \bigcup_{n \geqslant 0} \mathcal{R}_n.$$

Beispiel 3.38 *Für unser einleitendes Beispiel 3.25 könnte das Diskursuniversum wie folgt aussehen:*

$$D = \begin{cases} \{\textit{Alex, Bene, Corey}\}, & E \; : \textit{Entitäten} \\ \{\textit{Mann} = \{\textit{Alex, Bene, Corey}\}\}, & \mathcal{R}_1 : \textit{Beziehungen} \\ \{\textit{Person} = \{\textit{Alex, Bene, Corey}\}\}, & \mathcal{R}_1 : \textit{Beziehungen} \\ \{\textit{lieben} = \{(\textit{Alex, Corey}), (\textit{Corey, Bene})\}\} & \mathcal{R}_2 : \textit{Beziehungen} \end{cases}.$$ □

Man beachte, dass alle Elemente in D kursiv gedruckt sind. Wir kennzeichnen damit, dass es sich bei ihnen um Objekte in der physischen Welt und *nicht* um Symbole der logischen Sprache handelt. Man beachte weiter, dass Tupel geordnet sind.

Beispiel 3.39 *Daher wäre (Alex, Corey) $\in$ lieben, also „Alex liebt Corey",* *etwas anderes als (Corey, Alex) $\in$ lieben, also „Corey liebt Alex" – ganz wie* *auch in der realen Welt.* □

Außerdem kann eine Entität mehrfach in einem Tupel vorkommen.

Beispiel 3.40 *So könnte Alex – jedenfalls formal – ohne Weiteres auch sich* *selbst lieben, dann wäre entsprechend (Alex, Alex) $\in$ lieben.* □

Bild 3.10 zeigt eine grafische Darstellung des Diskursuniversums aus Beispiel 3.38.

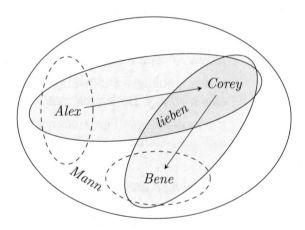

Bild 3.10: Darstellung eines Diskursuniversums mit drei Entitäten $E = \{Alex, Bene, Corey\}$, einer einstelligen Beziehung $\mathcal{R}_1 = \{Mann = \{Alex, Bene\}\}$ und einer zweistelligen Beziehung $\mathcal{R}_2 = \{lieben = \{(Alex, Corey), (Corey, Bene)\}\}$

Ein Spezialfall von Beziehungen R_n mit $n \geqslant 2$ sind die in Abschnitt 2.4 eingeführten Abbildungen. Bei einer Abbildung ist das letzte Element jedes n-Tupels $(e_1, \ldots, e_{n-1}, e_n) \in R_n$ einer n-stelligen Beziehung R_n durch die anderen Elemente eindeutig festgelegt. Wir notieren das in der Form

$$(e_1, \ldots, e_{n-1}) \mapsto e_n \quad \text{oder allgemein} \quad E^n \to E.$$

Wir fordern im Folgenden für Abbildungen Vollständigkeit bezüglich der Entitäten $(e_1, \ldots, e_{n-1})$:

$$\forall (e_1, \ldots, e_{n-1}) \in E^{n-1} : \exists e_n \in E : (e_1, \ldots, e_{n-1}, e_n) \in R_n,$$

also, dass zu *jedem* „Argument"-Tupel $(e_1, \ldots, e_{n-1}) \in E^n$ ein „Wert" $e_n \in E$
existiert.

Beispiel 3.41 *Für unser einleitendes Beispiel 3.26 (Satz des* PYTHAGORAS*)
könnte das Diskursuniversum wie folgt aussehen:*

$$D = \left\{ \begin{array}{ll} \mathbb{R}_+, & E \ : Entitäten \\ \{Quadrat = \{(1,1), (2,4), (3,9), \ldots\}\}, & \mathcal{R}_2 : Abbildung \\ \{Summe = \{(1,1,2), (1,2,3), (1,3,4) \ldots\}\} & \mathcal{R}_3 : Abbildung \end{array} \right\}. \qquad \square$$

Denotat

Um eine Beziehung zwischen der Menge $\mathcal{K}$ der Konstantensymbole, der Menge $\mathcal{P}$ der Prädikatensymbole und der Menge $\mathcal{F}$ der Funktionssymbole mit dem Diskursuniversum herzustellen, ist es natürlich, durch eine Denotatfunktion F folgende Zuordnungen zu treffen:

$$F : \left\{ \begin{array}{ll} \mathcal{K} \ \rightarrow E & \text{jedem Konstantensymbol eine Entität,} \\ \mathcal{P}_n \rightarrow \mathcal{R}_n & \text{jedem } n\text{-stelligen Prädikatsymbol} \\ & \text{eine } n\text{-stellige Beziehung und} \\ \mathcal{F}_n \rightarrow \mathcal{R}_{n+1} & \text{jedem } n\text{-stelligen Funktionssymbol} \\ & \text{eine } n{+}1\text{-stellige Abbildung.} \end{array} \right.$$

Beispiel 3.42 *In unserem Beispiel 3.38 wäre also folgende Denotatfunktion
angebracht*

$$F := \left\{ \begin{array}{ll} \mathsf{Alex} \in \mathcal{K} & \mapsto Alex \in E, \\ \mathsf{Bene} \in \mathcal{K} & \mapsto Bene \in E, \\ \mathsf{Corey} \in \mathcal{K} & \mapsto Corey \in E, \\ \mathsf{Mann} \in \mathcal{P} & \mapsto Mann \in \mathcal{R}_1, \\ \mathsf{Person} \in \mathcal{P} & \mapsto Person \in \mathcal{R}_1, \\ \mathsf{lieben} \in \mathcal{P} & \mapsto lieben \in \mathcal{R}_2, \\ \mathsf{Quadrat} \in \mathcal{F} & \mapsto Quadrat \in \mathcal{R}_2, \\ \mathsf{Summe} \in \mathcal{F} & \mapsto Summe \in \mathcal{R}_3 \end{array} \right\},$$

wobei wir die Prädikatsymbole $\mathsf{Mann}, \mathsf{Person}, \mathsf{lieben} \in \mathcal{P}$ *sowie die Funktionssymbole* $\mathsf{Quadrat}, \mathsf{Summe} \in \mathcal{F}$ *eingeführt haben. Mögliche Denotate sind dann
beispielsweise*

$$F(\mathsf{Alex}) = Alex \quad und$$
$$F(\mathsf{lieben}) = lieben = \{(Alex, Corey), (Corey, Bene)\}. \qquad \square$$

Man beachte auch hier wieder den Unterschied zwischen kursiv gedruckten Elementen der physischen Welt und serifenlos gedruckten prädikatenlogischen Ausdrücken.

Manchmal muss man außerdem sorgfältig zwischen Konstanten und einstelligen Prädikaten unterscheiden.

Beispiel 3.43 *Wir betrachten als Beispiele die Konstante* $\mathsf{Alex}_0 \in \mathcal{K}$ *und das Prädikat* $\mathsf{Alex}_1 \in \mathcal{P}_1$. *Die Konstante* Alex_0 *bezeichnet eine Entität, also zum Beispiel eine bestimmte reale Person namens Alex. Hingegen bezeichnet das einstellige Prädikat* Alex_1 *alle Entitäten – also reale Personen – welchen eine Eigenschaft „Alex" zukommt, die also beispielsweise Alex heißen.* $\square$

Das Denotat wird in der Literatur zur Prädikatenlogik oft auch *Interpretation* genannt. Sie gibt der Sprache erst die eigentliche Semantik und bildet die Grundlage für die Evaluierung von Termen.

Evaluierungsfunktion

Die Evaluierungsfunktion $[\![\cdot]\!]_{\mathrm{PL}}$ evaluiert Terme der Sprache der Prädikatenlogik. Dabei wird zwischen Diskurstermen und Wahrheitstermen unterschieden. Diskursterme werden auf Entitäten und Wahrheitsterme auf Wahrheitswerte abgebildet. Zuvor müssen wir die Belegung von Variablen einführen. Jeder Variablen aus der Variablenmenge $\mathcal{V}$ wird eine Entität aus der Menge E der Entitäten zugeordnet. Eine Zuordnung aller Variablen heißt *Belegung*

$$g : \mathcal{V} \to E.$$

Im Folgenden wird die Evaluierung eines Diskursterms rekursiv definiert:

1. Jede Konstante $\mathsf{a} \in \mathcal{K}$ wird auf ihr Denotat im Diskursuniversum abgebildet:
$$[\![\mathsf{a}]\!]_{\mathrm{PL}} := F(\mathsf{a}) \in E \subseteq D.$$

   Beispiel 3.44 $[\![\mathsf{Alex}]\!]_{\mathrm{PL}} = Alex$ $\square$

2. Jede Variable $x \in \mathcal{V}$ wird auf ihr Belegung im Diskursuniversum abgebildet:
$$[\![x]\!]_{\mathrm{PL}} := g(x) \in E \subseteq D.$$

   Beispiel 3.45 *Sei* $x \mapsto Alex \in g$ *die Belegung der Variable* x, *dann ist* $[\![x]\!]_{\mathrm{PL}} = Alex$. $\square$

3. Jedes n-stellige Funktionssymbol $\mathsf{f}(t_1, \ldots, t_n)$, dessen Argumente Diskursterme sind, wird mittels einer $n+1$-stelligen Abbildung auf sein Denotat im Diskursuniversum abgebildet. Zuvor müssen die Argumente t_i zu $[\![t_i]\!]_{\mathrm{PL}} \in E$ evaluiert werden:

$$[\![\mathsf{f}(t_1, \ldots, t_n)]\!]_{\mathrm{PL}} := e \in E \subseteq D \text{ wobei } ([\![t_1]\!]_{\mathrm{PL}}, \ldots, [\![t_n]\!]_{\mathrm{PL}}, e) \in F(\mathsf{f}).$$

Beispiel 3.46 *Mit* $[\![2]\!]_{\mathrm{PL}} = 2$ *erhalten wir* $[\![\mathsf{Quadrat}(2)]\!]_{\mathrm{PL}} = 4$. $\qquad\square$

Wahrheitsterme werden wie folgt evaluiert:

1. Jedes Prädikatensymbol $\mathsf{P}(t_1, \ldots, t_n)$, dessen Argumente Diskursterme sind, wird auf einen Wahrheitswert abgebildet. Zuvor müssen die Argumente t_i zu $[\![t_i]\!]_{\mathrm{PL}} \in E$ evaluiert werden:

$$[\![\mathsf{P}(t_1, \ldots, t_n)]\!]_{\mathrm{PL}} := \begin{cases} \mathsf{w} & \text{falls } ([\![t_1]\!]_{\mathrm{PL}}, \ldots, [\![t_n]\!]_{\mathrm{PL}}) \in F(\mathsf{P}) \\ \mathsf{f} & \text{sonst.} \end{cases}$$

Diese Formel funktioniert auch für nullstellige Prädikate P: In diesem Fall gilt nämlich

$$F(\mathsf{P}) \in \mathcal{R}_0 = \{R_{\mathsf{f}}, R_{\mathsf{w}}\} = \{\varnothing, \{()\}\}.$$

Das leere Tupel () ist also entweder ein Element von $F(\mathsf{P})$ oder nicht.

Beispiel 3.47 *Es sind* $F(\mathsf{Mann}) = \{Alex, Bene\}$ *und* $[\![\mathsf{Alex}]\!]_{\mathrm{PL}} = Alex$, *also* $[\![\mathsf{Alex}]\!]_{\mathrm{PL}} \in F(\mathsf{Mann})$. *Daraus folgt* $[\![\mathsf{Mann}(\mathsf{Alex})]\!]_{\mathrm{PL}} = \mathsf{w}$. $\qquad\square$

2. Sei $t(x) \in L$ ein Wahrheitsterm mit einer freien Variablen $x \in \mathcal{V}$. Dann wird der Term $\forall x : t(x)$ auf einen Wahrheitswert abgebildet

$$[\![\forall x : t(x)]\!]_{\mathrm{PL}} := \begin{cases} \mathsf{w} & \text{falls } [\![t(x)]\!]_{\mathrm{PL}} = \mathsf{w} \text{ für } \textit{alle} \text{ Belegungen } g(x) \in E \\ \mathsf{f} & \text{sonst.} \end{cases}$$

Beispiel 3.48 *Die Aussage „Alle lieben Corey" ist in unserem Diskursuniversum falsch:*

$$[\![\forall x : \mathsf{lieben}(x, \mathsf{Corey})]\!]_{\mathrm{PL}} = \mathsf{f},$$

da zwar $[\![\mathsf{lieben}(\mathsf{Alex}, \mathsf{Corey})]\!]_{\mathrm{PL}} = \mathsf{w}$ *ist, jedoch* $[\![\mathsf{lieben}(\mathsf{Bene}, \mathsf{Corey})]\!]_{\mathrm{PL}} = [\![\mathsf{lieben}(\mathsf{Corey}, \mathsf{Corey})]\!]_{\mathrm{PL}} = \mathsf{f}$ *sind. Also ist* (x, Corey) *nicht für alle Belegungen* $g(x) \in E$ *wahr und die Allaussage ist somit falsch.* $\qquad\square$

3. Sei $t(x) \in L$ ein Wahrheitsterm mit einer freien Variablen $x \in \mathcal{V}$. Dann wird der Term $\exists x : t(x)$ auf einen Wahrheitswert abgebildet

$$[\![\exists x : t(x)]\!]_{\mathrm{PL}} := \begin{cases} \mathsf{w} & \text{falls } [\![t(x)]\!]_{\mathrm{PL}} = \mathsf{w} \text{ für } \textit{mindestens eine} \\ & \qquad\qquad\qquad\quad \text{Belegung } g(x) \in E \\ \mathsf{f} & \text{sonst.} \end{cases}$$

Beispiel 3.49 *Die Aussage „Corey liebt jemanden" ist in unserem Diskursuniversum wahr:*

$$[\![\exists x : \mathsf{lieben}(\mathsf{Corey}, x)]\!]_{\mathrm{PL}} = \mathsf{w},$$

da $[\![\mathsf{lieben}(\mathsf{Corey}, \mathsf{Bene})]\!]_{\mathrm{PL}} = \mathsf{w}$ *ist. Also ist* $\mathsf{lieben}(\mathsf{Corey}, x)$ *mindestens für eine Belegung* $g(x) \in E$ *wahr und die Existenzaussage ist somit wahr.* $\qquad\square$

4. Wir bezeichnen mit $\circledast_{\text{AL}}$ einen beliebigen Junktor der Aussagenlogik nach Tabelle 3.3. Verknüpfungen der Wahrheitsterme $p, q \in L$ sind dann wie folgt definiert:

$$\llbracket p \circledast q \rrbracket_{\text{PL}} := \llbracket p \rrbracket_{\text{PL}} \circledast_{\text{AL}} \llbracket q \rrbracket_{\text{PL}}$$

Sonstige Verknüpfungen prädikatenlogischer Terme durch Junktoren sind nicht definiert.

Beispiel 3.50 *Wir betrachten die Aussage „Alex liebt Corey, aber Corey liebt Bene", in Zeichen*

$$\text{lieben}(\text{Alex}, \text{Corey}) \wedge \text{lieben}(\text{Corey}, \text{Bene}),$$

und prüfen, ob sie in unserem Diskursuniversum der Fall ist.

$$\llbracket \text{lieben}(\text{Alex}, \text{Corey}) \wedge \text{lieben}(\text{Corey}, \text{Bene}) \rrbracket_{\text{PL}}$$
$$= \llbracket \text{lieben}(\text{Alex}, \text{Corey}) \rrbracket_{\text{PL}} \wedge \llbracket \text{lieben}(\text{Corey}, \text{Bene}) \rrbracket_{\text{PL}}$$
$$= \text{w} \wedge \text{w} = \text{w}$$

Die Aussage ist also wahr. □

Beispiel 3.51 *Die Aussage „Alle Männer lieben Corey", in Zeichen*

$$\forall x : \text{Mann}(x) \rightarrow \text{lieben}(x, \text{Corey}),$$

ist in unserem Diskursuniversum falsch. Um dies zu zeigen, untersuchen wir den Ausdruck

$$\llbracket \text{Mann}(x) \rightarrow \text{lieben}(x, \text{Corey}) \rrbracket_{\text{PL}}$$
$$= \llbracket \text{Mann}(x) \rrbracket_{\text{PL}} \rightarrow \llbracket \text{lieben}(x, \text{Corey}) \rrbracket_{\text{PL}}$$

anhand einer Wahrheitstafel. Zur besseren Lesbarkeit führen wir die Kürzel $\text{M} := \text{Mann}$ *und* $\text{L} := \text{lieben}$ *ein. Die Wahrheitstafel enthält eine Zeile für jede mögliche Belegung* $g(x) \in E$ *und sieht wie folgt aus:*

Belegung $g(x)$	$\llbracket \text{M}(x) \rrbracket_{\text{PL}}$	Evaluierung $\llbracket \text{L}(x, \text{Corey}) \rrbracket_{\text{PL}}$	$\llbracket \text{M}(x) \rrbracket_{\text{PL}} \rightarrow \llbracket \text{L}(x, \text{Corey}) \rrbracket_{\text{PL}}$
Alex	w	w	w
Bene	w	f	f
Corey	f	f	w

Die erste Zeile bedeutet, dass Alex ein Mann ist und Corey liebt. Die Implikation ist in diesem Fall wahr. In der letzten Zeile wird gesagt, dass Corey kein Mann ist und sich selbst auch nicht liebt. Auch in diesem Fall ist die Implikation wahr! Lediglich die Implikation in der zweiten Zeile ist falsch, da Bene zwar ein Mann ist, jedoch Corey nicht liebt. Also trifft es in unserem Diskursuniversum nicht zu, dass alle Männer Corey lieben.

□

Beispiel 3.52 *Die Aussage „keiner liebt Alex", in Zeichen*

$$\neg \exists x : \mathsf{lieben}(x, \mathsf{Alex}) = \forall x : \neg \mathsf{lieben}(x, \mathsf{Alex}),$$

ist in unserem Diskursuniversum wahr. Um dies zu zeigen, untersuchen wir den Ausdruck

$$[\![\neg \mathsf{lieben}(x, \mathsf{Alex})]\!]_{\mathrm{PL}} = \overline{[\![\mathsf{lieben}(x, \mathsf{Alex})]\!]_{\mathrm{PL}}}$$

wieder für alle möglichen Belegungen $g(x) \in E$ anhand der folgenden Wahrheitstafel, wobei wir erneut das Kürzel $\mathsf{L} := \mathsf{lieben}$ verwenden:

Belegung	Evaluierung	
$g(x)$	$[\![\mathsf{L}(x, \mathsf{Alex})]\!]_{\mathrm{PL}}$	$\overline{[\![\mathsf{L}(x, \mathsf{Alex})]\!]_{\mathrm{PL}}}$
Alex	f	w
Bene	f	w
Corey	f	w

In der Tat liebt in unserem Diskursuniversum keine Person Alex, nicht einmal Alex sich selbst. □

3.3.2 Die Semiotik der Prädikatenlogik

Theorie und Modell

Zu einer gegebenen prädikatenlogischen Sprache L können Wahrheitsterme formuliert und mittels eines Diskursuniversums, einer Denotatfunktion und einer Belegung evaluiert werden. Ein geschlossener Wahrheitsterm besitzt nach Definition keine freien Variablen und kann daher ohne Kenntnis einer Variablenbelegung evaluiert werden. In der folgenden Diskussion konzentrieren wir uns auf geschlossene Wahrheitsterme und werden der Einfachheit halber Funktionssymbole nicht berücksichtigen.

Eine Menge $\mathcal{W}$ von geschlossenen Wahrheitstermen wird in der Prädikatenlogik als Theorie bezeichnet. Eine Theorie soll Wissen über Entitäten und ihre Beziehungen ausdrücken.

Beispiel 3.53 *Die geschlossenen Wahrheitsterme*

$$\mathsf{Person}(\mathsf{Alex})$$
$$\mathsf{Person}(\mathsf{Bene})$$
$$\forall x : \mathsf{h\ddot{o}rtAlarm}(x) \vee \overline{\mathsf{Person}(x)}$$
$$\mathsf{Alarm} \vee \overline{\mathsf{Einbruch}}$$
$$\mathsf{Alarm} \vee \overline{\mathsf{Erdbeben}}$$
$$\forall x : \mathsf{Ruf}(x) \vee \overline{(\mathsf{Alarm} \wedge \mathsf{h\ddot{o}rtAlarm}(x))}$$

bilden ein Beispiel einer prädikatenlogischen Theorie [5]. Einbruch, Erdbeben und Alarm *sind nullstellige Prädikatensymbole und sollen das Eintreten eines Einbruchs, eines Erdbebens beziehungsweise eines Alarms ausdrücken. Weiterhin möchte man ausdrücken, dass* Alex *und* Bene *Personen sind, die einen Alarm hören, der von einem Einbruch oder einem Erdbeben ausgelöst wurde, und darauf einen Notruf absetzen. Jedoch sind diese Wahrheitsterme nur syntaktische Strukturen ohne Diskursbereich und Denotat, also ohne Semantik.*
□

Aus einer Theorie kann eine Sprache L abgeleitet werden. Man sammelt einfach alle verwendeten Konstantensymbole, Prädikatensymbole, Funktionssymbole und Variablen auf. Insofern braucht man für eine Theorie vorher nicht unbedingt eine Sprache zu definieren.

Für eine Theorie fordert man, dass alle ihre geschlossenen Wahrheitsterme auf wahr ausgewertet werden. Oder anders formuliert, man sucht ein Diskursuniversum und eine Denotatfunktion, welche die Theorie wahr machen. Ein Diskursuniversum zusammen mit einer Denotatfunktion, welche eine Theorie wahr machen, werden als *Modell* bezeichnet.

Beispiel 3.54 *Bezugnehmend auf die Theorie in Beispiel 3.53 geben wir ein Diskursuniversum D und eine Denotatfunktion F an:*

$$D := \left\{ \begin{array}{l} E = \{a\}, \\ \mathcal{R} = \{\{a\}\} \cup \mathcal{R}_0 \end{array} \right\} \quad und$$

$$F := \left\{ \begin{array}{ll} \mathsf{Alex} \in \mathcal{K} & \mapsto a \in E, \\ \mathsf{Bene} \in \mathcal{K} & \mapsto a \in E, \\ \mathsf{Person} \in \mathcal{P} & \mapsto \{a\} \in \mathcal{R}_1, \\ \mathsf{h\ddot{o}rtAlarm} \in \mathcal{P} & \mapsto \{a\} \in \mathcal{R}_1, \\ \mathsf{Ruf} \in \mathcal{P} & \mapsto \{a\} \in \mathcal{R}_1, \\ \mathsf{Einbruch} \in \mathcal{P} & \mapsto R_\mathsf{w} \in \mathcal{R}_0, \\ \mathsf{Erdbeben} \in \mathcal{P} & \mapsto R_\mathsf{f} \in \mathcal{R}_0, \\ \mathsf{Alarm} \in \mathcal{P} & \mapsto R_\mathsf{w} \in \mathcal{R}_0 \end{array} \right\}.$$

Es lässt sich leicht überprüfen, dass damit alle geschlossenen Wahrheitsterme aus Beispiel 3.53 auf wahr ausgewertet werden.   □

Wenn eine Theorie ein Modell hat, dann existieren unendlich viele Modelle. Man kann etwa die Entitätenmenge erweitern, ohne die Modelleigenschaft zu verlieren.

Für eine gegebene Theorie können drei unterschiedliche Fälle eintreten:

1. *allgemeingültig*: Jede Kombination aus Diskursuniversum und Denotat erfüllt die Theorie.

   Beispiel 3.55 $\{ \mathsf{Erdbeben} \lor \overline{\mathsf{Erdbeben}} \}$.   □

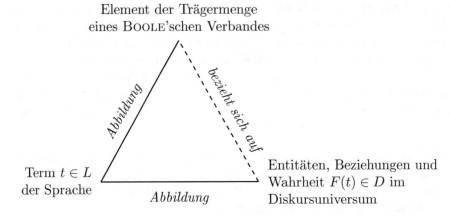

Bild 3.11: Semantisches Dreieck der Prädikatenlogik

2. *erfüllbar*: Es gibt mindestens eine Kombination aus Diskursuniversum und Denotat, welche die Theorie erfüllt.

3. *unerfüllbar*: Es gibt keine Kombination aus Diskursuniversum und Denotat, welche die Theorie erfüllt.

Beispiel 3.56 $\{$ Erdbeben $\wedge$ $\overline{\text{Erdbeben}}\}$.   □

Das semantische Dreieck der Prädikatenlogik

Bild 3.11 stellt das semantische Dreieck der Prädikatenlogik dar. Wie gehabt schreiben wir die Terme $t \in L$ der logischen Sprache an die linke untere Ecke und das Denotat $F(t)$ der Terme, also die durch jeden Term bezeichnete Entität, Beziehung oder Wahrheit, an die rechte untere Ecke. Für die mathematische Struktur an der Spitze des Dreiecks gehen wir von elementaren Grundwahrheitstermen nach Abschnitt 3.3.1 aus. Diese entsprechen den elementaren Termen der Aussagenlogik. Wie bei der Aussagenlogik kann damit jedem Wahrheitsterm der Prädikatenlogik über seine disjunktive Normalform eindeutig ein Element der Trägermenge eines BOOLE'schen Verbands zugeordnet werden.

3.3.3 Logisches Schließen

Mit Hilfe prädikatenlogischer Modelle nach Abschnitt 3.3.2 lässt sich nun das *prädikatenlogische Schließen* definieren. Ein geschlossener Wahrheitsterm W wird aus einer Theorie $\mathcal{W}$ *geschlossen*, in Zeichen

$$\mathcal{W} \models W$$

genau dann, wenn jede Kombination aus Diskursuniversum und Denotatfunktion, die Modell von $\mathcal{W}$ ist, auch Modell von W ist.

Beispiel 3.57 *Schauen wir uns die Theorie $\mathcal{W}$ in Beispiel 3.53 an. Jedes Modell der Theorie $\mathcal{W}$ muss auch den geschlossenen Wahrheitsterm $W_1 =$* Person(Alex) *wahr machen. Damit gilt:*

$$\mathcal{W} \models W_1.$$

Es ist nicht überraschend, dass dieser Zusammenhang immer dann gilt, wenn $W_1 \in \mathcal{W}$ ist.

Wie sieht es aber mit dem Wahrheitsterm $W_2 =$ hörtAlarm(Alex) *aus? Wenn die Wahrheitsterme $\forall x :$* hörtAlarm$(x) \vee \overline{\text{Person}(x)}$ *und* Person(Alex) *wahr sind, muss natürlich auch* hörtAlarm(Alex) *wahr sein:*

$$\mathcal{W} \models W_2. \qquad \qquad \square$$

Die entscheidende Frage aus praktischer Sicht ist natürlich, wie man einen Schluss beweisen kann, ohne potentiell unendlich viele Kombinationen aus Diskursuniversum und Denotatfunktion testen zu müssen. Dazu gibt es verschiedene Ansätze.

Ein möglicher Weg ist das in Abschnitt 3.1.3 kurz beschriebene Kalkül des natürlichen Schließens, welches auch in der Prädikatenlogik anwendbar ist. Dabei können alle geschlossenen Wahrheitsterme in den Schlussregeln nach Tabelle 3.5 verwendet werden. Speziell für die Prädikatenlogik existieren zusätzliche Schlussregeln für Quantoren, welche in Tabelle 3.29 zusammengestellt sind.

Ein anderer Weg zum Beweisen eines prädikatenlogischen Schlusses ist die Verwendung eines HERBRAND-*Diskursuniversums* und einer HERBRAND-*Denotatfunktion*, welche als stellvertretend für die Menge aller Kombinationen von Diskursuniversen und Denotatfunktionen angesehen werden können [7]. Die Grundidee von HERBRAND ist die Konstruktion einer Denotatfunktion, die Diskursterme auf sich selbst abbildet. Was bedeutet das genau? Wir starten mit der Entitätenmenge E des Diskursuniversums. Diese Entitätenmenge entspricht nach HERBRAND allen Grunddiskurstermen einer Sprache. Durch die HERBRAND-Denotatfunktion werden Grunddiskursterme auf sich selbst abgebildet. Diskursterme mit Variablen lassen sich durch Ersetzung der Variablen mittels einer Belegung quasi in Grunddiskursterme überführen.

Beispiel 3.58 *Bezugnehmend auf die Sprache L, abgeleitet aus der Theorie in Beispiel 3.53, erhalten wir die Entitätenmenge $E = \{Alex, Bene\}$ des* HERBRAND-*Diskursuniversums und die* HERBRAND-*Denotatabbildung $F($*Alex$)$ $= Alex$ und $F($*Bene$) = Bene.$* $\qquad \square$

Tabelle 3.29: Zusätzliche Schlussregeln der Prädikatenlogik nach [20, S. 81ff], wobei $P \in \mathcal{P}$ ein beliebiges einstelliges Prädikat, $a \in \mathcal{K}$ eine beliebige Konstante und x,u,v $\in \mathcal{V}$ Variablen sind.

Name	Schlussregel	natürlichsprachliche Formulierung
Existenzeinführung	$\dfrac{P(a)}{\exists x : P(x)}$	Wenn P für eine Entität $[\![a]\!]_{PL}$ wahr ist, dann existiert mindestens eine Belegung $g(x)$, für die $P(x)$ wahr ist.
Allquantorbeseitigung	$\dfrac{\forall x : P(x)}{P(a)}$	Wenn $P(x)$ für alle Belegungen $g(x)$ wahr ist, dann ist es auch für jede beliebige Entität $[\![a]\!]_{PL}$ wahr.
Existenzbeseitigung	$\dfrac{\exists x : P(x)}{P(u)}$	Wenn $P(x)$ für mindestens eine Belegung $g(x)$ wahr ist, dann kann eine Variable u so eingeführt werden, dass $P(u)$ für deren Belegung $g(u)$ wahr ist. Man beachte, dass die Belegung $g(u)$ *unbekannt* bleibt und nicht beliebig gewählt werden kann.
Allquantoreinführung	$\dfrac{P(v)}{\forall x : P(x)}$	Wenn $P(v)$ für *jede beliebige* Belegung $g(v)$ wahr ist, dann ist $P(x)$ für alle Belegungen $g(x)$ wahr.

Auf der Grundlage der Entitätenmenge des HERBRAND-Diskursuniversums wird nun die sogenannte HERBRAND-*Basis* als Menge aller Anwendungen von Prädikatensymbolen mit allen Kombinationen von Argumenten aus der Entitätenmenge des HERBRAND-Diskursuniversums definiert.

Beispiel 3.59 *Bezugnehmend auf die Sprache L, abgeleitet aus der Theorie in Beispiel 3.53, erhalten wir die* HERBRAND-*Basis:*

> *Person(Alex)*
> *Person(Bene)*
> *hörtAlarm(Alex)*
> *hörtAlarm(Bene)*
> *Ruf(Alex)*
> *Ruf(Bene)*
> *Einbruch*
> *Erdbeben*
> *Alarm.*   □

Mittels des HERBRAND-Diskursuniversums und der HERBRAND-Basis kann nun die HERBRAND-Denotatfunktion für Prädikatensymbole festgelegt werden. Jedem Prädikatensymbol wird eine Teilmenge der Elemente der HERBRAND-Basis zugewiesen, welche mit dem gleichen Prädikatensymbol beginnen. Dies wird am besten am Beispiel ersichtlich:

Beispiel 3.60

$$F := \left\{ \begin{array}{ll} \text{Alex} \in \mathcal{K} & \mapsto Alex \in E, \\ \text{Bene} \in \mathcal{K} & \mapsto Bene \in E, \\ \text{Person} \in \mathcal{P} & \mapsto \{Person(Alex), Person(Bene)\} \subseteq \mathcal{R}_1 \\ \text{hörtAlarm} \in \mathcal{P} & \mapsto \{h\ddot{o}rtAlarm(Alex), h\ddot{o}rtAlarm(Bene)\} \subseteq \mathcal{R}_1 \\ \text{Ruf} \in \mathcal{P} & \mapsto \{Ruf(Alex), Ruf(Bene)\} \subseteq \mathcal{R}_1 \\ \text{Einbruch} \in \mathcal{P} & \mapsto R_w \in \mathcal{R}_0, \\ \text{Erdbeben} \in \mathcal{P} & \mapsto R_f \in \mathcal{R}_0, \\ \text{Alarm} \in \mathcal{P} & \mapsto R_w \in \mathcal{R}_0 \end{array} \right\}.$$

Wir erinnern uns, dass $\mathcal{R}_0 = \{R_f, R_w\}$ die Menge der nullstelligen Beziehung $R_f = \varnothing$ und $R_w = \{()\}$ bezeichnet, welche für Falschheit und Wahrheit stehen. □

Wir stellen also fest, dass die HERBRAND-Entitätenmenge und die HERBRAND-Denotatfunktion für Konstanten- und Funktionssymbole fest definiert ist. Dies gilt jedoch nicht für Prädikatensymbole. Eine HERBRAND-Denotatfunktion kann also über eine Teilmenge der HERBRAND-Basis identifiziert werden. Konsequenterweise nennt man eine Kombination von HERBRAND-Entitätenmenge und HERBRAND-Denotatfunktion, welche eine Theorie wahr macht, ein HERBRAND-*Modell*.

Die HERBRAND-*Theorie* liefert für Klauseln als Spezialfall einer Theorie einen effizienten Algorithmus zum Nachweis eines prädikatenlogischen Schlusses und ist damit die Grundlage für Logikprogrammierung und deduktive Datenbanken. Für eine Vertiefung empfehlen wir [7].

3.3.4 Logikprogrammierung

In der Logikprogrammierung und bei Verfahren deduktiver Datenbanken wird die Prädikatenlogik als Berechnungsmodell verwendet. Ein Programm wird dabei als eine Menge von Klauseln formuliert, zu welchem ein HERBRAND-Modell ermittelt wird. Aus diesem lassen sich dann Berechnungsergebnisse in Form von geschlossenen Wahrheitstermen ableiten.

Bevor Klauseln eingeführt werden können, muss der Begriff eines *Literals* festgelegt werden. Ein Literal $\mathsf{L} \in L$ ist ein Spezialfall eines Wahrheitsterms, welcher entweder einer Anwendung eines Prädikatensymbols auf Diskurstermen oder seiner Negation entspricht. Man unterscheidet daher *positive* und *negative Literale*.

Beispiel 3.61 *Die Terme* Person(Alex), Ruf(x), $\overline{\text{hörtAlarm(Bene)}}$ *sind Literale. Die ersten beiden Terme sind positive Literale und der letzte Term ein negatives Literal.* □

Eine *Klausel* ist eine Adjunktion von Literalen $L_1, \ldots, L_m$, bei denen mögliche freie Variablen durch ein Voranstellen des Allquantors gebunden werden:

$$\forall : (L_1 \lor \ldots \lor L_m).$$

Eine Klausel ist damit ein geschlossener Wahrheitsterm. Eine HORN-*Klausel* ist eine Klausel, welche maximal ein positives Literal aufweist. Die restlichen Literale sind alle negativ.

Beispiel 3.62 *Die Theorie in Beispiel 3.53 enthält ausschließlich Wahrheitsterme in Klauselform. Die Klauseln sind außerdem* HORN-*Klauseln.* □

HORN-Klauseln sind bei der Logikprogrammierung essentiell und werden auf eine bestimmte Art notiert. Seien A ein positives Literal und B_i negative Literale, wobei der Übersichtlichkeit halber die Argumente und Variablen weggelassen wurden. Bei der Logikprogrammierung werden HORN-Klauseln in *Fakten* und *Regeln* unterschieden:

1. *Fakt* A.
   Die HORN-Klausel enthält *genau ein* positives Literal $\forall : (A)$.

   Beispiel 3.63 Person(Alex). *ist ein Fakt. Er bedeutet „Alex ist eine Person."* □

2. *Regel* $A : -B_1, \ldots, B_n$.
   Eine Regel entspricht einer materialen Implikation $\forall : (B_1 \land \ldots \land B_n \rightarrow A)$, wobei A *Kopfliteral* und B_i *Rumpfliterale* genannt werden. Diese Implikation ist äquivalent zu der HORN-Klausel $\forall : (A \lor \overline{B_1} \lor \ldots \lor \overline{B_n})$.

   Beispiel 3.64 Ruf$(x) : -$Alarm, hörtAlarm(x). *ist eine Regel. Sie bedeutet „Wenn ein Alarm vorliegt und x den Alarm hört, dann ruft x an."* □

Beispiel 3.65 *Die Theorie in Beispiel 3.53 kann als Logikprogramm in Form von Fakten und Regeln formuliert werden:*

$$
\begin{aligned}
&\text{Person(Alex)}.\\
&\text{Person(Bene)}.\\
&\text{hörtAlarm}(x) : -\text{Person}(x).\\
&\text{Alarm} : -\text{Einbruch}.\\
&\text{Alarm} : -\text{Erdbeben}.\\
&\text{Ruf}(x) : -\text{Alarm}, \text{hörtAlarm}(x).
\end{aligned}
$$

□

Für die Auswertung eines Logikprogramms wird nun ein HERBRAND-Modell gesucht, welches die Klauseln wahr macht. Wir erinnern uns, dass mehrere HERBRAND-Modelle für ein gegebenes Logikprogramm existieren können. Welches Modell sollte für die Auswertung des Logikprogramms gewählt werden? Im Fall von HORN-Klauseln kann das intendierte Modell einfach festgelegt werden, es ist das *kleinste Modell*. Wie schon erwähnt, kann jedes HERBRAND-Modell durch eine Teilmenge der HERBRAND-Basis identifiziert werden. Das kleinste Modell ist dann das Modell, welches in

allen Modellen enthalten ist. Es werden also nur Grundwahrheitsterme verwendet, deren Wahrwerden vom Logikprogramm unbedingt gefordert wird.
Die Behandlung von Grundwahrheitswerten kann mit den Mitteln der Aussagenlogik erfolgen.

Beispiel 3.66 *Das kleinste* HERBRAND-*Modell für unser Beispiel enthält folgende Grundwahrheitsterme:*

$$Person(Alex)$$
$$Person(Bene)$$
$$hörtAlarm(Alex)$$
$$hörtAlarm(Bene)$$

*Dieses Modell erfüllt alle Wahrheitsterme der Theorie und ist minimal. Es
findet also kein Erdbeben und auch kein Einbruch statt. Daher wird kein
Alarm ausgelöst und kein Notruf abgesetzt.* □

Für Logikprogramme mit negativen Rumpfliteralen ist das kleinste Modell
als intendiertes Modell nicht geeignet. Wir verweisen auf die Literatur [10]
für eine Diskussion dieses Falls.

3.3.5 Probabilistische Erweiterung

Eine interessante probabilistische Erweiterung der Logikprogrammierung ist
ProbLog [4, 5]. In ProbLog können Grundfakten, also Fakten ohne Variablen,
mit Wahrscheinlichkeitswerten ausgestattet werden. Wie wir in Abschnitt 6.5
sehen werden, können Wahrscheinlichkeiten auf der Grundlage eines quantenlogischen Modells ermittelt werden.

Beispiel 3.67 *Die zwei mit Wahrscheinlichkeiten ausgestatteten Fakten*

0,1 :: Einbruch.
0,2 :: Erdbeben.

*drücken aus, dass ein Einbruch mit einer Wahrscheinlichkeit von 10 % und
ein Erdbeben mit einer Wahrscheinlichkeit von 20 % eintreten.* □

Aus praktischen Gründen kann der Schreibaufwand für die Angabe der Wahrscheinlichkeit für eine große Anzahl von Grundfakten sehr groß werden. Daher
gibt es die Möglichkeit, mittels Variablenbelegungen Grundfakten zu erzeugen und ihnen danach Wahrscheinlichkeiten zuzuweisen. Die Grundfakten
werden mit Hilfe von Regeln ermittelt. Ihre Rumpfliteralen dürfen jedoch
nicht bereits schon mit Wahrscheinlichkeiten versehen worden sein. Dieser
Mechanismus wird in ProbLog *intensionaler, probabilistischer Fakt* genannt.

Beispiel 3.68 *Unser ProbLog-Programmbeispiel enthält in der fünften Zeile einen intensionalen, probabilistischen Fakt, der nach Variablenersetzung*

den Grundfakten hörtAlarm(Alex) *und* hörtAlarm(Bene) *die Wahrscheinlichkeit* 70 % *zuweist.*

> Person(Alex).
> Person(Bene).
> 0,1 :: Einbruch.
> 0,2 :: Erdbeben.
> 0,7 :: hörtAlarm(x) : −Person(x).
> Alarm : −Einbruch.
> Alarm : −Erdbeben.
> Ruf(x) : −Alarm, hörtAlarm(x).   □

Ein ProbLog-Programm definiert eine Wahrscheinlichkeitsverteilung über Welten. Wir gehen hier von einer endlichen HERBRAND-Basis aus. Jeder mit einer Wahrscheinlichkeit p versehene Grundfakt definiert zwei Fälle, nämlich den Fall des Eintretens mit der Wahrscheinlichkeit P und den Fall des Nichteintretens mit der Wahrscheinlichkeit $1 - P$. Bei n mit Wahrscheinlichkeiten versehenen Grundfakten lassen sich daher 2^n Welten erzeugen. Über die Welten wird eine Wahrscheinlichkeitsverteilung generiert. Wir erinnern uns, dass Grundfakten als HORN-Klauseln dargestellte elementare Grundwahrheitsterme sind, und dass letztere den elementaren Aussagen der Aussagenlogik entsprechen. In ProbLog wird implizit stochastische Unabhängigkeit der Grundfakten angenommen. Wie in der Aussagenlogik ist jeder Welt ein Minterm zugeordnet. Dessen Elemente sind in der Prädikatenlogik elementare Grundwahrheitsterme beziehungsweise Grundfakten. Hat man für alle Grundfakten Wahrscheinlichkeiten, können die Weltwahrscheinlichkeiten durch Multiplikation der Wahrscheinlichkeiten der Grundfakten beziehungsweise deren Negationen berechnet werden.

Durch die Konzentration auf Grundfakten lassen sich probabilistische Erweiterungen der Aussagenlogik verwenden, wie sie in Abschnitt 3.1.5 diskutiert wurden. Daher nennen wir mit Wahrscheinlichkeit versehene Grundfakten probabilistische Aussagen und werten diese mit der Evaluierungsfunktion $[\![\cdot]\!]_{\mathrm{pAL}}$ aus. Die n probabilistischen Aussagen entsprechen Elementartermen und erzeugen die bereits in der probabilistischen Erweiterung der Aussagenlogik eingeführte Menge Ω_n von 2^n Welten.

Beispiel 3.69 *In unserem Beispiel werden vier probabilistische Aussagen definiert, welche* $2^4 = 16$ *Welten erzeugen. In Tabelle 3.30 werden Welten als Menge der eintretenden probabilistischen Aussagen notiert und deren Wahrscheinlicheiten angegeben.*   □

Für eine gegebene Welt ω lässt sich nun das gegebene ProbLog-Programm bezüglich der mit Wahrscheinlichkeit versehenen Grundfakten modifizieren. Alle in ω vorhandenen Grundfakten werden als gegeben interpretiert, verlieren also ihren Wahrscheinlichkeitswert. Die mit Wahrscheinlichkeit versehenen Grundfakten, welche nicht in ω auftauchen, werden aus dem ProbLog-Programm entfernt. Als Ergebnis erhält man ein Logikprogramm ohne An-

Tabelle 3.30: Weltwahrscheinlichkeiten: Die Wahrscheinlichkeit der ersten
Welt beträgt $f_P(\omega_1) = 0{,}1 \cdot 0{,}2 \cdot 0.7 \cdot 0{,}7 = 0{,}0098$. Alle Weltwahrscheinlichkeiten summieren sich zu Eins auf.

	Welt $\omega \in \Omega_n$	$f_P(\omega)$
1	$\{Einbruch, Erdbeben, h\ddot{o}rtAlarm(Alex), h\ddot{o}rtAlarm(Bene)\}$	0,0098
2	$\{Einbruch, Erdbeben, h\ddot{o}rtAlarm(Alex)\phantom{, h\ddot{o}rtAlarm(Bene)}\}$	0,0042
3	$\{Einbruch, Erdbeben,\phantom{h\ddot{o}rtAlarm(Alex),} h\ddot{o}rtAlarm(Bene)\}$	0,0042
4	$\{Einbruch, Erdbeben\phantom{, h\ddot{o}rtAlarm(Alex), h\ddot{o}rtAlarm(Bene)}\}$	0,0018
5	$\{Einbruch, h\ddot{o}rtAlarm(Alex), h\ddot{o}rtAlarm(Bene)\}$	0,0392
6	$\{Einbruch, h\ddot{o}rtAlarm(Alex)\phantom{, h\ddot{o}rtAlarm(Bene)}\}$	0,0168
7	$\{Einbruch,\phantom{Erdbeben, h\ddot{o}rtAlarm(Alex),} h\ddot{o}rtAlarm(Bene)\}$	0,0168
8	$\{Einbruch\phantom{, Erdbeben, h\ddot{o}rtAlarm(Alex), h\ddot{o}rtAlarm(Bene)}\}$	0,0072
9	$\{ Erdbeben, h\ddot{o}rtAlarm(Alex), h\ddot{o}rtAlarm(Bene)\}$	0,0882
10	$\{ Erdbeben, h\ddot{o}rtAlarm(Alex)\phantom{, h\ddot{o}rtAlarm(Bene)}\}$	0,0378
11	$\{ Erdbeben,\phantom{h\ddot{o}rtAlarm(Alex),} h\ddot{o}rtAlarm(Bene)\}$	0,0378
12	$\{ Erdbeben\phantom{, h\ddot{o}rtAlarm(Alex), h\ddot{o}rtAlarm(Bene)}\}$	0,0162
13	$\{ h\ddot{o}rtAlarm(Alex), h\ddot{o}rtAlarm(Bene)\}$	0,3528
14	$\{ h\ddot{o}rtAlarm(Alex)\phantom{, h\ddot{o}rtAlarm(Bene)}\}$	0,1512
15	$\{\phantom{Einbruch, Erdbeben, h\ddot{o}rtAlarm(Alex),} h\ddot{o}rtAlarm(Bene)\}$	0,1512
16	$\{\phantom{Einbruch, Erdbeben, h\ddot{o}rtAlarm(Alex), h\ddot{o}rtAlarm(Bene)}\}$	0,0648

gabe von Wahrscheinlichkeiten. Zu diesem Logikprogramm wird nun das intendierte HERBRAND-Modell ermittelt, welches natürlich ω enthält. Wenn
LP ein ProbLog-Programm ist, dann notieren wir mit MOD(LP) die Menge
aller intendierten HERBRAND-Modelle, die sich mit Hilfe der Welten aus Ω
ermitteln lassen.

Beispiel 3.70 *Wir wählen die Welt*

$$\omega_2 = \{Einbruch, Erdbeben, h\ddot{o}rtAlarm(Alex)\}$$

aus, um unser ursprüngliches ProbLog-Programm zu modifizieren:

> Person(Alex).
> Person(Bene).
> Einbruch.
> Erdbeben.
> hörtAlarm(Alex)
> Alarm : −Einbruch.
> Alarm : −Erdbeben.
> Ruf(x) : −Alarm, hörtAlarm(x).

Sein intendiertes HERBRAND-*Modell umfasst folgende Grundfakten:*

> *Person(Alex)*
> *Person(Bene)*

> *Einbruch*
> *Erdbeben*
> *hörtAlarm(Alex)*
> *Alarm*
> *Ruf(Alex).*   □

Der große Vorteil bei der Verwendung von Weltwahrscheinlichkeiten kann darin gesehen werden, dass zwar jede Welt eine Weltwahrscheinlichkeit besitzt, innerhalb einer Welt aber keine Wahrscheinlichkeiten auftreten. Daher können die Logikprogramme für jede Welt herkömmlich, also ohne Berücksichtigung der Wahrscheinlichkeit, berechnet werden.

Die Wahrscheinlichkeit eines Rechenergebnisses ergibt sich aus der Summe der Wahrscheinlichkeiten der Welten, welche das Ergebnis enthalten. Dieser konzeptionelle Ansatz wird in der Literatur als *Many-Worlds-Ansatz* bezeichnet. Es bietet sich an, eine Modellierung mehrerer Welten mittels der Quantenlogik über einem geeigneten Überlagerungszustand zu realisieren.

3.3.6 Probabilistisches Schließen

Im Kontext der probabilistischen Logikprogrammierung werden drei Arten des probabilistischen Schließens unterschieden:

1. *Wahrscheinlichkeit eines Ereignisses (EVID für evidence)*: Es soll die Wahrscheinlichkeit des Auftretens eines Grundfakts berechnet werden. Die passenden Weltwahrscheinlichkeiten werden aufsummiert.

   Beispiel 3.71 *Die Wahrscheinlichkeit von Ruf(Alex) soll berechnet werden. Dieser Grundfakt gehört zum Modell genau dann, wenn Alarm und hörtAlarm(Alex) eintreten. Alarm tritt ein, wenn ein Einbruch oder ein Erdbeben stattfindet. Dies ist in den Modellen für die Welten 1, 2, 5, 6, 9 und 10 der Fall. Die Wahrscheinlichkeit beträgt die Summe der Weltwahrscheinlichkeiten, nämlich 19,6 %.*   □

2. *Bedingte Wahrscheinlichkeit eines Ereignisses (MARG für margin)*: Es soll die Wahrscheinlichkeit eines Grundfakts berechnet werden, vorausgesetzt ein anderer Grundfakt liegt vor.

   Beispiel 3.72 *Die Wahrscheinlichkeit eines Einbruchs soll berechnet werden, wenn Ruf(Alex) vorkommt. Beide Ereignisse gehören gemeinsam zum Modell, wenn die Grundfakten Einbruch und hörtAlarm(Alex) in der jeweiligen Welt vorliegen. Dies betrifft die Welten 1, 2, 5 und 6 und ergibt die Wahrscheinlichkeit von 7 %. Dividiert durch die Wahrscheinlichkeit von 19,6 % für Ruf(Alex) ergibt sich eine bedingte Wahrscheinlichkeit von etwa 36 %.*   □

3. *Wahrscheinlichste Erklärung (MPE für most probable explanation)*: Gesucht ist die Welt für das Modell, in welchem ein Grundfakt am wahrscheinlichsten auftritt.

Beispiel 3.73 *Aus welcher Welt kann der Grundfakt hörtAlarm(Alex) am wahrscheinlichsten abgeleitet werden? In Frage kommen die Welten 1, 2, 5, 6, 9 und 10. Die Welt 9 erfüllt mit der Wahrscheinlichkeit von 8,82 % dar Grundfakt am wahrscheinlichsten.* □

3.3.7 Ist SCHRÖDINGERs *Katze tot?*

Antwort: Entweder sie ist tot, oder sie ist nicht tot, und zwar in Abhängigkeit vom Diskursuniversum.

Formal betrachten wir zwei Diskursuniversen

$$D_0 = \left\{ \begin{array}{ll} \{Katze\} & E \ : \text{Entitäten,} \\ \{tot = \varnothing\} & \mathcal{R}_1 : \text{Beziehungen} \end{array} \right\}$$

sowie

$$D_1 = \left\{ \begin{array}{ll} \{Katze\} & E \ : \text{Entitäten,} \\ \{tot = \{Katze\}\} & \mathcal{R}_1 : \text{Beziehungen} \end{array} \right\}.$$

Weiterhin definieren wir eine Sprache L mit der Konstanten Katze $\in \mathcal{K}$ und dem Prädikat tot $\in \mathcal{P}$ sowie eine Denotatfunktion mit Katze $\mapsto F(\text{Katze}) = Katze$ und tot $\mapsto F(\text{tot}) = tot$.

Im Diskursuniversum D_0 ist die Katze nicht tot

$$[\![\text{tot}(\text{Katze})]\!]_{\text{PL}}^{D_0} = \text{f}$$

und im Diskursuniversum D_1 ist sie tot

$$[\![\text{tot}(\text{Katze})]\!]_{\text{PL}}^{D_1} = \text{w}.$$

Mit Hilfe der Prädikatenlogik kann man außerdem Aussagen wie beispielsweise „SCHRÖDINGERs sämtliche Katzen sind tot" formalisieren. Dazu erweitern wir das Diskursuniversum D_1 um zwei Beziehungen *istKatze* und *gehörtSchrödinger* sowie die Sprache um zwei entsprechende Prädikate

$$\text{istKatze} \mapsto F(\text{istKatze}) \qquad = istKatze \quad \text{und}$$
$$\text{gehörtSchrödinger} \mapsto F(\text{gehörtSchrödinger}) = gehörtSchrödinger.$$

Außerdem erweitern wir das Diskursuniversum um einige Entitäten. Eine Teilmenge $\{k : k \in istKatze\}$ der neuen Entitäten seien Katzen. Der prädikatenlogische Term für unsere Aussage lautet damit

$$\forall x : \big(\mathsf{istKatze}(x) \wedge \mathsf{gehörtSchrödinger}(x)\big) \to \mathsf{tot}(x).$$

Auch hier ist die Gültigkeit dieser Aussage abhängig vom Diskursuniversum und von der Denotatsfunktion. Im Kontext eines Logikprogramms müssten für ein nichtleeres HERBRAND-Modell die Katzen von SCHRÖDINGER in Form von Konstantensymbolen im Zusammenhang mit den einstelligen Prädikatsymbolen definiert worden sein. Wir erinnern uns, dass das HERBRAND-Modell für ein Logikprogramm nur elementare Grundwahrheitsterme enhält, deren Existenz explizit gefordert wird.

Anstelle der beispielhaft genannten faktischen Aussagen der Prädikatenlogik erlaubt deren probabilistische Erweiterung potenzielle Aussagen. Dabei kann vom Many-Worlds-Ansatz nach Abschnitt 3.3.5 ausgegangen werden.

3.4 Fuzzy-Logik

Die Fuzzy-Logik ist eine Logik der graduellen Zugehörigkeiten.

3.4.1 Die Sprache der Fuzzy-Logik

Die *Fuzzy-Logik* [11] basiert auf dem Begriff der *Fuzzy-Menge*. Eine Fuzzy-Menge S wird durch eine Fuzzy-Zugehörigkeitsfunktion μ_S definiert, welche jedem Element eines vordefinierten Universums U, also einer festgelegten Menge, einen Wert aus dem Intervall $[0,1]$ zuordnet:

$$\mu_S : U \to [0,1] \qquad (U \text{ steht für } Universum).$$

Dabei wird ein hoher Wert als hohe Mengenzugehörigkeit und ein niedriger Wert als niedrige Mengenzugehörigkeit interpretiert.

Eine Fuzzy-Menge wird als ein elementarer Term der Sprache der Fuzzy-Logik aufgefasst. Die Fuzzy-Zugehörigkeitsfunktion μ_S eines Elements $u \in U$ des Universums ist damit eine Evaluierungsfunktion

$$[\![S]\!]_{\mathrm{FL}}^{u} := \mu_S(u).$$

Wir gehen im Folgenden davon aus, dass alle Fuzzy-Mengen für dasselbe Universum definiert sind.

In der Fuzzy-Logik entsprechen die Mengenoperationen Schnitt, Vereinigung und Komplement bezüglich des Universums den Terminalsymbolen $\vee, \wedge$ und $\neg$ der Logiksprache L. Die Sprache der Fuzzy-Logik wird also um diese Mengenoperationen erweitert. Die Fuzzy-Zugehörigkeitsfunktion $[\![\cdot]\!]_{\mathrm{FL}}^{u}$ muss entsprechend auch auf konstruierten Fuzzy-Mengen, also auf nicht-elementaren Termen, definiert werden. Solche Mengen korrespondieren in der Sprache der Logik zu nicht-elementaren Termen.

Hat man eine Fuzzy-Menge S gegeben, so wird deren Negation $\backslash S$ – das heißt, das Komplement bezüglich des Universums – allgemein mittels der Subtraktion von 1 realisiert:

$$\forall u \in U : [\![\backslash S]\!]^u_{\mathrm{FL}} := 1 - [\![S]\!]^u_{\mathrm{FL}}. \tag{3.41}$$

Im Folgenden seien S_1, S_2 zwei beliebige Fuzzy-Mengen, also Terme der Sprache der Fuzzy-Logik. Für die Evaluierung der Operationen Schnitt $S_1 \cap S_2$ beziehungsweise Vereinigung $S_1 \cup S_2$ verwendet die Fuzzy-Logik eine sogenannte *T-Norm* beziehungsweise *T-Konorm*. In der Fuzzy-Logik werden verschiedene Bedeutungen unterschieden:

1. $[\![\cdot]\!]^u_{\mathrm{FLZ}}$ – ZADEH-Semantik

$$\forall u \in U : [\![S_1 \cap S_2]\!]^u_{\mathrm{FLZ}} := \min\big([\![S_1]\!]^u_{\mathrm{FLZ}}, [\![S_2]\!]^u_{\mathrm{FLZ}}\big)$$
$$\forall u \in U : [\![S_1 \cup S_2]\!]^u_{\mathrm{FLZ}} := \max\big([\![S_1]\!]^u_{\mathrm{FLZ}}, [\![S_2]\!]^u_{\mathrm{FLZ}}\big),$$

2. $[\![\cdot]\!]^u_{\mathrm{FLA}}$ – algebraische Semantik von Produkt und Summe

$$\forall u \in U : [\![S_1 \cap S_2]\!]^u_{\mathrm{FLA}} := [\![S_1]\!]^u_{\mathrm{FLA}} \cdot [\![S_2]\!]^u_{\mathrm{FLA}}$$
$$\forall u \in U : [\![S_1 \cup S_2]\!]^u_{\mathrm{FLA}} := [\![S_1]\!]^u_{\mathrm{FLA}} + [\![S_2]\!]^u_{\mathrm{FLA}} - [\![S_1]\!]^u_{\mathrm{FLA}} \cdot [\![S_2]\!]^u_{\mathrm{FLA}}$$

und

3. $[\![\cdot]\!]^u_{\mathrm{FLL}}$ – ŁUKASIEWICZ-Semantik

$$\forall u \in U : [\![S_1 \cap S_2]\!]^u_{\mathrm{FLL}} := \max\big(0, [\![S_1]\!]^u_{\mathrm{FLL}} + [\![S_2]\!]^u_{\mathrm{FLL}} - 1\big)$$
$$\forall u \in U : [\![S_1 \cup S_2]\!]^u_{\mathrm{FLL}} := \min\big([\![S_1]\!]^u_{\mathrm{FLL}} + [\![S_2]\!]^u_{\mathrm{FLL}}, 1\big).$$

Die T-Normen und die entsprechenden T-Konormen wurden so entworfen, dass sie zueinander dual sind. Sie sind also mittels der Negation und der DE MORGAN'schen Regel ineinander überführbar.

Die Festlegung der Bedeutung der Evaluierungsfunktion $[\![\cdot]\!]_{\mathrm{FL}}$ nach den Regeln der Fuzzy-Logik wird durch das Schema in Bild 3.12 verdeutlicht, wobei der Ausgangsterm als Logikausdruck formuliert wurde. Es fällt auf, dass die Semantik von Schnitt (T-Norm), Vereinigung (T-Konorm) und Komplement arithmetisch ausschließlich im Wertebereich der Evaluierungsfunktion festgelegt wird.

Beispiel 3.74 *Betrachten wir eine Sprache L mit zwei elementaren Termen $a_1, a_2 \in L_{elem}$. In Bild 3.13 wird die Evaluierung für den Beispielterm*

$$t = (a_1 \wedge a_1) \vee (a_2 \wedge \overline{a_2}) \tag{3.42}$$

demonstriert. Die Konstruktion dieses Beispielterms wird aus Gründen der Übersichtlichkeit als Baum dargestellt, bei dem die elementaren Terme den

Rechnen mit logischen Formeln
Rechnen mit arithmetischen Formeln
$[\![\cdot]\!]_{\text{FL}} : L \to [0,1]$
$a_1, \ldots, a_n \in L_{\text{elem}}$
$[\![a_1]\!]_{\text{FL}}, \ldots, [\![a_n]\!]_{\text{FL}}$
T-Norm, T-Konorm, Negation
t
f_t
$[\![\cdot]\!]_{\text{FL}} : L \to [0,1]$
$t(a_1, \ldots, a_n) \in L$
wird über f_t definiert
$f_t\big([\![a_1]\!]_{\text{FL}}, \ldots, [\![a_n]\!]_{\text{FL}}\big)$
$=: [\![t(a_1, \ldots, a_n)]\!]_{\text{FL}}$

Bild 3.12: Festlegung der Semantik der Evaluierungsfunktion $[\![\cdot]\!]_{\text{FL}}$ der Fuzzy-Logik für nicht-elementare Terme

Blättern entsprechen. Den Junktorsymbolen werden die entsprechenden Fuzzy-Operationen (mittleres Bild) zugeordnet. Der entstandene arithmetische Term wird sodann als mathematische Funktion interpretiert, bei dem als Argumente die Werte $[\![a_1]\!]_{\text{FL}}$ *und* $[\![a_2]\!]_{\text{FL}}$ *eingesetzt werden.*

$\vee$
$\wedge$
$\wedge$
a_1 a_1 a_2 $\neg$
a_2
$[\![\cup]\!]_{\text{FL}}$
$[\![\cap]\!]_{\text{FL}}$
$[\![\cap]\!]_{\text{FL}}$
a_1 a_1 a_2 $[\![\setminus]\!]_{\text{FL}}$
a_2
$[\![\cup]\!]_{\text{FL}}$
$[\![\cap]\!]_{\text{FL}}$
$[\![\cap]\!]_{\text{FL}}$
$[\![a_1]\!]_{\text{FL}}$ $[\![a_1]\!]_{\text{FL}}$ $[\![a_2]\!]_{\text{FL}}$ $[\![\setminus]\!]_{\text{FL}}$
$[\![a_2]\!]_{\text{FL}}$

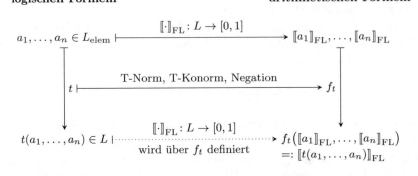

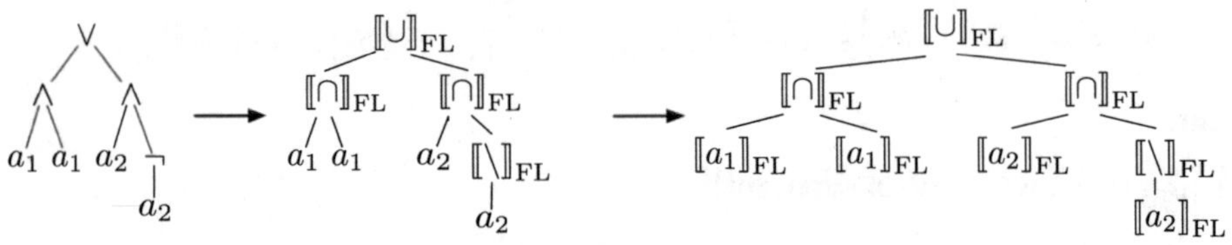

Bild 3.13: Beispiel für die Evaluierung eines nicht-elementaren Terms im Wertebereich der Evaluierungsfunktion

Wir setzen nun die Werte $[\![a_1]\!]_{\text{FL}} = {}^1\!/_{10}$ *und* $[\![a_2]\!]_{\text{FL}} = {}^1\!/_4$ *ein. Die Evaluierung des Terms* t *entsprechend den T-Normen und T-Konormen ergibt dann folgende Werte:*

$$\begin{aligned} \text{ZADEH}: [\![t]\!]_{\text{FLZ}} &= {}^1\!/_4 \\ \textit{algebraisch}: [\![t]\!]_{\text{FLA}} &= {}^{313}\!/_{1600} \\ \text{ŁUKASIEWICZ}: [\![t]\!]_{\text{FLL}} &= 0. \end{aligned}$$ □

Das Beispiel verdeutlicht ein wesentliches Problem mit der Fuzzy-Logik. Schauen wir dazu den Term t nach Gleichung (3.42) noch einmal an und formen ihn mit Hilfe der Rechenregeln der BOOLE'schen Algebra um:

$$\begin{aligned} t &= (a_1 \wedge a_1) \vee (a_2 \wedge \overline{a_2}) && \text{Gleichung (3.42)} \\ &= a_1 \vee (a_2 \wedge \overline{a_2}) && \text{wegen Idempotenz der Konjunktion} \end{aligned}$$

$$= a_1 \vee \mathsf{f} \qquad\qquad \text{wegen Widerspruchsfreiheit}$$
$$= a_1 \qquad\qquad\qquad \text{Adjunktionsauswertung.}$$

Als Evaluierung würden wir demnach in jedem Fall $[\![t]\!] = 1/10$ erwarten. Wie man an unserem Beispiel sieht, folgt die Fuzzy-Logik mit den obigen T-Normen und T-Konormen damit nicht grundlegenden Gesetzen einer Logik. Wir können hier nämlich abweichende Zugehörigkeitswerte erhalten. Dies ist eine direkte Konsequenz aus der Evaluierung im Wertebereich der Evaluierungsfunktion. Den Werten sieht man eben nicht an, ob sie wie bei der Idempotenz aus der Evaluierung desselben oder aus unterschiedlichen elementaren Termen entstammen. Tabelle 3.31 zeigt die Einhaltung beziehungsweise Nichteinhaltung grundlegender Logikgesetze durch die jeweiligen T-Normen und T-Konormen.

Tabelle 3.31: Einhaltung wichtiger Gesetze einer Logik durch verschiedene T-Normen und T-Konormen der Fuzzy-Logik für beliebige Terme $t \in L$

T-Norm/T-Konorm	Idempotenz $t \wedge t = t$	Widerspruchsfreiheit $t \wedge \bar{t} = \mathsf{f}$	*Tertium non Datur* $t \vee \bar{t} = \mathsf{w}$
ZADEH	ja	nein	nein
algebraisch	nein	nein	nein
ŁUKASIEWICZ	nein	ja	ja

3.4.2 Ist SCHRÖDINGERs *Katze tot?*

Antwort: Sie zu einem gewissen Grad μ tot und zu einem gewissen Grad $1-\mu$ nicht tot, und zwar in Abhängigkeit von einer geeignet gewählten Fuzzy-Zugehörigkeitsfunktion.

Formal betrachten wir die Menge aller bekannten Katzen als ein Fuzzy-Universum U. SCHRÖDINGERs Katze $u_{\mathrm{SK}} \in U$ sei ein Element dieses Universums. Die Frage nach dem Tod SCHRÖDINGERs Katze entspricht ihrer Zugehörigkeit zu einer Fuzzy-Menge S_{tot}. Den Grad des Ablebens der unglückseligen Katze – oder auch die Ungewissheit über deren Tod – lässt sich durch einen Zugehörigkeitswert

$$\mu_{\mathrm{tot}}(u_{\mathrm{SK}}) = [\![S_{\mathrm{tot}}]\!]_{\mathrm{FL}}^{u_{\mathrm{SK}}}$$

quantifizieren. Falls $\mu_{\mathrm{tot}}(u_{\mathrm{SK}})$ beispielsweise $1/2$ ist, dann kann die Katze als halbtot bezeichnet werden.

3.5 Zitate in Originalsprache

Originalzitat 3.1 C. S. PIERCE (zitiert nach [6, S. 338–341])

Logic, in its general sense, is, as I believe I have shown, only another name for semiotic (σημειωτικη), the quasi-necessary, or formal, doctrine of signs.

Literatur

1. Aristoteles: Peri Hermeneias. Herausgegeben, übersetzt und erläutert von Hermann Weidemann. Sammlung Tusculum. Walter der Gruyter GmbH, Berlin/Boston (2015)
2. Birkhoff, G., von Neumann, J.: The Logic of Quantum Mechanics. Annals of Mathematics **37**(4), 823–843 (1936). URL http://www.jstor.org/stable/1968621
3. Bünting, K.D.: Einführung in die Linguisitk, 12. Auflage. Athenäum Taschenbücher. Athenäum Verlag, Frankfurt/Main (1987)
4. De Raedt, L., Kersting, K.: Probabilistic inductive logic programming. In: Probabilistic Inductive Logic Programming, pp. 1–27. Springer (2008)
5. Fierens, D., van den Broeck, G., Renkens, J., Shterionov, D., Gutmann, B., Thon, I., Janssens, G., de Raedt, L.: Inference and Learning in Probabilistic Logic Programs Using Weighted Boolean Formulas. Theory and Practice of Logic Programming **15**(3), 358–401 (2015). DOI 10.1017/S1471068414000076
6. Fisch, H.M.: Peirce, Semeiotic and Pragmatism. Indiana University Press (1986)
7. Hinman, P.G.: Fundamentals of Mathematical Logic. CRC Press (2018). URL https://books.google.de/books?id=6UBZDwAAQBAJ
8. Hoffmann, R., Wolff, M.: Intelligente Signalverarbeitung 1: Signalanalyse, 2. Auflage. Springer Vieweg (2015)
9. Hoffmann, R., Wolff, M.: Intelligente Signalverarbeitung 2: Signalerkennung, 2. Auflage. Springer Vieweg (2015)
10. Hölldobler, S.: Logik und Logikprogrammierung. Synchron, Wiss.-Verlag der Autoren (2001)
11. Kruse, R., Borgelt, C., Braune, C., Klawonn, F., Moewes, C., Steinbrecher, M.: Fuzzy-Mengen und Fuzzy-Logik. In: Computational Intelligence, pp. 289–312. Springer (2015)
12. Nielsen, T.D., Jensen, F.V.: Bayesian Networks and Decision Graphs. Springer (2015)
13. Ogden, C.K., Richards, I.A.: The Meaning of Meaning: A Study of the Influence of Language upon Thought and of the Science of Symbolism. First published in 1923. Harvest/HBJ (1989)
14. Pearl, J.: Probabilistic Reasoning in Intelligent Systems: Networks of Plausible Inference. Morgan Kaufmann series in representation and reasoning. Elsevier Science (2014). URL https://books.google.de/books?id=mn2jBQAAQBAJ
15. Portoraro, F.: Automated Reasoning. In: E.N. Zalta (ed.) The Stanford Encyclopedia of Philosophy, Winter 2014 edn. Metaphysics Research Lab, Stanford University (2014)
16. Seifart, M., Beikirch, H.: Digitale Schaltungen, 5. überarb. Auflage. Verlag Technik (1997)
17. Shapiro, S.: Foundations without foundationalism: A case for second-order logic, vol. 17. Clarendon Press (1991)
18. Wittgenstein, L.: Tractatus Logico-Philosophicus, erschienen 1918. London: Routledge, 1981 (1922)
19. Wunsch, G., Schreiber, H.: Digitale Systeme, 5. Auflage. TUDpress, Dresden (2006)
20. Zoglauer, T.: Einführung in die formale Logik für Philosophen, 4. Auflage. Vandenhoeck & Ruprecht, Göttingen (2008)

Kapitel 4
Logik der Überlagerungen

Die Quantenlogik ist eine *Logik der Überlagerungen*. Eine Motivation dafür ist SCHRÖDINGERs Katze, deren Zustand man sich als eine Überlagerung der Sachverhalte „Katze ist tot" und „Katze ist nicht tot" vorstellen kann. Die Logik der Überlagerungen und die Modallogik unterscheiden sich in zwei Aspekten:

1. Zu einem Modell der Modallogik gehört eine Menge möglicher Welten, eine Logik der Überlagerungen dagegen bezieht sich nur auf eine Welt.

2. In einem Modell der Modallogik erhält jeder aussagenlogische Term in jeder möglichen Welt einen der beiden Wahrheitswerte „wahr" oder „falsch", in der Welt einer Logik der Überlagerungen gibt es dagegen Überlagerungszustände, deren Wahrheitswert noch nicht feststeht.

Die mit einer Logik der Überlagerungen verbundene mathematische Struktur ist der orthomodulare Verband. Dieser Abschnitt dient der Verbindung der Vorstellung von Überlagerungen mit der mathematischen Struktur. Wir illustrieren diese Verbindung an zwei Beispielen.

4.1 Welt und Sachverhalte

In einer Logik der Überlagerungen ist die Welt nicht nur „alles, was der Fall ist", sondern enthält zusätzlich noch Überlagerungen von Sachverhalten. Zur Beschreibung der Welt verwenden wir einen *Zustandsraum* Ω, der alle in Betracht kommenden Zustände enthält. Die Denotatfunktion F ordnet jedem Term t einer logischen Sprache L die Menge derjenigen Zustände zu, in denen der Term t wahr ist.

$$F : L \to \wp(\Omega), \qquad t \mapsto F(t) \subseteq \Omega. \tag{4.1}$$

© Springer-Verlag GmbH Deutschland, ein Teil von Springer Nature 2023
G. Wirsching et al., *Quantenlogik*, https://doi.org/10.1007/978-3-662-66780-4_4

Die Teilmenge $F(t) \subseteq \Omega$ nennen wir den vom Term t beschriebenen *Sachverhalt*. Somit ist ein Sachverhalt stets eine Teilmenge von Ω, aber nicht jede Teilmenge von Ω kommt als Sachverhalt in Frage. Bezüglich eines aussagenlogischen Terms t gibt es für einen Zustand $\omega \in \Omega$ also drei Möglichkeiten:

1. Im Fall $\omega \in F(t)$ gehört der Zustand ω zu dem durch t beschriebenen Sachverhalt.

2. Ist Fall $\omega \in F(\neg t)$ gehört der Zustand ω zu dem durch die Negation $\neg t$ beschriebenen Sachverhalt.

3. Ist $\omega \in \Omega \setminus (F(t) \cup F(\neg t))$, dann „überlagern" sich im Zustand ω die Sachverhalte $F(t)$ und $F(\neg t)$. In diesem Fall steht der Wahrheitswert des Term t im Zustand ω nicht fest. In der Quantenmechanik ist hier auch die Ausdrucksweise „der Wahrheitswert steht *noch* nicht fest" üblich. Er würde erst nach einer Quantenmessung feststehen, welche jedoch im Allgemeinen mit einem Zustandswechsel einhergeht.

4.2 Das Würfelbeispiel

Wir konstruieren zunächst eine Menge von Sachverhalten $\mathbb{W}_1 \subseteq \wp(\Omega)$, die Trägermenge eines BOOLE'schen Verbands ist. Anschließend konstruieren wir eine zweite Menge von Sachverhalten $\mathbb{W}_2 \subseteq \wp(\Omega)$ mit $\mathbb{W}_2 \neq \mathbb{W}_1$, die ebenfalls Trägermenge eines BOOLE'schen Verbands ist. Wir rechnen nach, dass in der Vereinigungsmenge $\mathbb{W}_1 \cup \mathbb{W}_2$ die Distributivgesetze nicht gelten. Schließlich zeigen wir, dass $\mathbb{W}_1 \cup \mathbb{W}_2$ Trägermenge eines orthomodularen Verbands ist.

4.2.1 Achsenparallele Sachverhalte

Zur Konstruktion unseres Beispiels beginnen wir mit einem Würfel der Kantenlänge fünf und bezeichnen den Mittelpunkt des Würfels als *Ankerpunkt*. Im Würfel markieren wir $5 \times 5 \times 5 = 125$ Punkte und entfernen den Ankerpunkt. Als Zustandsraum Ω wählen wir die Menge der verbleibenden 124 Punkte. Als Sachverhalte nehmen wir zunächst alle achsenparallelen Linien und Ebenen durch den Ankerpunkt – wobei wir diesen selbst jeweils entfernen – sowie den ganzen Raum T für die Tautologie und die leere Menge K für die Kontradiktion. So erhalten wir im ersten Schritt drei Linien L_x, L_y und L_z sowie drei auf diesen senkrecht stehende Ebenen E_x, E_y und E_z. Zusammen ergibt das die achtelementige Menge

$$\mathbb{W}_1 := \{K, L_x, L_z, L_y, E_y, E_z, E_x, T\}.$$

Diese acht Sachverhalte sind in Bild 4.1 dargestellt.

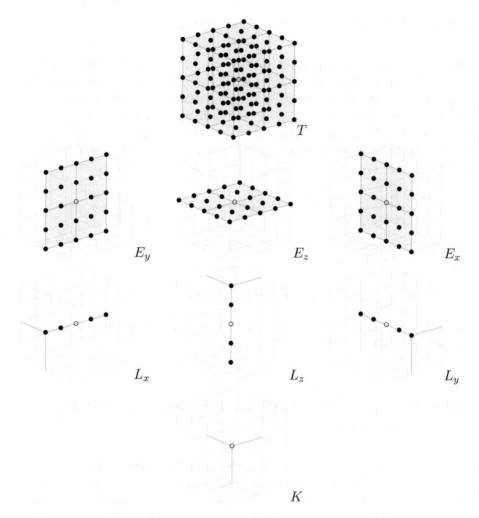

Bild 4.1: Die Teilbilder veranschaulichen die achsenparallelen Sachverhalte unseres Würfelbeispiels. Dabei entspricht die leere Sachverhalt K der Kontradiktion. Die Sachverhalte L_x, L_z und L_y enthalten jeweils vier Zustände, die entlang einer achsenparallelen Geraden durch den Ankerpunkt liegen. Die Sachverhalte E_y, E_z und E_x enthalten jeweils vierundzwanzig Zustände, die auf einer achsenparallelen Ebene durch den Ankerpunkt liegen. Der Sachverhalt T entspricht der Tautologie.

4.2.2 Eine Verbindung zur Aussagenlogik

Angenommen, jeder der Sachverhalte $S \in \mathbb{W}_1$ ist das Denotat eines aussagenlogischen Terms. Wir bezeichnen für $i \in \{x, y, z\}$ den zum Sachverhalt L_i gehörenden Term mit ℓ_i und den zum Sachverhalt E_i gehörenden Term mit e_i. Die leere Menge $K = \varnothing \subseteq \Omega$ ist das Denotat der Kontradiktion $\bot$ und der gesamte Überlagerungsraum Ω ist das Denotat der Tautologie $\top$. Die Denotatfunktion ist also auf diesen Termen durch die folgenden Zuordnungen gegeben:

Term p	$\bot$	ℓ_x	ℓ_y	ℓ_z	e_x	e_y	e_z	$\top$
Sachverhalt $F(p)$	K	L_x	L_y	L_z	E_x	E_y	E_z	T

Ein Term p ist einem Zustand $\omega \in \Omega$ genau dann wahr, wenn $\omega \in F(p)$ gilt. Daraus ergibt sich für zwei Terme p und q die Gleichung

$$F(p \wedge q) = F(p) \cap F(q), \qquad (4.2)$$

denn die Konjunktion $p \wedge q$ ist in einem Zustand $\omega \in \Omega$ genau dann wahr, wenn dieser sowohl in $F(p)$ als auch in $F(q)$ liegt.

4.2.3 Der Boole'sche Verband der achsenparallelen Sachverhalte

Die achtelementige Menge $\mathbb{W}_1$ trägt mit der Teilmengenbeziehung eine natürliche Halbordnung. Bild 4.2 zeigt das dazugehörige Hasse-Diagramm sowie das Hasse-Diagramm des Teilmengenverbands einer Menge mit drei Elementen. Weil die beiden Hasse-Diagramme die gleiche Struktur haben, sind die halbgeordneten Mengen $(\mathbb{W}_1, \subseteq)$ und $(\wp(\{1, 2, 3\}), \subseteq)$ isomorph (auf deutsch „gleichgestaltig").

Weil der Teilmengenverband

$$\left(\wp(\{1, 2, 3\}), \cap, \cup, (\cdot), \varnothing, \{1, 2, 3\}^\complement \right)$$

ein Boole'scher Verband ist, liegt es nahe, die Bestandteile dieser Struktur auf $\mathbb{W}_1$ zu übertragen. Als ersten Bestandteil übertragen wir das verbandstheoretische Zusammentreffen, die sowohl im Teilmengenverband als auch bei den Sachverhalten dem mengentheoretischen Durchschnitt entspricht. Für beliebige Sachverhalte $A, B \in \mathbb{W}_1$ ist also

$$A \sqcap B := A \cap B. \qquad (4.3)$$

Als nächstes übertragen wir die auf dem Teilmengenverband gegebene Orthokomplementierung. Das führt zu folgender Tabelle:

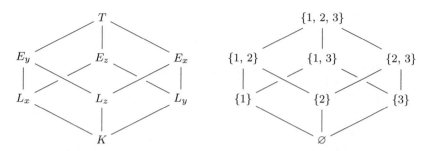

Bild 4.2: HASSE-Diagramme der achsenparallelen Sachverhalte K, L_x, L_z, L_y, E_y, E_z, E_x und T im Würfelbeispiel und des Teilmengenverbands der dreielementigen Menge $\{1, 2, 3\}$

Sachverhalt S	K	L_x	L_y	L_z	E_x	E_y	E_z	T
Orthokomplement S'	T	E_x	E_y	E_z	L_x	L_y	L_z	K

Im Würfelbeispiel kann das Orthokomplement eines Sachverhalt S wie folgt geometrisch charakterisiert werden: Der Sachverhalt S' enthält genau diejenigen Punkte, deren Verbindungsgerade zum Ankerpunkt senkrecht auf S steht.

Das verbandstheoretische Verbinden ist im Teilmengenverband durch die mengentheoretische Vereinigung gegeben. Bei Sachverhalten $A, B \in \mathbb{W}_1$ ist jedoch die mengentheoretische Vereinigung nicht unbedingt wieder ein Sachverhalt. Zum Beispiel liegt $L_y \cup L_z$ zwar in der Ebene E_x, aber letztere enthält noch weitere Punkte. Wir müssen daher die Verbandsstruktur mit der Trägermenge $\mathbb{W}_1$ auf Grundlage unserer Überlegungen in Abschnitt 2.5.4 mit Hilfe der DE MORGAN'schen Gesetze aufbauen. Das heißt, für beliebige Sachverhalte $A, B \in \mathbb{W}_1$ definieren wir

$$A \sqcup B := (A' \sqcap B')'.$$

Bild 4.3 zeigt einige Beispiele. Mit dieser Definition ist der orthokomplementäre Verband $(\mathbb{W}_1, \sqcap, \sqcup, (\cdot)', K, T)$ isomorph zum Teilmengenverband einer dreielementigen Menge.

4.2.4 Weitere Verbindungen zur Aussagenlogik

Es ist jetzt naheliegend, das Denotat der Negation eines Terms t als das Orthokomplement von $F(t)$ zu definieren, also

$$F(\neg t) := F(t)'. \tag{4.4}$$

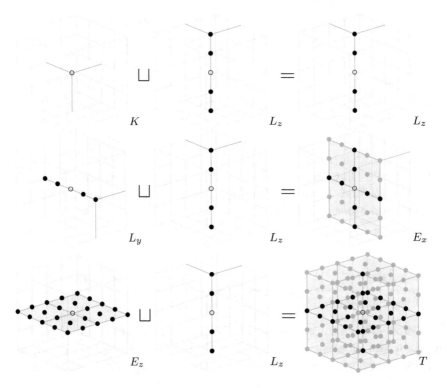

Bild 4.3: Verbinden von Sachverhalten aus Bild 4.1. Beispiele: $K \sqcup L_z = L_z$ (Zeile 1), $L_y \sqcup L_z = E_x$ (Zeile 2) und $E_z \sqcup L_z = T$ (Zeile 3). Zustände, die nicht in der mengentheoretischen Vereinigung der Sachverhalte liegen, sind grau gezeichnet.

Im Würfelbeispiel ist jedoch $F(t) \cup F(\neg t) \subsetneq \Omega$. Daher gibt es Zustände $\omega \in \Omega$, in denen weder der Term t noch seine Negation $\neg t$ zutrifft. Man kann sich vorstellen, dass sich in einem solchen Zustand die Sachverhalte $F(t)$ und $F(\neg t) = F(t)'$ „überlagern". Ein Beispiel für einen derartigen Überlagerungszustand ist der Zustand von SCHRÖDINGERs Katze.

Hat man zwei Terme p und q, so können wir jetzt den Sachverhalt der Adjunktion $p \vee q$ durch das Verbinden der Denotate ausrechnen:

$$F(p \vee q) = F(p) \sqcup F(q).$$

Dieser Sachverhalt besteht einerseits aus denjenigen Zuständen, in denen p oder q zutrifft, und andererseits zusätzlich aus denjenigen Zuständen, in denen sich p und q „überlagern". Das gibt dieser Logik den Namen „Logik der Überlagerungen".

4.2.5 Ein weiterer BOOLE'scher Verband im Würfelbeispiel

Wir konstruieren die Trägermenge $\mathbb{W}_2$ eines zweiten BOOLE'schen Verbands, indem wir in Bild 4.1 zunächst die Linien L_x und L_y durch „diagonale" Linien L_{xy} und L_{yx} ersetzen und anschließend die Ebenen E_x und E_y durch „diagonal liegende" Ebenen E_{xy} und E_{yx}. Die Sachverhalte

$$\mathbb{W}_2 = \{K, L_{xy}, L_{yx}, L_z, E_{xy}, E_{yx}, E_z, T\}$$

sind in Bild 4.4 dargestellt. Bild 4.5 zeigt das HASSE-Diagramm der halb-

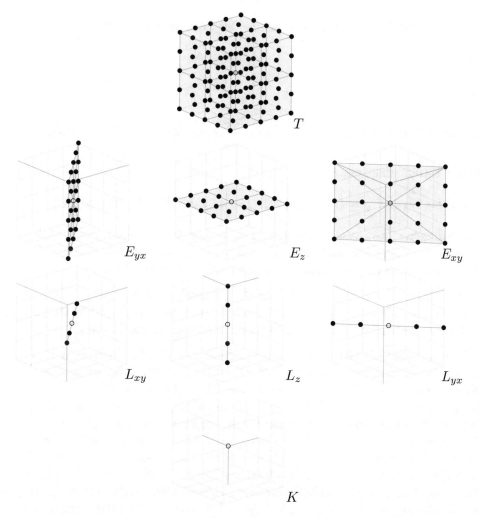

Bild 4.4: Die Teilbilder veranschaulichen die Sachverhalte in $\mathbb{W}_2$.

geordneten Menge $(\mathbb{W}_2, \subseteq)$. Dieses hat wieder die gleiche Struktur wie das
HASSE-Diagramm der Teilmengen einer dreielementigen Menge hat. Daher
trägt auch $\mathbb{W}_2$ die Struktur eines BOOLE'schen Verbands.

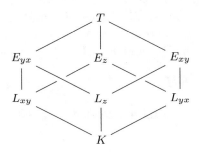

Bild 4.5: HASSE-Diagramme der Sachverhalte in $\mathbb{W}_2$

4.2.6 Vereinigung der beiden BOOLE'schen Verbände

Ist die Vereinigungsmenge

$$\mathbb{W} := \mathbb{W}_1 \cup \mathbb{W}_2 = \{K, L_x, L_{xy}, L_y, L_{yx}, L_z, E_x, E_{xy}, E_y, E_{yx}, E_z, T\}$$

Trägermenge eines orthokomplementären Verbands? Um diese Frage zu beantworten, prüfen wir zunächst nach, ob sie bezüglich der Operationen Orthokomplementierung $(\cdot)'$ und Zusammentreffen $\sqcap$ abgeschlossen ist.

Da jeder Sachverhalt $S_1 \in \mathbb{W}_1$ ein Orthokomplement $S_1' \in \mathbb{W}_1 \subseteq \mathbb{W}$ und
jeder Sachverhalt $S_2 \in \mathbb{W}_2$ ein Orthokomplement $S_2' \in \mathbb{W}_2 \subseteq \mathbb{W}$ besitzt, ist
die Menge $\mathbb{W}$ bezüglich der Orthokomplementierung abgeschlossen.

Die zweistellige Operation Zusammentreffen $\sqcap$ von Sachverhalten in $\mathbb{W}$
entspricht deren mengentheoretischem Durchschnitt: Für beliebige $A, B \in \mathbb{W}$
gilt nach Gleichung (4.3) $A \sqcap B = A \cap B$. Zur Überprüfung, ob $\mathbb{W}$ bezüglich des
Zusammentreffens abgeschlossen ist, hilft uns die geometrische Vorstellung.
Der Durchschnitt einer Linie durch den Ankerpunkt mit einer Ebene durch
den Ankerpunkt ist entweder die Linie, wenn diese in der Ebene liegt, oder
andernfalls nur der Ankerpunkt. Je zwei nicht-identische Linien treffen sich
im Ankerpunkt, und je zwei nicht-identische Ebenen treffen sich in einer Linie
durch den Ankerpunkt. Es bleibt also nur zu überprüfen, ob die Durchschnitte
zweier Ebenen aus $\mathbb{W}$ wieder in $\mathbb{W}$ liegen. Die Menge $\mathbb{W}$ enthält genau fünf
Ebenen, nämlich E_x, E_y, E_{xy}, E_{yx} und E_z. Die ersten vier treffen sich in L_z,
und für die Durchschnitte mit E_z gelten die Gleichungen

$$E_z \sqcap E_x = L_y, \ E_z \sqcap E_y = L_x, \ E_z \sqcap E_{xy} = L_{yx} \ \text{und} \ E_z \sqcap E_{yx} = L_{xy}.$$

Damit ist gezeigt, dass der mengentheoretische Durchschnitt zweier beliebiger Sachverhalte in $\mathbb{W}$ wieder in $\mathbb{W}$ liegt. Daher ist $\mathbb{W}$ bezüglich des Zusammentreffens abgeschlossen.

Das Zusammentreffen zweier Sachverhalte $A, B \in \mathbb{W}$ ergibt deren Infimum bezüglich der Halbordnung $\subseteq$, es gilt $A \sqcap B = \inf\{A, B\}$. Nach den Überlegungen in Abschnitt 2.5.4 folgen aus der Existenz paarweiser Infima und einer Orthokomplementierung die Existenz paarweiser Suprema $\sup\{A, B\} = A \sqcup B$, die beiden DE MORGAN'schen Gesetze und dass die Struktur

$$\left(\mathbb{W}, \sqcap, \sqcup, (\cdot)', K, T \right)$$

ein orthokomplementärer Verband ist.

4.2.7 Verletzung der Distributivgesetze

In diesem orthokomplementären Verband gibt es Sachverhalte $A, B, C \in \mathbb{W}$ derart, dass die folgenden beiden Distributivgesetze verletzt sind:

$$A \sqcap (B \sqcup C) = (A \sqcap B) \sqcup (A \sqcap C) \quad \text{und} \tag{4.5}$$
$$A \sqcup (B \sqcap C) = (A \sqcup B) \sqcap (A \sqcup C). \tag{4.6}$$

Bild 4.6 zeigt ein entsprechendes Beispiel. Der orthokomplementäre Verband $\left(\mathbb{W}, \sqcap, \sqcup, (\cdot)', K, T \right)$ ist also nicht BOOLE'sch.

4.2.8 Orthomodularität

Wir wollen uns nun davon überzeugen, dass der orthokomplementäre Verband $\left(\mathbb{W}, \sqcap, \sqcup, (\cdot)', K, T \right)$ wenigstens orthomodular ist. Hierzu ist die Orthomodularitätsbedingung (2.46) nachzuprüfen. Das heißt, wir müssen für beliebige Sachverhalte $A, C \in \mathbb{W}$ das folgende *Orthomodulargesetz* beweisen:

$$A \subseteq C \quad \Rightarrow \quad A \sqcup (A' \sqcap C) = C. \tag{4.7}$$

Das gelingt uns, indem wir die geometrische Struktur des Würfelbeispiels ausnutzen. Als Ausgangspunkt wählen wir die Kette von drei Relationen

$$K \ \subseteq \ A \ \subseteq \ C \ \subseteq \ T$$

und unterscheiden jeweils die Fälle „$=$" und „$\subsetneq$". Aufgrund der in Tabelle 4.1 durchgeführten Umformungen ist nur noch der achte Fall offen, also

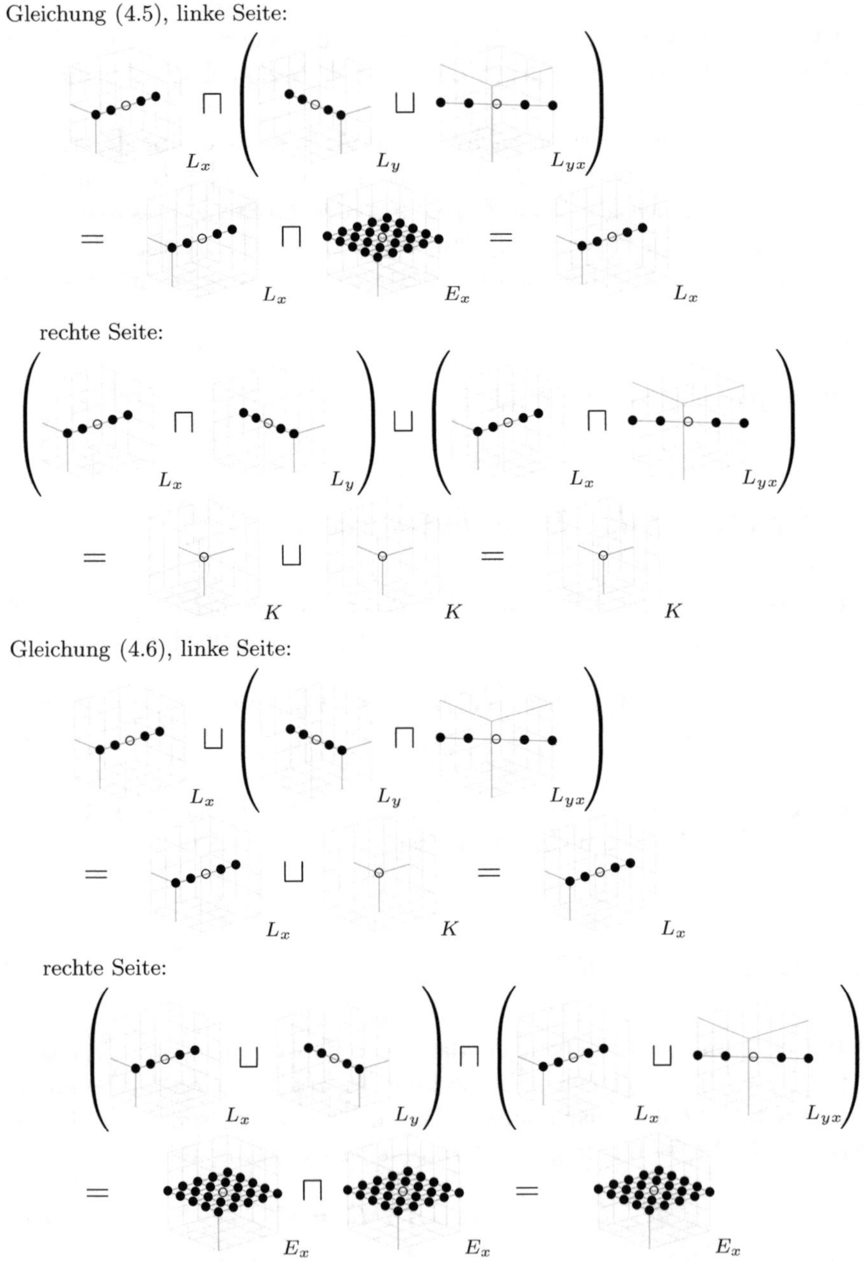

Gleichung (4.5), linke Seite:

rechte Seite:

Gleichung (4.6), linke Seite:

rechte Seite:

Bild 4.6: Beispiel zur Verletzung der beiden Distributivgesetze. Wir wählen hier drei verschiedene Geraden, die in einer Ebene liegen, und von denen sich je zwei nur im Ankerpunkt schneiden. Die Gleichungen $L_x \sqcap (L_y \sqcup D_{xy}) = L_x$ und $(L_x \sqcap L_y) \sqcup (L_x \sqcap D_{xy}) = E_x \neq L_x$ zeigen eine Verletzung von Gleichung (4.5). Die Gleichungen $L_x \sqcup (L_y \sqcap D_{xy}) = L_x$ und $(L_x \sqcup L_y) \sqcap (L_x \sqcup D_{xy}) = E_x \neq L_x$ zeigen eine Verletzung von Gleichung (4.6).

Tabelle 4.1: Fallunterscheidung beim Orthomodulargesetz

Fall	Relationen	$A \sqcup (A' \sqcap C)$	Umformungen		Ok?
1.	$K = A = C = T$	unmöglich, denn im Würfelbeispiel ist $K \neq T$			
2.	$K \subsetneq A = C = T$	$T \sqcup (K \sqcap T)$	$= T \sqcup K$	$= T = C$	✓
3.	$K = A \subsetneq C = T$	$K \sqcup (T \sqcap T)$	$= K \sqcup T$	$= T = C$	✓
4.	$K = A = C \subsetneq T$	$K \sqcup (T \sqcap K)$	$= K \sqcup K$	$= K = C$	✓
5.	$K \subsetneq A \subsetneq C = T$	$A \sqcup (A' \sqcap T)$	$= A \sqcup A'$	$= T = C$	✓
6.	$K \subsetneq A = C \subsetneq T$	$A \sqcup (A' \sqcap A)$	$= A \sqcup K$	$= A = C$	✓
7.	$K = A \subsetneq C \subsetneq T$	$K \sqcup (T \sqcap C)$	$= K \sqcup C$	$= C$	✓
8.	$K \subsetneq A \subsetneq C \subsetneq T$	$A \sqcup (A' \sqcap C)$			?

$$K \quad \subsetneq \quad A \quad \subsetneq \quad C \quad \subsetneq \quad T.$$

Weil die Sachverhalte im Würfelbeispiel nur die leere Menge K, die Linien L_i, die Ebenen E_i und den gesamten Zustandsraum T umfassen, muss in diesem Fall A eine Linie und C eine Ebene sein. Daher ist auch das Orthokomplement A' eine Ebene. An dieser Stelle kommt die Geometrie ins Spiel.

1. Zwei nicht-identische Ebenen in $\mathbb{W}$ schneiden sich in einer Linie, also ist $L := A' \sqcap C$ eine Linie.

2. Nach Konstruktion in Punkt 1 ist $L \subseteq C$, also gilt $A \sqcup L \subseteq A \sqcup C$.

3. Wegen $A \subseteq C$ folgt $A \sqcup C = C$, also gilt $L \subseteq C$.

4. Zwei nicht-identische Geraden erzeugen eine Ebene, also ist $E := A \sqcup L$ eine Ebene.

5. Nach Punkt 3 ist $L \subseteq C$, also ist wegen $A \subseteq C$ nach Punkt 4 auch $E = A \sqcup L \subseteq C$.

6. Weil E und C Ebenen sind und Punkt 5 $E \subseteq C$ gilt, folgt $E = C$.

7. Insgesamt erhalten wir $A \sqcup (A' \sqcap C) = A \sqcup L = E = C$.

Damit ist das Orthomodulargesetz (4.7) bewiesen. □

4.2.9 HASSE-*Diagramm des Unterverbands*

Wir betrachten nun für zwei beliebige Sachverhalte $A, B \in \mathbb{W}$ die achtelementige Menge

$$\mathbb{T}(A, B) := \{K, A, B, A', B', A \sqcup B', B \sqcap A', T\}.$$

Weil das Orthomodulargesetz im Verband $\big(\mathbb{W}, \sqcap, \sqcup, (\cdot)', K, T\big)$ erfüllt ist, gelten die Gleichungen

$$A \sqcup (A' \sqcap B) = B \quad \text{und} \quad B' \sqcup (B \sqcap A') = A'.$$

Anwendung eines DE MORGAN'schen Gesetzes auf diese Gleichungen ergibt

$$A' \sqcap (A \sqcup B') = B' \quad \text{und} \quad B \sqcap (B' \sqcup A) = A.$$

Daher ist $\mathbb{T}(A, B) \subseteq \mathbb{W}$ Trägermenge eines BOOLE'schen Unterverbands. Bild 4.7 zeigt das HASSE-Diagramm dieses Unterverbands. Auch dieses Diagramm ist isomorph zum HASSE-Diagramm des Teilmengenverbands einer dreielementigen Menge.

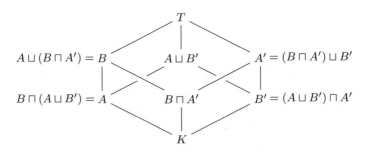

Bild 4.7: HASSE-Diagramme des BOOLE'schen Unterverbands, der von zwei Sachverhalten $A, B \in \mathbb{S}$ mit $A \subseteq B$ erzeugt wird

4.3 Ein Anwendungsbeispiel

Wir betrachten als praktisches Beispiel für Sachverhalte im Würfelbeispiel ein betriebswirtschaftliches Problem im Kontext eines Data-Warehouses [1]. Ziel ist es, Umsatzzahlen von Produktverkäufen eines Getränkemarkts mit vielen Filialen zu analysieren. Der Umsatz ist dabei abhängig vom Ort (O) der verkaufenden Filiale, dem Zeitpunkt (Z) des Verkaufs und natürlich vom verkauften Produkt (P). Wir stellen dieses Szenario als Faktenwürfel mit den Dimensionen O, P und Z analog zu Bild 4.1 dar. Der Analyst ist am Umsatz bezogen auf ein bestimmtes Produkt, einen bestimmten Zeitpunkt und einen bestimmten Ort interessiert. Für den Vergleich möchte er insbesondere auch Summen und Zwischensummen der Umsätze berechnen, wenn konkrete Werte für einzelne Dimensionen irrelevant sind. Dies markieren wir durch das Zeichen *.[1]

Tabelle 4.2: $2^3 = 8$ Kombinationen über O, P, Z mit Bezug auf Bild 4.1

Irrelevanz-kombination	Bemerkung	Sachverhalt
OPZ	keine Aggregation	K
*PZ	Aggregation über O	L_x
O*Z	Aggregation über P	L_y
OP*	Aggregation über Z	L_z
**Z	Aggregation über O und P	E_z
P	Aggregation über O und Z	E_y
O**	Aggregation über P und Z	E_x
***	Aggregation über O, P und Z	T

Die für die Aggregation verwendeten Mengen von Umsatzzahlen können als Sachverhalte, siehe Tabelle 4.2, interpretiert werden. Die Null-Irrelevanzkombination OPZ entspricht dabei dem Ankerpunkt. Alle anderen Sachverhalte entsprechen echten Irrelevanzkombinationen, also solchen, deren Bezeichner mindestens ein * enthält. Irrelevanzkombinationen können verknüpft werden, was dem Verbinden von Sachverhalten entspricht. Beispielsweise soll die Verknüpfung von *PZ mit O** die Kombination *** ergeben. Die Summen über *PZ und die Summen über O** addieren sich dabei nicht zu der Summe über ***, denn die Menge der Umsatzzahlen über *** ist eben nicht die Vereinigung der Mengen der Umsatzzahlen von *PZ und O**, sondern eine echte Obermenge. Die Umsatzzahlen, die nicht in der Mengenvereinigung enthalten sind, gehören zu Kombinationen irrelevanter Dimensionen O, P oder Z.

Beispiel 4.1 *Ein kleines Beispiel mit konkreten Werten soll dies demonstrieren. Angenommen, es gibt die zwei Orte o_1, o_2, die zwei Produkte p_1, p_2, die zwei Zeitpunkte z_1, z_2 sowie entsprechende Umsatzzahlen wie in Tabelle 4.3 gezeigt. Wir sind an den Umsätzen für den bestimmten Ort o_1, das bestimmte Produkt p_1 sowie den bestimmten Zeitpunkt z_1 interessiert, welche somit den Ankerpunkt (o_1, p_1, z_1) bilden. Tabelle 4.4 zeigt die Summen für die einzelnen Irrelevanzkombination bezüglich (o_1, p_1, z_1). Insbesondere erhalten wir für *PZ die Umsatzsumme von 6 Euro, für O** die Umsatzsumme von 10 Euro und für *** die Umsatzsumme von 36 Euro. Wir stellen fest, dass $6 + 10$ ungleich 36 ist.* □

---

[1] In SQL-Datenbanken generiert der CUBE-Befehl beliebige Irrelevanzkombinationen [1].

Tabelle 4.3: Beispiel eines multidimensionalen Faktenwürfels

Ort	Produkt	Zeitpunkt	Umsatz
o_1	p_1	z_1	1 Euro
o_1	p_1	z_2	2 Euro
o_1	p_2	z_1	3 Euro
o_1	p_2	z_2	4 Euro
o_2	p_1	z_1	5 Euro
o_2	p_1	z_2	6 Euro
o_2	p_2	z_1	7 Euro
o_2	p_2	z_2	8 Euro

Tabelle 4.4: Aufsummierte Umsatzzahlen der Irrelevanzkombinationen bezüglich des Ankerpunkts (o_1, p_1, z_1)

Ort	Produkt	Zeitpunkt	Umsatz
o_1	p_1	z_1	1 Euro
o_1	p_1	*	$1 + 2 = 3$ Euro
o_1	*	z_1	$1 + 3 = 4$ Euro
*	p_1	z_1	$1 + 5 = 6$ Euro
o_1	*	*	$1 + 2 + 3 + 4 = 10$ Euro
*	p_1	*	$1 + 2 + 5 + 6 = 14$ Euro
*	*	z_1	$1 + 3 + 5 + 7 = 16$ Euro
*	*	*	$1 + \ldots + 8 = 36$ Euro

4.4 Das Sphärenbeispiel

Wir konstruieren jetzt einen orthomodularen Verband aus Teilmengen einer Kugeloberfläche im dreidimensionalen Raum. In der Mathematik wird die Oberfläche der Einheitskugel im dreidimensionalen Raum die 2-*Sphäre* genannt und mit S^2 bezeichnet. Die Trägermenge $\mathbb{S}$ unseres sphärischen Verbands besteht aus Teilmengen von S^2, und zwar aus den folgenden:

1. Die leere Menge $K := \emptyset$ als Nullelement und die gesamte 2-Sphäre $T := S^2$ als Einselement. Bild 4.8 zeigt eine Veranschaulichung.

2. *Antipodenpaare*, also Punktepaare, deren Verbindungslinie durch den Kugelmittelpunkt geht. Bild 4.9 zeigt einige Beispiele.

3. *Großkreise*, also Kreislinien auf der Sphäre, deren Mittelpunkt mit dem Kugelmittelpunkt zusammenfällt. Damit liegt jeder Großkreis in einer Ebene, die auch den Kugelmittelpunkt enthält. Wir nennen diese Ebene die *Großkreisebene*. Bild 4.10 zeigt einige Beispiele.

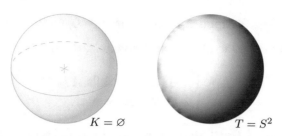

$K = \emptyset$ $T = S^2$

Bild 4.8: Nullelement und Einselement unseres Sphärenbeispiels

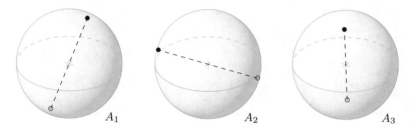

A_1 A_2 A_3

Bild 4.9: Beispiele für Antipodenpaare auf der 2-Sphäre in unterschiedlichen Lagen. In jedem Fall wird die Verbindungslinie vom Kugelmittelpunkt halbiert. Es existieren unendlich viele Antipodenpaare.

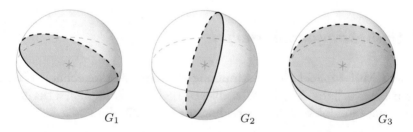

G_1 G_2 G_3

Bild 4.10: Beispiele für Großkreise auf der 2-Sphäre in unterschiedlichen Lagen. Der Kugelmittelpunkt ist jeweils auch der Mittelpunkt des Großkreises. Großkreisebenen sind grau schattiert dargestellt. Es existieren unendlich viele Großkreise.

4.4.1 Die Mengenfamilie $\mathbb{S}$ ist durchschnittsstabil

Wir überprüfen zunächst, ob die Mengenfamilie $\mathbb{S}$ durchschnittsstabil ist, das heißt, ob der mengentheoretische Durchschnitt zweier Elemente aus $\mathbb{S}$ wieder in $\mathbb{S}$ liegt.

1. Für einen beliebigen Sachverhalt $S \in \mathbb{S}$ ist $S \cap K = K \in \mathbb{S}$.

2. Für einen beliebigen Sachverhalt $S \in \mathbb{S}$ ist $S \cap T = S \in \mathbb{S}$.

3. Sind $A_1 \neq A_2$ zwei Antipodenpaare, dann gilt $A_1 \cap A_2 = \varnothing = K \in \mathbb{S}$.

4. Ist A ein Antipodenpaar und G ein Großkreis, dann gilt

$$A \cap G = \begin{cases} A \in \mathbb{S} & \text{falls } A \subseteq G, \\ \varnothing = K \in \mathbb{S} & \text{sonst.} \end{cases} \tag{4.8}$$

5. Sind $G_1 \neq G_2$ zwei Großkreise, dann ist ihr Durchschnitt $G_1 \cap G_2$ ein Antipodenpaar. Bild 4.11 zeigt den Durchschnitt zweier Großkreise.

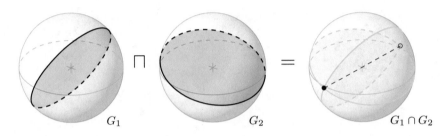

Bild 4.11: Veranschaulichung des Durchschnitts zweier Großkreise.

4.4.2 Orthokomplementierung

Etwas mehr Mühe macht die Bestimmung des Orthokomplements S' eines beliebigen Sachverhalts $S \in \mathbb{S}$. Wir müssen die Orthokomplementierung so einrichten, dass die folgenden drei Bedingungen erfüllt sind:

1. **Involutivität**: Wir definieren das *Orthokomplement eines Großkreises* als dasjenige Antipodenpaar, dessen Verbindungslinie auf der Großkreisebene senkrecht steht. Umgekehrt definieren wir das *Orthokomplement eines Antipodenpaares* als denjenigen Großkreis, dessen Großkreisebene auf der Verbindungslinie des Antipodenpaars senkrecht steht. Bild 4.12 zeigt einige Beispiele. Diese Orthokomplementierung ist nach Konstruktion involutiv.

2. **Kontraposition**: Wir beweisen für beliebige Sachverhalte $S_1, S_2 \in \mathbb{S}$ die Äquivalenz

$$S_1 \subseteq S_2 \quad \Leftrightarrow \quad S_2' \subseteq S_1'. \tag{4.9}$$

Ist $S_1 = K$ oder $S_2 = T$, dann ist nichts zu zeigen. Sind S_1 und S_2 beides Großkreise oder beides Antipodenpaare, dann ist $S_1 \subseteq S_2$ äquivalent zu $S_1 = S_2$, und es bleibt ebenfalls nichts zu zeigen. Der Beweis kann sich also auf den Fall beschränken, dass S_1 ein Antipodenpaar und S_2 ein Großkreis ist.

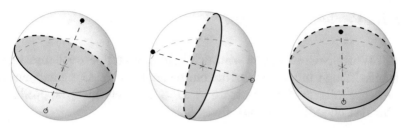

Bild 4.12: Die Bilder zeigen einige Konstellationen aus Großkreis und Antipodenpaar auf der 2-Sphäre, bei denen jeweils das eine Orthokomplement des anderen ist.

Wir bezeichnen zunächst ganz allgemein die Verbindungsgerade eines Antipodenpaars A mit $g(A)$, und die Großkreisebene eines Großkreises G mit $e(G)$. Nach Konstruktion steht $g(S_1)$ senkrecht auf $e(S_2)$, und $e(S_2')$ steht senkrecht auf $g(S_2')$, wie in Bild 4.12 veranschaulicht. Daraus ergeben sich die Äquivalenzen

$$S_1 \subseteq S_2 \ \Leftrightarrow \ g(S_1) \subseteq e(S_2) \ \Leftrightarrow \ g(S_2') \subseteq e(S_1') \ \Leftrightarrow \ S_2' \subseteq S_2',$$

womit die Äquivalenz (4.9) bewiesen ist. Bild 4.13 veranschaulicht die Situation.

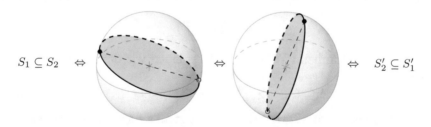

$$S_1 \subseteq S_2 \quad \Leftrightarrow \qquad\qquad\qquad\qquad \Leftrightarrow \qquad\qquad\qquad\qquad \Leftrightarrow \quad S_2' \subseteq S_1'$$

Bild 4.13: Veranschaulichung der Kontraposition $S_1 \subseteq S_2 \Leftrightarrow S_2' \subseteq S_1'$.

3. **Komplementarität**: Wie oben ausgeführt, ist der Durchschnitt eines Großkreises mit einem Antipodenpaar, das nicht auf dem Großkreis liegt, die leere Menge $\varnothing = K \in \mathbb{S}$. Damit ist das Prinzip der Komplementarität ebenfalls erfüllt, vergleiche Abschnitt 2.4.3.

4.4.3 Die Verbandsstruktur

Analog zum Würfelbeispiel haben wir auch beim Sphärenbeispiel eine durchschnittsstabile Menge mit einer Orthokomplementierung. Der mengentheoretische Durchschnitt zweier Elemente $A, B \in \mathbb{S}$ spielt hier die Rolle des verbandstheoretischen Zusammentreffens:

$$A \sqcap B := A \cap B.$$

Unsere Überlegungen in Abschnitt 2.5.4 führen auch hier dazu, das verbandstheoretische Verbinden zweier Elemente $A, B \in \mathbb{S}$ aus der Orthokomplementierung, dem verbandstheoretischen Zusammentreffen und einem DE MORGAN'schen Gesetz zu definieren:

$$A \sqcup B := (A' \sqcap B')'.$$

Als Ergebnis halten wir fest, dass die Struktur $\big(\mathbb{S}, \sqcap, \sqcup, (\cdot)', K, T\big)$ ein orthokomplementärer Verband ist.

4.4.4 Orthomodularität

Unser nächstes Ziel ist, zu beweisen, dass der orthokomplementäre Verband

$$\big(\mathbb{S}, \sqcap, \sqcup, (\cdot)', K, T\big)$$

orthomodular ist. Wie beim Würfelbeispiel müssen wir dafür das Orthomodulargesetz

$$A \subseteq C \quad \Rightarrow \quad A \sqcup (A' \sqcap C) = C \tag{4.10}$$

beweisen. Und wie beim Würfelbeispiel gelingt uns dies, indem wir geometrische Eigenschaften der Trägermenge ausnutzen. Wie beim Würfelbeispiel wählen wir als Ausgangspunkt eine Kette von drei Relationen

$$K \quad \subseteq \quad A \quad \subseteq \quad C \quad \subseteq \quad T$$

und unterscheiden jeweils die Fälle „=" und „$\subsetneq$". Auch hier sind die in Tabelle 4.1 durchgeführten Umformungen möglich. Und auch hier ist nur noch der achte Fall offen, also

$$K \quad \subsetneq \quad A \quad \subsetneq \quad C \quad \subsetneq \quad T.$$

Nach Konstruktion der Trägermenge $\mathbb{S}$ sind diese drei Relationen „$\subsetneq$" nur erfüllbar, wenn A ein Antipodenpaar und C ein Großkreis ist. Insbesondere ist daher A' ein Großkreis, und die Argumentation geht analog zur Argumentation im Würfelbeispiel.

1. Zwei nicht-identische Großkreise in $\mathbb{S}$ schneiden sich in einem Antipoden-paar, also ist $B := A' \sqcap C$ ein Antipodenpaar.

2. Nach Konstruktion in Punkt 1 ist $B \subseteq C$, also gilt $A \sqcup B \subseteq A \sqcup C$.

3. Wegen $A \subseteq C$ folgt $A \sqcup C = C$, also gilt $B \subseteq C$.

4. Die beiden Antipodenpaare A und B liegen auf zwei nicht-identischen Geraden durch den Kugelmittelpunkt. Diese erzeugen eine Ebene, und diese Ebene schneidet die Sphäre S^2 in einem Großkreis. Also ist $E := A \sqcup B$ ein Großkreis.

5. Nach Punkt 3 ist $B \subseteq C$, also ist wegen $A \subseteq C$ nach Punkt 4 auch $E = A \sqcup B \subseteq C$.

6. Weil E und C Großkreise sind und mit Punkt 5 $E \subseteq C$ gilt, folgt $E = C$.

7. Insgesamt erhalten wir $A \sqcup (A' \sqcap C) = A \sqcup B = E = C$.

Damit ist das Orthomodulargesetz (4.7) bewiesen. □

Bild 4.14 veranschaulicht das Orthomodulargesetz beim Sphärenbeispiel.

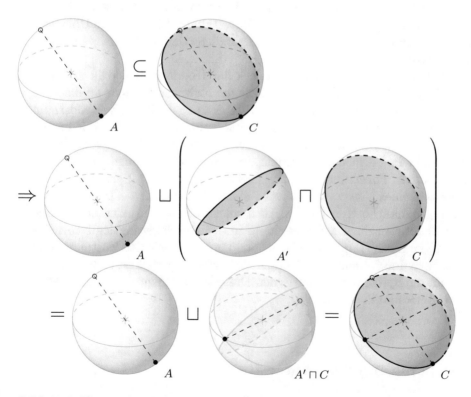

Bild 4.14: Veranschaulichung des Orthomodulargesetzes im Sphärenbeispiel

4.5 Das semantische Dreieck der Überlagerungslogik

Wir haben in diesem Kapitel eine Logik der Überlagerungen eingeführt und dazu ganz selbstverständlich mathematische Formeln verwendet. In Abschnitt 4.1 haben wir auch schon eine Sprache L der Überlagerungslogik eingeführt. Diese Sprache und deren Semiotik wollen wir nun etwas genauer betrachten.

Wir beginnen mit einer Menge von Elementartermen $L_{elem} \subsetneq L$ und bauen wie in den Abschnitten 1.2.3 und 3.1.1 unter Verwendung von Klammern und logischen Operatorzeichen rekursiv weitere Terme der Sprache auf.

Anstelle des Diskursuniversums hatten wir in Abschnitt 4.1 einen Zustandsraum Ω eingeführt und in Gleichung (4.1) vereinbart, dass die Denotatfunktion F jedem Term $t \in L$ der logischen Sprache eine Zustandsmenge $F(t) \subseteq \Omega$ im Zustandsraum zuordnet. Bei den Elementartermen geschieht diese Zuordnung axiomatisch. Jede Zustandsmenge entspricht dabei einem Sachverhalt. Bei nicht-elementaren Termen können die Denotate rechnerisch ermittelt werden. Wir erinnern uns dazu, dass sich die Überlagerungslogik innerhalb der mathematischen Struktur orthomodularer Verband ausdrücken lässt. Die Definition der logischen Operationen in der Zustandsmenge wird also auf Verbandsoperationen zurückgeführt. Tabelle 4.5 zeigt eine Übersicht der logischen Operationen und der korrespondierenden Verbandsoperationen im Zustandsraum.

Bild 4.15 stellt das semantische Dreieck der Überlagerungslogik dar. Wie schon in Kapitel 3 schreiben wir die Terme der logischen Sprache an die linke untere Ecke. Das Denotat, im Falle der Überlagerungslogik ein Zustandsraum in der physischen Welt, schreiben wir an die rechte untere Ecke. Wir hatten drei Beispiele für Zustandsräume angegeben: in Abschnitt 4.2 einen endlichen Zustandsraum in Form eines Würfels, in Abschnitt 4.4 einen unendlichen Zustandsraum in Form eine 2-Sphäre sowie in Abschnitt 4.3 ein Warenwirtschaftssystem eines Unternehmens mit Filialen. Die ersten zwei Beispiele sind abstrakte gedankliche Konstrukte. Auch solche können in jeder Logik ohne weiteres Denotate sein. Da Sachverhalte in der Überlagerungslogik mit Zustandsmengen im Zustandsraum korrespondieren und wir den Zustandsraum mathematisch durch einen orthomodularen Verband modelliert haben, schreiben wir an die Spitze des semantischen Dreiecks „Element der Trägermenge eines orthomodularen Verbands".

4.6 Ist SCHRÖDINGERs Katze tot?

Antwort: Es steht nicht fest, ob die Katze tot ist oder ob sie nicht tot ist. Sie ist aber jedenfalls eines von beiden.

Tabelle 4.5: Operationen der Überlagerungslogik und ihre Entsprechungen im Zustandsraum für beliebige Terme $p, q \in L$ und deren Denotate $P = F(p)$ und $Q = F(q)$. Die Definitionen der Junktoren sind aus Tabelle 3.8 abgeleitet.

Nr.	logische Operation		Verbandsoperation	
	Name	Term $t \in L \mapsto$	Formel für $F(t) \in \Omega$	Name
0	Negation	$\overline{p}$	P'	Orthokomplement
1	Antilogie	$p \perp q$	$\varnothing$	—
2	Konjunktion	$p \wedge q$	$P \sqcap Q$	Zusammentreffen
3	Postsektion	$p \nrightarrow q$	$P \sqcap Q'$	—
4	Präpendenz	$p \lrcorner q$	P	—
5	Präsektion	$p \nleftarrow q$	$P' \sqcap Q$	—
6	Postpendenz	$p \llcorner q$	Q	—
7	Disjunktion	$p \dot{\vee} q$	$\left(P' \sqcap Q\right) \sqcup \left(P \sqcap Q'\right)$	—
8	Adjunktion	$p \vee q$	$P \sqcup Q$	Verbinden
9	Rejektion	$p \triangledown q$	$P' \sqcap Q'$	—
10	Äquivalenz	$p \leftrightarrow q$	$\left(P' \sqcup Q\right) \sqcap \left(P \sqcup Q'\right)$	—
11	Postnonpendenz	$p \ulcorner q$	Q'	—
12	Replikation[A]	$p \leftarrow q$	$P \sqcup Q'$	—
13	Pränonpendenz	$p \urcorner q$	P'	—
14	Implikation[A]	$p \rightarrow q$	$P' \sqcup Q$	—
15	Exklusion	$p \overline{\wedge} q$	$P' \sqcup Q'$	—
16	Tautologie	$p \top q$	Ω	—

[A] genauer: (philonische) *materiale* Implikation und Replikation

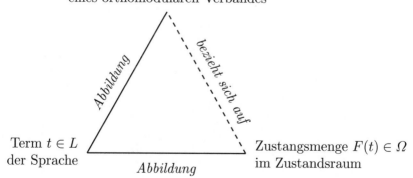

Element der Trägermenge eines orthomodularen Verbandes

Abbildung   *bezieht sich auf*

Term $t \in L$ der Sprache   *Abbildung*   Zustangsmenge $F(t) \in \Omega$ im Zustandsraum

Bild 4.15: Semantisches Dreieck der Überlagerungslogik

Formal liegt das Sphärenbeispiel zugrunde. Wir nehmen zwei verschiedene Antipodenpaare

T : die Katze ist tot   und N : die Katze ist nicht tot.

Der Zustand K der Katze ist eine Überlagerung von T und N. Daher ist K ein Antipodenpaar auf dem Großkreis $T \sqcup N$, der von diesen beiden Antipodenpaaren erzeugt wird, siehe Bild 4.16. Wir erinnern uns, dass auch schon ERWIN SCHRÖDINGER klar sagte, dass eine *echte* Katze nie in einem Katzenzustand sein kann, siehe Abschnitt 1.4.3.

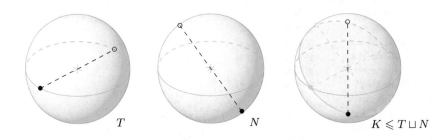

Bild 4.16: Antipodenpaare „Katze tot", „Katze nicht tot", „Katzenzustand"

Literatur

1. Günzel, H., Bauer, A.: Data-Warehouse-Systeme: Architektur, Entwicklung, Anwendung. dpunkt. verlag (2013)

Kapitel 5
Lineare Algebra

Die *lineare Algebra*, das Rechnen mit Vektoren und Matrizen, ist eines der am besten untersuchten und am meisten angewandten Teilgebiete der Mathematik. Nach einer Einführung in die Geometrie der reellen und komplexen Zahlen und in das Rechnen mit Matrizen erklären wir den für Anwendungen der Quantenlogik grundlegenden Begriff des *Skalarprodukts*. Darauf aufbauend definieren wir *orthonormale Familien* von Spaltenvektoren, woran sich eine Analyse spezieller Typen von Matrizen anhand von *Eigenwerten* und *Eigenvektoren* anschließt. Über mehrere Zwischenschritte gelangen wir schließlich zu den *Orthogonalprojektoren*, deren Konstruktion und Analyse den Abschluss des Kapitels bilden.

5.1 Reelle und komplexe Zahlen

Wir beginnen mit einem intuitiv-geometrischen Zugang zu den reellen und den komplexen Zahlen. Wir definieren die grundlegenden zweistelligen Verknüpfungen der Addition und der Multiplikation reeller Zahlen zunächst geometrisch, um dann die Eigenschaften in einer algebraischen Struktur einzufangen. In ähnlicher Weise, aber wesentlich kürzer, lassen sich darauf aufbauend die komplexen Zahlen definieren.

5.1.1 Punkte auf einer Geraden

Die reellen Zahlen entsprechen den Punkten auf einer Geraden. Dafür muss man zunächst auf der Geraden den *Nullpunkt* und die *Einheit* markieren. Der Nullpunkt erhält den Namen *Null* und das Zeichen 0, die Einheit erhält den Namen *Eins* und das Zeichen 1. Meistens – wenn auch nicht immer – liegt die Eins rechts von der Null. Jeder reellen Zahl a entspricht genau ein

G. Wirsching et al., *Quantenlogik*, https://doi.org/10.1007/978-3-662-66780-4_5

Punkt auf der Geraden. Liegt a von Null aus gesehen auf der Seite, auf der auch die Eins liegt, nennt man a *positiv* und schreibt $a > 0$. In diesem Fall sagt man auch, das *Vorzeichen* von a sei positiv oder $+$. Insbesondere ist 1 positiv, also $1 > 0$. Liegt 0 zwischen a und 1, nennt man a *negativ*, man sagt, das *Vorzeichen* von a sei negativ oder $-$, und schreibt $a < 0$. In Bild 5.1 ist eine reelle Gerade mit 0, 1 und drei weiteren reellen Zahlen veranschaulicht.

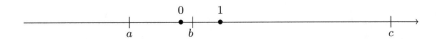

Bild 5.1: Die *reelle Gerade* mit 0, 1 und drei weiteren reellen Zahlen a, b und c in der Anordnung $a < 0 < b < 1 < c$. Der Pfeil zeigt in die positive Richtung, also in diejenige Richtung, in der die Zahlen größer werden. Man kann den Pfeil auch weglassen, denn durch die Markierungen 0 und 1 ist die Richtung ja bereits festgelegt.

Sind zwei reelle Zahlen a und b gegeben, so gibt es bezüglich ihrer Anordnung auf der Geraden genau drei Möglichkeiten:

$$a \text{ ist kleiner als } b, \quad \text{in Zeichen: } a < b,$$
$$a \text{ ist gleich } b, \quad \text{in Zeichen: } a = b$$
$$\text{oder } a \text{ ist größer als } b, \quad \text{in Zeichen: } a > b.$$

Man nennt diese Dreiteilung *Trichotomie*. Es ist häufig praktisch, je zwei dieser Größenbeziehungen zusammenzufassen und mit einem eigenen Zeichen zu bezeichnen:

$$a \text{ ist kleiner oder gleich } b, \quad \text{in Zeichen: } a \leqslant b,$$
$$a \text{ ist größer oder gleich } b, \quad \text{in Zeichen: } a \geqslant b$$
$$\text{oder } a \text{ ist kleiner oder größer als } b, \quad \text{in Zeichen: } a \neq b.$$

Man nennt eine reelle Zahl a *nicht-negativ*, wenn $a \geqslant 0$ gilt. Eine reelle Zahl $a \leqslant 0$ heißt *nicht-positiv*, und eine reelle Zahl $a \neq 0$ nennt man auch *nicht-verschwindend*.

5.1.2 Geometrische Addition reeller Zahlen

Mit Hilfe der reellen Geraden kann man auch die *Arithmetik* der reellen Zahlen, also das Rechnen mit reellen Zahlen, veranschaulichen. Hierzu stellt man sich eine reelle Zahl a nicht nur als Punkt auf der reellen Geraden,

sondern auch als *Pfeil* vom Nullpunkt zum Punkt a vor. Ist $a > 0$, dann
zeigt der Pfeil in die positive Richtung der reellen Geraden. Im Fall $a < 0$
zeigt er in die negative Richtung. Zur *Addition* zweier reeller Zahlen a und b
muss man die Pfeile „addieren". Das heißt, man verschiebt den zu b gehörigen
Pfeil entlang der reellen Geraden so weit, dass sein Schaft an der Spitze des
zu a gehörigen Pfeils liegt. Dann liegt die Spitze des verschobenen Pfeils am
Punkt $a + b$, wie in Bild 5.2 veranschaulicht.

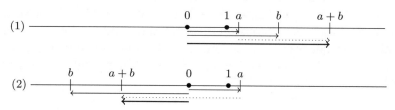

Bild 5.2: Addition zweier reeller Zahlen a und b durch Aneinanderhängen der
entsprechenden Pfeile. Der Pfeil vom Nullpunkt zur Spitze des verschobenen
Pfeils entspricht der Summe $a + b$. (1) $a > 0$ und $b > 0$, (2) $a > 0$ und $b < 0$.

5.1.3 Geometrische Multiplikation reeller Zahlen

Reelle Zahlen sind von Natur aus *Proportionen*, also Verhältnisse von Stre-
ckenlängen. Das Funktionieren der im folgenden dargestellten Konstruktionen zur geometrischen Multiplikation beruht auf dem in Bild 5.3 veranschaulichten *Strahlensatz*.

Die geometrische Konstruktion der *Multiplikation* zweier reeller Zahlen ist
in Bild 5.4 beschrieben. Nach Konstruktion ist das Produkt zweier positiver reeller Zahlen wieder positiv. Ist mindestens einer der beiden Faktoren
negativ, so gelten die in Bild 5.5 veranschaulichten *Vorzeichenregeln*. Für
die Quantenlogik bedeutsam ist insbesondere die Regel „Minus mal Minus
wird Plus", denn daraus folgt, dass das *Quadrat* einer reellen Zahl a, also
das Produkt von a mit sich selbst stets nicht-negativ ist. In einer Formel
ausgedrückt:

$$\text{Für jede reelle Zahl } a \text{ ist } \quad a^2 := a \cdot a \geqslant 0. \tag{5.1}$$

Dieser Sachverhalt spielt nicht nur in der Quantenlogik eine entscheidende
Rolle, er wird für uns auch bei der Motivation der komplexen Zahlen hilfreich
sein.

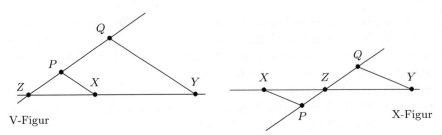

Bild 5.3: Zur Notation: Punkte werden mit großen Buchstaben $A, B, \ldots$ bezeichnet. Eine durch zwei Punkte A und B festgelegte Gerade bezeichnen
wir mit AB, die Länge der Strecke zwischen A und B erhält die Bezeichnung
$\overline{AB}$. Damit lautet der Strahlensatz: Sind die Geraden XP und YQ parallel,
und schneiden sich die Geraden XY und PQ in Z, dann gilt die Proportio-
nengleichheit $\overline{XZ} : \overline{YZ} = \overline{PZ} : \overline{QZ}$.

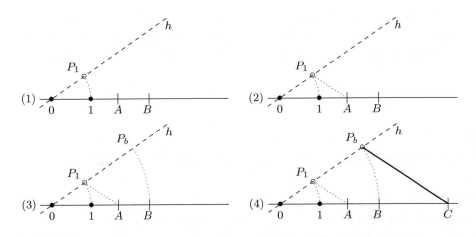

Bild 5.4: Geometrische Konstruktion des Produkts zweier reeller Zahlen a
und b. Die entsprechenden Punkte auf der reellen Geraden seien mit A und
B bezeichnet. (1) Man zeichne eine Hilfsgerade h durch den Nullpunkt (ge-
strichelt) und ziehe einen Kreisbogen mit Radius 1 um den Nullpunkt von
1 auf h (gepunktet); der Schnittpunkt des Kreisbogens mit h sei mit P_1 bezeichnet. (2) Man zeichne die Strecke von P_1 nach A (gepunktet). (3) Man
ziehe einen Kreisbogen mit Radius b um den Nullpunkt von B auf h (gepunktet); der Schnittpunkt des Kreisbogens mit h sei mit P_b bezeichnet. (4)
Die Parallele zu P_1A durch P_b (fett gezeichnet) schneidet die reelle Gerade
im Punkt C, der dem Produkt $a \cdot b$ entspricht.

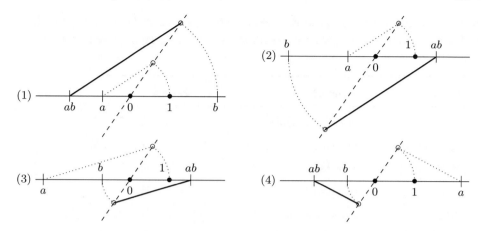

Bild 5.5: Illustration der Vorzeichenregeln der Multiplikation reeller Zahlen. Gezeichnete Fälle: (1) Minus mal Plus gibt Minus ($a < 0 < b$), (2) Minus mal Minus gibt Plus ($b < a < 0$), (3) Minus mal Minus gibt Plus ($a < b < 0$) und (4) Plus mal Minus gibt Minus ($b < 0 < a$).

5.1.4 Die algebraische Struktur der reellen Zahlen

Von der Formelsprache der Mathematik wird erwartet, dass sie sich nicht auf eine Veranschaulichung wie die reelle Gerade verlässt. Also müssen Addition, Subtraktion, Multiplikation, Division und Anordnung im Formalismus enthalten sein – und noch etwas mehr: Zur präzisen Definition der reellen Zahlen muss man noch erklären, was unter dem *Supremum* und dem *Infimum* einer Teilmenge der rellen Zahlen zu verstehen ist. Und in mancher Hinsicht ist es sinnvoll, als „Endpunkte der reellen Geraden" noch Symbole für zwei „Unendlichkeiten" hinzuzunehmen. Die für unsere Rechnungen erforderlichen Strukturelemente der reellen Zahlen sind in Tabelle 5.1 aufgezählt.

In Abschnitt 2.2.2 haben wir Klassen zweistelliger Relationen studiert und insbesondere verschiedene Typen von *Ordnungsrelationen* kennen gelernt. Da wir die reellen Zahlen als Punkte auf einer Geraden kennen gelernt haben, ist es sinnvoll, die zweistellige Relation

„die reelle Zahl a liegt nicht rechts von der reellen Zahl b"

als *Totalordnung* auf der Menge der reellen Zahlen aufzufassen und mit

$$a \leqslant b$$

zu notieren. Nach der in Abschnitt 2.2.2 entwickelten Sprechweise sind damit auch *Infimum* und *Supremum* zweier reeller Zahlen definiert. Aber was ver-

Tabelle 5.1: Strukturelemente der *erweiterten reellen Zahlen*. Mit $\wp(\mathbb{R})$ ist die Potenzmenge von $\mathbb{R}$ gemeint, also die Menge aller Teilmengen $M \subseteq \mathbb{R}$.

Name	Struktur	Formel
Addition	zweistellige Operation	$+ : \mathbb{R} \times \mathbb{R} \to \mathbb{R}$
Multiplikation	zweistellige Operation	$\cdot : \mathbb{R} \times \mathbb{R} \to \mathbb{R}$
Nullelement	Konstante	$0 \in \mathbb{R}$
Einselement	Konstante	$1 \in \mathbb{R}$
Negation	einstellige Operation	$- : \mathbb{R} \to \mathbb{R}$
Kehrwert	partielle einstellige Operation	$(\cdot)^{-1} : \mathbb{R} \setminus \{0\} \to \mathbb{R}$
(Plus) Unendlich	Konstante	$\infty \notin \mathbb{R}$
Minus Unendlich	Konstante	$-\infty \notin \mathbb{R} \cup \{\infty\}$
Erweiterung	Mengenvereinigung	$\overline{\mathbb{R}} := \{-\infty\} \cup \mathbb{R} \cup \{\infty\}$
kleiner als	zweistellige Relation	$< \; \subseteq \; \overline{\mathbb{R}} \times \overline{\mathbb{R}}$
größer als	zweistellige Relation	$> \; \subseteq \; \overline{\mathbb{R}} \times \overline{\mathbb{R}}$
Infimum	Operation auf Teilmengen	$\inf : \wp(\mathbb{R}) \to \overline{\mathbb{R}}$
Supremum	Operation auf Teilmengen	$\sup : \wp(\mathbb{R}) \to \overline{\mathbb{R}}$

steht man unter dem Infimum und dem Supremum einer *beliebigen* Teilmenge der reellen Zahlen?

Gegeben sei also eine Teilmenge $M \subseteq \mathbb{R}$. Wir übertragen und erweitern die Begriffe der *unteren* und *oberen Schranke* aus Abschnitt 2.2.2.

$u \in \mathbb{R}$ heißt *untere Schranke* von M :$\Leftrightarrow$ $u \leqslant x$ für jedes $x \in M$.

$s \in \mathbb{R}$ heißt *obere Schranke* von M :$\Leftrightarrow$ $x \leqslant s$ für jedes $x \in M$.

Die nicht-reelle Zahl „Minus Unendlich" $-\infty$ ist definitionsgemäß eine untere Schranke für jede beliebige Teilmenge $M \subseteq \mathbb{R}$. Ebenso ist die nicht-reelle Zahl „(Plus) Unendlich" $(+)\infty$ definitionsgemäß eine obere Schranke für jede beliebige Teilmenge $M \subseteq \mathbb{R}$.

Wenn es eine *größte untere Schranke* u_0 von M gibt, so nennt man diese ein *Infimum* von M. Ein solches Infimum u_0 ist also durch zwei Eigenschaften charakterisiert:

1. u_0 ist eine untere Schranke, und
2. für jede untere Schranke u von M gilt $u \leqslant u_0$.

Man kann diese beiden Bedingungen in eine Äquivalenz zusammenfassen:

$$u \leqslant x \text{ für jedes } x \in M \quad \Leftrightarrow \quad u \leqslant u_0.$$

Daraus folgt insbesondere, dass das Infimum von M, wenn es existiert, eindeutig bestimmt ist: Hätte man zwei Infima u_0 und u_1, dann müsste $u_0 \leqslant u_1$ und $u_1 \leqslant u_0$ gelten, also $u_0 = u_1$. Das rechtfertigt die Bezeichnung $\inf(M)$ für das Infimum von M.

Zur Definition der reellen Zahlen wird nun axiomatisch gefordert, dass zu *jeder beliebigen* Teilmenge $M \subseteq R$ ein Infimum in den *erweiterten reellen Zahlen*

$$\overline{\mathbb{R}} := [-\infty, \infty]$$

existiert. Der Vollständigkeit halber definiert man auch das Infimum der leeren Menge $\inf(\varnothing) := +\infty$. Damit erhalten wir die *Infimumsabbildung*

$$\inf : \wp(\mathbb{R}) \to \overline{\mathbb{R}}, \quad M \mapsto \inf(M). \tag{5.2}$$

Darauf aufbauend ist das *Supremum* als *kleinste obere Schranke* definiert. Mit der Bezeichnung $-M := \{-x \mid x \in M\}$ erhält man die Formel

$$\sup(M) := -\inf(-M). \tag{5.3}$$

Die zur Konstruktion der reellen Zahlen erforderlichen Gesetze finden sich in Tabelle 5.2. Erstaunlicherweise reichen diese Gesetze aus, um die reellen Zahlen festzulegen.

5.1.5 *Quadratwurzeln nicht-negativer reeller Zahlen*

Eine Konsequenz der Ordnungsvollständigkeit, siehe Tabelle 5.2, ist, dass zu jeder reellen Zahl $a \geqslant 0$ eine eindeutig bestimmte *Quadratwurzel* $\sqrt{a} \geqslant 0$ existiert. Ein geometrische Konstruktion der Wurzel einer nicht-negativen reellen Zahl findet man in Bild 5.6.

5.1.6 *Imaginäre Zahlen*

Wie in Gleichung (5.1) bereits bemerkt, ist das Quadrat einer reellen Zahl stets nicht-negativ. Wie wir gesehen haben, gibt es umgekehrt zu jeder nicht-negativen reellen Zahl a ihre Quadratwurzel $\sqrt{a} \in [0, \infty[$. Aber gibt es auch Quadratwurzeln negativer Zahlen?

Die Antwort hat ihre Spuren in der Wissenschaftsgeschichte hinterlassen. Aus mathematischer Sicht ist sie aber überraschend einfach: Man nimmt einfach eine „imaginäre Zahl" i mit der Eigenschaft $i^2 = -1$ zu den reellen Zahlen hinzu, und schaut nach, ob man damit vernünftig rechnen kann. Das

Tabelle 5.2: Der algebraische Aufbau der *reellen Zahlen*. Die Aussagen müssen für beliebige Elemente a, b und c gelten.

Bezeichnung	Addition	Multiplikation
Assoziativgesetze	$a + (b + c) = (a + b) + c$	$a \cdot (b \cdot c) = (a \cdot b) \cdot c$
Kommutativgesetze	$a + b = b + a$	$a \cdot b = b \cdot a$
Distributivgesetz	$a \cdot (b + c) = a \cdot b + a \cdot c$	
Neutrale Elemente	$0 + a = a$	$1 \cdot a = a$
Inverse Elemente	$a + (-a) = a - a = 0$	$a \neq 0 \ \Rightarrow \ \dfrac{1}{a} \cdot a = \dfrac{a}{a} = 1$
Transitivität	$a \leqslant b \wedge b \leqslant c \ \Rightarrow \ a \leqslant c$	
Antisymmetrie	$a \leqslant b \wedge b \leqslant a \ \Rightarrow \ a = b$	
Totalität	$a \leqslant b \ \vee \ b \leqslant a$	
Verträglichkeit	mit der Addition	mit der Multiplikation
	$a \leqslant b \Rightarrow a + c \leqslant b + c$	$0 \leqslant a \wedge 0 \leqslant b \Rightarrow 0 \leqslant a \cdot b$
Erweiterung mit $\pm\infty$	$\overline{\mathbb{R}} := \{-\infty\} \cup \mathbb{R} \cup \{\infty\} = [-\infty, \infty]$	
Ordnungsvollständigkeit	für jede Teilmenge $M \subseteq \mathbb{R}$ und jedes $u \in \overline{\mathbb{R}}$ gilt:	
und Infimum	$u \leqslant x$ für jedes $x \in M \ \Leftrightarrow \ u \leqslant \inf(M)$	

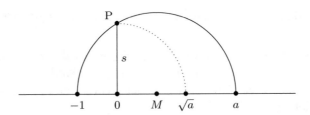

Bild 5.6: Geometrische Konstruktion der Wurzel einer reellen Zahl a. (1) Man beginne mit der reellen Geraden und markiere die Punkte 0, -1 und a. (2) Man konstruiere den Mittelpunkt $M = \frac{a-1}{2}$ der Strecke $[-1, a]$ und den THALES-Kreis darüber. (3) Man konstruiere das Lot auf der reellen Geraden im Punkt 0; es schneidet den THALES-Kreis im Punkt P. (4) Der Satz des PYTHAGORAS, angewandt auf die Dreiecke $(-1, 0, P)$, $(0, a, P)$ und $(-1, a, P)$ liefert die Gleichung $s = \sqrt{a}$.

gelingt, indem man sich vorstellt, eine *komplexe Zahl* z sei aufgebaut aus einer reellen Zahl x als *Realteil*, der *imaginären Einheit* i und einer weiteren reellen Zahl y als *Imaginärteil*, als Formel:

$$z = x + \mathrm{i}y. \tag{5.4}$$

Die Menge der komplexen Zahlen wird üblicherweise mit $\mathbb{C}$ bzeichnet; hier eine formale Definition:

$$\mathbb{C} := \{x + \mathrm{i}y \mid x, y \in \mathbb{R}\}. \tag{5.5}$$

Die Formeln für die Grundrechenarten Addition, Subtraktion, Multiplikation und Division ergeben sich durch „Fortsetzung" der reellen Rechengesetze und der Vorgabe $\mathrm{i}^2 = -1$, siehe Tabelle 5.3.

Tabelle 5.3: Die algebraische Konstruktion der *komplexen Zahlen* aus den reellen Zahlen. Die Rechengesetze der reellen Zahlen gelten weiter; das Gesetz für die Multiplikation ergibt sich daraus und aus der Regel $\mathrm{i}^2 = -1$. Die Konjugation erweist sich als praktisch bei der Bestimmung des Absolutbetrags und des Kehrwerts.

Komplexe Zahlen $z = x + \mathrm{i}y$, $w = u + \mathrm{i}v$	
Realteil	$\operatorname{Re}(z) = x$
Imaginärteil	$\operatorname{Im}(z) = y$
Addition	$z + w = (x + \mathrm{i}y) + (u + \mathrm{i}v) = (x + u) + \mathrm{i}(y + v)$
Multiplikation	$z \cdot w = (x + \mathrm{i}y)(u + \mathrm{i}v) = (xu - yv) + \mathrm{i}(xv + yu)$
Konjugation	$z^* = x - \mathrm{i}y$
Absolutbetrag	$\lvert z \rvert = \sqrt{z^*z} = \sqrt{(x - \mathrm{i}y)(x + \mathrm{i}y))} = \sqrt{x^2 + y^2}$
Kehrwert	$\dfrac{1}{z} = \dfrac{z^*}{z^*z} = \dfrac{x - \mathrm{i}y}{x^2 + y^2}$

5.1.7 Die komplexe Konjugation

Die *komplexe Konjugation* ist eine Abbildung $(\cdot)^* : \mathbb{C} \to \mathbb{C}$, die durch drei Eigenschaften eindeutig festgelegt ist:

(i) Sie verändert imaginäre Zahlen und lässt reelle Zahlen unverändert:

$$z^* = z \Leftrightarrow z \in \mathbb{R}.$$

(ii) Sie ist mit Addition und Multiplikation verträglich, das heißt

$$(a + b)^* = a^* + b^* \quad \text{und} \quad (a \cdot b)^* = a^* \cdot b^*.$$

(iii) Sie ist *involutiv*: für alle komplexen Zahlen z gilt $(z^*)^* = z$.

In der Tat ist durch diese drei Bedingungen die komplexe Konjugation eindeutig festgelegt. Das ergibt sich so: Die Gleichung $i^2 = -1$ hat zur Folge, dass i eine Nullstelle des quadratischen Polynoms $x^2 + 1$ ist. Aus den Rechengesetzen folgt jetzt

$$(x + i)(x - i) = x^2 + i \cdot x - x \cdot i - i^2 = x^2 + 1,$$

weswegen $-i$ eine zweite Nullstelle des Polynoms $x^2 + 1$ ist. Weil ein quadratisches Polynom höchstens zwei komplexe Nullstellen haben kann, erhalten wir die Implikation

$$z^2 + 1 = 0 \quad \Rightarrow \quad z \in \{i, -i\}. \tag{5.6}$$

Mit (i) und (iii) können wir nun rechnen

$$-1 = i^2 = (i^2)^* = (i^*)^2, \quad \text{also} \quad (i^*)^2 + 1 = 0.$$

Daher entspricht i^* dem z in (5.6), und wir erhalten $i^* \in \{i, -i\}$. Weil nach (i) $i \neq i^*$ sein muss, folgt daraus $i^* = -i$. Für eine beliebige komplexe Zahl $z = x + iy$ erhalten wir aus (ii) und (iii) die Formel

$$z^* = (x + iy)^* = x^* + i^* y^* = x - iy. \tag{5.7}$$

Daraus folgt

$$z^* \cdot z = (x - iy)(x + iy) = x^2 - i^2 \cdot y^2 = x^2 + y^2 \in \mathbb{R}. \tag{5.8}$$

Insbesondere gilt $z^* z \geqslant 0$ für jede komplexe Zahl z, und es ist $z^* z = 0$ genau dann, wenn $z = 0$. $\qquad\square$

5.2 Rechnen mit Matrizen

Für Anwendungen der Quantenlogik in den Ingenieurwissenschaften und der Informatik ist die Kenntnis grundlegender Rechentechniken und Algorithmen der linearen Algebra unerlässlich. Wir beginnen mit der Matrizenrechnung.

Als *Matrix* bezeichnet man in der Mathematik ein rechteckiges Arrangement von Zahlen, bestehend aus einer Anzahl k von *Zeilen* und einer Anzahl ℓ von *Spalten*. Man nennt k und ℓ die *Dimensionen* der Matrix und spricht von einer $k \times \ell$ Matrix, wenn sie k Zeilen und ℓ Spalten hat. Es ist weitgehend üblich, die Zeilen mit $1, \ldots, k$ und die Spalten mit $1, \ldots, \ell$ zu nummerieren, aber gelegentlich beginnt man die Zählung der Zeilen oder Spalten auch mit 0. Ein einzelner Eintrag kann durch zwei Indizes identifiziert werden: durch einen *Zeilenindex* $i \in \{1, \dots, k\}$ und einen *Spaltenindex* $j \in \{1, \dots, \ell\}$.

$$\begin{pmatrix} & \vdots & \\ \cdots & a_{ij} & \cdots \\ & \vdots & \end{pmatrix} \leftarrow i\text{-te Zeile} \tag{5.9}$$

$$\uparrow$$
$$j\text{-te Spalte}$$

Eine Matrix mit nur einer Spalte heißt *Spaltenvektor*, eine Matrix mit nur einer Zeile nennt man einen *Zeilenvektor*. In diesen Fällen werden einzelne Einträge häufig mit nur einem Index referenziert. Eine Matrix mit gleich vielen Zeilen wie Spalten heißt *quadratisch*. In der Quantenlogik werden hauptsächlich Spaltenvektoren, Zeilenvektoren und quadratische Matrizen benötigt.

5.2.1 Addition und Multiplikation von Matrizen

Die *Addition* von Matrizen gleicher Dimensionen erfolgt elementweise. Grundlegend für die *Multiplikation* von Matrizen ist das Produkt eines Zeilenvektors mit einem Spaltenvektor mit gleicher Anzahl von Einträgen, das wie folgt als Summe von Produkten definiert ist:

$$\begin{pmatrix} a_1 \cdots a_\ell \end{pmatrix} \begin{pmatrix} b_1 \\ \vdots \\ b_\ell \end{pmatrix} := \sum_{s=1}^{\ell} a_s b_s. \tag{5.10}$$

Zur Multiplikation zweier Matrizen verwendet man darauf aufbauend das FALK'*sche Schema*, bei dem zur Berechnung eines Eintrags c_{ij} der Produktmatrix die i-te Zeile der ersten Matrix mit der j-ten Spalte der zweiten Matrix multipliziert wird, wie in Bild 5.7 angedeutet.

Beim allgemeinen *Matrizenprodukt* multipliziert man also eine $k \times \ell$ Matrix mit einer $\ell \times m$ Matrix und erhält eine $k \times m$ Matrix gemäß der Formel

$$\begin{pmatrix} a_{11} & \dots & a_{1\ell} \\ \vdots & \ddots & \vdots \\ a_{k1} & \dots & a_{k\ell} \end{pmatrix} \cdot \begin{pmatrix} b_{11} & \dots & b_{1m} \\ \vdots & \ddots & \vdots \\ b_{\ell 1} & \dots & b_{\ell m} \end{pmatrix} := \begin{pmatrix} c_{11} & \dots & c_{1m} \\ \vdots & \ddots & \vdots \\ c_{k1} & \dots & c_{km} \end{pmatrix}. \tag{5.11}$$

mit der Maßgabe

$$
\begin{array}{c|c}
 & \begin{matrix} b_{1j} \\ \vdots \\ b_{\ell j} \end{matrix} \\
\cdots & \cdots \\
\hline
\begin{matrix} \vdots \\ a_{i1} \cdots a_{i\ell} \\ \vdots \end{matrix} & \begin{matrix} \vdots \\ \cdots \sum_{s=1}^{\ell} a_{is} b_{sj} \cdots \\ \vdots \end{matrix}
\end{array}
$$

Bild 5.7: Schreibt man die erste Matrix links unten in eine genügend große Tabelle und die zweite Matrix rechts oben in diese Tabelle, dann entsteht das Produkt der beiden Matrizen rechts unten, indem man zur Berechnung des Eintrags mit den Indizes ij den i-ten Zeilenvektor der ersten Matrix mit dem j-ten Spaltenvektor der zweiten Matrix multipliziert. Damit das aufgeht, muss die Anzahl der Spalten der ersten Matrix mit der Anzahl der Zeilen der zweiten Matrix übereinstimmen. Man bezeichnet sie als FALK'sches Schema nach dem Mathematiker und Bauingenieur SIGURD FALK [2].

$$
c_{ij} := \begin{pmatrix} a_{i1} \cdots a_{i\ell} \end{pmatrix} \begin{pmatrix} b_{1j} \\ \vdots \\ b_{\ell j} \end{pmatrix} = \sum_{s=1}^{\ell} a_{is} b_{sj}. \tag{5.12}
$$

Die Einträge einer Matrix könnten prinzipiell aus einem beliebigen Rechenbereich mit Addition und Multiplikation kommen. In diesem Lehrbuch benötigen wir jedoch nur Matrizen aus reellen und komplexen Zahlen. Zu den Dimensionen des Matrizenprodukts siehe Tabelle 5.4.

Tabelle 5.4: Multiplikation von Matrizen unterschiedlicher Dimensionen.

Erster Faktor	Zweiter Faktor	Ergebnis
Matrix $k \times \ell$	Matrix $\ell \times m$	Matrix $k \times m$
Zeilenvektor $1 \times \ell$	Matrix $\ell \times m$	Zeilenvektor $1 \times m$
Matrix $k \times \ell$	Spaltenvektor $\ell \times 1$	Spaltenvektor $k \times 1$

5.2.2 Einige spezielle Matrizen

Diagonalmatrizen

Eine Matrix heißt *Diagonalmatrix*, wenn alle Komponenten außerhalb der Diagonalen gleich Null sind:

$$a_{ij} = 0 \quad \text{für} \quad i \neq j.$$

Für eine Diagonalmatrix der Dimension $n \times n$, auf deren Diagonalen reelle oder komplexe Zahlen $\lambda_1, \dots, \lambda_n$ stehen, verwenden wir die Bezeichnung

$$\mathrm{diag}(\lambda_1, \dots, \lambda_n) := \begin{pmatrix} \lambda_1 & & 0 \\ & \ddots & \\ 0 & & \lambda_n \end{pmatrix}.$$

Eine spezielle Diagonalmatrix ist die $n \times n$ *Einheitsmatrix*, bei der alle Einträge auf der Diagonalen 1 sind. Wir bezeichnen sie mit

$$E_n := \mathrm{diag}(1, \dots, 1) = \begin{pmatrix} 1 & & 0 \\ & \ddots & \\ 0 & & 1 \end{pmatrix}.$$

Die Einheitsmatrix E_n ist das *neutrale Element* in der Mutliplikation von $n \times n$ Matrizen, denn für jede beliebige $n \times n$ Matrix A gilt

$$E_n A = A E_n = A.$$

Idempotente Matrizen

Eine quadratische Matrix A heißt *idempotent*, wenn $AA = A$ gilt. Beispiele:

1. Eine Diagonalmatrix ist genau dann idempotent, wenn auf der Diagonalen nur Nullen und Einsen stehen.

2. Sind p, q reelle Zahlen mit $p + q = 1$, und ist h eine komplexe Zahl mit $pq = h^* h$, dann ist die Matrix

$$A := \begin{pmatrix} p & h \\ h^* & q \end{pmatrix}$$

idempotent, wie die folgende nach dem FALK'schen Schema (Bild 5.7) durchgeführte Rechnung zeigt:

		p	h
		h^*	q
p	h	$p^2 + h^*h = (p+q)p = p$	$ph + hq = (p+q)h = h$
h^*	q	$h^*p + qh^* = h^*(p+q) = h^*$	$h^*h + q^2 = (p+q)q = q$

5.2.3 Operationen auf Matrizen

Transponieren

Ist eine $k \times \ell$ Matrix A gegeben, so erhält man durch Vertauschen der Zeilen-
und Spaltenindizes eine $\ell \times k$ Matrix $A^{\mathbf{T}}$, die man die *Transponierte* von A
nennt. Ein konkretes Beispiel:

$$\text{Ist} \quad A = \begin{pmatrix} 1\ 2 \\ 3\ 4 \\ 5\ 6 \end{pmatrix}, \quad \text{dann ist} \quad A^{\mathbf{T}} = \begin{pmatrix} 1\ 3\ 5 \\ 2\ 4\ 6 \end{pmatrix}. \tag{5.13}$$

Aus der ersten Zeile von A wird also die erste Spalte von $A^{\mathbf{T}}$, aus der zweiten
Zeile die zweite Spalte, und so weiter. Das hat zwei Konsequenzen:

1. Das Transponieren ist *involutiv*,

$$\left(A^{\mathbf{T}}\right)^{\mathbf{T}} = A, \tag{5.14}$$

   und

2. die Transponierte eines Produkts ist das Produkt der Transponierten
   in umgekehrter Reihenfolge, wovon man sich mit Hilfe des FALK'schen
   Schemas überzeugen kann:

$$(AB)^{\mathbf{T}} = B^{\mathbf{T}}A^{\mathbf{T}}. \tag{5.15}$$

Eine Matrix, die beim Transponieren unverändert bleibt, nennt man eine
symmetrische Matrix.

1. Jede symmetrische Matrix ist quadratisch.

2. Eine Matrix der Form $A^{\mathbf{T}}A$ ist symmetrisch.

Konjugieren

Die *Konjugierte* A^* einer Matrix A entsteht durch Anwendung der komplexen
Konjugation auf jeden Eintrag der Matrix. Wie das Transponieren ist auch

das Konjugieren involutiv. Beim Konjugieren bleibt jedoch die Reihenfolge eines Matrizenprodukts erhalten:

$$(AB)^* = A^* B^*. \tag{5.16}$$

Eine Matrix bleibt genau dann bei Konjugation unverändert, wenn alle ihre Einträge reell sind.

Adjungieren

Die Hintereinanderausführung von Konjugation und Transposition nennt man *Adjungieren* oder HERMITE*'sch Transponieren*,

$$A^\dagger := (A^*)^{\mathbf{T}} = \left(A^{\mathbf{T}}\right)^*. \tag{5.17}$$

Dabei ist es egal, ob man zuerst konjugiert und dann transponiert, oder umgekehrt. Eine Matrix, die beim Adjungieren unverändert bleibt, nennt man eine *selbstadjungierte* oder HERMITE*'sche Matrix.*. Bemerkungen:

1. Ist eine Matrix selbstadjungiert, dann ist sie quadratisch.

2. Eine Matrix mit ausschließlich reellen Einträgen ist genau dann selbstadjungiert, wenn sie symmetrisch ist.

5.2.4 Der Koordinatenraum

Bis jetzt haben wir Spaltenvektoren lediglich als Spezialfall von Matrizen aufgefasst. Ein Spaltenvektor ist also zunächst ein Arrangement von Zahlen mit nur einer Spalte – ohne jede Verbindung zur Geometrie. Diese Auffassung ist aber etwas einseitig, denn es gibt mindestens zwei verschiedene Möglichkeiten, einen Spaltenvektor geometrisch zu veranschaulichen. Wie in Bild 5.8 dargestellt, kann man einen Spaltenvektor mit drei Komponenten x, y und z entweder als *Punkt* im dreidimensionalen Raum mit den *Koordinaten* x, y und z oder als *Pfeil* vom *Nullpunkt* zu besagtem Punkt veranschaulichen. Es ist nicht so, dass eine der beiden Vorstellungen „richtig" und die andere „falsch" wäre – jede hat ihre Vor- und Nachteile. Wir werden in diesem Abschnitt lernen, worauf es ankommt.

Koordinaten von Spaltenvektoren

Ein Spaltenvektor ist also zunächst eine spezielle Matrix, bestehend aus einer Spalte und einer gewissen Anzahl von Zeilen. Die Anzahl der Zeilen wird *Dimension* des Spaltenvektors genannt. Die Komponenten eines Spaltenvektors

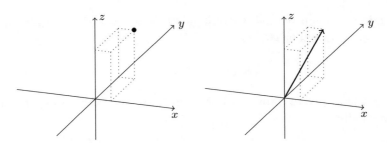

Bild 5.8: Darstellung eines Vektors im xyz-Raum. In der linken Grafik als
Punkt mit den Koordinaten $(1, 2, 3)$, in der rechten als Pfeil vom Nullpunkt
zum Punkt mit diesen Koordinaten.

heißen *Koordinaten*. Die algebraische Struktur, aus der die Koordinaten genommen werden dürfen, nennt man in der Geometrie den *Koordinatenkörper*.
Wir bezeichnen den Koordinatenkörper mit $\mathbb{K}$. Für unsere Zwecke genügt es,
mit reellen oder komplexen Koordinaten zu rechnen, also entweder $\mathbb{K} = \mathbb{R}$
oder $\mathbb{K} = \mathbb{C}$ zu setzen. Die Menge aller Spaltenvektoren mit n Zeilen und
Koordinaten aus $\mathbb{K}$ wird *n-dimensionaler Koordinatenraum* genannt und wie
folgt bezeichnet:

$$\mathbb{K}^n := \left\{ \vec{x} = \begin{pmatrix} x_1 \\ \vdots \\ x_n \end{pmatrix} \,\middle|\, x_j \in \mathbb{K} \text{ für } j \in \{1, \ldots, n\} \right\}. \tag{5.18}$$

Diese Menge erbt vom Koordinatenkörper schon etwas algebraische Struktur.
Man kann zwei Vektoren $\vec{x} \in \mathbb{K}^n$ und $\vec{y} \in \mathbb{K}^n$ komponentenweise addieren,
was auch als *Vektoraddition* bezeichnet wird,

$$\vec{x} + \vec{y} = \begin{pmatrix} x_1 \\ \vdots \\ x_n \end{pmatrix} + \begin{pmatrix} y_1 \\ \vdots \\ y_n \end{pmatrix} := \begin{pmatrix} x_1 + y_1 \\ \vdots \\ x_n + y_n \end{pmatrix}. \tag{5.19}$$

Außerdem kann man einen Vektor $\vec{x} \in \mathbb{K}^n$ mit einem Skalar $\lambda \in \mathbb{K}$ komponentenweise multiplizieren, was man auch als *skalare Multiplikation* bezeichnet,

$$\lambda \vec{x} = \lambda \begin{pmatrix} x_1 \\ \vdots \\ x_n \end{pmatrix} := \begin{pmatrix} \lambda x_1 \\ \vdots \\ \lambda x_n \end{pmatrix}. \tag{5.20}$$

Nullvektor und kanonische Einheitsvektoren

Eine besondere Rolle wird der *Nullvektor* spielen, der deshalb eine eigene Bezeichnung erhält:

$$\vec{0} := \begin{pmatrix} 0 \\ \vdots \\ 0 \end{pmatrix} \in \mathbb{K}^n. \tag{5.21}$$

Ebenso besonders sind die *kanonischen Einheitsvektoren*

$$\vec{e_i} := \begin{pmatrix} 0 \\ \vdots \\ 0 \\ 1 \\ 0 \\ \vdots \\ 0 \end{pmatrix} \leftarrow \text{ an der } i\text{-ten Stelle 1, sonst 0.} \tag{5.22}$$

In Bild 5.9 sind diese veranschaulicht.

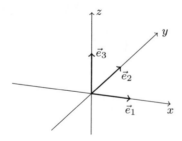

Bild 5.9: Darstellung der kanonischen Einheitsvektoren in einem xyz-Raum.

Man kann jeden Spaltenvektor $\vec{x}$ durch skalare Multiplikation und komponentenweise Addition aus den kanonischen Einheitsvektoren aufbauen:

$$\vec{x} = \begin{pmatrix} x_1 \\ \vdots \\ x_n \end{pmatrix} = x_1 \begin{pmatrix} 1 \\ 0 \\ \vdots \\ 0 \end{pmatrix} + x_2 \begin{pmatrix} 0 \\ 1 \\ 0 \\ \vdots \\ 0 \end{pmatrix} + \ldots + x_n \begin{pmatrix} 0 \\ \vdots \\ 0 \\ 1 \end{pmatrix} = \sum_{i=1}^{n} x_i \vec{e_i}.$$

Die Komponenten einer Matrix

Die kanonischen Einheitsvektoren können verwendet werden, um die einzelnen Einträge einer gegebenen Matrix per Matrizenprodukt zu „extrahieren". Das funktioniert so: Gegeben sei eine $k \times \ell$ Matrix

$$A = \begin{pmatrix} a_{11} & \ldots & a_{1\ell} \\ \vdots & & \vdots \\ a_{k\ell} & \ldots & a_{k\ell} \end{pmatrix},$$

dann gilt für $i \in \{1, \ldots, k\}$ und $j \in \{1, \ldots, \ell\}$ die Gleichung

$$\vec{e}_i^\dagger A \vec{e}_j = a_{ij}. \tag{5.23}$$

Beweis. Wir berechnen das Matrizenprodukt durch mehrfache Anwendung des FALK'schen Schemas:

$$\vec{e}_i^\dagger A \vec{e}_j = (\vec{e}_i^\dagger A) \vec{e}_j$$

$$= \left((0 \cdots 0\, 1\, 0\, \ldots 0) \begin{pmatrix} a_{11} & \ldots & a_{1\ell} \\ \vdots & & \vdots \\ a_{k\ell} & \ldots & a_{k\ell} \end{pmatrix} \right) \vec{e}_j$$

$$= \begin{pmatrix} a_{i1} & \cdots & a_{i\ell} \end{pmatrix} \begin{pmatrix} 0 \\ \vdots \\ 0 \\ 1 \\ 0 \\ \vdots \\ 0 \end{pmatrix}$$

$$= a_{ij}. \qquad \qquad \Box$$

5.2.5 Matrizen und lineare Abbildungen

Eine $k \times \ell$ Matrix A mit Komponenten aus $\mathbb{K}$ können wir als *Abbildung* des Koordinatenraums $\mathbb{K}^\ell$ in den Koordinatenraum $\mathbb{K}^k$ auffassen:

$$A : \mathbb{K}^\ell \to \mathbb{K}^k. \tag{5.24}$$

Die Zuordnung ist durch die Matrix-Multiplikation gegeben:

$$A\,\vec{x} = \begin{pmatrix} a_{11} & \dots & a_{1\ell} \\ \vdots & \ddots & \vdots \\ a_{k1} & \dots & a_{k\ell} \end{pmatrix} \begin{pmatrix} x_1 \\ \vdots \\ x_\ell \end{pmatrix} = \begin{pmatrix} \sum_{i=1}^{\ell} a_{1i} x_i \\ \vdots \\ \sum_{i=1}^{\ell} a_{ki} x_i \end{pmatrix}. \tag{5.25}$$

Gemäß dieser Zuordnung sind die Spalten der Matrix A die Bilder der kanonischen Einheitsvektoren $\vec{e}_i$:

$$A\,\vec{e}_i = \begin{pmatrix} a_{11} & \dots & a_{1\ell} \\ \vdots & \ddots & \vdots \\ a_{k1} & \dots & a_{k\ell} \end{pmatrix} \begin{pmatrix} 0 \\ \vdots \\ 0 \\ 1 \\ 0 \\ \vdots \\ 0 \end{pmatrix} = \begin{pmatrix} a_{1i} \\ \vdots \\ a_{ki} \end{pmatrix} =: \vec{a}_{*i}. \tag{5.26}$$

Die Abbildung (5.24) hat außerdem zwei Eigenschaften, die zur Definition des Begriffs *lineare Abbildung* verwendet werden können. Sie ist

1. **additiv**, das heißt für beliebige $\vec{x}, \vec{y} \in \mathbb{K}^\ell$ gilt die Gleichung

$$A(\vec{x} + \vec{y}) = A\vec{x} + A\vec{y},$$

   und

2. **homogen**, das heißt für beliebige $\lambda \in \mathbb{K}$ und beliebige $\vec{x} \in \mathbb{K}^\ell$ gilt

$$A(\lambda \vec{x}) = \lambda A \vec{x}.$$

In der Physik und in der elektrotechnischen Systemtheorie ist die Definition des Begriffs *lineare Abbildung* auch über das *Superpositionsprinzip*

$$A(\lambda \vec{x} + \mu \vec{y}) = \lambda A\vec{x} + \mu A\vec{y} \quad \text{für} \quad \lambda, \mu \in \mathbb{K}$$

gebräuchlich.

Darstellung linearer Abbildungen durch Matrizen

Wir haben gesehen, dass jede $k \times \ell$ Matrix A durch Matrizenmultiplikation zu einer linearen Abbildung (5.24) führt. Gilt auch die Umkehrung? Das heißt, gibt es zu jeder linearen Abbildung

$$\alpha : \mathbb{K}^\ell \to \mathbb{K}^k$$

eine $k \times \ell$ Matrix A mit $\alpha(\vec{x}) = A\vec{x}$ für jeden Spaltenvektor $\vec{x} \in \mathbb{K}^\ell$?

Zunächst bildet α jeden der kanonischen Einheitsvektoren $\vec{e}_1, \ldots, \vec{e}_\ell$ auf einen Spaltenvektor der Dimension k ab:

$$\begin{pmatrix} a_{1i} \\ \vdots \\ a_{ki} \end{pmatrix} := \alpha(\vec{e}_i) \quad \text{für } i \in \{1, \ldots, \ell\}. \tag{5.27}$$

Weil jeder Spaltenvektor $\vec{x} \in \mathbb{K}^\ell$ sich in der Form

$$\vec{x} = \begin{pmatrix} x_1 \\ \vdots \\ x_\ell \end{pmatrix} = \sum_{i=1}^{n} x_i \vec{e}_i \tag{5.28}$$

darstellen lässt, folgt:

$$\alpha(\vec{x}) = \alpha \left(\sum_{i=1}^{\ell} x_i \vec{e}_i \right) \qquad \text{nach Gleichung (5.28)}$$

$$= \sum_{i=1}^{n} x_i \alpha(\vec{e}_i) \qquad \text{Linearität von } \alpha$$

$$= \sum_{i=1}^{n} x_i \begin{pmatrix} a_{1i} \\ \vdots \\ a_{ki} \end{pmatrix} \qquad \text{nach Gleichung (5.27)}$$

$$= \begin{pmatrix} a_{11} & \cdots & a_{1\ell} \\ \vdots & & \vdots \\ a_{k1} & \cdots & a_{k\ell} \end{pmatrix} \begin{pmatrix} x_1 \\ \vdots \\ x_\ell \end{pmatrix} \qquad \text{nach dem FALK'schen Schema.} \qquad \square$$

Die Quintessenz dieser Argumentation ist, dass jede lineare Abbildung durch eine eindeutig bestimmte Matrix darstellbar ist, wobei die Spalten der Matrix durch die Bilder der kanonischen Einheitsvektoren gegeben sind. Diese natürliche Eins-zu-Eins-Beziehung hat die für uns wichtige Konsequenz, dass wir nicht zwischen einer linearen Abbildung $\alpha : \mathbb{K}^\ell \to \mathbb{K}^k$ und der sie repräsentierenden $k \times \ell$ Matrix A unterscheiden müssen. Es gilt also

$$\alpha(\vec{x}) = A\vec{x} \quad \text{für alle} \quad \vec{x} \in \mathbb{K}^k. \tag{5.29}$$

Somit können wir künftig beide Schreibweisen gleichbedeutend verwenden.

5.3 Orthogonalprojektoren

Die Quantenlogik ist letztendlich die Logik der *Orthogonalprojektoren*. Wir nähern uns diesem zunächst etwas klobigen Begriff in kleinen Schritten.

Den Beginn des folgenden Abschnitts bildet die algebraische Konstruktion des *Skalarprodukts*, von dem wir die konkrete Ausprägung als *Standardskalarprodukt* genauer untersuchen. Das Skalarprodukt erlaubt uns eine sinnvolle Verallgemeinerung des Begriffs *orthogonal* vom Aufeinander-Senkrecht-Stehen in der Ebene zu Situationen im Koordinatenraum $\mathbb{K}^n$. Von da gelangen wir zum Begriff der *orthonormalen Familie*. Als Nächstes definieren wir den Begriff des *Untervektorraums* des Koordinatenraums. Schließlich bildet eine Betrachtung von *Eigenvektoren* und *Eigenwerten* den Übergang zu den eben besprochenen linearen Abbildungen. Das Ziel ist hier die Beschreibung einer natürlichen Eins-zu-Eins-Beziehung zwischen Untervektorräumen des Koordinatenraums $\mathbb{K}^n$ und in diesem definierten Orthogonalprojektoren.

5.3.1 Das Standardskalarprodukt

Die adjungierte Matrix, siehe Gleichung (5.17), eines Spaltenvektors ist ein Zeilenvektor mit gleich vielen Einträgen

$$\vec{x} = \begin{pmatrix} x_1 \\ \vdots \\ x_n \end{pmatrix} \quad \Rightarrow \quad \vec{x}^\dagger = \begin{pmatrix} x_1^* \cdots x_n^* \end{pmatrix}.$$

Hat man zwei gleichlange Spaltenvektoren $\vec{x}$ und $\vec{y}$, dann kann man also die Adjungierte des ersten mit dem zweiten als Matrizen multiplizieren. Dieses Produkt zweier Spaltenvektoren nennt man *(Standard-)Skalarprodukt*

$$\langle \vec{x}, \vec{y} \rangle := \vec{x}^\dagger \vec{y}, \tag{5.30}$$

weil das Ergebnis ein *Skalar*, das heißt ein Element aus dem Koordinatenkörper $\mathbb{K}$ ist:

$$\langle \vec{x}, \vec{y} \rangle = \left\langle \begin{pmatrix} x_1 \\ \vdots \\ x_n \end{pmatrix}, \begin{pmatrix} y_1 \\ \vdots \\ y_n \end{pmatrix} \right\rangle = \begin{pmatrix} x_1^* \cdots x_n^* \end{pmatrix} \begin{pmatrix} y_1 \\ \vdots \\ y_n \end{pmatrix} = \sum_{j=1}^{n} x_j^* y_j \quad \in \mathbb{K}. \tag{5.31}$$

Warum aber nimmt man zur Definition des Skalarprodukts die Adjungierte und nicht die Transponierte? Die Matrix-Multiplikation der Transponierten eines Spaltenvektors mit einem Spaltenvektor würde ja ebenfalls einen Skalar liefern:

$$\vec{x}^{\mathbf{T}}\vec{y} = \begin{pmatrix} x_1 \cdots x_n \end{pmatrix} \begin{pmatrix} y_1 \\ \vdots \\ y_n \end{pmatrix} = \sum_{i=1}^{n} x_i y_i \quad \in \mathbb{K}.$$

Die Wahl der adjungierten Form ist durch eine besondere Eigenschaft begründet. Betrachten wir das Skalarprodukt eines Vektors $\vec{x}$ mit sich selbst: Falls $\mathbb{K} = \mathbb{C}$ ist der Skalar $\vec{x}^{\mathbf{T}}\vec{x}$ nicht unbedingt reell, während wegen $z^* \cdot z = |z|^2$ für $z \in \mathbb{C}$ (siehe Tabelle 5.3), der Skalar $\vec{x}^{\dagger}\vec{x}$ offensichtlich stets eine nicht-negative reelle Zahl ist. Aus dem gleichen Grund ist $\vec{x}^{\dagger}\vec{x} > 0$ für $\vec{x} \neq \vec{0}$. Das Skalarprodukt ist also *positiv definit*:

$$\text{Für} \quad \vec{x} \neq \vec{0} \quad \text{ist} \quad \langle \vec{x}, \vec{x} \rangle > 0.$$

Dies wird sich gleich als praktisch erweisen. Die grundlegenden Eigenschaften des Skalarprodukts sind in Tabelle 5.5 zusammengefasst.

Die Norm eines Vektors

Nehmen wir zur Motivation als Beispiel einen Spaltenvektor

$$\vec{v} := \begin{pmatrix} x \\ y \end{pmatrix}$$

mit zwei reellen Komponenten x und y. Diesen kann man mit einem Punkt P in der reellen x-y-Ebene assoziieren, wie in Bild 5.10 dargestellt.

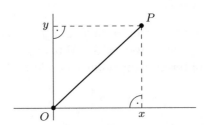

Bild 5.10: Die Strecke von O nach P ist die Hypotenuse eines rechtwinkligen Dreiecks, dessen Katheten die Längen x und y haben. In der Zeichnung sind die rechten Winkel jeweils durch einen Viertelkreis mit einem Punkt dargestellt.

Das Skalarprodukt von $\vec{v}$ mit sich selbst ist dann

$$\langle \vec{v}, \vec{v} \rangle = \left\langle \begin{pmatrix} x \\ y \end{pmatrix}, \begin{pmatrix} x \\ y \end{pmatrix} \right\rangle = x^2 + y^2,$$

Tabelle 5.5: Eigenschaften des Standardskalarprodukts. Additivität in beiden Variablen, Homogenität in der zweiten Variablen und positive Definitheit gelten sowohl für $\mathbb{K} = \mathbb{R}$ als auch für $\mathbb{K} = \mathbb{C}$. Aus der HERMITE'schen Symmetrie folgt, dass $\langle \vec{x}, \vec{x} \rangle$ auch im Fall $\vec{x} \in \mathbb{C}^n$ eine reelle Zahl ist. Daher ist die Forderung nach positiver Definitheit sinnvoll. Für $\mathbb{K} = \mathbb{R}$ wird aus der HERMITE'schen Symmetrie eine einfache Symmetrie. Die Homogenität in der ersten Variablen gilt nur für Skalare $\lambda \in \mathbb{R}$, aber beliebige Spaltenvektoren $\vec{x}, \vec{y} \in \mathbb{K}^n$.

Standardskalarprodukt im Koordinatenraum $\mathbb{K}^n$

| $\mathbb{K}$ | Koordinatenkörper (Skalare) | |
| | reell oder komplex | $\mathbb{K} = \mathbb{R}$ oder $\mathbb{K} = \mathbb{C}$ |

| Definition für $\vec{x}, \vec{y} \in \mathbb{K}^n$ | $\langle \vec{x}, \vec{y} \rangle := \vec{x}^\dagger \vec{y} \in \mathbb{K}$ |

Für Spaltenvektoren $\vec{x}, \vec{y} \in \mathbb{K}^n$ und Skalare $\lambda \in \mathbb{K}$ gilt

Additivität (zweite Variable)	$\langle \vec{x}, \vec{y} + \vec{z} \rangle = \langle \vec{x}, \vec{y} \rangle + \langle \vec{x}, \vec{z} \rangle$
Additivität (erste Variable)	$\langle \vec{x} + \vec{y}, \vec{z} \rangle = \langle \vec{x}, \vec{z} \rangle + \langle \vec{y}, \vec{z} \rangle$
Homogenität (zweite Variable)	$\langle \vec{x}, \lambda\vec{y} \rangle = \lambda \langle \vec{x}, \vec{y} \rangle$
HERMITE'sche Symmetrie	$\langle \vec{x}, \vec{y} \rangle^* = \langle \vec{y}, \vec{x} \rangle$
Positive Definitheit	$\vec{x} \neq \vec{0} \Rightarrow \langle \vec{x}, \vec{x} \rangle > 0$

Für Spaltenvektoren $\vec{x}, \vec{y} \in \mathbb{K}^n$ und Skalare $\lambda \in \mathbb{R}$ gilt

| Homogenität (erste Variable) | $\langle \lambda\vec{x}, \vec{y} \rangle = \lambda \langle \vec{x}, \vec{y} \rangle$ |

Für Spaltenvektoren $\vec{x}, \vec{y} \in \mathbb{R}^n$ gilt

| Symmetrie | $\langle \vec{x}, \vec{y} \rangle = \langle \vec{y}, \vec{x} \rangle$ |

---

also das Quadrat der Länge der Strecke vom Nullpunkt O bis zum Punkt P. Konkret ist

$$\overline{OP} = \sqrt{x^2 + y^2} = \sqrt{\left\langle \begin{pmatrix} x \\ y \end{pmatrix}, \begin{pmatrix} x \\ y \end{pmatrix} \right\rangle}.$$

Aufbauend auf dieser Intuition nennt man zu einem beliebigen Spaltenvektor $\vec{v}$ die Zahl

$$\|\vec{v}\| := \sqrt{\langle \vec{v}, \vec{v} \rangle} \tag{5.32}$$

die *Norm* oder die *Länge* des Vektors $\vec{v}$. An dieser Stelle wird die *positive Definitheit* des Skalarprodukts verwendet, denn aus dieser folgt $\langle \vec{v}, \vec{v} \rangle \geqslant 0$ für jeden Vektor $\vec{v}$.

Ein Vektor der Länge 1 heißt *Einheitsvektor* oder *normierter Vektor*. Ist $\vec{v} \neq \vec{0}$ beliebig, so kann man ihn *normieren*, indem man ihn mit dem Kehrwert seiner Norm multipliziert. Dann gilt nämlich

$$\left\langle \frac{1}{\|\vec{v}\|}\,\vec{v}, \frac{1}{\|\vec{v}\|}\,\vec{v} \right\rangle = \frac{1}{\|\vec{v}\|}\left\langle \frac{1}{\|\vec{v}\|}\,\vec{v}, \vec{v} \right\rangle$$

wegen der Homogenität des Skalarprodukts in der zweiten Variablen,

$$= \frac{1}{\|\vec{v}\|^2}\,\langle \vec{v}, \vec{v} \rangle,$$

denn wegen $\|\vec{v}\|^{-1} \in \mathbb{R}$ ist das Skalarprodukt auch in der ersten Variablen homogen, und nach Definition der Norm in Gleichung (5.32) gilt

$$= \frac{\langle \vec{v}, \vec{v} \rangle}{\langle \vec{v}, \vec{v} \rangle} = 1.$$

Orthogonale Spaltenvektoren

Stellt man sich zwei Spaltenvektoren $\vec{x}, \vec{y} \in \mathbb{R}^2$ als Pfeile in der Ebene vor, dann gilt für die quadrierte Norm ihrer Summe

$$\|\vec{x} + \vec{y}\|^2 = \langle \vec{x} + \vec{y}, \vec{x} + \vec{y} \rangle = \langle \vec{x} + \vec{y}, \vec{x} \rangle + \langle \vec{x} + \vec{y}, \vec{y} \rangle$$
$$= \langle \vec{x}, \vec{x} \rangle + \langle \vec{x}, \vec{y} \rangle + \langle \vec{y}, \vec{x} \rangle + \langle \vec{y}, \vec{y} \rangle$$
$$= \|\vec{x}\|^2 + 2\langle \vec{x}, \vec{y} \rangle + \|\vec{y}\|^2.$$

Daraus folgt:

$$\|\vec{x} + \vec{y}\|^2 = \|\vec{x}\|^2 + \|\vec{y}\|^2 \quad \Leftrightarrow \quad \langle \vec{x}, \vec{y} \rangle = 0 \qquad (5.33)$$

Die Gleichung $\|\vec{x} + \vec{y}\|^2 = \|\vec{x}\|^2 + \|\vec{y}\|^2$ gilt nach dem Satz des PYTHAGORAS genau dann, wenn $\vec{x}$ und $\vec{y}$ aufeinander senkrecht stehen. Dann ist nämlich $\vec{x} + \vec{y}$ die Hypotenuse eines rechtwinkligen Dreiecks mit den Katheten $\vec{x}$ und $\vec{y}$. Wegen der Äquivalenz (5.33) nennen wir zwei Vektoren $\vec{x}$ und $\vec{y}$ *orthogonal* zueinander oder aufeinander *senkrecht stehend*, wenn ihr Skalarprodukt die Null ergibt:

$$\vec{x} \perp \vec{y} \quad :\Leftrightarrow \quad \langle \vec{x}, \vec{y} \rangle = 0. \qquad (5.34)$$

Orthonormale Familien von Spaltenvektoren

Eine Menge von Vektoren $F \subseteq \mathbb{K}^n$ nennt man eine *orthonormale Familie*[1], wenn für beliebige $\vec{u}, \vec{v} \in F$ gilt:

---

[1] Als *Familie* bezeichnet man eine geordnete Menge indizierter Elemente.

$$\langle \vec{u}, \vec{v} \rangle = \begin{cases} 1 & \text{falls } \vec{u} = \vec{v}, \\ 0 & \text{falls } \vec{u} \neq \vec{v} \end{cases} \tag{5.35}$$

Ein Beispiel für eine orthonormale Familie sind die kanonischen Einheitsvektoren $\vec{e}_1, .., \vec{e}_n$, wie sie in Gleichung (5.22) definiert sind.

Wie sieht man einer gegebenen Vektorfamilie $F = \{\vec{v}_1, \ldots, \vec{v}_k\} \subseteq \mathbb{K}^n$ mit $k \leqslant n$ an, ob sie orthonormal ist? Man schreibt die gegebenen Spaltenvektoren nebeneinander als Spalten in eine Matrix S_F. Dann gilt: F ist genau dann eine orthonormale Familie, wenn das Matrizenprodukt $S_F^\dagger S_F$ gleich der $k \times k$ Einheitsmatrix ist.

$$S_F^\dagger S_F = \begin{pmatrix} 1 & 0 & \cdots\cdots & 0 \\ 0 & 1 & \ddots & \vdots \\ & & \ddots \ddots \ddots & \\ \vdots & & \ddots & 1 & 0 \\ 0 & \cdots\cdots & & 0 & 1 \end{pmatrix} = E_k. \tag{5.36}$$

Die Matrix S_F ist genau dann quadratisch, wenn die orthonormale Familie F genau n Vektoren enthält. Im Fall $\mathbb{K} = \mathbb{C}$ nennt man eine quadratische Matrix, deren Spaltenvektoren eine orthonormale Familie bilden, *unitär*. Für $\mathbb{K} = \mathbb{R}$ hat sich für eine solche Matrix die Bezeichnung *orthogonal* eingebürgert. Das ist nicht ganz konsequent, weil es nicht genügt, dass die Spaltenvektoren orthogonal zueinander sind. Damit eine reelle $n \times n$ Matrix orthogonal heißen darf, müssen die Spaltenvektoren nicht nur paarweise orthogonal zueinander sein, sondern auch normiert, also eine orthonormale Familie bilden.

Wegen $\mathbb{R} \subseteq \mathbb{C}$ sind jedoch die orthogonalen Matrizen auch unitär. Wir können daher auf die Bezeichnung *orthogonale Matrix* weitgehend verzichten und nur von *unitären Matrizen* sprechen.

Orthonormale Familien erhalten das Skalarprodukt

Ist F eine orthonormale Familie aus k Spaltenvektoren aus $\mathbb{K}^n$, dann hat die Matrix S_F genau n Zeilen und k Spalten. Für k-zeilige Spaltenvektoren $\vec{v}, \vec{w} \in \mathbb{K}^k$ gilt dann

$$\langle S_F \vec{v}, S_F \vec{w} \rangle = (S_F \vec{v})^\dagger S_F \vec{w} = \vec{v}^\dagger S_F^\dagger S_F \, \vec{w} = \vec{v}^\dagger \vec{w} = \langle \vec{v}, \vec{w} \rangle.$$

In diesem Sinne ergibt die Matrix S_F eine *skalarprodukttreue, lineare Abbildung* $S_F : \mathbb{K}^k \to \mathbb{K}^n$.

Im Spezialfall $k = n$ ist S_F eine unitäre Matrix. Wir erhalten aus obiger Rechnung das Ergebnis, dass jede unitäre Matrix zu einer skalarprodukttreuen linearen Abbildung $\mathbb{K}^n \to \mathbb{K}^n$ führt. Daraus folgt insbesondere, dass die

Multiplikation mit einer unitären Matrix die Norm eines Vektors unverändert lässt.

Der Kosinus des eingeschlossenen Winkels

Der Einheitsvektor $\vec{u}$ in der x-y-Ebene, siehe Bild 5.11, der mit der x-Achse den Winkel φ bildet, hat die Koordinaten

$$\vec{u} = \begin{pmatrix} \cos\varphi \\ \sin\varphi \end{pmatrix}.$$

Also gilt für sein Skalarprodukt mit dem kanonischen Einheitsvektor $\vec{e}_1$:

$$\langle \vec{u}, \vec{e}_1 \rangle = \left\langle \begin{pmatrix} \cos\varphi \\ \sin\varphi \end{pmatrix}, \begin{pmatrix} 1 \\ 0 \end{pmatrix} \right\rangle = \cos\varphi. \tag{5.37}$$

Im Koordinatenraum definiert man den von zwei Vektoren *eingeschlossenen Winkel* über seinen Kosinus, der seinerseits durch das Standardskalarprodukt definiert ist. Es lohnt sich, dieses ein bisschen genauer zu formulieren. Seien also zwei Vektoren $\vec{x} \neq \vec{0}$ und $\vec{y} \neq \vec{0}$ in einem Koordinatenraum gegeben und bezeichnet man mit α den von $\vec{x}$ und $\vec{y}$ eingeschlossenen Winkel, dann ist der Kosinus von α gleich dem Skalarprodukt der normierten Vektoren. Der Winkel α hat also die folgende Eigenschaft:

$$\cos\alpha = \left\langle \frac{\vec{x}}{\|\vec{x}\|}, \frac{\vec{y}}{\|\vec{y}\|} \right\rangle = \frac{\langle \vec{x}, \vec{y} \rangle}{\|\vec{x}\| \cdot \|\vec{y}\|}.$$

5.3.2 Untervektorräume

Wir betrachten eine Menge von Spaltenvektoren $A \subseteq \mathbb{K}^n$ mit folgenden Eigenschaften:

1. A ist nicht leer,

2. A ist *abgeschlossen* bezüglich der Vektoraddition, das heißt

$$\text{für alle } \vec{x}, \vec{y} \in A \text{ ist } \vec{x} + \vec{y} \in A,$$

und

3. A ist *abgeschlossen* bezüglich der Skalarmultiplikation, das heißt

$$\text{für alle } \vec{x} \in A \text{ und } \lambda \in \mathbb{K} \text{ ist } \lambda\vec{x} \in A.$$

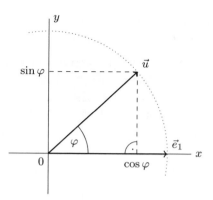

Bild 5.11: Der kanonische Einheitsvektor $\vec{e}_1 \in \mathbb{R}^2$ und der Einheitsvektor $\vec{u} \in \mathbb{R}^2$ sind als Pfeile der Länge 1 dargestellt. Bezeichnet φ den zwischen den beiden Pfeilen eingeschlossenen Winkel, dann hat die Spitze des Pfeiles $\vec{u}$ die x-Koordinate $\cos\varphi$ und die y-Koordinate $\sin\varphi$. Die senkrechte gestrichelte Linie ist das Lot von der Spitze des Pfeiles $\vec{u}$ auf $\vec{e}_1$. Das Skalarprodukt $\langle \vec{u}, \vec{e}_1 \rangle$ ist die Länge der Strecke vom Nullpunkt zum Fußpunkt des Lotes von $\vec{u}$ auf $\vec{e}_1$. Dann ist das Skalarprodukt der beiden Einheitsvektoren gleich dem Kosinus von φ. Dieser Sachverhalt ist der geometrische Hintergrund von Gleichung (5.37).

Man nennt eine solche Menge einen *Untervektorraum* des Koordinatenraums $\mathbb{K}^n$. Der kleinste denkbare Untervektorraum besteht nur aus dem Nullvektor, der größte ist der Koordinatenraum selbst.

Linearkombinationen

Gegeben sei eine endliche Familie $F = (\vec{a}_1, \ldots, \vec{a}_k) \subseteq \mathbb{K}^n$ von Spaltenvektoren, die wir auch als *Aufbauvektoren* bezeichnen. Man erhält einen Spaltenvektor $\vec{x} \in \mathbb{K}^n$ als *Linearkombination* über F, indem man die Vektoren $\vec{a}_i \in F$ mit Koeffizienten $\lambda_i \in \mathbb{K}$ versieht und dann addiert:

$$\vec{x} = \sum_{i=1}^{k} \lambda_i \, \vec{a}_i. \tag{5.38}$$

Eine Linearkombination ist also durch eine Familie F von Aufbauvektoren und ein *Koeffizientensystem* $(\lambda_i) = (\lambda_1, \ldots, \lambda_k)$ gegeben. Die *Menge der Linearkombinationen* über der Familie F nennt man den von F *aufgespannten Untervektorraum* und bezeichnet diesen mit

$$\operatorname{span}(F) := \left\{ \sum_{i=1}^{k} \lambda_i \, \vec{a}_i : \lambda_i \in \mathbb{K} \right\}. \tag{5.39}$$

Wir sammeln jetzt ein paar Aussagen über span(F). Insbesondere zeigen wir, dass span(F) tatsächlich ein Untervektorraum ist.

1. Ist $F = \varnothing$, dann ist die Summe auf der rechten Seite von Gleichung (5.38) eine Summe über eine leere Menge. Sinnvollerweise setzt man eine solche leere Summe gleich dem neutralen Element der Addition, in diesem Fall also gleich dem Nullvektor. Damit ist die Menge der Linearkombinationen über der leeren Familie eine Menge, die als einziges Element den Nullvektor enthält.

2. Hat man zwei Linearkombinationen $\vec{x}$ und $\vec{y}$ über der Vektorfamilie F, also zwei Koeffizientensysteme (λ_i) und (μ_i), so ist deren Summe wieder eine Linearkombination über F:

$$\vec{x} + \vec{y} = \sum_{i=1}^{k} \lambda_i\, \vec{a}_i + \sum_{i=1}^{k} \mu_i\, \vec{a}_i = \sum_{i=1}^{k} (\lambda_i + \mu_i)\, \vec{a}_i. \qquad (5.40)$$

Die Menge der Linearkombinationen über F ist also abgeschlossen bezüglich der Vektoraddition.

3. Ist durch (λ_i) eine Linearkombination $\vec{x}$ über F gegeben, und ist $\kappa \in \mathbb{K}$, dann ist

$$\kappa\, \vec{s} = \kappa \sum_{i=1}^{k} \lambda_i\, \vec{a}_i = \sum_{i=1}^{k} \kappa\lambda_i\, \vec{a}_i \qquad (5.41)$$

wieder eine Linearkombination über F. Die Menge der Linearkombinationen über F ist also auch abgeschlossen bezüglich der Multiplikation mit einem Skalar.

Daher ist die Menge der Linearkombinationen über F stets ein Untervektorraum von $\mathbb{K}^n$. Die Vektorenfamilie F heißt auch *Erzeugendensystem* des Untervektorraums span(F).

Lineare Unabhängigkeit

Manchmal sind die Koeffizienten λ_i durch $\vec{x}$ nicht eindeutig bestimmt. Ist zum Beispiel $n = k = 3$ und

$$F := \left\{ \vec{a}_1 = \begin{pmatrix} 1 \\ 2 \\ 3 \end{pmatrix},\ \vec{a}_2 = \begin{pmatrix} 1 \\ 1 \\ 1 \end{pmatrix},\ \vec{a}_3 = \begin{pmatrix} 0 \\ 1 \\ 2 \end{pmatrix} \right\},$$

dann lässt sich der Spaltenvektor

$$\vec{x} = \begin{pmatrix} 1 \\ 0 \\ -1 \end{pmatrix}$$

auf verschiedene Arten als Linearkombination über F darstellen, beispielsweise

$$\vec{x} = 1 \cdot \vec{a}_1 + 0 \cdot \vec{a}_2 + (-2) \cdot \vec{a}_3 = 0 \cdot \vec{a}_1 + 1 \cdot \vec{a}_2 + (-1) \cdot \vec{a}_3.$$

Das führt zu einer Darstellung des Nullvektors als Linearkombination der Aufbauvektoren mit Koeffizienten $\neq 0$:

$$\vec{0} = \vec{a}_1 - \vec{a}_2 - \vec{a}_3.$$

Insbesondere lässt sich der Aufbauvektor $\vec{a}_3$ als Linearkombination der beiden anderen Aufbauvektoren schreiben: $\vec{a}_3 = \vec{a}_1 - \vec{a}_2$. Daraus folgt

$$\mathrm{span}(F) = \mathrm{span}\left(F \setminus \{\vec{a}_3\}\right).$$

Man nennt nun eine Menge von Vektoren *linear abhängig*, wenn sich wenigstens einer der Vektoren als Linearkombination der anderen darstellen lässt. Ist das nicht der Fall, heißt die Menge von Vektoren *linear unabhängig*. Ein Erzeugendensystem F ist also genau dann linear unabhängig, wenn für jede Linearkombination über F die Koeffizienten eindeutig bestimmt sind.

Orthonormalbasen

Eine orthonormale Familie $F = (\vec{u}_1, \ldots, \vec{u}_k)$ ist stets linear unabhängig: Angenommen, $\vec{u}_1$ wäre eine Linearkombination der restlichen $\vec{u}_i$, also

$$\vec{u}_1 = \sum_{i=2}^{k} \lambda_i \, \vec{u}_i,$$

dann wäre nach den Rechenregeln für das Skalarprodukt aus Tabelle 5.5

$$\langle \vec{u}_1, \vec{u}_1 \rangle = \left\langle \vec{u}_1, \sum_{i=2}^{k} \lambda_i \, \vec{u}_i \right\rangle \quad \text{wegen} \quad \vec{u}_1 = \sum_{i=2}^{k} \lambda_i \, \vec{u}_i$$

$$= \sum_{i=2}^{k} \langle \vec{u}_1, \lambda_i \vec{u}_i \rangle \quad \text{wegen Additivität (zweite Variable)}$$

$$= \sum_{i=2}^{k} \lambda_i \langle \vec{u}_1, \vec{u}_i \rangle \quad \text{wegen Homogenität (zweite Variable)}$$

$$= 0 \quad \text{weil in einer orthonormalen Familie } F \text{ für } i \neq 1 \text{ stets } \langle \vec{u}_1, \vec{u}_i \rangle = 0 \text{ gilt.}$$

Und das stünde im Widerspruch zu $\langle \vec{u}_1, \vec{u}_1 \rangle = 1$, was ebenfalls zu den Bedingungen einer orthonormalen Familie gehört.

Man nennt eine orthonormale Familie F, die einen Untervektorraum $A = \text{span}(F)$ erzeugt, eine *Orthonormalbasis* von A. Orthonormalbasen sind keineswegs eindeutig bestimmt. Zum Beispiel sind

$$F_1 = \left\{ \begin{pmatrix} 1 \\ 0 \end{pmatrix}, \begin{pmatrix} 0 \\ 1 \end{pmatrix} \right\} \quad \text{und} \quad F_2 = \left\{ \begin{pmatrix} 0{,}6 \\ 0{,}8 \end{pmatrix}, \begin{pmatrix} -0{,}8 \\ 0{,}6 \end{pmatrix} \right\}$$

beides Orthonormalbasen des $\mathbb{K}^2$.

5.3.3 Eigenvektoren und Eigenwerte einer Matrix

Gegeben sei eine quadratische Matrix M über $\mathbb{K}$.

1. Ein Spaltenvektor $\vec{x} \neq \vec{0}$ heißt *Eigenvektor* von M zum *Eigenwert* $\lambda \in \mathbb{K}$, wenn $A\vec{x} = \lambda\,\vec{x}$.

2. Ein reelle oder komplexe Zahl $\lambda \in \mathbb{K}$ heißt *Eigenwert* von M, wenn ein Eigenvektor von A zum Eigenwert λ existiert.

Man kann zeigen, dass jede quadratische reelle oder komplexe Matrix wenigstens einen komplexen Eigenwert besitzt, siehe [1, Abschnitt 14.3]. Aber es gibt quadratische reelle Matrizen ohne reellen Eigenwert, zum Beispiel hat die 2×2 Matrix

$$\begin{pmatrix} 0 & 1 \\ -1 & 0 \end{pmatrix}$$

die beiden nicht-reellen Eigenwerte $\lambda_1 = i$ und $\lambda_2 = -i$.

Eigenvektoren zu verschiedenen Eigenwerten sind stets linear unabhängig. Genauer: Ist $\Lambda = \{\lambda_1, \ldots, \lambda_k\}$ eine Menge paarweise verschiedener Eigenwerte und $V = \{\vec{v}_1, \ldots, \vec{v}_k\}$ eine Menge zugehöriger Eigenvektoren, dann ist die Menge V linear unabhängig. Eigenvektoren zu verschiedenen Eigenwerten müssen jedoch nicht zueinander orthogonal sein. Zum Beispiel besitzt die Matrix

$$\begin{pmatrix} 1 & 1 \\ 0 & 2 \end{pmatrix}$$

die Eigenwerte $\lambda_1 = 1$ und $\lambda_2 = 2$ mit zugehörigen Eigenvektoren

$$\vec{v}_1 = \begin{pmatrix} 1 \\ 0 \end{pmatrix} \quad \text{und} \quad \vec{v}_2 = \begin{pmatrix} 1 \\ 1 \end{pmatrix}$$

mit $\langle \vec{v}_1, \vec{v}_2 \rangle = 1 \neq 0$. Wir notieren einige Merksätze zu Eigenvektoren und Eigenwerten:

1. Jede quadratische Matrix besitzt wenigstens einen Eigenwert in $\mathbb{C}$.
   Dieser Sachverhalt ist nicht ganz leicht zu beweisen. Eine wesentliche Idee ist, zunächst aus der Matrix ein Polynom herzuleiten, dessen Nullstellen

genau die Eigenwerte der Matrix sind. Die Existenz eines Eigenwerts folgt dann aus dem *Fundamentalsatz der Algebra*. Eine Ausarbeitung dieser Idee findet man in [1, S. 503 ff], den Fundamentalsatz der Algebra mit einem verhältnismäßig einfachen Beweis in [1, S. 339 f]. □

2. Der Nullvektor kann kein Eigenvektor sein.

3. Zu jedem Eigenvektor gehört genau ein Eigenwert.

4. Zu jedem Eigenwert gehören unendlich viele Eigenvektoren, denn: Ist $\vec{x}$ ein Eigenvektor zum Eigenwert λ, dann ist, für jedes $\alpha \in \mathbb{K}$, der Vektor $\alpha\vec{x}$ ebenfalls ein Eigenvektor zum Eigenwert λ. Daher ist es weitgehend üblich, Eigenvektoren zu normieren.

5. Es kann vorkommen, dass zu einem Eigenwert mehrere linear unabhängige Eigenvektoren gehören.

6. Eigenvektoren zu paarweise verschiedenen Eigenwerten sind linear unabhängig.

Unitäre Matrizen

Im Folgenden wird gezeigt, dass Eigenwerte unitärer Matrizen stets Betrag 1 haben, und dass Eigenvektoren zu verschiedenen Eigenwerten unitärer Matrizen stets aufeinander senkrecht stehen.

Eine $n \times n$ Matrix U ist genau dann unitär, wenn ihre Spalten eine Orthonormalbasis des $\mathbb{K}^n$ bilden. Das kann man auch in einer Formel ausdrücken: U ist genau dann unitär, wenn $U^\dagger U = E_n$. Sei nun $\lambda \in \mathbb{K}$ ein Eigenwert einer unitären Matrix U, und sei $\vec{x}$ ein dazugehöriger normierter Eigenvektor, also $\|\vec{x}\| = 1$ und $U\vec{x} = \lambda\vec{x}$. Dann gilt

$$
\begin{aligned}
1 &= \vec{x}^\dagger\vec{x} && \text{wegen } \vec{x}^\dagger\vec{x} = \|\vec{x}\|^2 = 1 \\
&= \vec{x}^\dagger(U^\dagger U\vec{x}) && \text{wegen } U^\dagger U = E_n \\
&= (\vec{x}^\dagger U^\dagger)(U\vec{x}) && \text{Assoziativität der Matrizenmultiplikation} \\
&= (U\vec{x})^\dagger(U\vec{x}) && \text{Rechnen mit Adjungierung} \\
&= (\lambda\vec{x})^\dagger(\lambda\vec{x}) && \text{Eigenwertgleichung } U\vec{x} = \lambda\vec{x} \\
&= \vec{x}^\dagger\lambda^*\lambda\vec{x} && \text{Rechnen mit Adjungierung} \\
&= \vec{x}^\dagger(\lambda^*\lambda)\vec{x} && \text{Assoziativgesetz} \\
&= \lambda^*\lambda\,\vec{x}^\dagger\vec{x} && \text{weil } \lambda^*\lambda \text{ ein Skalar ist} \\
&= \lambda^*\lambda && \text{wegen } \vec{x}^\dagger\vec{x} = \|\vec{x}\|^2 = 1.
\end{aligned}
$$

Insgesamt folgt $|\lambda|^2 = \lambda^*\lambda = 1$.

Seien jetzt $\lambda \neq \mu$ zwei Eigenwerte der unitären Matrix U, und seien $\vec{x} \neq \vec{0}$ und $\vec{y} \neq \vec{0}$ zwei passende Eigenvektoren, also $U\vec{x} = \lambda\vec{x}$ und $U\vec{y} = \mu\vec{y}$. Dann gilt

$$\langle \vec{x}, \vec{y} \rangle = \vec{x}^\dagger \vec{y} \qquad \text{nach Definition des Standardskalarprodukts}$$

$$= \vec{x}^\dagger U^\dagger U \vec{y} \qquad \text{wegen } U^\dagger U = E_n$$

$$= (U\vec{x})^\dagger (U\vec{y}) \qquad \text{Rechnen mit Adjungierung}$$

$$= (\lambda \vec{x})^\dagger (\mu \vec{y}) \qquad \text{Eigenwertgleichungen } U\vec{x} = \lambda \vec{x} \text{ und } U\vec{y} = \mu \vec{y}$$

$$= \vec{x}^\dagger \lambda^* \mu \vec{y} \qquad \text{Rechnen mit Adjungierung}$$

$$= \lambda^* \mu \, \vec{x}^\dagger \vec{y} \qquad \text{weil } \lambda^* \mu \text{ ein Skalar ist}$$

$$= \lambda^* \mu \, \langle \vec{x}, \vec{y} \rangle \qquad \text{nach Definition des Standardskalarprodukts.}$$

Daraus folgt $(1 - \lambda^* \mu)\langle \vec{x}, \vec{y} \rangle = 0$, also entweder $\lambda^* \mu = 1$ oder $\langle \vec{x}, \vec{y} \rangle = 0$. Wegen $\lambda^* \lambda = 1$ würde aus der ersten Gleichung $\lambda = \mu$ folgen, was wir aber vorher ausgeschlossen hatten. Also ist $\langle \vec{x}, \vec{y} \rangle = 0$. Das heißt, die Eigenvektoren zu verschiedenen Eigenwerten sind orthogonal zueinander.

Selbstadjungierte Matrizen

Im Folgenden wird gezeigt, dass Eigenwerte selbstadjungierter Matrizen stets reell sind, und dass Eigenvektoren zu verschiedenen Eigenwerten selbstadjungierter Matrizen stets aufeinander senkrecht stehen.

Sei $\lambda \in \mathbb{K}$ ein Eigenwert zu einer selbstadjungierten Matrix A. Dann gibt es dazu einen normierten Eigenvektor $\vec{x} \in \mathbb{K}^n$, also $\|\vec{x}\| = 1$. Für λ und $\vec{x}$ gilt

$$\lambda = \lambda \, \vec{x}^\dagger \vec{x} \qquad \text{wegen } \vec{x}^\dagger \vec{x} = \|\vec{x}\|^2 = 1$$

$$= \vec{x}^\dagger (\lambda \vec{x}) \qquad \text{Rechnen mit Vektoren}$$

$$= \vec{x}^\dagger (A \vec{x}) \qquad \text{Eigenwertgleichung } A\vec{x} = \lambda \vec{x}$$

$$= \vec{x}^\dagger A \vec{x} \qquad \text{Assoziativität der Matrizenmultiplikation}$$

$$= \vec{x}^\dagger A^\dagger \vec{x} \qquad \text{denn } A \text{ ist selbstadjungiert, also } A = A^\dagger$$

$$= (A\vec{x})^\dagger \vec{x} \qquad \text{Rechnen mit Adjungierung}$$

$$= (\lambda \vec{x})^\dagger \vec{x} \qquad \text{Eigenwertgleichung } A\vec{x} = \lambda \vec{x}$$

$$= \vec{x}^\dagger \lambda^* \vec{x} \qquad \text{Rechnen mit Adjungierung}$$

$$= \lambda^* \vec{x}^\dagger \vec{x} \qquad \text{weil } \lambda^* \text{ ein Skalar ist}$$

$$= \lambda^* \qquad \text{wegen } \vec{x}^\dagger \vec{x} = \|\vec{x}\|^2 = 1.$$

Aus $\lambda = \lambda^*$ folgt $\lambda \in \mathbb{R}$.

Seien jetzt λ und μ zwei Eigenwerte von A, und seien $\vec{x} \neq \vec{0}$ und $\vec{y} \neq \vec{0}$ zwei passende Eigenvektoren, also $A\vec{x} = \lambda \vec{x}$ und $A\vec{y} = \mu \vec{y}$. Dann gilt

$$\mu \langle \vec{x}, \vec{y} \rangle = \langle \vec{x}, \mu \vec{y} \rangle$$

$$= \langle \vec{x}, A\vec{y} \rangle \qquad \text{Eigenwertgleichung } A\vec{y} = \mu\vec{y}$$
$$= \langle A\vec{x}, \vec{y} \rangle \qquad \text{denn } A \text{ ist selbstadjungiert, also } A = A^\dagger$$
$$= \langle \lambda\vec{x}, \vec{y} \rangle \qquad \text{Eigenwertgleichung } A\vec{x} = \lambda\vec{x}$$
$$= \lambda\langle \vec{x}, \vec{y} \rangle \qquad \text{weil } \lambda \text{ reell ist.}$$

Ist $\lambda \neq \mu$, dann folgt also $\langle \vec{x}, \vec{y} \rangle = 0$. Die Umkehrung gilt nicht: Wenn zwei Eigenvektoren orthogonal zueinander sind, können sie dennoch zum selben Eigenwert gehören.

Spektralzerlegung selbstadjungierter Matrizen

Ist eine $n \times n$ Matrix A gegeben, so nennt man das Bestimmen einer unitären Matrix U und einer Diagonalmatrix Λ mit der Eigenschaft

$$A = U\Lambda U^\dagger \tag{5.42}$$

eine *Spektralzerlegung* der Matrix A. Die Gleichung

$$\Lambda = U^\dagger A U \tag{5.43}$$

nennt man *unitäres Diagonalisieren* der Matrix A. Weil für jede unitäre Matrix U die Gleichung $U^\dagger U = E_n$ gilt, sind Gleichung (5.43) und Gleichung (5.42) äquivalent.

Wir rechnen nach, dass eine Matrix A genau dann eine Spektralzerlegung besitzt, wenn eine Orthonormalbasis des Koordinatenraums $\mathbb{K}^n$ aus Eigenvektoren von A existiert. Zu zeigen ist also, dass für eine beliebige $n \times n$ Matrix A die folgenden beiden Aussagen äquivalent sind:

(a) Es existiert eine Spektralzerlegung $A = U\Lambda U^\dagger$.

(b) Es existiert eine Orthonormalbasis des $\mathbb{K}^n$ aus Eigenvektoren von A.

Um (a) $\Rightarrow$ (b) zu beweisen, nehmen wir an, dass Diagonalmatrix

$$\Lambda = \text{diag}(\lambda_1, \ldots, \lambda_n)$$

und eine unitäre Matrix U derart existieren, dass $A = U\Lambda U^\dagger$ gilt. Multipliziert man die Gleichung $A = U\Lambda U^\dagger$ von rechts mit der unitären Matrix U, so erhält man

$$AU = U\Lambda \left(U^\dagger U\right) = U\Lambda.$$

Ausgeschrieben mit $A = (a_{ij})$ und $U = (u_{ij})$ lautet diese Gleichung

$$\begin{pmatrix} a_{11} & \cdots & a_{1n} \\ \vdots & & \vdots \\ a_{n1} & \cdots & a_{nn} \end{pmatrix} \begin{pmatrix} u_{11} & \cdots & u_{1n} \\ \vdots & & \vdots \\ u_{n1} & \cdots & u_{nn} \end{pmatrix} = \begin{pmatrix} u_{11} & \cdots & u_{1n} \\ \vdots & & \vdots \\ u_{n1} & \cdots & u_{nn} \end{pmatrix} \begin{pmatrix} \lambda_1 & & 0 \\ & \ddots & \\ 0 & & \lambda_n \end{pmatrix}$$

$$= \begin{pmatrix} \lambda_1 u_{11} \ \ldots \ \lambda_n u_{1n} \\ \vdots \qquad\quad \vdots \\ \lambda_1 u_{n1} \ \ldots \ \lambda_n u_{nn} \end{pmatrix}. \qquad (5.44)$$

Wir setzen jetzt

$$\vec{u}_i := \begin{pmatrix} u_{1i} \\ \vdots \\ u_{ni} \end{pmatrix} \qquad \text{für } \ i \in \{1,\ldots,n\}.$$

Wertet man die Matrizenmultiplikation auf der linken Seite der obigen Gleichung (5.44) nach FALK'schen Schema aus, dann erhält man für die i-te Spalte die Eigenwertgleichung

$$A\vec{u}_i = \lambda_i \vec{u}_i. \qquad (5.45)$$

Das heißt, für jedes $i \in \{1,\ldots,n\}$ ist der Spaltenvektor $\vec{u}_i$ ein Eigenvektor zum Eigenwert λ_i. Da die Spalten einer unitären Matrix eine Orthonormalbasis des $\mathbb{K}^n$ bilden, ist damit die Existenz einer Orthonormalbasis aus Eigenvektoren der Matrix A gezeigt.

Um (b) $\Rightarrow$ (a) zu beweisen, nehmen wir eine Orthonormalbasis $(\vec{u}_1,\ldots,\vec{u}_n)$ aus Eigenvektoren der Matrix A als gegeben an. Weil dies Eigenvektoren sind, gibt es zu jedem $i \in \{1,\ldots,n\}$ ein $\lambda_i \in \mathbb{C}$ derart, dass die Eigenwertgleichung (5.45) erfüllt ist. Wie in obiger Rechnung folgt jetzt

$$AU = U \operatorname{diag}(\lambda_1,\ldots,\lambda_n).$$

Mi der Bezeichnung $\Lambda := \operatorname{diag}(\lambda_1,\ldots,\lambda_n)$ folgt daraus die Spektralzerlegung $A = U\Lambda U^\dagger$.   □

Wir zitieren in diesem Zusammenhang noch einen mathematischen Satz:

Theorem 2. *Ist A eine selbstadjungierte $n \times n$ Matrix mit Einträgen aus $\mathbb{K}$, dann gibt es eine Orthonormalbasis des $\mathbb{K}^n$ aus Eigenvektoren von A.*

Zum Beweis dieses Satzes verwendet man zunächst die Aussage, dass jede Matrix zumindest einen komplexen Eigenwert besitzt – da die Matrix selbstadjungiert ist, handelt es sich in diesem Fall um einen reellen Eigenwert. Ein zugehöriger Eigenvektor ermöglicht es dann, die Aussage auf eine entsprechende Aussage über eine $(n-1) \times (n-1)$ Matrix zurückzuführen. Damit folgt die Behauptung durch *vollständige Induktion* nach n. Für eine Ausarbeitung siehe [1, S. 693].   □

Rekonstruktion aus Eigenvektoren und Eigenwerten

Angenommen, wir haben eine Orthonormalbasis $(\vec{u}_1,\ldots,\vec{u}_n)$ des Koordinatenraums $\mathbb{K}^n$ sowie ein n-Tupel reeller oder komplexer Zahlen $(\lambda_1,\ldots,\lambda_n)$

gegeben. Ist es möglich, aus diesen Daten eine Matrix A zu konstruieren, bei der jeder Spaltenvektor $\vec{u}_\ell$ ein Eigenvektor zum Eigenwert λ_ℓ ist?

Weil die Spaltenvektoren $(\vec{u}_1, \ldots, \vec{u}_n)$ eine n-elementige Orthonormalbasis bilden, ist die Matrix mit diesen Spalten,

$$U := \begin{pmatrix} \vec{u}_1 & \cdots & \vec{u}_n \end{pmatrix},$$

unitär, erfüllt also die Gleichungen $U^\dagger U = U U^\dagger = E_n$. Wir bezeichnen die Diagonalmatrix mit den Eigenwerten auf der Diagonalen mit

$$\Lambda := \mathrm{diag}(\lambda_1, \ldots, \lambda_n) = \begin{pmatrix} \lambda_1 & & 0 \\ & \ddots & \\ 0 & & \lambda_n \end{pmatrix},$$

dann gilt nach dem FALK'schen Schema die Matrizengleichung

$$U\Lambda = \begin{pmatrix} \lambda_1 \vec{u}_1 & \cdots & \lambda_n \vec{u}_n \end{pmatrix}.$$

Weil jeder Spaltenvektor $\vec{u}_\ell$ ein Eigenvektor der gesuchten Matrix A zum Eigenwert λ_ℓ ist, gilt außerdem die Matrizengleichung

$$U\Lambda = AU.$$

Multiplizieren wir diese Gleichung von rechts mit $U^\dagger$, so erhalten wir

$$A = AUU^\dagger = U\Lambda U^\dagger = \begin{pmatrix} \lambda_1 \vec{u}_1 & \cdots & \lambda_n \vec{u}_n \end{pmatrix} \begin{pmatrix} \vec{u}_1^\dagger \\ \vdots \\ \vec{u}_n^\dagger \end{pmatrix} = \sum_{\ell=1}^{n} \lambda_\ell \, \vec{u}_\ell \vec{u}_\ell^\dagger.$$

Der Eintrag a_{ij} der gesuchten Matrix A zu gegebenen Indizes $i, j \in \{1, \ldots, n\}$ ist also durch die folgende Gleichung gegeben:

$$a_{ij} = (\vec{e}_i)^\dagger A \vec{e}_j = (\vec{e}_i)^\dagger \left(\sum_{\ell=1}^{n} \lambda_\ell \vec{u}_\ell \vec{u}_\ell^\dagger \right) \vec{e}_j = \sum_{\ell=1}^{n} u_{i\ell} \lambda_\ell u_{j\ell}^*. \tag{5.46}$$

Idempotente Matrizen

Ist die Matrix A idempotent, gilt also $A^2 = A$, dann ergibt sich daraus eine starke Einschränkung für mögliche Eigenwerte. Sei also $\lambda \in \mathbb{C}$ ein Eigenwert einer idempotenten Matrix A. Nach Definition gibt es dann einen Eigenvektor $\vec{x} \neq \vec{0}$ mit der Eigenschaft $A\vec{x} = \lambda \vec{x}$. Daraus folgt einerseits

$$AA\vec{x} = A(A\vec{x}) = A(\lambda \vec{x}) = \lambda A \vec{x} = \lambda^2 \vec{x}$$

und andererseits wegen $AA = A$

$$AA\vec{x} = A\vec{x} = \lambda\vec{x}.$$

Also muss für jeden Eigenwert $\lambda \in \mathbb{C}$ von A die Gleichung

$$\lambda^2 = \lambda \tag{5.47}$$

gelten. Diese Gleichung ist nur für $\lambda = 0$ oder $\lambda = 1$ erfüllt. Also sind als Eigenwerte einer idempotenten Matrix nur diese beiden Zahlen möglich.

5.3.4 Orthogonalprojektoren im Koordinatenraum

Unter einem *Projektor* im Koordinatenraum $\mathbb{K}^n$ versteht man eine lineare Abbildung $P : \mathbb{K}^n \to \mathbb{K}^n$, zu der ein Untervektorraum $A \subseteq \mathbb{K}^n$ mit folgenden zwei Eigenschaften existiert:

1. Für jeden Spaltenvektor $\vec{x} \in \mathbb{K}^n$ ist $P(\vec{x}) \in A$.

2. Ist $\vec{a} \in A$, dann ist $P(\vec{a}) = \vec{a}$.

Daraus folgt für jeden Spaltenvektor $\vec{x} \in \mathbb{K}^n$ die Gleichung $P\left(P(\vec{x})\right) = P(\vec{x})$. Allgemein nennt man eine Abbildung φ, die für alle x aus ihrem Definitionsbereich die Gleichung $\varphi\left(\varphi(x)\right) = \varphi(x)$ erfüllt, *idempotent*. Damit ist jeder Projektor eine idempotente Abbildung.

Wie in der Einleitung zu Abschnitt 5.3 bereits angemerkt, sind in der Quantenlogik Orthogonalprojektoren besonders wichtig. Man nennt einen Projektor auf A einen *Orthogonalprojektor*, wenn für beliebige Spaltenvektoren $\vec{x} \in \mathbb{K}^n$ und $\vec{a} \in A$ die Differenz $\vec{x} - P(\vec{x})$ orthogonal zu $\vec{a}$ ist. Bild 5.12 veranschaulicht den Sachverhalt grafisch. In einer Formel:

$$\langle \vec{x} - P(\vec{x}), \vec{a} \rangle = 0 \quad \text{für } \vec{x} \in \mathbb{K}^n \text{ und } \vec{a} \in A,$$

oder, etwas übersichtlicher,

$$\langle \vec{x}, \vec{a} \rangle = \langle P(\vec{x}), \vec{a} \rangle \quad \text{für } \vec{x} \in \mathbb{K}^n \text{ und } \vec{a} \in A. \tag{5.48}$$

Wir erinnern uns jetzt an die in Gleichung (5.29) formulierte natürlich Eins-zu-Eins-Beziehung zwischen Matrizen und linearen Abbildungen. Interessanterweise ist es möglich, der Matrix einer linearen Abbildung anzusehen, ob es die Matrix eines Orthogonalprojektors ist. Für eine beliebige $n \times n$ Matrix M sind nämlich die folgenden beiden Aussagen äquivalent:

(a) M ist selbstadjungiert und idempotent.

(b) M ist die Matrix eines Orthogonalprojektors P.

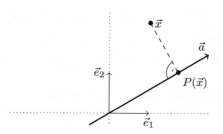

Bild 5.12: Die orthogonale Projektion $P(\vec{x})$ eines Vektors $\vec{x}$ auf den von einem Vektor $\vec{a}$ erzeugten, ein-dimensionalen, im Bild schräg liegenden Untervektorraum eines zwei-dimensionalen Koordinatenraums.

Um das einzusehen, müssen wir zeigen, dass (b) aus (a) folgt und umgekehrt.

(a) $\Rightarrow$ (b): Wir beginnen mit einer selbstadjungierten Matrix M. Eine solche Matrix erfüllt die Gleichung $M^\dagger = M$, und daraus folgt für beliebige Spaltenvektoren $\vec{x}, \vec{y} \in \mathbb{K}^n$ die Gleichungskette

$$\langle M\vec{x}, \vec{y}\rangle = (M\vec{x})^\dagger \vec{y} = \vec{x}^\dagger M^\dagger \vec{y} = \vec{x}^\dagger M\vec{y} = \langle \vec{x}, M\vec{y}\rangle.$$

Ist die Matrix M darüber hinaus auch idempotent, gilt also $M^2 = M$, dann folgt daraus

$$\langle M\vec{x}, \vec{y}\rangle = \langle M(M\vec{x}), \vec{y}\rangle = \langle M\vec{x}, M\vec{y}\rangle.$$

Wir erhalten also für beliebige Spaltenvektoren $\vec{x}, \vec{y} \in \mathbb{K}^n$ die Gleichung

$$\langle \vec{x}, M\vec{y}\rangle = \langle M\vec{x}, M\vec{y}\rangle.$$

Setzt man $\vec{a} := M\vec{y}$, so folgt daraus

$$\langle \vec{x}, \vec{a}\rangle = \langle M\vec{x}, \vec{a}\rangle \qquad \text{für jedes } \vec{a} \text{ im Bild der linearen Abbildung } M.$$

Mit Gleichung (5.48) folgt daraus, dass M die Matrix des Orthogonalprojektors auf das Bild der mit M identifizierten linearen Abbildung ist.

(b) $\Rightarrow$ (a): Ist umgekehrt P ein Orthogonalprojektor auf einen Untervektorraum A, dann gilt Gleichung (5.48). Weil P ein Orthogonalprojektor auf A ist, gilt $P(\vec{y}) \in A$ für jeden Spaltenvektor $\vec{y} \in \mathbb{K}^n$. Damit folgt aus Gleichung (5.48) die Gleichung

$$\langle \vec{x}, P(\vec{y})\rangle = \langle P(\vec{x}), P(\vec{y})\rangle \tag{5.49}$$

für beliebige Spaltenvektoren $\vec{x}, \vec{y} \in \mathbb{K}^n$. Das ermöglicht uns die folgende Rechnung:

$$\langle P(\vec{x}), \vec{y}\rangle = \langle \vec{y}, P(\vec{x})\rangle^\dagger \qquad \text{Rechnen mit Adjungierten}$$

$$= \langle P(\vec{y}), P(\vec{x}) \rangle^\dagger \quad \text{aus (5.49) durch Vertauschen von } \vec{x} \text{ und } \vec{y}$$
$$= \langle P(\vec{x}), P(\vec{y}) \rangle \quad \text{Rechnen mit Adjungierten}$$
$$= \langle \vec{x}, P(\vec{y}) \rangle \quad \text{nach Gleichung (5.49).}$$

Wir bezeichnen jetzt mit M die zur linearen Abbildung P assoziierte $n \times n$ Matrix. Dann erfüllt M für beliebige Spaltenvektoren $\vec{x}, \vec{y} \in \mathbb{K}^n$ die Gleichung

$$\vec{x}^\dagger M^\dagger \vec{y} = (M\vec{x})^\dagger \vec{y} = \langle M\vec{x}, \vec{y} \rangle = \langle \vec{x}, M\vec{y} \rangle = \vec{x}^\dagger M \vec{y}.$$

Diese Gleichung gilt insbesondere auch für die kanonischen Einheitsvektoren $\vec{e}_1, \ldots, \vec{e}_n$, also

$$\vec{e}_i^{\,\dagger} M^\dagger \vec{e}_j = \vec{e}_i^{\,\dagger} M \vec{e}_j \quad \text{für beliebige Indizes } i, j \in \{1, \ldots, n\}.$$

Daraus folgt, dass jeder Eintrag der Matrix $M^\dagger$ mit dem entsprechenden Eintrag der Matrix M übereinstimmt. Also lässt das Adjungieren gemäß Gleichung (5.17) die Matrix M unverändert die Matrix M ist also selbstadjungiert.

Weil für beliebige Spaltenvektoren $\vec{x} \in \mathbb{K}^n$ die Gleichung

$$M^2 \vec{x} = P\left(P(\vec{x})\right) = P(\vec{x}) = M\vec{x}$$

gilt, ist M auch idempotent.

Konstruktion einer orthonormalen Familie

Gegeben sei eine Familie $W = (\vec{w}_1, \ldots, \vec{w}_m) \subseteq \mathbb{K}^n$ von Spaltenvektoren. Gesucht ist eine orthonormale Familie $V = (\vec{v}_1, \ldots, \vec{v}_k)$ von Spaltenvektoren in $\mathbb{K}^n$ mit der Eigenschaft

$$\text{span}(W) = \text{span}(V).$$

Interessant ist auch die Anzahl k der zu konstruierenden orthonormalen Spaltenvektoren. Man kann nämlich beweisen, dass diese nur vom Untervektorraum $U := \text{span}(W)$ und nicht von der Wahl der Familie W abhängt. Wir kommen in Abschnitt 6.2.2 darauf zurück.

Es gibt ein Verfahren, um zu einer gegebenen Familie W eine orthonormale Familie V, die denselben Untervektorraum aufspannt, zu konstruieren. Dieses Verfahren wird üblicherweise nach J. P. GRAM (1850–1916) und E. SCHMIDT (1876–1959) benannt. Jedoch war es zuvor schon von P.-S. LAPLACE (1749–1827) und A.-L. CAUCHY (1789–1857) verwendet worden. Ein Pseudocode für das GRAM-SCHMIDT-Verfahren findet sich in Algorithmus 1.

Function *Gram-Schmidt*

> **Input** : eine Liste von Spaltenvektoren $(\vec{w}_1, \ldots, \vec{w}_N)$
> **Output** : eine orthonormale Familie $(\vec{v}_1, \ldots, \vec{v}_k)$ mit
> $$\text{span}(\vec{v}_1, \ldots, \vec{v}_k) = \text{span}(\vec{w}_1, \ldots, \vec{w}_N)$$
> $k \leftarrow 0$
> $n \leftarrow 0$
> **while** $n < N$ **do**
> > $n \leftarrow n + 1$
> >
> > $\vec{w}_n^* \leftarrow \sum_{j=1}^{k} \langle \vec{v}_j, \vec{w}_n \rangle \, \vec{v}_j$ /*   `Projiziere` $\vec{w}_n$ `orthogonal` `auf` $\text{span}(\vec{v}_1, \ldots, \vec{v}_k)$ `Ist` $\vec{w}_n \in \text{span}(\vec{v}_1, \ldots, \vec{v}_k\}$, `dann ist` $\vec{w}_n = \vec{w}_n^*$ */
> >
> > **if** $\vec{w}_n \neq \vec{w}_n^*$ **then**
> > > $k \leftarrow k + 1$
> > > $\vec{v}_k \leftarrow \dfrac{\vec{w}_n - \vec{w}_n^*}{\|\vec{w}_n - \vec{w}_n^*\|}$ /*   `das neue Mitglied` $\vec{v}_k$ `der orthonormalen Familie`   */
> > **end**
> **end**
> **return** $(\vec{v}_1, \ldots, \vec{v}_k)$

end

Algorithmus 1 : GRAM-SCHMIDT-Verfahren zur Konstruktion einer orthonormalen Familie. Zur Notation: Eine leere Summe ergibt den Nullvektor $\vec{0}$, und $\text{span}(\varnothing) = \{\vec{0}\}$.

Die Konstruktion eines Orthogonalprojektors

Zum Schluss dieses Abschnitts beschreiben wir die Konstruktion des Orthogonalprojektors auf einen Untervektorraum, der von einer gegebenen Familie aus Spaltenvektoren aufgespannt wird. Gegeben sei also eine beliebige Familie $W = (\vec{w}_1, \ldots, \vec{w}_m)$ von Spaltenvektoren aus $\mathbb{K}^n$. Die Konstruktion erfolgt in zwei Schritten:

1. Man ermittle mit dem GRAM-SCHMIDT-Verfahren eine orthonormale Familie $V = (\vec{v}_1, \ldots, \vec{v}_k)$ mit $\text{span}(V) = \text{span}(W)$.

2. Man bezeichne mit M die $n \times k$ Matrix mit den Elementen von V als Spalten, also

$$M = \begin{pmatrix} \vec{v}_1 & \cdots & \vec{v}_k \end{pmatrix} = \begin{pmatrix} v_{11} & \cdots & v_{1k} \\ \vdots & & \vdots \\ v_{n1} & \cdots & v_{nk} \end{pmatrix}.$$

Dann hat die Matrix

$$P := MM^\dagger = \sum_{\ell=1}^{k} \vec{v}_\ell \vec{v}_\ell^\dagger$$

die Dimension $n \times n$. Außerdem ist P selbstadjungiert, denn

$$P^\dagger = \left(MM^\dagger\right)^\dagger = \left(M^\dagger\right)^\dagger M^\dagger = MM^\dagger = P.$$

Nach Konstruktion ist V eine orthonormale Familie, daher ist das Produkt

$$M^\dagger M = \begin{pmatrix} \langle \vec{v}_1, \vec{v}_1 \rangle & \cdots & \langle \vec{v}_1, \vec{v}_k \rangle \\ \vdots & & \vdots \\ \langle \vec{v}_1, \vec{v}_k \rangle & \cdots & \langle \vec{v}_k, \vec{v}_k \rangle \end{pmatrix} = \begin{pmatrix} 1 & & 0 \\ & \ddots & \\ 0 & & 1 \end{pmatrix}$$

gleich der $k \times k$ Einheitsmatrix E_k. Daraus folgt

$$PP = \left(MM^\dagger\right)\left(MM^\dagger\right) = M\left(M^\dagger M\right)M^\dagger = ME_k M^\dagger = MM^\dagger = P,$$

also ist P auch idempotent, und daher stellt die Matrix P einen Orthogonalprojektor dar.

Beispiel 5.1 *Als Beispiel nehmen wir $n = 3$ und ermitteln die Matrix des Orthogonalprojektors auf von der Vektorfamilie*

$$W := \left(\vec{w}_1 = \begin{pmatrix} 3 \\ 0 \\ 0 \end{pmatrix}, \vec{w}_2 = \begin{pmatrix} 2 \\ 3 \\ 4 \end{pmatrix} \right)$$

erzeugten Untervektorraum $A := \operatorname{span}(\vec{w}_1, \vec{w}_2)$. Wir führen dazu die beiden oben genannten Schritte aus.

1. Anwendung des GRAM-SCHMIDT-*Verfahrens ergibt*

$$\vec{w}_1^* = \vec{0}, \qquad\qquad \vec{v}_1 = \frac{\vec{w}_1 - \vec{w}_1^*}{\|\vec{w}_1 - \vec{w}_1^*\|} = \begin{pmatrix} 1 \\ 0 \\ 0 \end{pmatrix},$$

$$\vec{w}_2^* = \langle \vec{w}_2, \vec{v}_1 \rangle \vec{v}_1 = \begin{pmatrix} 2 \\ 0 \\ 0 \end{pmatrix}, \qquad \vec{v}_2 = \frac{\vec{w}_2 - \vec{w}_2^*}{\|\vec{w}_2 - \vec{w}_2^*\|} = \frac{1}{5}\begin{pmatrix} 0 \\ 3 \\ 4 \end{pmatrix}.$$

Wegen $\|\vec{v}_1\| = \|\vec{v}_2\| = 1$ und $\langle \vec{v}_1, \vec{v}_2 \rangle = 0$ ist $(\vec{v}_1, \vec{v}_2)$ eine orthonormale Familie. Außerdem gilt nach Konstruktion $\operatorname{span}(W) = \operatorname{span}(\vec{v}_1, \vec{v}_2)$.

2. Es gilt

$$M = \begin{pmatrix} 1 & 0 \\ 0 & \frac{3}{5} \\ 0 & \frac{4}{5} \end{pmatrix}, \quad \text{also} \quad P = MM^\dagger = \begin{pmatrix} 1 & 0 \\ 0 & \frac{3}{5} \\ 0 & \frac{4}{5} \end{pmatrix} \begin{pmatrix} 1 & 0 & 0 \\ 0 & \frac{3}{5} & \frac{4}{5} \end{pmatrix} = \begin{pmatrix} 1 & 0 & 0 \\ 0 & \frac{9}{25} & \frac{12}{25} \\ 0 & \frac{12}{25} & \frac{16}{25} \end{pmatrix}.$$

Die Matrix P ist selbstadjungiert und idempotent, also ein Orthogonalprojektor.   □

Literatur

1. Arens, T., Busam, R., Hettlich, F., Karpfinger, C., Stachel, H.: Grundwissen Mathematikstudium. Springer Spektrum (2013)
2. Falk, S.: Ein übersichtliches Schema für die Matrizenmultiplikation. ZAMM – Zeitschrift für Angewandte Mathematik und Mechanik **31**, 152–153 (1951)

Kapitel 6
Logik der Orthogonalprojektoren

Der grundlegende Begriff dieses Kapitels ist die algebraische Struktur *Skalarproduktraum*. Im Rahmen dieser Struktur definieren wir die Begriffe *Untervektorraum* und *Orthogonalprojektor*, deren Ausprägungen im Koordinatenraum uns aus der linearen Algebra bekannt sind. Diese beiden Begriffe sind auch einer geometrischen Intuition zugänglich. Auf der anderen Seite ist die Menge der Untervektorräume eines endlich-dimensionalen Skalarproduktraums Trägermenge eines *modularen* und *orthokomplementären Verbands*, worauf sich die Verbindung zur Logik gründet. Für unsere Anwendungen ist in diesem Zusammenhang neben der Untersuchung der Verbandsstrukturen insbesondere die Betrachtung BOOLE*'scher Unterverbände* erforderlich. Den Abschluss des Kapitels bildet eine Herleitung von Formeln zur Berechnung von Projektionswahrscheinlichkeiten.

6.1 Der Begriff Skalarproduktraum

In Kapitel 5 haben wir uns lineare Operatoren und Spaltenvektoren als Matrizen mit Einträgen in unserem Koordinatenkörper $\mathbb{K}$ vorgestellt. Das gab uns eine gewisse Sicherheit bei den Rechnungen, denn wir wussten ja, was dahinter steht. Ist es möglich, die Rechnungen mit der gleichen Zuverlässigkeit ohne Bezug auf Koordinaten durchzuführen? Es gibt wenigstens zwei Gründe, das zu versuchen:

1. Verwendet man unterschiedliche Koordinatensysteme, wie es in manchen Anwendungen sinnvoll ist, wird die Rechnung schnell unübersichtlich.

2. In der klassischen Quantenmechanik, wie sie zum Beispiel im Lehrbuch von JOHN VON NEUMANN [3] entwickelt wird, sind häufig unendlich-dimensionale Vektoren zu betrachten. In solchen Fällen ist die explizite Angabe der Komponenenten oft unhandlich.

© Springer-Verlag GmbH Deutschland, ein Teil von Springer Nature 2023
G. Wirsching et al., *Quantenlogik*, https://doi.org/10.1007/978-3-662-66780-4_6

Das motiviert den Aufbau einer algebraischen Struktur, die alle wesentlichen Eigenschaften eines Koordinatenraums besitzt, ohne direkt auf Koordinaten Bezug zu nehmen. Das bringt zunächst etwas mehr Aufwand: Im Fall des Koordinatenraums ergeben sich einige Eigenschaften einfach aus der Matrizenrechnung, im Fall der algebraischen Strukturen müssen diese Eigenschaften algebraisch analysiert und manche davon als Axiome formuliert werden. In diesem Abschnitt wird der Begriff des *Skalarproduktraums* algebraisch definiert. Wir kommen zu dem Ergebnis, dass der neue Begriff den Begriff des *Koordinatenraums* umfasst, aber mehr Flexibilität erlaubt. Um den technischen Aufwand nicht ausufern zu lassen, beschränken wir uns in diesem Kapitel weitgehend auf den endlich-dimensionalen Fall.

6.1.1 Ket-Ausdrücke und Koeffizientenabbildungen

Wir beginnen mit einer intuitiven Einführung der auf P. A. M. DIRAC zurückgehenden Ket- und Bra-Notation [2].

Unter einem *Ket-Ausdruck* verstehen wir eine Zeichenkette der Form

$$| \cdots \rangle, \tag{6.1}$$

wobei an Stelle der Punkte $\cdots$ ein beliebiges Wort, eine beliebige Zahl oder ein beliebiges Symbol stehen kann, welches wir zur Identifikation und Unterscheidung nutzen werden. Wir beginnen mit einer endlichen Anzahl von Ket-Ausdrücken $|1\rangle, \ldots, |n\rangle$ und bezeichnen diese als *Aufbau-Ket-Vektoren*. Wir betrachten Terme der Form

$$|\varphi\rangle := |1\rangle \cdot a_1 + \ldots + |n\rangle \cdot a_n \quad \text{für} \quad a_1, \ldots, a_n \in \mathbb{K}. \tag{6.2}$$

Der Term hat die Form einer *Linearkombination*, wobei wir uns zunächst explizit nicht um die genaue Definition der Multiplikations- und Additionsoperationen kümmern. Die Koeffizienten $a_1, \ldots, a_n$ sind dabei aus unserem Koordinatenkörper $\mathbb{K}$ genommen – da in unseren Anwendungen sowohl $\mathbb{K} = \mathbb{R}$ als auch $\mathbb{K} = \mathbb{C}$ vorkommen, legen wir uns hier nicht fest. Zur besseren Lesbarkeit schreiben wir im Folgenden $|i\rangle a_i$ für $|i\rangle \cdot a_i$.

Die Ket-Ausdrücke $|1\rangle, \ldots, |n\rangle$ abstrahieren von konkreten Objekten. Die Wahl der Bezeichnungen $|i\rangle$ mit $i \in \mathbb{N}$ ist willkürlich. So könnten ohne Weiteres $|🍎\rangle$ für Äpfel, $|🍐\rangle$ für Birnen und $|🍊\rangle$ für Orangen stehen. Die Linearkombination

$$|\varphi\rangle = |🍎\rangle 5 + |🍐\rangle 7 + |🍊\rangle 2 \tag{6.3}$$

kann dann als ein Objekt bestehend aus fünf Äpfeln, sieben Birnen und zwei Orangen, also beispielsweise als Inhalt eines Obstkorbs, aufgefasst werden. In der Quantenphysik sind Ket-Ausdrücke wie $|\downarrow\rangle$, $|\uparrow\rangle$, $|↻\rangle$ oder $|↺\rangle$ üblich.

Koeffizientenabbildungen

Wir betrachten nun die Menge

$$\mathbb{V} = \big\{ |1\rangle a_1 + \ldots + |n\rangle a_n : a_1, \ldots, a_n \in \mathbb{K} \big\} \qquad (6.4)$$

aller möglichen Ket-Ausdrücke gemäß Gleichung (6.2). Wir identifizieren jetzt einen Ket-Ausdruck $|j\rangle$, mit $j \in \{1, \ldots, n\}$, mit einem Element von $\mathbb{V}$:

$$|j\rangle = |1\rangle 0 + \ldots + |j{-}1\rangle 0 + |j\rangle 1 + |j{+}1\rangle 0 + \ldots + |n\rangle 0 \in \mathbb{V}, \qquad (6.5)$$

wobei auf der rechten Seite $|j\rangle$ den Koeffizienten Eins erhält und alle anderen Koeffizienten Null sind. Zusätzlich definieren wir ein *Nullelement*:

$$\vec{0} := |1\rangle 0 + \ldots + |n\rangle 0 \quad \in \mathbb{V}. \qquad (6.6)$$

Trotz der abweichenden Schreibweise handelt es sich also bei $\vec{0}$ um einen Ket-Ausdruck. Außerdem verwenden wir die *Koeffizientenabbildungen*

$$f_1 : \mathbb{V} \to \mathbb{K}, \quad |\varphi\rangle \mapsto a_1,$$
$$\vdots$$
$$f_n : \mathbb{V} \to \mathbb{K}, \quad |\varphi\rangle \mapsto a_n,$$

welche jedem Ket-Ausdruck seine Koeffizienten aus Gleichung (6.2) zuordnen. Wendet man die Koeffizientenabbildung auf das obige Beispiel des Obstkorbs an, dann ermittelt die Abbildung f_1 die Anzahl der Äpfel im Inhalt $|\varphi\rangle$ des Obstkorbs, während f_2 die Anzahl der Birnen und f_3 die Anzahl der Orangen ermittelt. Wir werden die Koeffizientenabbildungen zur Konstruktion von Bra-Vektoren verwenden.

6.1.2 Die algebraische Struktur Skalarproduktraum

Die DIRAC'schen *Ket- und Bra-Vektoren* [2] sind im Rahmen der algebraischen Struktur *Skalarproduktraum* sinnvoll. Die dazugehörigen Strukturelemente und Axiome sind in Tabelle 6.1 zusammengefasst. Den Nullvektor des Skalarproduktraums schreiben wir als $\vec{0}$, um die Bezeichnung $|0\rangle$ für andere Anwendungen frei zu halten.

Im Rahmen der algebraischen Struktur Skalarproduktraum werden *Bra-Vektoren* über das Skalarprodukt definiert. Was genau ist also ein Bra-Vektor? In der abstrakten Sicht wird aus einem Ket-Vektor ein Bra-Vektor, indem man ihn an die erste Stelle des Skalarprodukts setzt. Den einem Ket-Vektor $|a\rangle$ entsprechenden Bra-Vektor $\langle a|$ können wir also als *Abbildung* auffassen:

Tabelle 6.1: Die algebraische Struktur *Skalarproduktraum*. Die Aussagen müssen für beliebige Ket-Vektoren $|a\rangle$, $|b\rangle$, $|c\rangle$ und für beliebige Skalare λ, μ gelten. Das Kommutativgesetz der Vektoraddition könnte man prinzipiell aus den anderen Axiomen beweisen, was aber recht aufwändig wäre. Der Punkt $\cdot$ für die Skalarmultiplikation wird meistens weggelassen, insbesondere, falls aus dem Kontext klar ist, was gemeint ist. In der Ket-Bra-Notation wird es sich als natürlich erweisen, bei Ket-Vektoren den Skalar auf die rechte Seite zu schreiben. Ein Bra-Vektor entsteht, indem man einen Ket-Vektor an die erste Stelle eines Skalarprodukts schreibt. Damit ist ein Bra-Vektor eine Abbildung, die jedem Ket-Vektor einen Skalar zuordnet. Von dieser Abbildung wird axiomatisch gefordert, dass sie additiv und homogen ist. Die HERMITE'-sche Symmetrie sowie die positive Definitheit kennen wir vom Standardskalarprodukt eines Koordinatenraums.

Skalarproduktraum $(\mathbb{V}, \mathbb{K}, +, \cdot, \langle | \rangle)$

$\mathbb{V}$ **Trägermenge** (Ket-Vektoren)

    Ket-Vektoren $|a\rangle \in \mathbb{V}$

    Speziell: Nullvektor $\vec{0} \in \mathbb{V}$

$\mathbb{K}$ **Koordinatenkörper** (Skalare)

    reell oder komplex $\mathbb{K} = \mathbb{R}$ oder $\mathbb{K} = \mathbb{C}$

$+$ **Vektoraddition** (Ket plus Ket ergibt Ket)

    Assoziativgesetz $|a\rangle + (|b\rangle + |c\rangle) = (|a\rangle + |b\rangle) + |c\rangle$

    Kommutativgesetz $|a\rangle + |b\rangle = |b\rangle + |a\rangle$

    Der Nullvektor ist neutral $|a\rangle + \vec{0} = |a\rangle$

    Negative Ket-Vektoren $|a\rangle + (-|a\rangle) = \vec{0}$

$\cdot$ **Skalarmultiplikation** (Ket mal Skalar ergibt Ket)

    Multiplikation mit Eins $|a\rangle \cdot 1 = |a\rangle$

    Assoziativgesetz $|a\rangle(\lambda\mu) = (|a\rangle\lambda)\mu$

    Distributivgesetz I $|a\rangle(\lambda + \mu) = |a\rangle\lambda + |a\rangle\mu$

    Distributivgesetz II $(|a\rangle + |b\rangle)\lambda = |a\rangle\lambda + |b\rangle\lambda$

$\langle | \rangle$ **Skalarprodukt** (Bra mal Ket ergibt Skalar)

    Notation Bra-Ket $\langle a|b\rangle := \langle a|(|b\rangle) := \langle |a\rangle, |b\rangle \rangle$

    Additivität $\langle a|(|b\rangle + |c\rangle) = \langle a|b\rangle + \langle a|c\rangle$

    Homogenität $\langle a|(|b\rangle\lambda) = \langle a|b\rangle\lambda$

    HERMITE'sche Symmetrie $\langle a|b\rangle^* = \langle b|a\rangle$

    Positive Definitheit $|a\rangle \neq \vec{0} \Rightarrow \langle a|a\rangle > 0$

$$\langle a| : \mathbb{V} \to \mathbb{K}, \quad |x\rangle \mapsto \langle a|x\rangle := \langle |a\rangle, |x\rangle\rangle. \tag{6.7}$$

Im Skalarproduktraum wird für diese Abbildung axiomatisch die *Additivität* und *Homogenität* gefordert, also ist $\langle a|$ eine *lineare Abbildung* mit Definitionsbereich $\mathbb{V}$ und Zielbereich $\mathbb{K}$. Die Forderung der HERMITE*'schen Symmetrie* greift die HERMITE'sche Symmetrie des Standardskalarprodukts aus Tabelle 5.5 wieder auf und macht so die Forderung nach *positiver Definitheit* sinnvoll. Die Bezeichnung Bra-Ket ist durch das englische Wort *bracket* motiviert, denn in der englischsprachigen Fachliteratur wird dieses Wort zuweilen für das Skalarprodukt verwendet.

Noch eine Bemerkung zur Notation: Der in der Mathematik üblichen Konvention folgend, verwenden wir die Bezeichnung $\mathbb{V}$ sowohl für die Menge der Ket-Vektoren eines Skalarproduktraums als auch für Skalarproduktraum selbst. Das heißt, in der Notation $\mathbb{V}$ sind neben der Menge der Ket-Vektoren außerdem die Strukturelemente Koordinatenkörper, Vektoraddition, Skalarmultiplikation und Skalarprodukt mitgemeint.

6.1.3 Skalarproduktraum und Koordinatenraum

Ein Beispiel für einen Skalarproduktraum ist der Koordinatenraum $\mathbb{K}^n$, versehen mit der Vektoraddition (5.19), der Skalarmultiplikation (5.20) und dem Standardskalarprodukt (5.30).

Aufbau-Ket-Vektoren und Koordinatenraum

Um die Verbindung von den Aufbau-Ket-Vektoren zum Koordinatenraum herzustellen, verwenden wir unsere in Gleichung (5.22) definierten kanonischen Einheitsvektoren $\vec{e}_i$ und identifizieren sie mit Aufbau-Ket-Vektoren:

$$|i\rangle \doteq \vec{e}_i. \tag{6.8}$$

Diese Identifikation ist willkürlich, wofür wir das Zeichen $\doteq$ einführen. Die Ziffer i des Aufbau-Ket-Vektors $|i\rangle$ muss nicht unbedingt etwas mit dem Index i des kanonischen Einheitsvektors $\vec{e}_i$ zu tun haben. Wichtig ist nur, dass die Anzahl der Aufbau-Ket-Vektoren mit der Anzahl der verwendeten kanonischen Einheitsvektoren übereinstimmt, dass wir also eine Eins-zu-Eins-Beziehung zwischen Aufbau-Kets und den $\vec{e}_i$ haben.

Mit der Identifikation gemäß Gleichung (6.8) ist es natürlich, jeden Ket-Ausdruck nach Gleichung (6.2) mit einem Spaltenvektor zu identifizieren:

$$|1\rangle \cdot a_1 + \ldots + |n\rangle \cdot a_n \doteq \begin{pmatrix} a_1 \\ \vdots \\ a_n \end{pmatrix}. \tag{6.9}$$

Wir merken an, dass wir in Gleichungen (6.2) und (6.9) die Koeffizienten links von den Ket-Vektoren notiert haben, jedoch in Tabelle 6.1 auf der rechten Seite. Beide Schreibweisen sind üblich und – soweit $\mathbb{K} = \mathbb{R}$ oder $\mathbb{K} = \mathbb{C}$ gilt – auch äquivalent. Mit Gleichung (6.9) wird die in Gleichung (6.4) definierte Menge X mit dem Koordinatenraum $\mathbb{K}^n$ identifiziert, in Zeichen:

$$X \doteq \mathbb{K}^n.$$

Bra-Vektoren

Definitionsgemäß muss ein Bra-Vektor eine lineare Abbildung von den Ket-Vektoren in den Koordinatenkörper sein. Unsere *Koeffizientenabbildungen* f_i sind zunächst auf den Ket-Ausdrücken definiert. Durch die Identifikation der Ket-Ausdrücke mit den Spaltenvektoren wird aus jedem f_i eine lineare Abbildung

$$f_i : \mathbb{K}^n \doteq X \to \mathbb{K}, \qquad \begin{pmatrix} a_1 \\ \vdots \\ a_n \end{pmatrix} \mapsto a_i.$$

Mit der Identifikation (6.8) folgt daraus

$$f_i\big(|1\rangle \cdot a_1 + \ldots + |n\rangle \cdot a_n\big) = a_i = \left\langle \vec{e}_i, \begin{pmatrix} a_1 \\ \vdots \\ a_n \end{pmatrix} \right\rangle.$$

Nach Formel (6.7) ist der Bra-Vektor $\langle i|$ diejenige lineare Abbildung, die jedem Ket-Vektor $|a\rangle$ das Skalarprodukt $\langle |i\rangle, |a\rangle \rangle$ zuordnet. Mit der Identifikation gemäß Gleichung (6.8) folgt daraus $f_i = \langle i|$.

Orthonormale Familien im Skalarproduktraum

Wir übertragen die in Abschnitt 5.3.1 für Spaltenvektoren definierte Orthogonalitätsrelation auf Ket-Vektoren, indem wir zwei Ket-Vektoren $|a\rangle$ und $|b\rangle$ *orthogonal* nennen, wenn $\langle a|b\rangle = 0$ gilt. Wegen der in Tabelle 6.1 formulierten HERMITE'schen Symmetrie des Skalarprodukts gilt

$$\langle a|b\rangle = 0 \quad \Leftrightarrow \quad \langle b|a\rangle = 0, \tag{6.10}$$

also ist Orthogonalität eine symmetrische Relation auf der Menge der Ket-Vektoren.

Aufbauend auf den Begriff der Orthogonalität nennt man eine Familie $O = (|u_1\rangle, \ldots, |u_n\rangle)$ von Ket-Vektoren *orthonormal*, wenn die Ket-Vektoren der Familie paarweise orthogonal zueinander sind („ortho") und alle die Norm 1 haben („normal"). Diese Eigenschaft drücken wir wie folgt in einer Formel aus:

$$\text{für } |u_i\rangle, |u_j\rangle \in O \text{ gilt:} \quad \langle u_i | u_j \rangle = \begin{cases} 1 & \text{falls } i = j, \\ 0 & \text{falls } i \neq j. \end{cases} \tag{6.11}$$

Wenn ein Skalarproduktraum bereits gegeben ist, das heißt, wenn klar ist, wie ein Skalarprodukt überhaupt zu berechnen ist, dann charakterisiert Gleichung (6.11) orthonormale Familien. Im Anwendungsfall ist die Situation meist umgekehrt: Man beginnt mit einer Menge irgendwelcher Objekte, die als „orthonormale Familie" in einem passenden Skalarproduktraum interpretiert werden soll.

Darstellung eines Ket-Vektors in einer Orthonomalbasis

Eine orthonormale Familie $O = (|u_1\rangle, \ldots, |u_n\rangle)$ heißt *Orthonormalbasis* des Skalarproduktraums, wenn zu jedem Ket-Vektor $|a\rangle \in \mathbb{V}$ Koordinaten $\alpha_1, \ldots, \alpha_n \in \mathbb{K}$ derart existieren, dass gilt

$$|a\rangle = \sum_{i=1}^{n} |u_i\rangle \alpha_i.$$

Jede Koordinate α_j lässt sich als Skalarprodukt $\langle u_j | a \rangle$ darstellen, wie die folgende auf Gleichung (6.11) basierende Rechnung zeigt:

$$\langle u_j | a \rangle = \sum_{i=1}^{n} \langle u_j | u_i \rangle \alpha_i = \alpha_j.$$

Dadurch erhalten wir die Formel

$$|a\rangle = \sum_{i=1}^{n} |u_i\rangle \langle u_i | a \rangle. \tag{6.12}$$

Die Quintessenz dieses Abschnitts ist, dass eine beliebige Orthonormalbasis eines Skalarproduktraums zu einer Eins-zu-Eins-Beziehung zwischen Ket-Vektoren und Spaltenvektoren führt. Als Formel sieht diese Eins-zu-Eins-Beziehung wie folgt aus:

$$\mathbb{V} \doteq \mathbb{K}^n, \qquad |a\rangle = \sum_{i=1}^{n} |u_i\rangle \alpha_i \doteq \begin{pmatrix} \alpha_1 \\ \vdots \\ \alpha_n \end{pmatrix}. \tag{6.13}$$

Adjungieren im Skalarproduktraum

In einem Skalarproduktraum nennt man den Übergang von einem Ket- zum entsprechenden Bra-Vektor *Adjungieren*, in Formeln:

$$|a\rangle^\dagger := \langle a| \quad \text{und} \quad \langle a|^\dagger := |a\rangle. \tag{6.14}$$

In Anlehnung an diese Notation bezeichnen wir die Menge der Bra-Vektoren mit $\mathbb{V}^\dagger$. Das Adjungieren von Ket-Vektoren ist eine lineare Abbildung

$$(\cdot)^\dagger : \mathbb{V} \to \mathbb{V}^\dagger, \qquad |x\rangle \mapsto |x\rangle^\dagger = \langle x|.$$

Analog dazu definiert man die Adjungierte eines Bra-Vektoren:

$$(\cdot)^\dagger : \mathbb{V}^\dagger \to \mathbb{V}, \qquad \langle x| \mapsto \langle x|^\dagger = |x\rangle.$$

Für das Adjungieren gelten einige Regeln, siehe Tabelle 6.2.

Tabelle 6.2: Adjungieren verschiedener Objekte in einem Skalarproduktraum

Adjungieren im Skalarproduktraum	
von Skalaren $\lambda \in \mathbb{K}$:	$(\cdot)^\dagger : \mathbb{K} \to \mathbb{K}$
gleich komplexer Konjugation	$\lambda^\dagger = \lambda^*$
von Ket-Vektoren $|a\rangle, |b\rangle \in \mathbb{V}$:	$(\cdot)^\dagger : \mathbb{V} \to \mathbb{V}^\dagger$
involutiv	$\left(|a\rangle^\dagger\right)^\dagger = |a\rangle$
additiv	$\left(|a\rangle + |b\rangle\right)^\dagger = |a\rangle^\dagger + |b\rangle^\dagger$
konjugiert homogen	$\left(|a\rangle \lambda\right)^\dagger = \lambda^* |a\rangle^\dagger$
von Bra-Vektoren $\langle a|, \langle b| \in \mathbb{V}^\dagger$:	$(\cdot)^\dagger : \mathbb{V}^\dagger \to \mathbb{V}$
involutiv	$\left(\langle a|^\dagger\right)^\dagger = \langle a|$
additiv	$\left(\langle a| + \langle b|\right)^\dagger = \langle a|^\dagger + \langle b|^\dagger$
konjugiert homogen	$\left(\lambda \langle a|\right)^\dagger = \langle a|^\dagger \lambda^*$

Orthonormalbasis und Skalarprodukt

Gemäß Gleichung (6.13) können wir mit einer Orthonormalbasis

$$O = (|u_1\rangle, \ldots, |u_n\rangle)$$

jeden Ket-Vektor $|a\rangle \in \mathbb{V}$ mit einem Spaltenvektor aus $\mathbb{K}^n$ identifizieren. Durch Adjungieren erhalten wir daraus eine Darstellung der Bra-Vektoren als Zeilenvektoren in $\mathbb{K}^n$ wie folgt:

$$\langle a| = |a\rangle^\dagger = \left(\sum_{i=1}^{n} |u_i\rangle \alpha_i \right)^\dagger = \sum_{i=1}^{n} \alpha_i^* \langle u_i| \doteq \left(\alpha_1^* \cdots \alpha_n^* \right). \qquad (6.15)$$

Sei nun ein zweiter Ket-Vektor aus $\mathbb{V}$ gegeben,

$$|b\rangle = \sum_{j=1}^{n} |u_j\rangle \beta_j,$$

dann gilt für das Skalarprodukt

$$\langle a|b\rangle = \sum_{i=1}^{n} \sum_{j=1}^{n} \alpha_i^* \langle u_i|u_j\rangle \beta_j = \sum_{i=1}^{n} \alpha_i^* \beta_i. \qquad (6.16)$$

Dabei haben wir verwendet, dass O eine orthonormale Familie ist, dass also die Gleichung (6.11) gilt.

6.2 Untervektorräume eines Skalarproduktraums

Wir greifen hier auf unsere Konzepte aus Abschnitt 5.3.2 zurück und formulieren sie noch einmal für Ket-Vektoren. Gegeben sei also zunächst ein Skalarproduktraum $(\mathbb{V}, \mathbb{K}, +, \cdot, \langle|\rangle)$. Wir betrachten eine Menge von Ket-Vektoren $A \subseteq \mathbb{V}$ mit folgenden Eigenschaften:

1. A ist nicht leer,

2. A ist *abgeschlossen* bezüglich der Vektoraddition, das heißt

$$\text{für alle } |a\rangle, |b\rangle \in A \text{ ist } |a\rangle + |b\rangle \in A,$$

und

3. A ist *abgeschlossen* bezüglich der Skalarmultiplikation, das heißt

$$\text{für alle } |a\rangle \in A \text{ und } \lambda \in \mathbb{K} \text{ ist } |a\rangle\lambda \in A.$$

Man nennt eine solche Menge einen *Untervektorraum* des Skalarprodukt-raums. Der kleinste Untervektorraum $\mathbb{O} = \{\vec{o}\}$ enthält nur den Nullvektor, der größte ist die Menge $\mathbb{V}$ aller Ket-Vektoren des Skalarproduktraums.

6.2.1 Linearkombinationen

Wir betrachten als Nächstes eine endliche Familie $F = (|a_1\rangle, \ldots, |a_k\rangle) \subseteq \mathbb{V}$ von Ket-Vektoren, die wir auch als *Aufbau-Kets* bezeichnen. Man erhält einen Ket-Vektor $|x\rangle \in \mathbb{K}^n$ als *Linearkombination über F*, indem man die Vektoren $|a_i\rangle \in F$ mit Koeffizienten $\lambda_i \in \mathbb{K}$ versieht und dann addiert:

$$|x\rangle = \sum_{i=1}^{k} |a_i\rangle \lambda_i.$$

Eine Linearkombination ist also durch eine Familie F von Aufbau-Kets und ein *Koeffizientensystem* $(\lambda_i) = (\lambda_1, \ldots, \lambda_k)$ gegeben. Die Menge der Linearkombinationen über der Familie F nennt man den von F *aufgespannten Untervektorraum* und bezeichnet diesen mit

$$\mathrm{span}(F) := \left\{ \sum_{i=1}^{k} |a_i\rangle \lambda_i : \lambda_i \in \mathbb{K} \right\}.$$

Genau wie in Abschnitt 5.3.2 beweist man, dass $\mathrm{span}(F)$ ein Untervektor-raum ist, also die drei oben genannten Bedingungen erfüllt.

Ebenso lassen sich die Konzepte des Erzeugendensystems, der linearen Abhängigkeit und der linearen Unabhängigkeit vom Koordinatenraum übertragen: Gegeben sei ein Skalarproduktraum $(\mathbb{V}, \mathbb{K}, +, \cdot, \langle | \rangle)$.

1. Ist $A \subseteq \mathbb{V}$ ein Untervektorraum und $E_A \subseteq \mathbb{V}$ eine Familie von Ket-Vektoren mit $A = \mathrm{span}(E_A)$, dann nennen wir E_A ein *Erzeugendensystem* von A.

2. Wir nennen eine Untervektorraum A *endlich erzeugt*, wenn ein endliches Erzeugendensystem von A existiert.

3. Eine Familie $F := (|a_1\rangle, \ldots, |a_n\rangle) \subseteq \mathbb{V}$ heißt *linear abhängig*, wenn mindestens einer der Ket-Vektoren als Linearkombination der anderen darstellbar ist. Das heißt, wenn ein Index $j \in \{1, \ldots, n\}$ und Koeffizienten $\lambda_i \in \mathbb{K}$ für $i \in \{1, \ldots, n\} \setminus \{j\}$ derart existieren, dass

$$|a_j\rangle = \sum_{i \in \{1,\ldots,n\}\setminus\{j\}} |a_i\rangle \lambda_i.$$

4. Eine Familie von Ket-Vektoren heißt *linear unabhängig*, wenn sie nicht linear abhängig ist.

5. Eine Familie $O := \big(|v_i\rangle : i \in \{1,\ldots,n\}\big)$ heißt *orthonormale Familie*, wenn

$$\langle v_i|v_j\rangle = \begin{cases} 1 & \text{falls } i = j, \\ 0 & \text{falls } i \neq j. \end{cases}$$

Jede orthonormale Familie ist linear unabhängig.

6. Ist A ein Untervektorraum, und ist O_A eine orthonormale Familie mit $A = \text{span}(O_A)$, so nennen wir O_A eine *Orthonormalbasis* von A.

6.2.2 Dimensionstheorie

Wir benötigen den Begriff der *Dimension* eines Untervektorraums zur Begründung der algorithmischen Konstruktion logischer Operationen mit dem GRAM-SCHMIDT-Verfahren. Der algebraische Begriff der Dimension ist der menschlichen Intuition nur teilweise zugänglich, da Räume mit mehr als drei Dimensionen kaum vorstellbar sind. Dennoch ist es im Rahmen der Quantenlogik sinnvoll, mit höherdimensionalen algebraischen Strukturen zu arbeiten und dafür geometrische Begriffe zu verwenden. Die Grundlage für den Dimensionsbegriff der linearen Algebra ist der folgende Satz.

Theorem 3. *Gegeben seien ein Skalarproduktraum* $(\mathbb{V}, \mathbb{K}, +, \cdot, \langle|\rangle)$ *sowie zwei jeweils linear unabhängige Familien* F_1 *und* F_2 *von Ket-Vektoren, für die gilt* $\text{span}(F_1) = \text{span}(F_2) =: A$. *Dann haben* F_1 *und* F_2 *gleich viele Elemente, also* $|F_1| = |F_2|$. *Man nennt diese Anzahl die* Dimension *des Untervektorraums* A *und bezeichnet sie mit* $\dim(A)$.

Der – mathematisch durchaus anspruchsvolle – Beweis kann beispielsweise in [1, Kapitel 6] nachgelesen werden.

Es gibt auch eine Art Umkehrung dieses Sachverhalts: Hat man zwei linear unabhängige Familien F_1 und F_2 von Ket-Vektoren mit $\text{span}(F_1) \subseteq \text{span}(F_2)$, und gilt $|F_1| = |F_2|$, dann ist $\text{span}(F_1) = \text{span}(F_2)$. Eine Konsequenz ist die folgende Implikation:

$$\text{Gelten } A \subseteq C \text{ und } \dim(A) = \dim(C), \text{ dann folgt } A = C. \tag{6.17}$$

Die Dimension ist stets eine nicht-negative ganze Zahl oder gleich ∞. Der Untervektorraum A heißt *endlich-dimensional*, wenn $\dim(A) < \infty$ gilt, im Fall $\dim(A) = \infty$ nennt man A *unendlich-dimensional*. Skalarprodukträume mit unendlicher Dimension spielen in den Grundlagen der Quantenmechanik und auch in manchen Anwendungen eine wichtige Rolle. Wir konzentrieren uns hier jedoch auf endlich-dimensionale Skalarprodukträume.

Um die Dimension eines Untervektorraums zu ermitteln, kann das GRAM-SCHMIDT-Verfahren verwendet werden. Man bestimmt eine orthonormale Familie von Aufbau-Kets, die den zu untersuchenden Untervektorraum aufspannen, und zählt die benötigten Ket-Vektoren. Hier ist besonders auf eine korrekte Behandlung numerischer Ungenauigkeiten zu achten, da hierdurch Ungenauigkeiten bei der Anzahl der orthonormalen Vektoren auftreten können. Unser Algorithmus wird nur dann nach endlich vielen Schritten fertig, wenn die darin verarbeiteten Mengen von Ket-Vektoren endlich sind.

6.3 Lineare Operatoren im Skalarproduktraum

Gegeben sei ein Skalarproduktraum $(\mathbb{V}, \mathbb{K}, +, \cdot, \langle\rangle)$. Eine Abbildung

$$A : \mathbb{V} \to \mathbb{V}, \qquad |x\rangle \mapsto A|x\rangle$$

heißt *linearer Operator* auf $\mathbb{V}$, wenn sie additiv und homogen ist. Wir werden lineare Operatoren aus Ket- und Bra-Vektoren aufbauen. Das geschieht so: Ist $|a\rangle$ ein gegebener Ket-Vektor und $\langle b|$ ein gegebener Bra-Vektor, dann kann man die Formel $|a\rangle\langle b|$ als linearen Operator auffassen. Denn die Abbildung

$$|a\rangle\langle b| : \mathbb{V} \to \mathbb{V}, \qquad |x\rangle \mapsto |a\rangle\langle b|x\rangle \tag{6.18}$$

ist ein linearer Operator: Additivität und Homogenität ergeben sich daraus, dass das Skalarprodukt in der zweiten Variablen additiv und homogen ist, siehe Tabelle 6.1.

6.3.1 Ket-Bra-Ausdrücke

Mit der Ket-Bra-Notation ist der Operator $|a\rangle\langle b|$ leicht auszuwerten: man schreibt einfach den Ket-Vektor $|x\rangle$, dessen Bild man ermitteln will, auf die rechte Seite des Operators und interpretiert den Ausdruck $\langle b||x\rangle$ als Skalarprodukt $\langle b|x\rangle$, also als einen Skalar. An dieser Stelle wird deutlich, warum es sinnvoll ist, für die Multiplikation eines Ket-Vektors mit einem Skalar den Skalar auf die rechte Seite zu schreiben. Dann stellt nämlich $|a\rangle\langle b|x\rangle$ ganz natürlich wieder einen Ket-Vektor dar.

In unserem Kontext wird es sich als praktisch erweisen, dieses Konzept auf Listen von Ket- und Bra-Vektoren auszuweiten, und außerdem das Hinzufügen von Skalaren zu erlauben. Seien also in einem Skalarproduktraum eine Liste von Ket-Vektoren $(|a_1\rangle, \ldots, |a_k\rangle)$, eine Liste von Bra-Vektoren $(\langle b_1|, \ldots, \langle b_k|)$ und eine Liste $(\lambda_1, \ldots, \lambda_k)$ von Skalaren gegeben, dann nennen wir den Ausdruck

$$\sum_{i=1}^{k} |a_i\rangle \lambda_i \langle b_i| \tag{6.19}$$

einen *Ket-Bra-Ausdruck*. Sinnvollerweise schreibt man die Skalare in die Mitte, denn dann steht der Skalar rechts vom Ket-Vektor und links vom Bra-Vektor, getreu der in Tabelle 6.1 eingeführten Notation.

Schreibt man einen Ket-Bra-Ausdruck auf die linke Seite eines Ket-Vektors $|x\rangle$, dann erhält man auf natürliche Weise einen linearen Operator auf Ket-Vektoren:

$$\sum_{i=1}^{k} |a_i\rangle \lambda_i \langle b_i| : \mathbb{V} \to \mathbb{V}, \quad |x\rangle \mapsto \sum_{i=1}^{k} |a_i\rangle \lambda_i \langle b_i|x\rangle.$$

Schreibt man einen Ket-Bra-Ausdruck auf die rechte Seite eines Bra-Vektors $\langle x|$, so erhält man auf ebenso natürliche Weise einen linearen Operator auf Bra-Vektoren:

$$\sum_{i=1}^{k} |a_i\rangle \lambda_i \langle b_i| : \mathbb{V}^\dagger \to \mathbb{V}^\dagger, \quad \langle x| \mapsto \sum_{i=1}^{k} \langle x|a_i\rangle \lambda_i \langle b_i|.$$

Ket-Bra-Darstellung einer Matrix

Im Koordinatenraum $\mathbb{K}^n$ können wir jede lineare Abbildung $A : \mathbb{K}^n \to \mathbb{K}^n$ durch eine $n \times n$ Matrix

$$A = \begin{pmatrix} a_{11} & \cdots & a_{1n} \\ \vdots & & \vdots \\ a_{n1} & \cdots & a_{nn} \end{pmatrix}$$

mit Einträgen aus $\mathbb{K}$ darstellen. Ausgehend von einer Orthonormalbasis $(|1\rangle, \ldots, |n\rangle)$ unseres Skalarproduktraums und der Identifikation

$$\mathbb{V} \doteq \mathbb{K}^n, \qquad |i\rangle \doteq \vec{e}_i \tag{6.20}$$

ist es möglich, lineare Abbildungen $A : \mathbb{K}^n \to \mathbb{K}^n$ mit linearen Operatoren $A_\mathbb{V} : \mathbb{V} \to \mathbb{V}$ zu identifizieren. Wir beschreiben hier den Zusammenhang zwischen der Matrix A und einem auf der gewählten Orthonormalbasis basierenden Ket-Bra-Ausdruck zur Darstellung des linearen Operators $A_\mathbb{V}$. Das Ergebnis ist:

$$A \doteq \sum_{i=1}^{n} \sum_{j=1}^{n} |i\rangle a_{ij} \langle j|. \tag{6.21}$$

Beweis. Wir wählen einen beliebigen Spaltenvektor

$$\vec{x} = \begin{pmatrix} x_1 \\ \vdots \\ x_n \end{pmatrix} = \sum_{j=1}^{n} x_j \, \vec{e}_j$$

und bestimmen den Spaltenvektor $A\,\vec{x}$ sowie den entsprechenden Ket-Vektor:

$$A\,\vec{x} = \sum_{j=1}^{n} x_j A\,\vec{e}_j = \sum_{i=1}^{n} x_i \begin{pmatrix} a_{1i} \\ \vdots \\ a_{ni} \end{pmatrix} = \sum_{j=1}^{n} x_j \sum_{i=1}^{n} a_{ij}\,\vec{e}_i$$

$$\doteq \sum_{i=1}^{n} \sum_{j=1}^{n} |i\rangle\, a_{ij}\, x_j . \tag{6.22}$$

Die Identifikation aus Gleichung (6.20) ergibt

$$\vec{x} = \sum_{\ell=1}^{n} x_\ell\,\vec{e}_\ell \doteq \sum_{\ell=1}^{n} |\ell\rangle\, x_\ell =: |x\rangle .$$

Wendet man den Ket-Bra-Ausdruck auf der rechten Seite von Gleichung (6.21) darauf an, erhält man

$$\left(\sum_{i=1}^{n} \sum_{j=1}^{n} |i\rangle\, a_{ij}\,\langle j| \right) |x\rangle = \left(\sum_{i=1}^{n} \sum_{j=1}^{n} |i\rangle\, a_{ij}\,\langle j| \right) \sum_{\ell=1}^{n} |\ell\rangle\, x_\ell$$

$$= \sum_{i=1}^{n} \sum_{j=1}^{n} |i\rangle\, a_{ij} \sum_{\ell=1}^{n} \langle j|\ell\rangle\, x_\ell$$

$$= \sum_{i=1}^{n} \sum_{j=1}^{n} |i\rangle\, a_{ij}\, x_j ,$$

und das ist der gemäß Gleichung (6.22) mit $A\,\vec{x}$ zu identifizierende Ket-Vektor.

$\square$

Die Matrix eines Ket-Bra-Ausdrucks bezüglich einer Orthonormalbasis

Hat man umgekehrt einen Ket-Bra-Ausdruck

$$\sum_{\ell=1}^{k} |a_\ell\rangle\, \lambda_\ell\, \langle b_\ell|$$

und eine Orthonormalbasis $O = \{|1\rangle, \ldots, |n\rangle\}$ gegeben, dann lässt sich mit der Formel

$$m_{ij} = \sum_{\ell=1}^{k} \langle i|a_\ell\rangle \lambda_\ell \langle b_\ell|j\rangle \tag{6.23}$$

eine $n \times n$ Matrix

$$M = \begin{pmatrix} m_{11} & \cdots & m_{1n} \\ \vdots & & \vdots \\ m_{n1} & \cdots & m_{nn} \end{pmatrix}$$

bestimmen. Identifiziert man den Skalarproduktraum über die Orthonormal-basis mit dem Koordinatenraum $\mathbb{K}$, entspricht diese Matrix der durch den Ket-Bra-Operator gegebenen linearen Abbildung

$$|x\rangle \mapsto \sum_{\ell=1}^{k} |a_\ell\rangle \lambda_\ell \langle b_\ell|x\rangle.$$

6.3.2 Adjungieren von Ket-Bra-Ausdrücken

Das Adjungieren eines Ket-Bra-Ausdrucks erfolgt, indem man bei jedem Summanden $|a_i\rangle \lambda_i \langle b_i|$ die Reihenfolge umkehrt und jede Komponente des Summanden einzeln adjungiert. Das ergibt die Formel

$$\left(\sum_{i=1}^{k} |a_i\rangle \lambda_i \langle b_i| \right)^\dagger = \sum_{i=1}^{k} \langle b_i|^\dagger \lambda_i^\dagger |a_i\rangle^\dagger = \sum_{i=1}^{k} |b_i\rangle \lambda_i^* \langle a_i|. \tag{6.24}$$

Wählt man $|a_i\rangle = |b_i\rangle$ und $\lambda_i \in \mathbb{R}$, so bleibt der Ket-Bra-Ausdruck also beim Adjungieren unverändert.

Ein selbstadjungierter Ket-Bra-Ausdruck ergibt eine selbstadjungierte Matrix

Seien nun beliebige Ket-Vektoren $|a_1\rangle, \ldots, |a_k\rangle$ in einem Skalarproduktraum $\mathbb{V}$ und reelle Zahlen $\lambda_1, \ldots, \lambda_k$ gegeben. Dann ist

$$\sum_{\ell=1}^{k} |a_\ell\rangle \lambda_\ell \langle a_\ell|$$

ein selbstadjungierter Ket-Bra-Ausdruck. Ist außerdem eine Orthonormalba-sis $O = \{|1\rangle, \ldots, |n\rangle\}$ des Skalarproduktraums $\mathbb{V}$ gegeben, dann kann man dem Ket-Bra-Ausdruck eine $n \times n$ Matrix M zuordnen, deren Komponenten sich gemäß Gleichung (6.23) mit der Formel

$$m_{ij} := \sum_{\ell=1}^{k} \langle i|a_\ell\rangle \lambda_\ell \langle a_\ell|j\rangle \quad \text{für} \quad i,j \in \{1,\dots,n\} \qquad (6.25)$$

berechnen lassen. Für die Komponenten gilt die Gleichungskette

$$
\begin{aligned}
m_{ij}^* &= \left(\sum_{\ell=1}^{k} \langle i|a_\ell\rangle \lambda_\ell \langle a_\ell|j\rangle \right)^* \\
&= \sum_{\ell=1}^{k} \left(\langle i|a_\ell\rangle \lambda_\ell \langle a_\ell|j\rangle \right)^* \quad \text{denn } (\cdot)^* \text{ ist additiv} \\
&= \sum_{\ell=1}^{k} \langle i|a_\ell\rangle^* \lambda_\ell^* \langle a_\ell|j\rangle^* \quad \text{denn } (\cdot)^* \text{ ist multiplikativ} \\
&= \sum_{\ell=1}^{k} \langle a_\ell|i\rangle \lambda_\ell \langle j|a_\ell\rangle \quad \text{denn } \langle|\rangle \text{ ist Hermite'sch und } \lambda_\ell \in \mathbb{R} \\
&= \sum_{\ell=1}^{k} \langle j|a_\ell\rangle \lambda_\ell \langle a_\ell|i\rangle \quad \text{die Multiplikation in } \mathbb{C} \text{ ist kommutativ} \\
&= m_{ji} \quad \text{nach Gleichung (6.25).}
\end{aligned}
$$

Daher ist die zu einem selbstadjungierten Ket-Bra-Ausdruck assoziierte Matrix ebenfalls selbstadjungiert.

Die Umkehrung

Die Umkehrung dieses Sachverhalts, nämlich dass zu jeder selbstadjungierten Matrix ein passender selbstadjungierter Ket-Bra-Ausdruck existiert, ist wesentlich schwieriger zu beweisen. Sie beruht auf zwei Eigenschaften selbstadjungierter Matrizen, die wir in Abschnitt 5.3.3 kennen gelernt haben.

1. Jeder Eigenwert einer selbstadjungierten Matrix ist reell.

2. Zu jeder selbstadjungierte Matrix gibt es eine Orthonormalbasis aus Eigenvektoren, siehe Theorem 2.

Sei jetzt $A = (a_{ij})$ eine selbstadjungierte $n \times n$ Matrix. Wir beweisen, dass Ket-Vektoren $|u_1\rangle,\dots,|u_n\rangle$ und reelle Zahlen $\lambda_1,\dots,\lambda_n$ mit folgender Eigenschaft existieren:

$$a_{ij} = \sum_{\ell=1}^{n} \langle i|u_\ell\rangle \lambda_\ell \langle u_\ell|j\rangle \quad \text{für} \quad i,j \in \{1,\dots,n\}. \qquad (6.26)$$

Beweis. Nach Theorem 2 gibt es eine Orthonormalbasis des Koordinatenraums $\mathbb{K}^n$ aus Eigenvektoren $\vec{u}_1,\dots,\vec{u}_n$ von A. Bezeichne λ_ℓ den zu $\vec{u}_\ell$

gehörenden Eigenwert, dann erfüllt die Matrix A die Gleichungen

$$A\vec{u}_\ell = \lambda_\ell \vec{u}_\ell \quad \text{für} \quad \ell \in \{1, \ldots, n\}. \tag{6.27}$$

In Abschnitt 5.3.3 haben wir die Rekonstruktion einer Matrix aus Eigenvektoren und Eigenwerten vorgestellt und dabei mit Gleichung (5.46) auf Seite 256 eine Formel für die einzelnen Einträge der Matrix abgeleitet:

$$a_{ij} = \sum_{\ell=1}^{n} u_{i\ell} \lambda_\ell u_{j\ell}^*. \tag{6.28}$$

Wie üblich identifizieren wir die kanonischen Einheitsvektoren $\vec{e}_1, \ldots, \vec{e}_n \in \mathbb{K}^n$ mit den Ket-Ausdrücken $|1\rangle, \ldots, |n\rangle$:

$$\vec{e}_\ell \doteq |\ell\rangle \quad \text{für} \quad \ell \in \{1, \ldots, n\}$$

und erhalten so einen Skalarproduktraum

$$\mathbb{V} := \text{span}\{|1\rangle, \ldots, |n\rangle\}.$$

Das führt zu einer Identifikation der Spaltenvektoren aus $\mathbb{K}^n$ mit Ket-Vektoren aus $\mathbb{V}$,

$$\vec{u}_\ell = \begin{pmatrix} u_{1\ell} \\ \vdots \\ u_{n\ell} \end{pmatrix} = \sum_{j=1}^{n} u_{j\ell} \vec{e}_j \quad \doteq \quad \sum_{j=1}^{n} |j\rangle u_{j\ell} =: |u_\ell\rangle,$$

mit der Konsequenz $\langle i|u_\ell\rangle = u_{i\ell}$. Ebenso erhalten wir die Identifikation der adjungierten Zeilenvektoren mit den entsprechenden Bra-Vektoren,

$$(\vec{u}_\ell)^\dagger = \begin{pmatrix} u_{1\ell}^* & \cdots & u_{n\ell}^* \end{pmatrix} \quad \doteq \quad \langle u_\ell|,$$

mit der Konsequenz $\langle u_\ell|j\rangle = u_{j\ell}^*$. Die gesuchte Formel (6.26) folgt jetzt durch Einsetzen in Gleichung (6.28). $\qquad\qquad\qquad\qquad\qquad\qquad\qquad\quad\square$

6.3.3 Orthogonalprojektoren

Wieder unseren Überlegungen in Abschnitt 5.3.4 folgend, definieren wir im abstrakten Skalarproduktraum einen Orthogonalprojektor auf einen Untervektorraum A als eine lineare Abbildung $P : \mathbb{V} \to \mathbb{V}$, die jeden Ket-Vektor $|a\rangle \in A$ unverändert lässt und jeden anderen Ket-Vektor $|x\rangle \in \mathbb{V}$ „senkrecht" nach A „projiziert". Die zweite Bedingung formulieren wir mit Hilfe des Skalarprodukts:

$$\forall \, |x\rangle \in \mathbb{V} \quad \text{und} \quad \forall \, |a\rangle \in A : \quad \langle a| \, (|x\rangle - P|x\rangle) = 0. \tag{6.29}$$

Die erste Bedingung, dass P jeden Ket-Vektor $|x\rangle \in A \subseteq \mathbb{V}$ unverändert lässt, folgt auch aus dieser Gleichung, wenn man $P|x\rangle \in A$ voraussetzt:

(1)	$|x\rangle \in A$	Voraussetzung
(2)	$P|x\rangle \in A$	Voraussetzung
(3)	$|x\rangle - P|x\rangle \in A$	nach (1) und (2), weil A Untervektorraum
(4)	$|a\rangle := |x\rangle - P|x\rangle$	Definition
(5)	$\langle a| (|x\rangle - P|x\rangle) = 0$	nach Gleichung (6.29)
(6)	$\langle a|a\rangle = 0$	nach (4) und (5)
(7)	$|a\rangle = \vec{0}$	weil $\langle|\rangle$ positiv definit nach Tabelle 6.1
(8)	$P|x\rangle = |x\rangle$	wegen (4) und (7).

Die Gleichung in Formel (6.29) formulieren wir etwas um, damit sie geschmeidiger aussieht:

$$0 = \langle a| \, (|x\rangle - P|x\rangle) = \langle a|x\rangle - \langle a|P|x\rangle \quad \Leftrightarrow \quad \langle a|P|x\rangle = \langle a|x\rangle.$$

Wir halten fest, dass eine lineare Abbildung $P : \mathbb{V} \to \mathbb{V}$ mit $P|a\rangle \in A$ für jedes $|a\rangle \in A$ genau dann ein Orthogonalprojektor auf A ist, wenn er die folgende Formel erfüllt:

$$\text{Für} \quad |x\rangle \in \mathbb{V} \quad \text{und} \quad |a\rangle \in A \quad \text{gilt} \quad \langle a|P|x\rangle = \langle a|x\rangle. \tag{6.30}$$

Diese Formel erinnert uns an Gleichung (5.48), wodurch Orthogonalprojektoren im Koordinatenraum charakterisiert sind. Die abstraktere Formulierung des „senkrecht Projizierens" im Skalarproduktraum entspricht also genau dem „senkrechten Projizieren" im Koordinatenraum.

Orthogonalprojektoren und Untervektorräume

Die Logik der Orthogonalprojektoren beruht auf einer Eins-zu-Eins-Beziehung zwischen Orthogonalprojektoren und Untervektorräumen. Wir zeigen, dass in jedem endlich-dimensionalen Skalarproduktraum eine solche Eins-zu-Eins-Beziehung in natürlicher Weise besteht.

1. Die eine Richtung der Eins-zu-Eins-Beziehung ist einfach: Zu jedem Orthogonalprojektor P gehört ein eindeutig bestimmter Untervektorraum, nämlich sein Bild $A := P(\mathbb{V})$.

2. Schwieriger ist die andere Richtung. Gegeben ist ein Untervektorraum $A \subseteq \mathbb{V}$, und zu zeigen ist, dass es genau einen Orthogonalprojektor auf A gibt. Wir beweisen zunächst die Existenz und dann die Eindeutigkeit.

a. Ist $A \subseteq \mathbb{V}$ ein Untervektorraum, dann gibt es einen linearen Operator $P : \mathbb{V} \to \mathbb{V}$ mit der Eigenschaft (6.30).

Beweis. Sei $O_A = \{|a_1\rangle, \ldots, |a_n\rangle\}$ eine Orthonormalbasis von A. Wir zeigen, dass

$$P_{O_A} = \sum_{i=1}^{n} |a_i\rangle\langle a_i| \qquad (6.31)$$

ein Orthogonalprojektor auf A ist, indem wir die Bedingung (6.30) nachprüfen. Seien also $|x\rangle \in \mathbb{V}$ und $|a\rangle \in A$ gegeben. Weil O_A eine Orthonormalbasis von A ist, gilt

$$|a\rangle = \sum_{i=1}^{n} |a_i\rangle\langle a_i|a\rangle, \quad \text{also} \quad \langle a| = |a\rangle^{\dagger} = \sum_{i=1}^{n} \langle a|a_i\rangle\langle a_i|.$$

Daraus folgt

$\langle a|P_{O_A}|x\rangle$

$$= \left(\sum_{i=1}^{n} \langle a|a_i\rangle\langle a_i| \right) P_{O_A}|x\rangle \qquad \text{durch Einsetzen von } \langle a|$$

$$= \left(\sum_{i=1}^{n} \langle a|a_i\rangle\langle a_i| \right) \left(\sum_{j=1}^{n} |a_j\rangle\langle a_j| \right) |x\rangle \qquad \text{Einsetzen von } P_{O_A}$$

$$= \left(\sum_{i=1}^{n} \langle a|a_i\rangle \sum_{j=1}^{n} \langle a_i|a_j\rangle\langle a_j| \right) |x\rangle \qquad \text{Distributivgesetz}$$

$$= \left(\sum_{i=1}^{n} \langle a|a_i\rangle\langle a_i| \right) |x\rangle \qquad \text{weil } \langle a_i|a_j\rangle = \begin{cases} 0, & i \neq j \\ 1, & i = j \end{cases}$$

$$= \langle a|x\rangle \qquad \text{Einsetzen von } \langle a|.$$

Damit ist Gleichung (6.30) verifiziert. $\qquad\qquad\qquad\qquad\qquad\qquad\square$

b. Noch zu zeigen ist, dass der Orthogonalprojektor P auf A eindeutig bestimmt ist. Konkret beweisen wir die folgende Aussage:

($\star$) Ist P ein Orthogonalprojektor nach A, und ist $O = (|b_1\rangle, \ldots, |b_n\rangle)$ eine Orthonormalbasis von A, dann ist $P = P_O$.

Um ($\star$) zu beweisen, nehmen wir also an, P sei ein Orthogonalprojektor auf A. Das bedeutet, P ist eine lineare Abbildung $\mathbb{V} \to \mathbb{V}$ mit $P(\mathbb{V}) \subseteq A$, welche die Bedingung (6.30) erfüllt.
Sei nun $|x\rangle \in \mathbb{V}$ beliebig. Weil $A = \text{span}(O)$, und wegen der Voraussetzung $P|x\rangle \in A$, gibt es Koeffizienten $\lambda_1, \ldots, \lambda_n \in \mathbb{K}$ mit

$$P|x\rangle = \sum_{i=1}^{n} |b_i\rangle \lambda_i. \tag{6.32}$$

Daraus folgt für jeden Index $j \in \{1, \ldots, n\}$:

$$
\begin{aligned}
&\langle b_j | x \rangle \\
&= \langle b_j | P | x \rangle && \text{nach (ii)} \\
&= \langle b_j | \left(\sum_{i=1}^{n} |b_i\rangle \lambda_i \right) && \text{nach Gleichung (6.32)} \\
&= \sum_{i=1}^{n} \langle b_j | b_i \rangle \lambda_i && \text{denn } \langle b_j | \text{ ist additiv und homogen} \\
&= \lambda_j && \text{weil } \langle b_j | b_i \rangle = 0 \text{ für } i \neq j \text{ und } \langle b_j | b_j \rangle = 1.
\end{aligned}
$$

Wir können also in Gleichung (6.32) die λ_i durch $\langle b_i | x \rangle$ ersetzen und erhalten

$$P|x\rangle = \sum_{i=1}^{n} |b_i\rangle \lambda_i = \sum_{i=1}^{n} |b_i\rangle \langle b_i | x \rangle = P_{O_A} |x\rangle.$$

Daraus folgt $P = P_O$, und damit ist $(\star)$ bewiesen. $\qquad\qquad\square$

6.4 Logik endlich-dimensionaler Untervektorräume

Die abstrakte algebraische Struktur *Verband* ermöglicht uns eine Verbindung zwischen Strukturen, die wir aus der Logik kennen, und Strukturen, die wir bei den Untervektorräumen eines Skalarproduktraums finden. Ein Überblick über die hier betrachteten Strukturen gibt Tabelle 6.4.

6.4.1 Algorithmen für logische Operationen

Wir untersuchen die logischen Strukturen von Untervektorräumen eines Skalarproduktraums, indem wir Algorithmen zu den betrachteten logischen Operationen beschreiben. Damit die Algorithmen auch nach endlich vielen Schritten zu einem Ergebnis kommen, beschränken wir die Betrachtung auf solche Untervektorräume, die von einer endlichen Familie von Ket-Vektoren aufgespannt werden.

Tabelle 6.4: Logik, Verbandstheorie und Untervektorräume.

Logik Aussagensystem		Verbandstheorie Trägermenge		Untervektorräume Menge der Untervektorräume	
Aussagen	a, b	Verbandselemente	x, y	Untervektorräume	A, B
Konjunktion	$a \wedge b$	Zusammentreffen	$x \sqcap y$	Durchschnitt	$A \cap B$
Adjunktion	$a \vee b$	Verbinden	$x \sqcup y$	Untervektorraum-	
				Vereinigung	$A + B$
Implikation	$a \rightarrow b$	Halbordnung	$x \leqslant y$	Teilmengenrelation	$A \subseteq B$
Negation	$\neg a$	Orthokomplement	x'	Orthokomplement	A'
relative N.	$\neg a \wedge b$	relatives O.	$x' \sqcap y$	relatives O.	A'_B
Widerspruch	$\perp$	Nullelement	$\mathbb{O}$	Nullvektorraum	$\mathbb{O}$
Tautologie	$\top$	Einselement	$\mathbb{1}$	Gesamter Raum	$\mathbb{V}$

Die Untervektorraum-Vereinigung

Als *Untervektorraum-Vereinigung* zweier Untervektorräume A und B bezeichnen wir die Menge von Ket-Vektoren

$$A + B := \{|c\rangle \mid \text{es gibt } |a\rangle \in A \text{ und } |b\rangle \in B \text{ mit } |c\rangle = |a\rangle + |b\rangle\}.$$

Diese Menge ist abgeschlossen bezüglich Vektoraddition und skalarer Multiplikation, also selbst wieder ein Untervektorraum von $\mathbb{V}$. Wir verwenden das $+$-Zeichen anstelle des Zeichens $\cup$ für die Mengenvereinigung, da $A + B$ eben keine mengentheoretische Vereinigung der Mengen $A, B \subseteq \mathbb{V}$ ist. Der Untervektorraum $C := A + B$ besteht aus allen Ket-Vektoren $|c\rangle$, die als Summe eines Ket-Vektors $|a\rangle \in A$ und eines Ket-Vektors $|b\rangle \in B$ darstellbar sind. Ist ein solcher Ket-Vektor $|c\rangle$ gegeben, dann sind $|a\rangle$ und $|b\rangle$ im Allgemeinen nicht eindeutig bestimmt. Sind zwei endliche Familien von Ket-Vektoren E_A und E_B mit $\text{span}(E_A) = A$ und $\text{span}(E_B) = B$ gegeben, dann lässt sich mit Algorithmus 2 eine orthonormale Familie O mit $\text{span}(O) = A + B$ bestimmen.

```
Function Untervektorraum-Vereinigung
    Input : zwei Listen von Kets: |a₁⟩,...,|aₘ⟩ und |b₁⟩,...,|bₙ⟩ mit
            A = span{|a₁⟩,...,|aₘ⟩} und B = {|b₁⟩,...,|bₙ⟩}
    Output : eine Liste orthonormaler Kets: |c₁⟩,...,|cₖ⟩ mit
            span{|c₁⟩,...,|cₖ⟩} = A + B
    return Gram-Schmidt(|a₁⟩,...,|aₘ⟩,|b₁⟩,...,|bₙ⟩)
end
```

Algorithmus 2 : Bestimmen der Untervektorraum-Vereinigung zweier Untervektorräume auf der Grundlage des GRAM-SCHMIDT-Verfahrens, welches die Eingabe-Kets orthonormalisiert.

Obwohl die Untervektorraum-Vereinigung keine mengentheoretische Vereinigung ist, teilt sie in formaler Hinsicht ein paar Eigenschaften, die wir zum späteren Gebrauch hier angeben. Die Untervektorraum-Vereinigung ist für beliebige Untervektorräume A, B und C:

assoziativ	$(A+B)+C = A+(B+C),$	(6.33)
idempotent	$A+A = A,$	(6.34)
und kommutativ	$A+B = B+A.$	(6.35)

Der Untervektorraumverband

Die Menge $\mathcal{V}$ der Untervektorräume eines gegebenen Skalarproduktraums $(\mathbb{V}, \mathbb{K}, +, \cdot, \langle|\rangle)$ trägt mit der Teilmengenrelation „$\subseteq$" die Struktur einer halbgeordneten Menge. Wir zeigen, dass diese Halbordnung eine Verbandsordnung ist. Hierzu ist zu beweisen, dass die Menge $\mathcal{V}$ zu zwei beliebigen Untervektorräumen $A, B \in \mathcal{V}$ auch deren Infimum und deren Supremum bezüglich $\subseteq$ enthält.

1. *Infimum:* Sind zwei Untervektorräume A und B gegeben, dann ist deren mengentheoretischer Durchschnitt $A \cap B$ abgeschlossen bezüglich Vektoraddition und skalarer Multiplikation. Also ist $A \cap B$ wieder ein Untervektorraum von $\mathbb{V}$. Da jeder Untervektorraum $C \subseteq \mathbb{V}$, der sowohl in A als auch in B enthalten ist, auch im Durchschnitt $A \cap B$ enthalten ist, folgt $A \cap B = \inf\{A, B\}$ bezüglich der Halbordnung $\subseteq$ auf $\mathcal{V}$. $\quad\square$

2. *Supremum:* Enthält ein Untervektorraum $C \subseteq \mathbb{V}$ sowohl A als auch B, dann muss C auch jede Summe $|a\rangle + |b\rangle$ mit $|a\rangle \in A$ und $|b\rangle \in B$ enthalten. Also folgt aus $A \subseteq C$ und $B \subseteq C$ auch die Relation $A + B \subseteq C$. Daher ist $A + B = \sup\{A, B\}$ bezüglich der Halbordnung $\subseteq$ auf $\mathcal{V}$. $\quad\square$

Unser Fazit ist, dass die Halbordnung $\subseteq$ auf der Menge $\mathcal{V}$ für zwei Elemente $A, B \in \mathcal{V}$ sowohl deren Infimum als auch deren Supremum enthält. Daher ist $\subseteq$ eine Verbandsordnung auf $\mathcal{V}$. Also ist $\mathcal{V}$ die Trägermenge eines Verbands, des *Untervektorraumverbands* eines Skalarproduktraums.

Das Orthokomplement eines Untervektorraums

Wir erinnern an den in Abschnitt 2.4.3 eingeführten Begriff der *Orthokomplementierung* als einstellige Operation auf einer quasigeordneten Menge M. Das *Orthokomplement* eines Elements $x \in M$ ist der Wortbedeutung nach eine „richtig gebildete Ergänzung" von x. In formaler Hinsicht ist dabei „richtig gebildet" so zu interpretieren, dass die Bedingungen der *Involutivität*, der *Kontraposition* und der *Komplementarität* erfüllt sind.

Die Aufgabe ist jetzt, eine Orthokomplementierung auf dem Verband $\mathcal{V}$ der Untervektorräume eines endlich-dimensionalen Skalarproduktraums $\mathbb{V}$ zu konstruieren. Das wesentliche Element für diese Konstruktion ist das Skalarprodukt. Zu einem Untervektorraum $A \subseteq \mathbb{V}$ definieren wir das *Orthokomplement* als die Menge derjenigen Ket-Vektoren aus $\mathbb{V}$, die auf allen Ket-Vektoren aus A senkrecht stehen:

$$A' := \{|v\rangle \in \mathbb{V} \mid \langle v|a \rangle = 0 \text{ für alle } |a\rangle \in A\}. \tag{6.36}$$

Hier bleibt noch einiges zu tun, um zu beweisen, dass dies tatsächlich eine Orthokomplementierung auf $\mathcal{V}$ ist. Konkret sind, für einen beliebigen Untervektorraum $A \subseteq \mathbb{V}$, vier Aussagen zu zeigen. Die Argumente für die ersten drei Aussagen sind relativ kurz, weswegen wir sie hier einfügen.

1. *Wohldefiniertheit*: A' ist ein Untervektorraum von $\mathbb{V}$.

   Beweis. Da der Nullvektor $\vec{o}$ orthogonal zu allen Ket-Vektoren steht, ist $\vec{o} \in A'$ und damit $A' \neq \varnothing$. Um nachzuprüfen, ob die Menge A' abgeschlossen bezüglich Vektoraddition und Skalarmultiplikation ist, verwenden wir die Äquivalenz (6.10), also

$$\langle v|a \rangle = 0 \quad \Leftrightarrow \quad \langle a|v \rangle = 0.$$

Um die Abgeschlossenheit der Menge A' bezüglich der Vektoraddition zu zeigen, muss man beweisen, dass aus $|c_1\rangle \in A'$ und $|c_2\rangle \in A'$ auch $|c_1\rangle + |c_2\rangle \in A'$ folgt. Wir rechnen mit Hilfe der in Tabelle 6.1 formulierten Gesetze für das Skalarprodukt nach, dass $|c_1\rangle + |c_2\rangle$ auf jedem beliebigen $|a\rangle \in A$ senkrecht steht:

$$\begin{aligned} \langle a|(|c_1\rangle + |c_2\rangle) &= \langle a|c_1\rangle + \langle a|c_2\rangle \quad && \text{Additivität des Skalarprodukts} \\ &= 0 + 0 && \text{wegen } |c_1\rangle \in A' \text{ und } |c_2\rangle \in A' \\ &= 0. \end{aligned}$$

Auf ähnliche Weise folgt die Abgeschlossenheit der Menge A' bezüglich der Skalarmultiplikation, da für jedes $|c\rangle \in A'$ und jedes $\lambda \in \mathbb{K}$ die folgende Rechnung gilt:

$$\begin{aligned} \langle a|(|c\rangle\lambda) &= \langle a|c\rangle\lambda \quad && \text{Homogenität des Skalarprodukts} \\ &= 0 \cdot \lambda && \text{wegen } |c\rangle \in A' \\ &= 0. && \square \end{aligned}$$

2. *Komplementarität*: $A \cap A' = \mathbb{O}$.

   Beweis. Ist $|x\rangle \in A \cap A'$, also $|x\rangle \in A$ und $|x\rangle \in A'$, dann gilt nach Definition von A' die Gleichung $\langle x|x\rangle = 0$. Wegen der Definitheit des Skalarprodukts, siehe Tabelle 6.1, folgt daraus $|x\rangle = \vec{o}$. Daher ist

$$A \cap A' = \{\vec{o}\} = \mathbb{O}. \qquad\qquad \square$$

3. *Kontraposition*: Ist $B \subseteq \mathbb{V}$ ein weiterer Untervektorraum mit $A \subseteq B$, dann ist $B' \subseteq A'$.

   Beweis. Ist $|c\rangle \in B'$, dann gilt $\langle c|b\rangle = 0$ für jeden Ket-Vektor $|b\rangle \in B$, also wegen $A \subseteq B$ auch für jeden Ket-Vektor $|a\rangle \in A$. Also gilt $\langle c|a\rangle = 0$ für jeden Ket-Vektor $|a\rangle \in A$. Daraus folgt $|c\rangle \in A'$. $\square$

4. *Involutivität*: $A'' = A$.
   Der Beweis der Involutivität gründet sich auf eine algorithmische Bestimmung des Orthokomplements und die Dimensionstheorie.

Algorithmische Bestimmung des Orthokomplements

Um eine Orthonormalbasis für das Orthokomplement A' algorithmisch zu bestimmen, bietet sich die folgende Vorgehensweise an:

1. Man wähle eine aufspannende Familie $E_A = \{|a_1\rangle, |a_2\rangle, \ldots\}$.

2. Man wähle eine aufspannende Familie $E_{\mathbb{V}} = \{|v_1\rangle, |v_2\rangle, \ldots\}$.

3. Man wende das GRAM-SCHMIDT-Verfahren zunächst auf E_A an. Das Ergebnis ist eine Orthonormalbasis O_A.

4. Man starte mit O_A und führe das GRAM-SCHMIDT-Verfahren mit $E_{\mathbb{V}}$ weiter.

5. Das Ergebnis ist dann eine Folge paarweise orthonormaler Ket-Vektoren, die den Skalarproduktraum $\mathbb{V}$ erzeugt und mit O_A beginnt. Die nicht zu O_A gehörenden orthonormalen Ket-Vektoren bilden dann eine Orthonormalbasis von A'.

Diese Vorgehensweise wird genau dann nach endlich vielen Schritten zu einem Ergebnis kommen, wenn die beiden Erzeugendensysteme E_A und $E_{\mathbb{V}}$ endlich sind. Ein Pseudocode für diese Vorgehensweise findet sich in Algorithmus 3. Wir verwenden hier die Bezeichnung *absolutes Orthokomplement*, da wir später noch das – algorithmisch viel interessantere – relative Orthokomplement kennen lernen werden.

Die Dimension des Orthokomplements

Algorithmus 3 erzeugt aus einer Familie

$$E_A := (|a_1\rangle, \ldots, |a_m\rangle)) \quad \text{mit} \quad \text{span}(E_A) = A$$

und einer Familie

$$E_{\mathbb{V}} := (|v_1\rangle, \ldots, |v_n\rangle)) \quad \text{mit} \quad \text{span}(E_{\mathbb{V}}) = \mathbb{V}$$

Function *Absolutes-Orthokomplement*

    Input : zwei Listen von Kets: $|a_1\rangle, \dots, |a_m\rangle$ und $|v_1\rangle, \dots, |v_n\rangle$ mit
        $A = \mathrm{span}\{|a_1\rangle, \dots, |a_m\rangle\}$ und $\mathbb{V} = \mathrm{span}\{|v_1\rangle, \dots, |v_n\rangle\}$
    Output : eine Liste orthonormaler Kets: $|c_1\rangle, \dots, |c_\ell\rangle$ mit
        $\mathrm{span}(|c_1\rangle, \dots, |c_\ell\rangle) = A'$
    $|d_1\rangle, \dots, |d_k\rangle \leftarrow$ *Gram-Schmidt*$(|a_1\rangle, \dots, |a_m\rangle)$
    $|d_1\rangle, \dots, |d_{k+\ell}\rangle \leftarrow$ *Gram-Schmidt*$(|d_1\rangle, \dots, |d_k\rangle, |v_1\rangle, \dots, |v_n\rangle)$
    $|c_1\rangle, \dots, |c_\ell\rangle \leftarrow |d_{k+1}\rangle, \dots, |d_{k+\ell}\rangle$
    return $|c_1\rangle, \dots, |c_\ell\rangle$
end

Algorithmus 3 : Algorithmische Bestimmung des (absoluten) Orthokomplements A' eines Untervektorraums $A \subseteq \mathbb{V}$. Nach der Vereinigung werden die orthonormalen A-Kets entfernt.

zwei orthonormale Familien

$$O_A := \big(|d_1\rangle, \dots, |d_k\rangle\big) \quad \text{und} \quad O_B := \big(|d_{k+1}\rangle, \dots, |d_{k+\ell}\rangle\big)$$

derart, dass O_A eine Orthonormalbasis von A und $O_A \cup O_B$ eine Orthonormalbasis von $\mathbb{V}$ ist. Daraus folgt, dass jeder Ket-Vektor aus $\mathbb{V}$, der senkrecht auf A steht, eine Linearkombination über O_B sein muss. Das heißt:

$$A' = \mathrm{span}(O_B).$$

Durch Abzählen der Elemente von O_A, $O_A \cup O_B$ und O_B folgen daraus die drei Gleichungen

$$\dim(A) = k, \quad \dim(\mathbb{V}) = k + \ell \quad \text{und} \quad \dim(A') = \ell.$$

Insbesondere gilt für jeden Untervektorraum $A \subseteq \mathbb{V}$ die Dimensionsgleichung

$$\dim(A) + \dim(A') = \dim(\mathbb{V}).$$

Durch Einsetzen von A' an Stelle von A können wir daraus die Dimension des doppelten Orthokomplements berechnen:

$$\dim(A'') = \dim(\mathbb{V}) - \dim A' = \dim(A).$$

Jeder Ket-Vektor $|a\rangle \in A$ steht auf jedem Ket-Vektor $|v\rangle \in A'$ senkrecht. Das heißt, es gilt $\langle a|v\rangle = 0$ für beliebige $|a\rangle \in A$ und beliebige $|v\rangle \in A'$. Daraus folgt $A \subseteq A''$. Kombiniert man dies mit (6.17), so ergibt sich die Gleichung

$$A = A'' \tag{6.37}$$

womit die Involutivität der Orthokomplementierung bewiesen ist.   □

Das relative Orthokomplement

Um effizientere Algorithmen zu erhalten, ist es sinnvoll, den verbandstheoretischen Begriff des Orthokomplements etwas allgemeiner zu fassen.

In einem gegebenen Skalarproduktraum $(\mathbb{V}, \mathbb{K}, +, \cdot, \langle|\rangle)$ haben wir zu jedem Untervektorraum $A \subseteq \mathbb{V}$ sein Orthokomplement $A' \subseteq \mathbb{V}$ definiert. Ist $C \subseteq \mathbb{V}$ ein weiterer Untervektorraum von $\mathbb{V}$, dann ist das *relative Orthokomplement* von A bezüglich C definiert als der mengentheoretische Durchschnitt des absoluten Orthokomplements A' mit dem Untervektorraum C, also

$$A'_C := A' \cap C = \{|c\rangle \in C \mid \langle c|a\rangle = 0 \text{ für alle } |a\rangle \in A\}. \tag{6.38}$$

Zur Unterscheidung vom relativen Orthokomplement nennen wir A' auch das *absolute Orthokomplement* von A in $\mathbb{V}$.

Für das relative Orthokomplement gelten ähnliche Rechenregeln wie für das absolute Orthokomplement. Um diese intuitiv formulieren zu können, führen wir eine Bezeichnung für das *Aufeinander-Senkrecht-Stehen* von Untervektorräumen ein:

$$A \perp B \quad :\Leftrightarrow \quad \text{für beliebige } |a\rangle \in A \text{ und } |b\rangle \in B \text{ gilt } \langle a|b\rangle = 0. \tag{6.39}$$

Mit dieser Notation formulieren wir einige grundlegende Eigenschaften des relativen Orthokomplements für beliebige Untervektorräume A, B, C:

1. Stehen zwei Untervektorräume aufeinander senkrecht, dann ist ihr mengentheoretischer Durchschnitt der Nullraum:

$$A \perp B \quad \Rightarrow \quad A \cap B = \mathbb{O}. \tag{6.40}$$

   Beweis. Aus $A \perp B$ folgt, dass für $|v\rangle \in A$ und $|v\rangle \in B$ stets $\langle v|v\rangle = 0$ gilt. Wegen der Definitheit des Skalarprodukts, siehe Tabelle 6.1, folgt daraus $|v\rangle = \vec{0}$ und damit $A \cap B = \mathbb{O}$. □

2. A'_C ist ein Untervektorraum.

   Beweis. Da der Nullvektor $\vec{0}$ senkrecht zu allen anderen Kets steht, ist $\vec{0} \in A'_C$ und damit $A'_C \neq \varnothing$. Die Abgeschlossenheit der Menge $A'_C = A' \cap C$ bezüglich Vektoraddition und Skalarmultiplikation folgt in gleicher Weise wie beim absoluten Orthokomplement aus den in Tabelle 6.1 formulierten Gesetzen. □

3. Der Untervektorraum A steht senkrecht auf dem Untervektorraum A'_C:

$$A \perp A'_C. \tag{6.41}$$

   Beweis. Ist $|a\rangle \in A$ und $|v\rangle \in A'_C$, dann gilt nach Definition des relativen Orthokomplements $\langle c|a\rangle = 0$. Daraus folgt $A \perp A'_C$. □

4. Relative Orthokomplemente erfüllen ein Gesetz der Kontraposition:

$$A \subseteq B \quad \Rightarrow \quad B'_C \subseteq A'_C. \tag{6.42}$$

Beweis. Ist $|c\rangle \in B'_C$, dann gilt $\langle c|b \rangle = 0$ für jeden Ket-Vektor $|b\rangle \in B$, also wegen $A \subseteq B$ auch für jeden Ket-Vektor $|a\rangle \in A$. Also gilt $\langle c|a \rangle = 0$ für jeden Ket-Vektor $|a\rangle \in A$. Daraus folgt $|c\rangle \in A'_C$. $\qquad\square$

5. Im Fall $A \subseteq C$ ist das relative Orthokomplement involutiv, das heißt

$$A \subseteq C \quad \Rightarrow \quad (A'_C)'_C = A. \tag{6.43}$$

Beweis. Da ein Untervektorraum C eines Skalarproduktraums $\mathbb{V}$ abgeschlossen bezüglich Vektoraddition und Skalarmultiplikation ist, kann C selbst wieder als Skalarproduktraum aufgefasst werden. Gilt für einen Untervektorraum $A \subseteq \mathbb{V}$ die Teilmengenbeziehung $A \subseteq C$, dann kann A als Untervektorraum des Skalarproduktraums C aufgefasst werden. Damit wird aus dem relativen Orthokomplement A'_C ein absolutes Orthokomplement im Skalarproduktraum C, und dort gilt Gleichung (6.37). Also gilt in diesem Fall $(A'_C)'_C = A$. $\qquad\square$

Bezüge zur Logik

In der Logik geht es um Begriffe, Eigenschaften oder Prädikate, oder um Aussagen. Letztlich geht es immer um Ja-Nein-Fragen: Kommt einem Individuum x die Eigenschaft P zu? Ist die Aussage p wahr?

Aus Sicht der Quantenlogik entspricht jeder Ja-Nein-Frage ein Untervektorraum eines Skalarproduktraums. Wir können also eine Eigenschaft P in einem Quantenlogikmodell als Untervektorraum $A \subseteq \mathbb{V}$ eines Skalarproduktraums $\mathbb{V}$ repräsentieren. Der Negation $\neg P$ der Eigenschaft P entspricht dann das Orthokomplement $A' \subseteq \mathbb{V}$. Dem relativen Orthokomplement A'_C entsprechen Formulierungen mit „aber nicht" oder „aber kein", wie etwa:

das Individuum x hat die Eigenschaft C, aber nicht die Eigenschaft A, oder
das Individuum x ist ein C, aber kein A.

Beispiel 6.1 *Betrachten wir die folgenden Begriffe:*

   A: Blatt einer Linde,

   C: Blatt eines Baumes.

Das relative Orthokomplement A'_C umfasst dann alle Blätter von Bäumen, aber keine Lindenblätter:

   A'_C: Blatt eines Baumes, aber nicht von einer Linde.

In diesem Fall gilt $A \subseteq C$, denn jede Linde ist ein Baum. $\qquad\square$

Beispiel 6.2 *Betrachten wir die folgenden Begriffe:*

A: Vogel,

C: flugfähiges Tier.

Das relative Orthokomplement A'_C umfasst dann alle flugfähigen Tiere, die keine Vögel sind:

A'_C: flugfähiges Tier, aber kein Vogel.

In diesem Fall gilt $A \nsubseteq C$, denn es gibt Vögel, die nicht fliegen können.   □

Algorithmische Bestimmung des relativen Orthokomplements

Das relative Orthokomplement ist durch Gleichung (6.38) zwar für beliebige Untervektorräume A und C definiert, aber in unserem Kontext ist nur die Betrachtung des Falls $A \subseteq C$ erforderlich. Wir werden uns daher auf diesen Fall konzentrieren.

Seien A und B zwei Untervektorräume eines Skalarproduktraums. Unser Ziel ist, das relative Orthokomplement von A bezüglich $C := A + B$ zu bestimmen – in diesem Fall gilt jedenfalls $A \subseteq C$. Aus algorithmischer Sicht beschreibt man einen Untervektorraum durch eine aufspannende Familie. Um eine Orthonormalbasis für A'_C zu berechnen, bietet sich daher die folgende Vorgehensweise an:

1. Man wähle eine aufspannende Familie $E_A = \{|a_1\rangle, \dots, |a_m\rangle\}$.

2. Man wähle eine aufspannende Familie $E_B = \{|b_1\rangle, \dots, |b_n\rangle\}$. Die Konsequenz ist, dass E_A und E_B gemeinsam den Untervektorraum $C = A + B$ aufspannen, also $\operatorname{span}(E_A \cup E_B) = C$.

3. Man wende das GRAM-SCHMIDT-Verfahren zunächst auf E_A an. Das Ergebnis ist eine orthonormale Familie O_A mit $\operatorname{span}(O_A) = A$.

4. Man starte mit O_A und führe das GRAM-SCHMIDT-Verfahren mit E_B weiter.

5. Das Ergebnis ist dann eine Folge paarweise orthonormaler Ket-Vektoren, die den Untervektorraum $A + B = C$ erzeugt und mit O_A beginnt. Die nicht zu O_A gehörenden orthonormalen Ket-Vektoren bilden dann eine Orthonormalbasis von A'_C.

Diese Vorgehensweise wird genau dann nach endlich vielen Schritten zu einem Ergebnis kommen, wenn die beiden Erzeugendensysteme E_A und E_B endlich sind. Da der Untervektorraum $C = A + B$ vollständig durch E_A und E_B bestimmt ist, kann bei der Beschreibung des Algorithmus auf den Bezeichner C verzichtet werden. Ein Pseudocode für die oben beschriebene Vorgehensweise findet sich in Algorithmus 4.

Function *Relatives-Orthokomplement*
> **Input** : zwei Listen von Kets: $|a_1\rangle, \ldots, |a_m\rangle$ und $|b_1\rangle, \ldots, |b_n\rangle$ mit
> $A = \mathrm{span}\{|a_1\rangle, \ldots, |a_m\rangle\}$ und $B = \mathrm{span}\{|b_1\rangle, \ldots, |b_n\rangle\}$
> **Output** : eine Liste orthonormaler Kets: $|c_1\rangle, \ldots, |c_\ell\rangle$ mit
> $\mathrm{span}(|c_1\rangle, \ldots, |c_\ell\rangle) = A'_{A+B}$
> $|d_1\rangle, \ldots, |d_k\rangle \leftarrow \mathit{Gram\text{-}Schmidt}(|a_1\rangle, \ldots, |a_m\rangle)$
> $|d_1\rangle, \ldots, |d_{k+\ell}\rangle \leftarrow \mathit{Gram\text{-}Schmidt}(|d_1\rangle, \ldots, |d_k\rangle, |b_1\rangle, \ldots, |b_n\rangle)$
> $|c_1\rangle, \ldots, |c_\ell\rangle \leftarrow |d_{k+1}\rangle, \ldots, |d_{k+\ell}\rangle$
> **return** $|c_1\rangle, \ldots, |c_\ell\rangle$

end

Algorithmus 4 : Relatives Orthokomplement A'_{A+B} zweier Untervektorräume A und B. Nach der Vereinigung werden die orthonormalen A-Kets entfernt.

Ein DE MORGAN'sches Gesetz für Untervektorräume

Wir zeigen zunächst eines der DE MORGAN'schen Gesetze, nämlich für beliebige Untervektorräume A, B und C eines Skalarproduktraums die Gleichung

$$(A + B)'_C = A'_C \cap B'_C. \tag{6.44}$$

Beweis. Wir zeigen die Mengengleichheit, indem wir beide Teilmengenbeziehungen nachweisen.

$(A + B)'_C \subseteq A'_C \cap B'_C$: Nach Gleichung (6.42) folgt aus $A \subseteq A + B$ die Beziehung $(A + B)'_C \subseteq A'_C$. Wegen $B \subseteq A + B$ folgt analog $(A + B)'_C \subseteq B'_C$. Zusammen ergibt sich $(A + B)'_C \subseteq A'_C \cap B'_C$.

$A'_C \cap B'_C \subseteq (A + B)'_C$: Für einen Ket-Vektor $|c\rangle \in A'_C \cap B'_C$ gilt sowohl $\langle c|a\rangle = 0$ für alle $|a\rangle \in A$ als auch $\langle c|b\rangle = 0$ für alle $|b\rangle \in B$. Mit der Additivität des Skalarprodukts folgt daraus

$$\langle c| \left(|a\rangle + |b\rangle \right) = \langle c|a\rangle + \langle c|b\rangle = 0.$$

Es gilt also $|c\rangle \in (A + B)'_C$. $\qquad \square$

Der Durchschnitt von Untervektorräumen

Unsere algorithmische Konstruktion des *Durchschnitts* zweier endlich erzeugter Untervektorräume A und B verwendet das relative Orthokomplement bezüglich der Untervektorraum-Vereinigung $C := A + B$ und beruht auf dem oben bewiesenen DE MORGAN'schen Gesetz.

$$A \cap B = (A'_C)'_C \cap (B'_C)'_C \qquad \text{wegen } A \subseteq C, \, B \subseteq C \text{ und (6.37)}$$

$$= (A'_C + B'_C)'_C \qquad \text{wegen Gleichung (6.44)}.$$

Ein Pseudocode zum Algorithmus findet sich in Algorithmus 5.

Function *Untervektorraum-Durchschnitt*
  Input : zwei Listen von Kets: $|a_1\rangle, \ldots, |a_m\rangle$ und $|b_1\rangle, \ldots, |b_n\rangle$ mit
        $A = \text{span}\{|a_1\rangle, \ldots, |a_m\rangle\}$ und $B = \{|b_1\rangle, \ldots, |b_n\rangle\}$
  Output : eine Liste orthonormaler Kets: $|c_1\rangle, \ldots, |c_k\rangle$ mit
        $A \cap B = \text{span}(|c_1\rangle, \ldots, |c_k\rangle)$
  $|d_1\rangle, \ldots, |d_p\rangle \leftarrow$ *Relatives-Orthokomplement*$((|a_1\rangle, \ldots, |a_m\rangle), (|b_1\rangle, \ldots, |b_n\rangle))$
  $|e_1\rangle, \ldots, |e_q\rangle \leftarrow$ *Relatives-Orthokomplement*$((|b_1\rangle, \ldots, |b_n\rangle), (|a_1\rangle, \ldots, |a_m\rangle))$
  $|f_1\rangle, \ldots, |f_r\rangle \leftarrow$ *Untervektorraum-Vereinigung*$((|d_1\rangle, \ldots, |d_p\rangle), (|e_1\rangle, \ldots, |e_q\rangle))$
  return
    Relatives-Orthokomplement$((|f_1\rangle, \ldots, |f_r\rangle), (|a_1\rangle, \ldots, |a_m\rangle, |b_1\rangle, \ldots, |b_n\rangle))$
end

Algorithmus 5 : Bestimmung des Durchschnitts zweier Untervektorräume auf der Grundlage der DE MORGAN'schen Regel und des relativen Orthokomplements, welches eine effiziente Berechnung ermöglicht.

6.4.2 Distributivgesetze

Welche Rechengesetze für Durchschnitt und Vereinigung von Untervektorräumen gelten, hängt davon ab, welche Klassen von Untervektorräumen man betrachtet. Wir konzentrieren uns zunächst auf achsenparallele Untervektorräume bezüglich einer Orthonormalbasis.

Gegeben sei ein Skalarproduktraum $(\mathbb{V}, \mathbb{K}, +, \cdot, \langle | \rangle)$ mit einer Orthonormalbasis $O_\mathbb{V}$. Ein Untervektorraum $A \subseteq \mathbb{V}$ heißt *achsenparallel bezüglich* $O_\mathbb{V}$, wenn eine Teilmenge $O_A \subseteq O_\mathbb{V}$ mit $A = \text{span}(O_A)$ existiert. Achsenparallele Untervektorräume A, B und C erfüllen das

Distributivgesetz 1: $A \cap (B + C) = (A \cap B) + (A \cap C)$ (6.45)

Beweis. Seien A, B und C *achsenparallele* Untervektorräume bezüglich $O_\mathbb{V}$, und bezeichne O_A, O_B und O_C die entsprechenden Teilmengen von $O_\mathbb{V}$. Dann folgt aus dem Distributivgesetz für Teilmengen die Mengengleichung

$$O_A \cap (O_B \cup O_C)) = (O_A \cap O_B) \cup (O_A \cap O_C).$$

Im Skalarproduktraum gelten für beliebige Teilmengen $O_1, O_2 \subseteq O_\mathbb{V}$ die Gleichungen

$$\begin{aligned}
\text{span}(O_1) \cap \text{span}(O_2) &= \text{span}(O_1 \cap O_2) \quad \text{und} \\
\text{span}(O_1) + \text{span}(O_2) &= \text{span}(O_1 \cup O_2).
\end{aligned} \qquad (6.46)$$

Zusammen folgt jetzt die Gleichungskette

$$A \cap (B + C) = \mathrm{span}(O_A \cap (O_B \cup O_C))$$

$$= \mathrm{span}((O_A \cap O_B) \cup (O_A \cap O_C)) \qquad \text{Distributivgesetz im Teilmengenverband}$$

$$= \mathrm{span}(O_A \cap O_B) + \mathrm{span}(O_A \cap O_C)$$

$$= (A \cap B) + (A \cap C),$$

was zu zeigen war.   □

Achsenparallele Untervektorräume A, B und C erfüllen auch das

Distributivgesetz 2: $A + (B \cap C) = (A + B) \cap (A + C)$ (6.47)

Der Beweis ist analog zum Beweis des ersten Distributivgesetzes. Wir verwenden die natürliche Eins-zu-Eins-Beziehung zwischen bezüglich O_V achsenparallelen Untervektorräumen und den Teilmengen der Orthonormalbasis O_V. Wegen den Beziehungen (6.46) erhalten wir die Gleichungskette

$$A + (B \cap C) = \mathrm{span}(O_A \cup (O_B \cap O_C))$$

$$= \mathrm{span}((O_A \cup O_B) \cap (O_A \cup O_C)) \qquad \text{Distributivgesetz im Teilmengenverband}$$

$$= \mathrm{span}(O_A \cup O_B) \cap \mathrm{span}(O_A \cup O_C)$$

$$= (A + B) \cap (A + C).$$ □

Die Distributivgesetze gelten also für die Klasse der achsenparallelen Untervektorräume eines Skalarporduktraums bezüglich einer gegebenen Orthonormalbasis. Für die Klasse aller Untervektorräume eines Skalarproduktraums gelten die Distributivgesetze jedoch nicht, wie das folgende Gegenbeispiel für das erste Distributivgesetz zeigt.

Beispiel 6.3 *Wir betrachten eine orthonormale Familie aus zwei Vektoren,* $O_V := \{|a\rangle, |b\rangle\}$, *den daraus erzeugten Skalarproduktraum sowie die Untervektorräume*

$$A = \mathrm{span}(|a\rangle), \quad B = \mathrm{span}(|b\rangle) \quad \text{und} \quad C = \mathrm{span}(|a\rangle + |b\rangle).$$

Die Untervektorräume A und B sind achsenparallel bezüglich O_V, während der Untervektorraum C nicht achsenparallel bezüglich O_V ist. Nach Definition gelten die Gleichungen

$$A \cap (B + C) = A \quad \text{und} \quad A \cap B = A \cap C = \emptyset.$$

In diesem Fall ist also das erste Distributivgesetz, siehe Gleichung (6.45), verletzt.   □

6.4.3 Modulargesetz

Anstelle der Distributivgesetze gilt in einem beliebigen Skalarproduktraum für endlich erzeugte *Untervektorräume* A, B und C allgemein das

Modulargesetz: $A \subseteq C \Rightarrow A + (B \cap C) = (A + B) \cap C.$ (6.48)

Beweis. Wir setzen $A \subseteq C$ voraus, und zum Beweis der Mengengleichheit, beweisen wir die beiden Teilmengenbeziehungen.

$A + (B \cap C) \subseteq (A + B) \cap C$: Aus $A \subseteq C$ folgt $A \subseteq (A + B) \cap C$. Und aus $B \subseteq A + B$ folgt $B \cap C \subseteq (A+B) \cap C$. Zusammen ergibt sich die Behauptung.

$(A + B) \cap C \subseteq A + (B \cap C)$: Sei $|x\rangle \in (A + B) \cap C$, also $|x\rangle \in (A + B)$ und $|x\rangle \in C$. Nach Definition der Untervektorraum-Vereinigung gibt es dann $|a\rangle \in A$ und $|b\rangle \in B$ mit $|x\rangle = |a\rangle + |b\rangle$. Wegen $|x\rangle \in C$ und $|a\rangle \in A \subseteq C$ ist also

$$|b\rangle = |x\rangle - |a\rangle \in B \cap C.$$

Das impliziert $|x\rangle = |a\rangle + (|x\rangle - |a\rangle) \in A + (B \cap C)$.   □

Das zweite Distributivgesetz impliziert das Modulargesetz, wie die folgende Herleitung zeigt:

$$A + (B \cap C) = (A + B) \cap (A + C) \quad \text{Distributivgesetz 2}$$
$$= (A + B) \cap C \qquad\qquad \text{wegen } A \subseteq C.$$

Damit ist das Modulargesetz eine logisch schwächere Aussage als das zweite Distributivgesetz.

6.4.4 Beziehungen zwischen algebraischen Verbandsbegriffen

Wir sind jetzt in der Lage, einige der in Tabelle 6.4 aufgeführten Spezialfälle des abstrakten algebraischen Begriffs *Verband* mittels Klassen von Untervektorräumen eines Skalarproduktraums zu veranschaulichen, siehe Bild 6.1.

6.4.5 Rechnen mit Orthogonalprojektoren

Für unsere Anwendungen besonders wichtig ist das Rechnen mit Orthogonalprojektoren, weil diese mittels orthonormalen Familien gut darstellbar sind. Die Verbindung zur Logik ergibt sich über die Untervektorräume, die nach

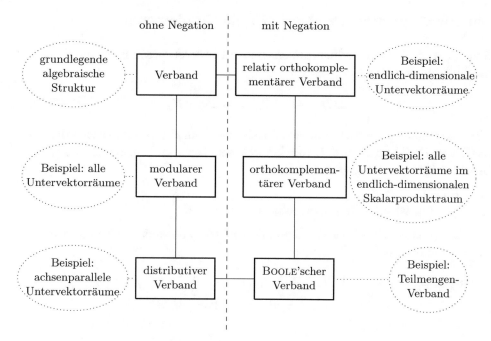

Bild 6.1: Beziehungen zwischen algebraischen Verbandsstrukturen. Eine Linie bedeutet, dass die rechts beziehungsweise unten stehende Struktur ein Spezialfall der links beziehungsweise oben stehenden Struktur ist.

Abschnitt 6.3.3 in einer Eins-zu-Eins-Beziehung zu den Orthogonalprojektoren stehen. Jedoch unterscheidet sich das Rechnen mit Untervektorräumen vom Rechnen mit Orthogonalprojektoren, siehe Tabelle 6.5.

Tabelle 6.5: Eigenschaften der Verknüpfungen von Untervektorräumen und Orthogonalprojektoren im Vergleich

	Untervektorräume		Orthogonalprojektoren	
	Untervektorraum-Vereinigung	Durchschnitt	Addition	Hintereinander-ausführung
assoziativ	ja	ja	ja	ja
idempotent	ja	ja	nein	ja
kommutativ	ja	ja	ja	in Spezialfällen
Distributivgesetze	gelten für achsenparallele Untervektorräume		gelten für beliebige lineare Operatoren	

Ein grundlegender Satz über Orthogonalprojektoren

Sind A und B zwei endlich-dimensionale Untervektorräume eines Skalarproduktraums, dann gilt

$$A \perp B \quad \Rightarrow \quad P_{A+B} = P_A + P_B. \tag{6.49}$$

Beweis. Seien O_A eine Orthonormalbasis von A und O_B eine Orthonormalbasis von B. Wenn A und B aufeinander senkrecht stehen, dann gelten die beiden folgenden Aussagen:

(1) $O_A \cap O_B = \varnothing$.
(2) $O_A \cup O_B$ ist eine Orthonormalbasis von $A + B$.

Mit der Konstruktion eines Orthogonalprojektors aus einer Orthonormalbasis folgt aus diesen beiden Aussagen:

$$P_A + P_B = \sum_{|a\rangle \in O_A} |a\rangle\langle a| + \sum_{|b\rangle \in O_B} |b\rangle\langle b| = \sum_{|u\rangle \in O_A \cup O_B} |u\rangle\langle u| = P_{A+B}. \qquad \square$$

Kommutierende Orthogonalprojektoren

Zwei Orthogonalprojektoren P_A und P_B in einem Skalarproduktraum heißen *kommutierend*, wenn die Gleichung

$$P_A P_B = P_B P_A \tag{6.50}$$

erfüllt ist. Für zwei endlich-dimensionale Untervektorräume A und B gelten folgende Zusammenhänge:

1. Wenn P_A und P_B kommutieren, dann ist $P_{A \cap B} = P_A P_B$.

   Beweis. Wenn $P_A P_B = P_B P_A$ ist, dann ist $P_A P_B$ wegen

   $$(P_A P_B)^\dagger = (P_B P_A)^\dagger = P_A^\dagger P_B^\dagger = P_A P_B$$

   selbstadjungiert. Idempotenz hingegen ergibt sich aus

   $$(P_A P_B)(P_A P_B) = P_A (P_B P_A) P_B = P_A P_A P_B P_B = P_A P_B.$$

   Damit ist also $P_A P_B$ ein Projektor. Wir betrachten jetzt die lineare Abbildung $P := P_A P_B = P_B P_A$. Für jeden Ket $|x\rangle$ gilt einerseits $P|x\rangle = P_A P_B |x\rangle \in A$ und andererseits $P|x\rangle = P_B P_A |x\rangle \in B$. Daraus folgt $P|x\rangle \in A \cap B$. Außerdem lässt P jeden Ket aus $A \cap B$ unverändert. Zusammen mit der Selbstadjungiertheit und der Idempotenz ergibt sich, dass P der Orthogonalprojektor auf $A \cap B$ ist. $\square$

2. Sind A und B achsenparallele Untervektorräume von $\mathbb{V}$ bezüglich einer Orthonormalbasis $O_\mathbb{V}$, dann kommutieren P_A

Beweis. Seien $O_A \subseteq O_{\mathbb{V}}$ und $O_B \subseteq O_{\mathbb{V}}$ zwei endliche Familien von Ket-Vektoren mit $A = \text{span}(O_A)$ und $B = \text{span}(O_B)$.

$$P_A P_B = \left(\sum_{|a\rangle \in O_A} |a\rangle\langle a| \right) \left(\sum_{|b\rangle \in O_B} |b\rangle\langle b| \right) \quad \text{Ket-Bra-Notation}$$

$$= \sum_{|a\rangle \in O_A} \sum_{|b\rangle \in O_B} |a\rangle\langle a|b\rangle\langle b| \quad \text{Ausmultiplizieren}$$

$$= \sum_{|u\rangle \in O_A \cap O_B} |u\rangle\langle u| \quad \text{weil } O_A \cup O_B \text{ orthonormal.}$$

Vertauschen von A und B ergibt wegen $O_A \cap O_B = O_B \cap O_A$ dasselbe Ergebnis. $\square$

3. Sind A und B achsenparallele Untervektorräume von $\mathbb{V}$ bezüglich einer Orthonormalbasis $O_{\mathbb{V}}$, dann gilt $P_{A+B} = P_A + P_B - P_A P_B$.

Beweis. Seien $O_A \subseteq O_{\mathbb{V}}$ und $O_B \subseteq O_{\mathbb{V}}$ Orthonormalbasen von A beziehungsweise B. Dann ist die mengentheoretische Vereinigung $O_A \cup O_B$ eine Orthonormalbasis von $A + B$, und der mengentheoretische Durchschnitt $O_A \cap O_B$ ist eine Orthonormalbasis des Untervektorraums $A \cap B$. Das ist die Essenz der folgenden Rechnung:

$$P_{A+B} = \sum_{|u\rangle \in O_A \cup O_B} |u\rangle\langle u|$$

$$= \sum_{|u\rangle \in O_A} |u\rangle\langle u| + \sum_{|u\rangle \in O_B} |u\rangle\langle u| - \sum_{|u\rangle \in O_A \cap O_B} |u\rangle\langle u|$$

$$= P_A + P_B - P_{A \cap B}.$$

Außerdem gilt nach Punkt 2, dass P_A und P_B kommutieren. Damit folgt aus Punkt 1 die Gleichung $P_{A \cap B} = P_A P_B$. $\square$

4. Sind A, B und C achsenparallele Untervektorräume von $\mathbb{V}$ bezüglich einer Orthonormalbasis $O_{\mathbb{V}}$, dann gelten die Distributivgesetze für die Untervektorräume A, B und C:

$$A \cap (B + C) = (A \cap B) + (A \cap C) \quad \text{und}$$
$$(A + B) \cap C = (A \cap C) + (B \cap C).$$

Beweis. Da A, B und C achsenparallele Untervektorräume von $\mathbb{V}$ bezüglich der Orthonormalbasis $O_{\mathbb{V}}$ sind, gibt es Teilmengen $O_A, O_B, O_C \subseteq O_{\mathbb{V}}$ mit

$$\text{span}(O_A) = A, \quad \text{span}(O_B) = B \quad \text{und} \quad \text{span}(O_C) = C.$$

Die Distributivgesetze der Untervektorräume folgen aus den Distributivgesetzen für Teilmengen von $O_{\mathbb{V}}$. $\square$

5. Wenn $A \subseteq B$, dann kommutieren P_A und P_B.

Beweis. Seien E_A und E_B zwei Familien von Ket-Vektoren mit

$$\mathrm{span}(E_A) = A \quad \text{und} \quad \mathrm{span}(E_B) = B,$$

dann können wir mit dem GRAM-SCHMIDT-Verfahren eine Orthonormalbasis von B, die eine Orthonormalbasis von A enthält, bestimmen. Daher sind A und B achsenparallel, und die Behauptung folgt aus dem vorigen Zusammenhang.   □

6. Wenn $A \perp B$, dann kommutieren P_A und P_B.

Beweis. Ist $A \perp B$, dann gilt $P_A P_B = 0 = P_B P_A$.   □

6.4.6 Charakterisierung BOOLE'scher Unterverbände

Wir haben gesehen, dass die Untervektorräume eines endlich-dimensionalen Skalarproduktraums einen orthokomplementären Verband bilden. Wir bezeichnen diesen mit $\mathcal{V}$. Die folgenden Zusammenhänge für kommutierende Orthogonalprojektoren charakterisieren die Struktur des von den zugehörigen Untervektorräumen erzeugten orthokomplementären Unterverbands von $\mathcal{V}$. Wir formulieren, beweisen und verwenden sie zunächst nur für endlich-dimensionale Skalarprodukträume. Bei unseren Rechnungen verwenden wir mehrfach das Distributivgesetz für Addition und Hintereinanderausführung von linearen Operatoren.

Seien A und B zwei Untervektorräume in einem endlich-dimensionalen Skalarproduktraum $(\mathbb{V}, \mathbb{K}, +, \cdot, \langle | \rangle)$. Dann sind folgende Aussagen äquivalent:

(a) Die zugehörigen Orthogonalprojektoren P_A und P_B kommutieren.

(b) Der von den Untervektorräumen A und B erzeugte orthokomplementäre Unterverband ist BOOLE'sch.

(c) Es gelten $A = (A \cap B) + (A \cap B')$ und $B = (A \cap B) + (A' \cap B)$.

Beweis. Wie in Bild 6.1 bereits vermerkt, bildet die Menge aller Untervektorräume eines endlich-dimensionalen Skalarproduktraums einen orthokomplementären Verband, den wir mit $\mathcal{V}$ bezeichnen.

(a)$\Rightarrow$(b): Wir bezeichnen den von A und B erzeugten orthokomplementären Unterverband von $\mathcal{V}$ mit $\mathcal{T}(A, B)$. Seine Trägermenge ist die kleinste Menge von Untervektorräumen von $\mathbb{V}$, die A und B enthält und von $\mathcal{V}$ die Struktur eines orthokomplementären Verbands erbt. Sie muss neben A und B auch die Orthokomplemente A' und B' enthalten. Sind P_A und P_B die zu A und B gehörigen Orthogonalprojektoren, so lassen sich die zu A' und B' gehörigen Orthogonalprojektoren leicht bestimmen:

$$P_{A'} = 1 - P_A \quad \text{und} \quad P_{B'} = 1 - P_B,$$

wobei die 1 die identische Abbildung des Skalarproduktraums in sich bezeichnet. Daraus folgt die Herleitung

$$
\begin{aligned}
P_{A'}P_B &= (1 - P_A)P_B & & \text{Einsetzen von } P_{A'} \\
&= P_B - P_A P_B & & \text{Distributivgesetz} \\
&= P_B - P_B P_A & & \text{wegen } P_A P_B = P_B P_A \\
&= P_B(1 - P_A) & & \text{Distributivgesetz} \\
&= P_B P_{A'},
\end{aligned}
$$

sowie mit den gleichen Argumenten $P_A P_{B'} = P_{B'} P_A$. In ähnlicher Weise zeigen wir

$$
\begin{aligned}
P_{A'}P_{B'} &= (1 - P_A)(1 - P_B) \\
&= 1 - P_A - P_B - P_A P_B & & \text{Distributivgesetz} \\
&= 1 - P_A - P_B - P_B P_A & & \text{wegen } P_A P_B = P_B P_A \\
&= (1 - P_B)(1 - P_A) & & \text{Distributivgesetz} \\
&= P_{B'} P_{A'}.
\end{aligned}
$$

Die Orthogonalprojektoren P_A, P_B, $P_{A'}$ und $P_{B'}$ kommutieren also paarweise. Ihre Produkte sind daher die Orthogonalprojektoren auf die vier Durchschnitte

$$A \cap B, \quad A \cap B', \quad A' \cap B \quad \text{und} \quad A' \cap B'.$$

Da diese vier Durchschnitte paarweise aufeinander senkrecht stehen, können damit auch die Orthogonalprojektoren auf sämtliche Untervektorraum-Vereinigungen, die sich daraus bilden lassen, berechnet werden. Das Ergebnis ist, dass der von A und B erzeugte Unterverband $\mathcal{T}(A, B)$ isomorph zum Teilmengenverband einer vierelementigen Menge ist, siehe Bild 6.2. Daher ist $\mathcal{T}$ ein BOOLE'scher Verband.

(b)$\Rightarrow$(c): In einem BOOLE'schen Verband gilt das Distributivgesetz und das *Tertium non datur*, also ist

$$
\begin{aligned}
A &= A \cap \mathbb{V} & & \text{denn } \mathbb{V} \text{ ist neutral bezüglich } \cap \\
&= A \cap (B + B') & & \textit{Tertium non datur} \\
&= (A \cap B) + (A \cap B') & & \text{Distributivgesetz.}
\end{aligned}
$$

Vertauscht man A und B in dieser Rechnung, so folgt auch

$$B = (A \cap B) + (A' \cap B).$$

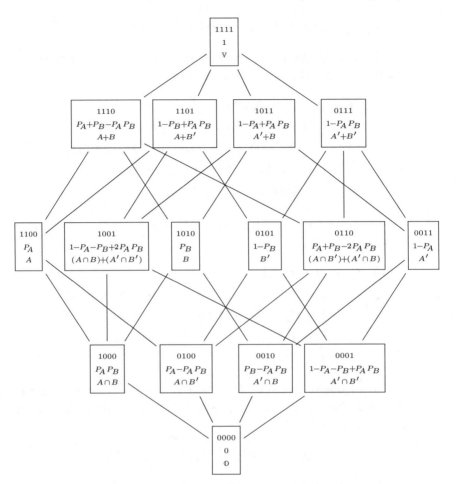

Bild 6.2: Das Diagramm zeigt die Isomorphie des von zwei kommutierenden Operatoren P_A und P_B erzeugten Teilverbands mit dem Teilmengenverband einer vierelementigen Menge, vergleiche Bild 2.7. Jede aufsteigende Linie bedeutet eine Teilmengenbeziehung der Untervektorräume. Zur besseren
Lesbarkeit wird jeder Untervektorraum zusätzlich durch einen vierstelligen
Binärcode gekennzeichnet. Das höchstwertige Bit steht für den Untervektorraum $A \cap B$, das zweite Bit für $A \cap B'$, das dritte Bit für $A' \cap B$ und das
niederwertige Bit für $A' \cap B'$ (siehe zweite Zeile von unten). Codewörter mit
mehreren Einsen stehen für die Vereinigung der jeweiligen Untervektorräume.

(c)$\Rightarrow$(a): Aus den beiden Gleichungen in (c) folgt mit den Rechengesetzen für Untervektorraum-Vereinigung und Durchschnitt:

$$\begin{aligned} A + B &= \big((A \cap B) + (A \cap B')\big) + \big((B \cap A) + (B \cap A')\big) \\ &= (A \cap B) + (A \cap B') + (B \cap A) + (B \cap A') \\ &= (A \cap B) + (A \cap B') + (A \cap B) + (A' \cap B) \\ &= (A \cap B) + (A \cap B') + (A' \cap B). \end{aligned}$$

Wir stellen fest, dass die drei Untervektorräume $A \cap B'$, $A \cap B$ und $A' \cap B$ paarweise aufeinander senkrecht stehen:

$$\begin{aligned} A \cap B' &\perp A \cap B, &&\text{weil } A \cap B' \subseteq B' \text{ und } A \cap B \subseteq B, \\ A \cap B &\perp A' \cap B, &&\text{weil } A \cap B \subseteq A \text{ und } A' \cap B \subseteq A', \text{ und} \\ A' \cap B &\perp A \cap B', &&\text{weil } A' \cap B \subseteq A' \text{ und } A \cap B' \subseteq A. \end{aligned}$$

Deswegen kommutieren die drei Orthogonalprojektoren

$$P_1 := P_{A \cap B}, \quad P_2 := P_{A' \cap B} \quad \text{und} \quad P_3 := P_{A \cap B'}$$

paarweise. Wegen

$$P_A = P_1 + P_2 \quad \text{und} \quad P_B = P_1 + P_3$$

ergibt sich daraus mit dem Distributivgesetz:

$$\begin{aligned} P_A P_B &= (P_1 + P_2)(P_1 + P_3) \\ &= P_1 P_1 + P_1 P_3 + P_2 P_1 + P_2 P_3 \\ &= P_1 P_1 + P_3 P_1 + P_1 P_2 + P_3 P_1 \\ &= (P_1 + P_3)(P_1 + P_2) \\ &= P_B P_A. \qquad\qquad \square \end{aligned}$$

6.5 Projektionswahrscheinlichkeiten

Eine wesentliche Eigenschaft der Quantenlogik ist die Möglichkeit, *Projektionswahrscheinlichkeiten* zu berechnen. Im physikalischen Kontext lassen sich diese als in geeigneten experimentellen Situationen messbare Häufigkeiten interpretieren. Wir diskutieren hier die damit verbundenen mathematischen Sachverhalte, wobei wir uns auf den Fall endlich-dimensionaler Skalarprodukträume beschränken.

6.5.1 Projizieren im Skalarproduktraum

In den mathematischenen Modellen zur Quantenphysik beschreibt man einen *Systemzustand* durch einen normierten Ket-Vektor in einem Skalarprodukt-raum $\mathbb{V}$, also einem Ket-Vektor $|x\rangle \in \mathbb{V}$ mit $\langle x|x\rangle = 1$. Zu einer *Aussage* über das System assoziiert man einen Orthogonalprojektor P_A auf einen Un-tervektorram $A \subseteq \mathbb{V}$. Für die quadrierte Norm des projizierten Ket-Vektors $P_A|x\rangle$ gilt einerseits

$$\|P_A|x\rangle\|^2 \in [0, 1], \qquad \text{weil } P_A \text{ ein Orthogonalprojektor ist,}$$

und andererseits

$$\begin{aligned}
\|P_A|x\rangle\|^2 &= (P_A|x\rangle)^\dagger(P_A|x\rangle) && \text{nach Definition der Norm} \\
&= \langle x|P_A^\dagger P_A|x\rangle && \text{Rechenregeln zum Adjungieren} \\
&= \langle x|P_A P_A|x\rangle && \text{denn } P_A \text{ ist selbstadjungiert} \\
&= \langle x|P_A|x\rangle && \text{denn } P_A \text{ ist idempotent.}
\end{aligned}$$

Gegeben seien also ein Skalarproduktraum $\mathbb{V}$ und ein Ket-Vektor $|x\rangle \in \mathbb{V}$ mit $\langle x|x\rangle = 1$ sowie ein Orthogonalprojektor P_A auf einen Untervektorraum A. Dann definieren wir die

Projektionswahrscheinlichkeit: $p_x(A) := \langle x|P_A|x\rangle = \|P_A|x\rangle\|^2$

von $|x\rangle$ auf A. Um die Notation einfach zu halten, verzichten wir im Index auf das Ket-Symbol. Wir schreiben also p_x an Stelle von $p_{|x\rangle}$.

Damit haben wir die Projektionswahrscheinlichkeit eines Ket-Vektors auf einen Untervektorraum als eine Zahl zwischen 0 und 1 definiert. Aber was hat das mit dem mathematischen Begriff *Wahrscheinlichkeit* zu tun?

Endliche Wahrscheinlichkeitsmaße

Nach Abschnitt 2.8 benötigen wir zur Konstruktion eines endlichen Wahr-scheinlichkeitsmaßes eine endliche Ergebnismenge Ω mit $|\Omega| = n$ und eine Wahrscheinlichkeitsfunktion, also eine Abbildung $f_P : \Omega \to [0, 1]$, welche die stochastische Randbedingung erfüllt, das heißt, deren Werte sich zu 1 summieren:

$$\sum_{i=1}^{n} f_P(i) = 1.$$

Einheitsvektoren im nicht-negativen Orthanten

Die einzelnen Werte $f_P(i)$ einer Wahrscheinlichkeitsfunktion sind reelle Zahlen aus dem Intervall $[0, 1]$. Es ist möglich und sinnvoll, diese mit den Komponenten eines n-dimensionalen Spaltenvektors in Verbindung zu bringen, wobei $n = |\Omega|$ die Kardinalzahl des Wahrscheinlichkeitsraums ist. Tatsächlich besteht eine Eins-zu-Eins-Beziehung zwischen den Einheitsvektoren im nicht-negativen Orthanten $(\mathbb{R}^{\geqslant 0})^n \subseteq \mathbb{K}^n$ des Koordinatenraums und den Wahrscheinlichkeitsfunktionen $f_P : \Omega \to [0, 1]$. Diese Eins-zu-Eins-Beziehung konstruieren wir wie folgt [4]:

$$\vec{x} \in (\mathbb{R}^{\geqslant 0})^n \text{ mit } \|\vec{x}\| = 1 \quad \longmapsto \quad p : \Omega \to \mathbb{R}^{\geqslant 0}, \, p(i) = x_i^2,$$

$$p : \Omega \to \mathbb{R}^{\geqslant 0} \text{ mit } \sum_{i=1}^n p(i) = 1 \quad \longmapsto \quad \begin{pmatrix} \sqrt{p(1)} \\ \vdots \\ \sqrt{p(n)} \end{pmatrix} \in (\mathbb{R}^{\geqslant 0})^n. \tag{6.51}$$

Beweis. Ist $\vec{x} \in (\mathbb{R}^{\geqslant 0})^n \subseteq \mathbb{K}^n$ ein Einheitsvektor, dann ist

$$1 = \|\vec{x}\|^2 = \langle \vec{x}, \vec{x} \rangle = \sum_{i=1}^n x_i^* x_i = \sum_{i=1}^n x_i^2.$$

Daher ist $p : \Omega \to [0, 1]$, $p(i) := x_i^2$, eine Wahrscheinlichkeitsfunktion.

Sei nun umgekehrt $p : \Omega \to [0, 1]$ eine Wahrscheinlichkeitsfunktion. Setzt man $x_i := \sqrt{p(i)}$ für $i \in \{1, \dots, n\}$, dann liegt der n-dimensionale Spaltenvektor

$$\vec{x} := \begin{pmatrix} x_1 \\ \vdots \\ x_n \end{pmatrix}$$

im nicht-negativen Orthanten $\in (\mathbb{R}^{\geqslant 0})^n$ und erfüllt

$$\|\vec{x}\|^2 = \sum_{i=1}^n x_i^2 = \sum_{i=1}^n \left(\sqrt{p(i)} \right)^2 = \sum_{i=1}^n p(i) = 1,$$

ist also ein Einheitsvektor. $\qquad\qquad\qquad\qquad\qquad\qquad\qquad\qquad\qquad\qquad\square$

Diese Eins-zu-Eins-Beziehung ist insofern natürlich, als ein Einheitsvektor $\vec{x} \in (\mathbb{R}^{\geqslant 0})$, ebenso wie eine Wahrscheinlichkeitsfunktion $p : \Omega \to [0, 1]$, genau n nicht-negative reelle Zahlen mit einer bestimmten Eigenschaft enthält. Es erhebt sich die Frage, ob man so etwas auch mit Ket-Vektoren machen kann.

Ket-Vektoren und Wahrscheinlichkeitsfunktionen

Sei $O := \{|u_1\rangle, \ldots, |u_n\rangle\}$ eine Orthonormalbasis eines Skalarproduktraums, und sei $|x\rangle$ ein Einheitsvektor in diesem Skalarproduktraum. Dann ist die Abbildung

$$p : \{1, \ldots, n\} \to [0,1], \quad p(i) := \langle x|u_i\rangle\langle u_i|x\rangle$$

eine Wahrscheinlichkeitsfunktion.

Beweis. Wir betrachten die ein-dimensionalen, achsenparallelen Untervektorräume $A_i := \operatorname{span}(|u_i\rangle)$ sowie die zugehörigen Orthogonalprojektoren

$$P_{A_i} = |u_i\rangle\langle u_i|.$$

Diese Orthogonalprojektoren assoziieren zu jedem Einheits-Ket $|x\rangle \in \operatorname{span}(O)$ ein n-Tupel reeller Zahlen zwischen 0 und 1:

$$p_i := \langle x|P_{A_i}|x\rangle = \langle x|u_i\rangle\langle u_i|x\rangle \quad \in [0,1].$$

Weil O eine Orthonormalbasis und $|x\rangle$ ein Einheitsvektor ist, gilt

$$\sum_{i=1}^{n} p_i = \sum_{i=1}^{n} \langle x|u_i\rangle\langle u_i|x\rangle = \langle x|x\rangle = 1.$$

Also erfüllt $p : \{1, \ldots, n\} \to [0,1]$ die stochastische Randbedingung und ist daher eine Wahrscheinlichkeitsfunktion. $\qquad\square$

Zusammen mit der obigen Eins-zu-Eins-Beziehung erkennen wir, dass jede Wahrscheinlichkeitsfunktion auf einem endlichen Ergebnisraum durch Projektionswahrscheinlichkeiten eines geeignet gewählten Einheits-Ket-Vektors gegeben ist.

Eigenschaften von Projektionswahrscheinlichkeiten

Wir vermerken einige nützliche Aussagen über Projektionswahrscheinlichkeiten. Gegeben seien hierzu:

(a) Ein Skalarproduktraum $\mathbb{V}$.

(b) Ein Einheits-Ket-Vektor $|x\rangle \in \mathbb{V}$ mit $\langle x|x\rangle = 1$, den wir *Blickpunkt* nennen.

(c) Ein Untervektorraum $A \subseteq \mathbb{V}$ mit einer Orthonormalbasis O_A, den wir *Ereignis* nennen.

(d) Der zu A komplementäre Untervektorraum $A' \subseteq \mathbb{V}$ mit einer Orthonormalbasis $O_{A'}$, also das *Komplementärereignis* von A.

(e) Ein weiterer Untervektorraum $B \subseteq \mathbb{V}$ mit einer Orthonormalbasis O_B, also ein weiteres Ereignis B.

Weil O_A eine Orthonormalbasis von A ist, kann die Projektionswahrscheinlichkeit $p_x(A)$ nach der folgenden Formel berechnet werden:

$$p_x(A) = \langle x | P_A | x \rangle = \sum_{|u\rangle \in O_A} \langle x|u\rangle\langle u|x\rangle. \tag{6.52}$$

Wir nennen $p_x(A)$ auch die *vom Blickpunkt* $|x\rangle$ *aus gesehene Wahrscheinlichkeit des Ereignisses* A. Nun zu den weiteren nützlichen Aussagen:

1. Liegt der Blickpunkt im Ereignis, dann hat das Ereignis die Wahrscheinlichkeit Eins:

$$|x\rangle \in A \;\Rightarrow\; p_x(A) = 1. \tag{6.53}$$

Beweis. Ist $|x\rangle \in A$, dann ist $|x\rangle$ eine Linearkombination über O_A, also

$$|x\rangle = \sum_{|u\rangle \in O_A} |u\rangle\langle u|x\rangle.$$

Daraus folgt

$$p_x(A) = \sum_{|u\rangle \in O_A} \langle x|u\rangle\langle u|x\rangle = \langle x| \left(\sum_{|u\rangle \in O_A} |u\rangle\langle u|x\rangle \right) = \langle x|x\rangle = 1. \qquad \square$$

2. Stehen zwei Ereignisse senkrecht aufeinander, und liegt der Blickpunkt fest, dann addieren sich ihre Wahrscheinlichkeiten:

$$A \perp B \;\Rightarrow\; p_x(A + B) = p_x(A) + p_x(B). \tag{6.54}$$

Beweis. Wegen $A \perp B$ gilt $O_A \cap O_B = \varnothing$. Die Menge von Ket-Vektoren $O_{A+B} := O_A \cup O_B$ ist eine Orthonormalbasis der Untervektorraum-Vereinigung $A + B$, also ist jeder Ket-Vektor $|x\rangle \in A + B$ eine Linearkombination über O_{A+B}. Daraus folgt

$$p_x(A + B) = \sum_{|u\rangle \in O_{A+B}} \langle x|u\rangle\langle u|x\rangle$$

$$= \sum_{|u\rangle \in O_A} \langle x|u\rangle\langle u|x\rangle + \sum_{|u\rangle \in O_B} \langle x|u\rangle\langle u|x\rangle$$

$$= p_x(A) + p_x(B). \qquad \square$$

3. Die Wahrscheinlichkeiten eines Ereignisses und seines Komplementärereignisses, vom gleichen Blickpunkt aus gesehen, addieren sich zu Eins:

$$p_x(A) + p_x(A') = 1. \tag{6.55}$$

Beweis. Aus (6.53) folgt $p_x(\mathbb{V}) = 1$ für jeden Ket-Vektor $|x\rangle \in \mathbb{V}$. Wegen $A \perp A'$ und $A + A' = \mathbb{V}$ folgt (6.55) jetzt als Spezialfall von (6.54) . $\square$

4. Ist die Wahrscheinlichkeit eines Ereignisses Null, dann liegt der Blickpunkt im Komplementärereignis:

$$p_x(A) = 0 \;\Rightarrow\; |x\rangle \in A'. \tag{6.56}$$

Beweis. Nach den Rechengesetzen für komplexe Zahlen erfüllt jeder Summand der Summe

$$p_x(A) = \sum_{|u\rangle \in O_A} \langle x|u\rangle\langle u|x\rangle$$

die Ungleichung $\langle x|u\rangle\langle u|x\rangle = |\langle x|u\rangle|^2 \geqslant 0$. Ist $p_x(A) = 0$, dann muss also $\langle x|u\rangle = 0$ für jeden $|u\rangle \in O_A$ gelten. Daraus folgt $|x\rangle \in A'$. $\square$

5. Ist die Wahrscheinlichkeit eines Ereignisses Eins, dann liegt der Blickpunkt im Ereignis. Das ist die Umkehrung von Gleichung (6.53).

$$p_x(A) = 1 \;\Rightarrow\; |x\rangle \in A. \tag{6.57}$$

Beweis. Mit $p_x(A) = 1$ folgt aus (6.55)

$$p_x(A') = 1 - p_x(A) = 0.$$

Zusammen mit (6.56) ergibt das $|x\rangle \in A'' = A$. $\square$

Beispiel 6.4 *Zur Illustration stellen wir die Sitzverteilung in einem Parlament so durch einen Ket-Vektor dar, dass die Koalitionsarithmetik durch Projektionswahrscheinlichkeiten abgebildet wird.*

Nach der österreichischen Nationalratswahl vom 23. Oktober 2019 ergab sich die folgende Sitzverteilung, wobei die Klubs mit ihren Farben gekennzeichnet sind:

Klub	türkis	rot	blau	grün	violett	farblos
Sitze	71	40	30	26	15	1

Wählt man Kets $|t\rangle, |r\rangle, |b\rangle, |g\rangle, |v\rangle, |f\rangle$ entsprechend den Farben als Orthonormalbasis, dann ist der Zustand des Nationalrats ein Einheits-Ket-Vektor in einem sechsdimensionalen Skalarproduktraum:

$$|x\rangle := |t\rangle\sqrt{\tfrac{71}{183}} + |r\rangle\sqrt{\tfrac{40}{183}} + |b\rangle\sqrt{\tfrac{30}{183}} + |g\rangle\sqrt{\tfrac{26}{183}} + |v\rangle\sqrt{\tfrac{15}{183}} + |f\rangle\sqrt{\tfrac{1}{183}}.$$

Jede mögliche Koalition entspricht dem Untervektorraum, der durch die Kets der an der Koalition beteiligten Klubs aufgespannt wird. Die zum Ket $|x\rangle$ assoziierte Projektionswahrscheinlichkeit p_x ordnet dann jeder Koalition den durch sie erreichten Stimmenanteil zu. Zum Beispiel erreicht eine türkisgrüne Koalition den Stimmenanteil

$$p_x\left(\mathrm{span}(|\mathrm{t}\rangle, |\mathrm{g}\rangle)\right) = \langle x|\mathrm{t}\rangle\langle \mathrm{t}|x\rangle + \langle x|\mathrm{g}\rangle\langle \mathrm{g}|x\rangle = \frac{71}{183} + \frac{26}{183} \approx 53\,\%. \qquad \square$$

6.5.2 Komposition und Verschränkung

In der Quantenmechanik wird ein quantenmechanisches System durch einen Skalarproduktraum beschrieben. Ein aktueller Zustand des Systems entspricht dabei einem Einheits-Ket-Vektor des Skalarproduktraums. Angenommen, wir betrachten zwei quantenmechanische Systeme, also zwei Skalarprodukträume. In der Quantenmechanik hat sich herausgestellt, dass es häufig sinnvoll ist, die beiden Systeme als ein gemeinsames System zu betrachten, das durch einen „komponierten" Skalarproduktraum beschrieben wird, in dem auch „verschränkte" Zustände ihren Platz haben.

Die mit Komposition und Verschränkung quantenmechanischer Systeme verbundene algebraische Konstruktion ist das *Tensorprodukt* von Skalarprodukträumen.

Konstruktion einer Orthonormalbasis des Tensorprodukts

Wir beschreiben hier eine konkrete Konstruktion des Tensorprodukts über eine Orthonormalbasis, die wir aus Orthonormalbasen zweier gegebener Skalarprodukträume gewinnen. Bezeichne $\mathbb{V}$ die Menge der Ket-Vektoren des ersten Skalarproduktraums und $\mathbb{W}$ die Menge der Ket-Vektoren des zweiten Skalarproduktraums, und sei $O_{\mathbb{V}}$ eine Orthonormalbasis für $\mathbb{V}$ und $O_{\mathbb{W}}$ eine Orthonormalbasis für $\mathbb{W}$. Das kartesische Produkt der beiden Orthonormalbasen bezeichnen wir mit

$$O_{\mathbb{X}} := O_{\mathbb{V}} \times O_{\mathbb{W}}.$$

Diese Menge $O_{\mathbb{X}}$ soll eine Orthonormalbasis für den Kompositionsraum werden. Unser erster Schritt zu diesem Ziel ist, sinnvolle Bezeichnungen für die Elemente von $O_{\mathbb{X}}$ zu konstruieren. Wir nehmen an, die Ket-Vektoren in den Orthonormalbasen $O_{\mathbb{V}}$ und $O_{\mathbb{W}}$ seien wie folgt bezeichnet:

$$O_{\mathbb{V}} = \{|1\rangle, \ldots, |m\rangle\} \quad \text{und} \quad O_{\mathbb{W}} = \{|1\rangle, \ldots, |n\rangle\}.$$

Für die Ket-Vektoren in der Orthonormalbasis $O_{\mathbb{X}}$ des Kompositionsraums sind zwei Bezeichnungen gebräuchlich:

$$|ij\rangle := |i\rangle \otimes |j\rangle := (|i\rangle, |j\rangle) \in O_{\mathbb{X}} = O_{\mathbb{V}} \times O_{\mathbb{W}}.$$

Diese Notation ist so zu verstehen, dass sich die erste Ziffer auf den erstgenannten Skalarproduktraum $\mathbb{V}$ bezieht, und die zweite Ziffer auf $\mathbb{W}$. Wir verwenden außerdem das weithin übliche Zeichen $\otimes$, ausgesprochen „tensoriert mit", zur Bezeichnung von Operationen sowohl bei Ket-Vektoren als auch bei Skalarprodukträumen; daher schreiben wir für den Kompositionsraum

$$\mathbb{X} = \mathbb{V} \otimes \mathbb{W}. \tag{6.58}$$

Der nächste Schritt ist die Definition des Skalarprodukts auf $\mathbb{X}$. Damit $O_{\mathbb{X}}$ eine Orthonormalbasis wird, muss gelten:

$$\langle ij|k\ell \rangle = \begin{cases} 1 & \text{falls } i = k \text{ und } j = \ell, \\ 0 & \text{sonst.} \end{cases} \tag{6.59}$$

Tensorprodukt und Skalarprodukt

Gegeben sei jetzt aus jedem der beiden Skalarprodukträume $\mathbb{V}$ und $\mathbb{W}$ jeweils ein Ket-Vektor, also

$$|a\rangle = \sum_{i=1}^{m} |i\rangle \alpha_i \in \mathbb{V} \quad \text{und} \quad |b\rangle = \sum_{j=1}^{n} |j\rangle \beta_j \in \mathbb{W};$$

die Koeffizienten α_i und β_j sind dabei jeweils aus dem Koordinatenkörper $\mathbb{K}$ genommen. Wir definieren das *Tensorprodukt* von $|a\rangle$ mit $|b\rangle$ durch

$$|ab\rangle := |a\rangle \otimes |b\rangle := \sum_{i=1}^{m} \sum_{j=1}^{n} |ij\rangle \alpha_i \beta_j. \tag{6.60}$$

Nach Konstruktion ist $|ab\rangle$ eine Linearkombination der Basisvektoren $|ij\rangle$ aus unserer Orthonormalbasis $O_{\mathbb{X}}$. Daraus folgt $|ab\rangle \in \mathbb{X} = \mathbb{V} \otimes \mathbb{W}$. Sind nun

$$|c\rangle = \sum_{i=1}^{m} |i\rangle \gamma_i \in \mathbb{V} \quad \text{und} \quad |d\rangle = \sum_{j=1}^{n} |j\rangle \delta_j \in \mathbb{W}$$

zwei weitere Ket-Vektoren, dann können wir gemäß Gleichung (6.16) die Skalarprodukte mit $|a\rangle$ beziehungsweise $|b\rangle$ ausrechnen:

$$\langle a|c \rangle = \sum_{i=1}^{m} \alpha_i^* \gamma_i \quad \text{und} \quad \langle b|d \rangle = \sum_{j=1}^{n} \beta_j^* \delta_j. \tag{6.61}$$

Wir berechnen das Skalarprodukt von $|ab\rangle$ mit $|cd\rangle$:

$$\langle ab|cd \rangle$$

$$= \left(\sum_{i=1}^{m} \sum_{j=1}^{n} (\alpha_i \beta_j)^* \langle ij| \right) \left(\sum_{k=1}^{m} \sum_{\ell=1}^{n} |k\ell\rangle \gamma_k \delta_\ell \right) \qquad \begin{array}{l} \text{Einsetzen gemäß} \\ \text{Gleichung (6.60)} \end{array}$$

$$= \sum_{i=1}^{m} \sum_{j=1}^{n} \sum_{k=1}^{m} \sum_{\ell=1}^{n} \alpha_i^* \beta_j^* \langle ij|k\ell \rangle \gamma_k \delta_\ell$$

Linearität des
Skalarprodukts

$$= \sum_{i=1}^{m} \sum_{j=1}^{n} \alpha_i^* \beta_j^* \gamma_i \delta_j$$

Anwendung von
Gleichung (6.59)

$$= \left(\sum_{i=1}^{m} \alpha_i^* \gamma_i \right) \left(\sum_{j=1}^{n} \beta_j^* \delta_j \right)$$

Ausklammern

$$= \langle a|c \rangle \langle b|d \rangle$$

Einsetzen der
Gleichungen (6.61).

Es gilt also

$$\langle ab|cd \rangle = \langle a|c \rangle \langle b|d \rangle \quad \text{für } |a\rangle, |c\rangle \in \mathbb{V} \text{ und } |b\rangle, |d\rangle \in \mathbb{W} \qquad (6.62)$$

Eine Konsequenz ist die Berechnung der Norm eines Tensorprodukts zweier Ket-Vektoren:

$$\big\| |ab\rangle \big\| = \sqrt{\langle ab|ab \rangle} = \sqrt{\langle a|a \rangle \langle b|b \rangle} = \sqrt{\langle a|a \rangle} \, \sqrt{\langle b|b \rangle} = \big\| |a\rangle \big\| \cdot \big\| |b\rangle \big\|.$$

Insbesondere ist das Tensorprodukt zweier Einheits-Ket-Vektoren aus $\mathbb{V}$ und $\mathbb{W}$ ein Einheits-Ket-Vektor im Tensorprodukt $\mathbb{X} = \mathbb{V} \otimes \mathbb{W}$.

Verschränkte Ket-Vektoren

Nach Konstruktion ist das kartesische Produkt zweier Orthonormalbasen

$$O_{\mathbb{V}} = \{|1\rangle, \ldots, |k\rangle\} \quad \text{und} \quad O_{\mathbb{W}} = \{|1\rangle, \ldots, |\ell\rangle\}$$

eine Orthonormalbasis des Tensorprodukts $\mathbb{X} = \mathbb{V} \otimes \mathbb{W}$:

$$O_{\mathbb{X}} = O_{\mathbb{V}} \times O_{\mathbb{W}} = \Big\{ |ij\rangle : i \in \{1, \ldots, k\} \text{ und } j \in \{1, \ldots, \ell\} \Big\}$$

Wir nennen einen Ket-Vektor $|x\rangle \in \mathbb{X}$ einen *bezüglich $O_{\mathbb{X}}$ verschränkten Ket-Vektor*, wenn in der Darstellung

$$|x\rangle = \sum_{|ij\rangle \in O_{\mathbb{X}}} |ij\rangle \lambda_{ij}$$

für mindestens zwei der Koeffizienten die Ungleichung $\lambda_{ij} \neq 0$ gilt.

Beispiel 6.5 *Im Fall $k = \ell = 2$ mit der Orthonormalbasis*

$$O_{\mathbb{X}} = \{|00\rangle, |01\rangle, |10\rangle, |11\rangle\}$$

ist der Ket-Vektor

$$|x\rangle = |00\rangle + |11\rangle$$

bezüglich der Orthonormalbasis O_X verschränkt.   □

Wir werden verschränkte Ket-Vektoren bezüglich einer gegebenen Orthonormalbasis verwenden um *verschränkte Untervektorräume* zu konstruieren. Letztere sind dann unabhängig von der Wahl der Orthonormalbasis verschränkt. Bei einem gegebenen Einheits-Ket-Vektor $|x\rangle$ in einem Tensorprodukt zweier Skalarprodukträume $\mathbb{V}$ und $\mathbb{W}$ ist es jedoch immer möglich, Orthonormalbasen $O_\mathbb{V}$ und $O_\mathbb{W}$ so zu wählen, dass $|x\rangle = |b_1\rangle \otimes |b_2\rangle$ für geeignete Basisvektoren $|b_1\rangle \in O_\mathbb{V}$ und $|b_2\rangle \in O_\mathbb{W}$ ist. Der folgende Satz zeigt dies im Spezialfall $\dim\mathbb{V} = \dim\mathbb{W} = 2$.

Theorem 4. *Seien $\mathbb{V}$ und $\mathbb{W}$ zweidimensionale Skalarprodukträume, und sei $|x\rangle \in \mathbb{V} \otimes \mathbb{W}$ ein Einheits-Ket-Vektor. Dann gibt es Einheits-Ket-Vektoren $|v\rangle \in \mathbb{V}$ und $|w\rangle \in \mathbb{W}$ mit $|x\rangle = |vw\rangle$.*

Beweis. Wir bezeichnen mit $(|0\rangle, |1\rangle)$ eine Orthonormalbasis von $\mathbb{V}$ und mit den gleichen Symbolen eine Orthonormalbasis von $\mathbb{W}$. Damit ist

$$\big(|00\rangle, |01\rangle, |10\rangle, |11\rangle\big)$$

eine Orthonormalbasis des Tensorprodukts $\mathbb{X} = \mathbb{V} \otimes \mathbb{W}$. In diesen Basen seiendie gegebenen Einheits-Ket-Vektoren wie folgt dargestellt:

$$|v\rangle = |0\rangle\alpha_0 + |1\rangle\alpha_1,$$
$$|w\rangle = |0\rangle\beta_0 + |1\rangle\beta_1 \qquad \text{und}$$
$$|x\rangle = |00\rangle\xi_{00} + |01\rangle\xi_{01} + |10\rangle\xi_{10} + |11\rangle\xi_{11}.$$

Um die Gleichung $|vw\rangle = |x\rangle$ zu erreichen, müssen also die folgenden vier Gleichungen für die Koeffizienten erfüllt sein:

$$\alpha_0\beta_0 = \xi_{00}, \quad \alpha_0\beta_1 = \xi_{01}, \quad \alpha_1\beta_0 = \xi_{10} \quad \text{und} \quad \alpha_1\beta_1 = \xi_{11}.$$

Da die Ket-Vektoren $|v\rangle$, $|w\rangle$ und $|x\rangle$ normiert sind, gelten

$$|\alpha_0|^2 + |\alpha_1|^2 = |\beta_0|^2 + |\beta_1|^2 = |\xi_{00}|^2 + |\xi_{01}|^2 + |\xi_{10}|^2 + |\xi_{11}|^2 = 1. \quad (6.63)$$

Wir erhalten also durch Umformen der ersten beiden Gleichungen von (6.63) die Gleichungen

$$|\alpha_0|^2|\beta_0|^2 = |\xi_{00}|^2 \quad \text{und} \quad |\alpha_0|^2\left(1 - |\beta_0|^2\right) = |\xi_{01}|^2.$$

Addition der beiden Gleichungen ergibt $|\alpha_0|^2 = |\xi_{00}|^2 + |\xi_{01}|^2$. Daraus ergeben sich die folgenden Wahlen für die Koeffizienten von $|v\rangle$ und $|w\rangle$:

$$\alpha_0 := \sqrt{|\xi_{00}|^2 + |\xi_{01}|^2},$$
$$\alpha_1 := \sqrt{|\xi_{10}|^2 + |\xi_{11}|^2},$$

$$\beta_0 := \sqrt{|\xi_{00}|^2 + |\xi_{10}|^2} \quad \text{und}$$

$$\beta_1 := \sqrt{|\xi_{01}|^2 + |\xi_{11}|^2}.$$

Nach Konstruktion sind die Ket-Vektoren

$$|v\rangle := |0\rangle\alpha_0 + |1\rangle\alpha_1 \in \mathbb{V} \quad \text{und}$$

$$|w\rangle := |0\rangle\beta_0 + |1\rangle\beta_1 \in \mathbb{W}$$

Einheits-Ket-Vektoren und erfüllen die Gleichung $|vw\rangle = |x\rangle$. $\qquad\square$

Untervektorräume im Tensorprodukt

Angenommen wir haben zwei Untervektorräume $A \subseteq \mathbb{V}$ und $B \subseteq \mathbb{W}$ gegeben. Wie kann man einen geeigneten „Verbund-Untervektorraum" der beiden im Kompositionsraum $\mathbb{X} = \mathbb{V} \otimes \mathbb{W}$ definieren?

Zwei verschiedene Vorgehensweisen wären denkbar.

1. Man konstruiert die beiden Untervektorräume $A \otimes \mathbb{W} \subseteq \mathbb{V} \otimes \mathbb{W}$ und $\mathbb{V} \otimes B \subseteq \mathbb{V} \otimes \mathbb{W}$ und bildet deren Durchschnitt.

2. Man konstruiert das Tensorprodukt $A \otimes B$ und identifiziert es mit einem Untervektorraum von $\mathbb{V} \otimes \mathbb{W}$.

Wir zeigen, dass beide Methoden zum gleichen Ergebnis führen. Angenommen, wir haben Orthonormalbasen O_A, $O_\mathbb{V}$, O_B und $O_\mathbb{W}$ der gegebenen Untervektorräume und Skalarprodukträume. Wenn $\mathbb{V}$ und $\mathbb{W}$ endlich-dimensional sind, können wir mit dem GRAM-SCHMIDT'schen Orthonormierungsverfahren die beiden Teilmengenbeziehungen

$$O_A \subseteq O_\mathbb{V} \quad \text{und} \quad O_B \subseteq O_\mathbb{W}$$

sicherstellen. Dann gilt die Mengengleichheit

$$(O_A \times O_\mathbb{W}) \cap (O_\mathbb{V} \times O_B) = O_A \times O_B.$$

Daher gilt für die von diesen orthonormalen Familien aufgespannten Untervektorräume $(A \otimes \mathbb{W}) \cap (\mathbb{V} \otimes B) = A \otimes B$.

Verschränkte Untervektorräume

In Analogie zum verschränkten Ket-Vektor nennen wir einen Untervektorraum X eines Tensorprodukts $\mathbb{V}\otimes\mathbb{W}$ zweier Skalarprodukträume *verschränkt*, wenn er sich nicht in der Form $X = A \otimes B$ als Tensorprodukt zweier Untervektorräume $A \subseteq \mathbb{V}$ und $B \subseteq \mathbb{W}$ darstellen lässt.

Beispiel 6.6 *Wir beginnen mit zwei Ket-Ausdrücken* $|0\rangle$ *und* $|1\rangle$, *nehmen diese als orthonormale Familie und definieren* $\mathbb{V} := \mathbb{W} := \mathrm{span}\{|0\rangle, |1\rangle\}$. *Dann ist*

$$\mathbb{V} \otimes \mathbb{W} = \mathrm{span}\big\{|00\rangle, |01\rangle, |10\rangle, |11\rangle\big\}.$$

Wir zeigen mit einem Widerspruchsbeweis, dass der Untervektorraum

$$X := \mathrm{span}\{|00\rangle, |11\rangle\}$$

verschränkt ist. Hierzu versuchen wir, X *als Tensorprodukt* $A \otimes B$ *mit* $A \subseteq \mathbb{V}$ *und* $B \subseteq \mathbb{W}$ *darzustellen. Wegen*

$$\dim(A) \cdot \dim(B) = \dim(X) = 2 \tag{6.64}$$

muss dann entweder $\dim(A) = 2$ *oder* $\dim(B) = 2$ *gelten.*

Angenommen, es gilt $\dim(A) = 2$. *Wegen* $\dim(\mathbb{V}) = 2$ *ist dann* $A = \mathbb{V}$, *und wegen Gleichung (6.64) folgt* $\dim(B) = 1$. *Also gibt es ein* $|b\rangle \in \mathbb{W}$ *mit der Eigenschaft*

$$B = \mathrm{span}(|b\rangle) = \big\{|x\rangle \lambda \mid \lambda \in \mathbb{K}\big\}.$$

Wegen $|00\rangle \in X = A \otimes B$ *folgt daraus die Existenz eines Ket-Vektors* $|x\rangle \in \mathbb{V}$ *mit*

$$|00\rangle = |x\rangle \otimes |b\rangle = |xb\rangle.$$

Daraus folgt

$$|x\rangle = |0\rangle \lambda \quad und \quad |b\rangle = |0\rangle \frac{1}{\lambda} \quad für\ ein \quad \lambda \in \mathbb{K} \setminus \{0\}. \tag{6.65}$$

Ebenso folgt aus $|11\rangle \in X = A \otimes B$ *die Existenz eines Ket-Vektors* $|y\rangle \in \mathbb{V}$ *mit*

$$|11\rangle = |y\rangle \otimes |b\rangle = |yb\rangle,$$

also

$$|y\rangle = |1\rangle \mu \quad und \quad |b\rangle = |1\rangle \frac{1}{\mu} \quad für\ ein \quad \mu \in \mathbb{K} \setminus \{0\}. \tag{6.66}$$

Aus den zweiten Gleichungen in (6.65) und (6.66) folgt $|0\rangle\,1/\lambda = |b\rangle = |1\rangle\,1/\mu$. *Wegen* $\lambda \neq 0$ *und* $\mu \neq 0$ *folgt daraus* $|0\rangle = |1\rangle \lambda/\mu$. *Das widerspricht der Voraussetzung, dass* $(|0\rangle, |1\rangle)$ *eine orthonormale Familie ist. Daher kann in einer Darstellung* $X = A \otimes B$ *die Gleichung* $\dim(A) = 2$ *nicht erfüllt sein.*

In analoger Weise zeigt man, dass auch die Gleichung $\dim(B) = 2$ *nicht erfüllt sein kann. Insgesamt folgt, dass* $X = \mathrm{span}\{|00\rangle, |11\rangle\}$ *ein verschränkter Untervektorraum des Tensorprodukts* $\mathbb{V} \otimes \mathbb{W}$ *ist.* $\square$

Projektionswahrscheinlichkeiten komponierter Ket-Vektoren

Nehmen wir als Blickpunkt einen komponierten Ket-Vektor

$$|xy\rangle = |x\rangle \otimes |y\rangle \quad \text{mit } |x\rangle \in \mathbb{V} \text{ und } |y\rangle \in \mathbb{W}.$$

Wir berechnen die Wahrscheinlichkeit eines Ereignisses der Form

$$A \otimes B \subseteq \mathbb{V} \otimes \mathbb{W},$$

vom Blickpunkt $|xy\rangle$ aus gesehen:

$$
\begin{aligned}
&p_{xy}(A \otimes B) \\
&\quad = \sum_{|ij\rangle \in O_A \times O_B} \langle xy|ij\rangle\langle ij|xy\rangle && \text{nach Formel (6.52)} \\
&\quad = \sum_{|i\rangle \in O_A} \sum_{|j\rangle \in O_B} \langle x|i\rangle\langle y|j\rangle\langle i|x\rangle\langle j|y\rangle && \text{nach Gleichung (6.62)} \\
&\quad = \left(\sum_{|i\rangle \in O_A} \langle x|i\rangle\langle i|x\rangle \right)\left(\sum_{|j\rangle \in O_B} \langle y|j\rangle\langle j|y\rangle \right) && \text{Ausklammern} \\
&\quad = p_x(A) \cdot p_y(B). && (6.67)
\end{aligned}
$$

Diese Formel erinnert uns an die in Abschnitt 2.8.2 beschriebene stochastische Unabhängigkeit zweier Ereignisse, vergleiche Gleichung (2.62). Um den Vergleich auf den Punkt zu bringen, betrachten wir im Kompositionsraum das Ereignis

$$A \otimes \mathbb{W} \subseteq \mathbb{V} \otimes \mathbb{W}.$$

Für dieses gilt nach Gleichung (6.67) mit $\mathbb{W}$ an Stelle von B:

$$p_{xy}(A \otimes \mathbb{W}) = p_x(A) \cdot p_y(\mathbb{W}) = p_x(A) \quad \text{wegen } p_y(\mathbb{W}) = 1.$$

In analoger Weise erhält man die Gleichung $p_{xy}(\mathbb{V} \otimes B) = p_y(B)$. Insgesamt ergibt sich wegen $(A \otimes \mathbb{W}) \cap (\mathbb{V} \otimes B) = A \otimes B$ mit Gleichung (6.67) die Gleichungskette

$$
\begin{aligned}
p_{xy}\big((A \otimes \mathbb{W}) \cap (\mathbb{V} \otimes B)\big) &= p_{xy}(A \otimes B) = p_x(A) \cdot p_y(B) \\
&= p_{xy}(A \otimes \mathbb{W}) \cdot p_{xy}(\mathbb{V} \otimes B).
\end{aligned}
$$

Das heißt: Sind $A \subseteq \mathbb{V}$ und $B \subseteq \mathbb{W}$ zwei Ereignisse, und sind $|x\rangle \in \mathbb{V}$ und $|y\rangle \in \mathbb{W}$ zwei Blickpunkte, dann sind die in den Kompositionsraum „hochgehobenen" Ereignisse $A \otimes \mathbb{W}$ und $\mathbb{V} \otimes B$ vom komponierten Blickpunkt $|xy\rangle \in \mathbb{V} \otimes \mathbb{W}$ aus gesehen stochastisch unabhängig.

Projektionswahrscheinlichkeiten verschränkter Ket-Vektoren

Ist der Blickpunkt ein verschränkter Ket-Vektor, dann ist die Sache wesentlich komplizierter. Zur Illutration betrachten wir den einfachsten Fall verschränkter Ket-Vektoren, nämlich Ket-Vektoren des Typs

$$|xy\rangle + |vw\rangle,$$

wobei die Paare $|x\rangle, |v\rangle \in \mathbb{V}$ ebenso wie $|y\rangle, |w\rangle \in \mathbb{W}$ jeweils linear unabhängig sind. Die Projektionswahrscheinlichkeit eines Untervektorraums $A \otimes B$ von einem solchen Ket-Vektor als Blickpunkt errechnet sich dann wie folgt:

$$
\begin{aligned}
p_{xy+vw}(A \otimes B) &= \\
&= \langle xy + vw | P_{A \otimes B} | xy + vw \rangle \\
&= \langle xy | P_{A \otimes B} | xy + vw \rangle + \langle vw | P_{A \otimes B} | xy + vw \rangle \\
&= \underbrace{\langle xy | P_{A \otimes B} | xy \rangle}_{=p_x(A)p_y(B)} + \underbrace{\langle xy | P_{A \otimes B} | vw \rangle + \langle vw | P_{A \otimes B} | xy \rangle}_{=:K} + \underbrace{\langle vw | P_{A \otimes B} | vw \rangle}_{=p_v(A)p_w(B)} \\
&= p_x(A)p_y(B) + K + p_v(A)p_w(B)
\end{aligned}
$$

mit einem *Korrekturterm* K. Da die Projektionswahrscheinlichkeiten im Intervall $[0, 1]$ liegen, muss $-1 \leqslant K \leqslant 1$ gelten.

Eine Formel für den Korrekturterm

Nach der obigen Rechnung besteht der Korrekturterm K aus zwei Summanden. Wir beginnen unsere Analyse mit dem ersten Summanden.

$$
\begin{aligned}
\langle xy | P_{A \otimes B} | vw \rangle &= \\
&= \sum_{|ij\rangle \in O_A \times O_B} \langle xy | ij \rangle \langle ij | vw \rangle & \text{nach Formel (6.52)} \\
&= \sum_{|i\rangle \in O_A, |j\rangle \in O_B} \langle x | i \rangle \langle y | j \rangle \langle i | v \rangle \langle j | w \rangle & \text{nach Gleichung (6.62)} \\
&= \left(\sum_{|i\rangle \in O_A} \langle x | i \rangle \langle i | v \rangle \right) \left(\sum_{|j\rangle \in O_B} \langle y | j \rangle \langle j | w \rangle \right) & \text{Ausklammern} \\
&= \langle x | P_A | v \rangle \langle y | P_B | w \rangle & \text{nach Formel (6.52).}
\end{aligned}
$$

Eine analoge Rechnung ergibt für den zweiten Summanden die Gleichung $\langle vw | P_{A \otimes B} | xy \rangle = \langle v | P_A | x \rangle \langle w | P_B | y \rangle$. Insgesamt ist der Korrekturterm K also wie folgt berechenbar:

$$
\begin{aligned}
K &= \langle xy | P_{A \otimes B} | vw \rangle + \langle vw | P_{A \otimes B} | xy \rangle \\
&= \langle x | P_A | v \rangle \langle y | P_B | w \rangle + \langle v | P_A | x \rangle \langle w | P_B | y \rangle.
\end{aligned}
\tag{6.68}
$$

Unser Fazit ist also: Sind $A \subseteq \mathbb{V}$ und $B \subseteq \mathbb{W}$ zwei Ereignisse, und ist der Blickpunkt ein verschränkter Ket-Vektor der Form $|xy\rangle + |vw\rangle \in \mathbb{V} \otimes \mathbb{W}$, dann gilt für die Projektionswahrscheinlichkeit

$$p_{xy+vw}(A \otimes B) = p_x(A)p_y(B) + p_v(A)p_w(B) + K$$

mit einem Korrekturterm $K \in [-1, 1]$, der mit Hilfe von Gleichung (6.68) berechenbar ist.

Im Rahmen eines quanteninspirierten Designs einer Datenbank wird die Berechnung von Projektionswahrscheinlichkeiten auf einen verschränkten Untervektorraum konkret angewandt. Wir illustrieren das an einem Beispiel.

Beispiel 6.7 *Über ein Datenbanksystem werde die Buchung einer Reise nach London vorgenommen. Diese besteht aus zwei Datenbankaktionen:*

1. Buchung eines Flugs mit zwei möglichen Ergebnissen:

$|f_1\rangle$: *Buchung ist erfolgt,*
$|f_0\rangle$: *Buchung ist nicht erfolgt.*

2. Buchung eines Hotels mit zwei möglichen Ergebnissen:

$|h_1\rangle$: *Buchung ist erfolgt,*
$|h_0\rangle$: *Buchung ist nicht erfolgt.*

Für eine quantenlogische Modellierung nehmen wir die Listen

$$(|f_0\rangle, |f_1\rangle) \quad und \quad (|h_0\rangle, |h_1\rangle)$$

jeweils als orthonormale Familie und betrachten die Skalarprodukträume

$$\mathbb{V}_f := \mathrm{span}\{|f_0\rangle, |f_1\rangle\} \quad und \quad \mathbb{V}_h := \mathrm{span}\{|h_0\rangle, |h_1\rangle\}.$$

Für die Planung einer Reise nach London sind nun zwei Buchungen erforderlich, die von den Daten her zusammen passen müssen. Daher werden diese beiden Buchungen zusammen als eine Datenbanktransaktion, abgekürzt DB-Transaktion, betrachtet. Ein Datenbankzustand ist ein Ket-Vektor $|z\rangle \in \mathbb{V}_f \otimes \mathbb{V}_h$; jede DB-Transaktion ändert den Zustand der Datenbank. Um zu überprüfen, ob eine DB-Transaktion zulässig ist, wird eine Integritätsbedingung nachgeprüft, in unserem Fall die Atomarität der DB-Transaktion. Im quantenlogischen Modell entspricht diese dem verschränkten Untervektorraum

$$I := \mathrm{span}\{|f_0 h_0\rangle + |f_1 h_1\rangle\} \subseteq \mathbb{V}_f \otimes \mathbb{V}_h.$$

Die Integritätsbedingung ist im Datenbankzustand $|z\rangle$ erfüllt, wenn die Projektionswahrscheinlichkeit auf den Untervektorraum I vom Blickpunkt $|z\rangle$ aus gesehen größer als Null ist, wenn also $p_z(I) > 0$ gilt. Ist $p_z(I) = 0$, dann ist die Integritätsbedingung verletzt, und die Datenbanktransaktion wird zurückgesetzt. □

6.5.3 Quanteninspirierte Logik

Wir beschreiben in diesem Abschnitt eine mathematische Struktur, die wir *quanteninspirierte Logik* nennen. Formal besteht diese Struktur aus drei Teilen:

$$\Big((\mathbb{V}, \mathbb{K}, +, \cdot, \langle | \rangle), (\mathcal{V}, \subseteq, (\cdot)'), |x\rangle \Big).$$

Die Bestandteile dieser Struktur sind:

1. Ein Skalarproduktraum $(\mathbb{V}, \mathbb{K}, +, \cdot, \langle | \rangle)$, siehe Tabelle 6.1.

2. Ein orthomodularer Verband $(\mathcal{V}, \subseteq, (\cdot)')$ wie in Abschnitt 2.7 definiert, dessen Trägermenge $\mathcal{V}$ aus Untervektorräumen von $\mathbb{V}$ besteht.

3. Ein Einheits-Ket-Vektor $|x\rangle \in \mathbb{V}$, den wir als Blickpunkt zur Berechnung von Projektionswahrscheinlichkeiten verwenden.

Die Verbindung zur Logik erfolgt über den orthomodularen Verband $\mathcal{V}$. Wir verwenden eine aus aussagenlogischen Termen bestehende Sprache L und ordnen jedem Term $t \in L$ einen Untervektorraum $U(t) \in \mathcal{V}$ zu. Außerdem verlangen wir, dass der Negation $\neg t$ wird dessen Orthokomplement $U(t)' \in \mathcal{V}$ zugeordnet wird. Für Terme $p, q \in L$ soll gelten:

$$U(p \wedge q) = U(p) \sqcap U(q) = U(p) \cap U(q) \quad \text{und}$$
$$U(p \vee q) = U(p) \sqcup U(q) = U(p) + U(q).$$

Um Projektionswahrscheinlichkeiten ausrechnen zu können, benötigen wir einen Blickpunkt $|x\rangle \in \mathbb{V}$. Dieser definiert dann die Evaluierungsfunktion

$$[\![\cdot]\!]_{\mathrm{QL}} : L \to [0, 1], \quad t \mapsto [\![t]\!]_{\mathrm{QL}} := p_x\big(U(t)\big).$$

Wie der Blickpunkt $|x\rangle$ im Einzelnen konstruiert wird, hängt von der speziellen Aufgabe ab, die wir damit bearbeiten wollen. In Abschnitt 6.6 beschreiben wir Konstruktionen von Blickpunkten unter der Bedingung, dass für bestimmte Aussagen Wahrscheinlichkeiten gegeben sind.

Ist SCHRÖDINGERs Katze tot?

Antwort: Es steht nicht fest ob die Katze tot ist oder ob sie nicht tot ist, aber es können Projektionswahrscheinlichkeiten berechnet werden.

Formal betrachten wir das Diskursuniversum aus Abschnitt 3.1.7 mit einem zur Rede stehenden Sachverhalt:

$$D = \{\text{„SCHRÖDINGERs Katze ist tot“}\}.$$

Diesen Sachverhalt ordnen wir mit Hilfe einer Denotatfunktion einem elementaren Term zu:

$$a \mapsto F(a) = \text{„Schrödingers Katze ist tot“.}$$

Für die Modellierung in der quanteninspirierten Logik nehmen wir eine Orthonormalbasis aus zwei Einheits-Ket-Vektoren

$$O := \{|\text{tot}\rangle, |\overline{\text{tot}}\rangle\}.$$

Es gilt $\||\text{tot}\rangle\| = \||\overline{\text{tot}}\rangle\| = 1$ sowie $\langle\text{tot}|\overline{\text{tot}}\rangle = 0$. Wir betrachten weiterhin den von der Orthonormalbasis O aufgespannten Skalarproduktraum $\mathbb{V} := \text{span}(O)$ und darin zwei Untervektorräume

$$U_{\text{tot}} = \text{span}(|\text{tot}\rangle) \qquad \text{„SCHRÖDINGERs Katze ist tot“ und}$$
$$U_{\overline{\text{tot}}} = \text{span}(|\overline{\text{tot}}\rangle) \qquad \text{„SCHRÖDINGERs Katze ist \textit{nicht} tot“.}$$

Die beiden Untervektorräume sind nach unserer Konstruktion komplementär: $U_{\overline{\text{tot}}} = U'_{\text{tot}}$ und $U_{\text{tot}} = U'_{\overline{\text{tot}}}$. Die Orthogonalprojektoren auf die beiden betrachteten Untervektorräume lauten

$$P_{\text{tot}} = |\text{tot}\rangle\langle\text{tot}| \qquad \text{und} \qquad P_{\overline{\text{tot}}} = |\overline{\text{tot}}\rangle\langle\overline{\text{tot}}|.$$

Schließlich nehmen wir einen klassischen „Katzenzustand" als Blickpunkt

$$|k\rangle := |\text{tot}\rangle\frac{\sqrt{2}}{2} + |\overline{\text{tot}}\rangle\frac{\sqrt{2}}{2}$$

und berechnen die Projektionswahrscheinlichkeiten von diesem Blickpunkt auf die beiden Untervektorräume als

$$P(a) = P(U_{\text{tot}}) = \langle k|P_{\text{tot}}|k\rangle = \frac{1}{2} \qquad \text{und}$$
$$P(\overline{a}) = P(U_{\overline{\text{tot}}}) = \langle k|P_{\overline{\text{tot}}}|k\rangle = \frac{1}{2}.$$

Bild 6.3 veranschaulicht den Sachverhalt grafisch.

Abschließend weisen wir noch einmal darauf hin, dass sich eine echte Katze niemals in einem Katzenzustand befinden kann. Sie ist jederzeit entweder tot oder nicht tot. Die quanteninspirierte Logik bietet aber eine sehr leistungsfähige Methode, um Wahrscheinlichkeiten von Aussagen zu formalisieren und mit ihnen zu rechnen.

6.6 Klassische Logiken aus quantenlogischer Sicht

Die Verbandstheorie von Untervektorräumen, die Technik der Komposition von Skalarprodukträumen und die Berechnung von Projektionswahrscheinlichkeiten sind eine gute Grundlage für einen neuen Blick auf die klassischen

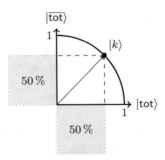

Bild 6.3: Katzenzustand $|k\rangle = \left(|\text{tot}\rangle + |\overline{\text{tot}}\rangle\right)\sqrt{2}/2$ und Projektionswahrschein-
lichkeiten $P(U_{\text{tot}}) = P(U_{\overline{\text{tot}}}) = 1/2$ (vergleiche Bild 1.4)

Logiken. Wir werden sehen, dass die Äquivalenzklassen logischer Terme jeweils zu einem BOOLE'schen Verband achsenparalleler Untervektorräume korrespondieren. Die probabilistischen Erweiterungen können dadurch erreicht
werden, dass man zur Beschreibung der „Welt" einen geeigneten Blickpunkt
im Skalarproduktraum wählt. Dabei zeigt sich, dass jede der probabilistischen
Erweiterungen einer klassischen Logik eine Unterstruktur einer quanteninspirierten Logik ist.

6.6.1 Aussagenlogik

In der in Abschnitt 3.1 behandelten Aussagenlogik verwenden wir zum Aufbau des BOOLE'schen Verbands Minterme. Deren Wahrscheinlichkeiten werden durch einen geeigneten Blickpunkt repräsentiert.

Aufbau des BOOLE'schen Verbands

Wir beginnen mit n elementaren Aussagen $a_1, \ldots, a_n$. Zu jedem a_i konstruieren wir zunächst den zweidimensionalen Skalarproduktraum

$$\mathbb{V}_i := \text{span}\left(\{|0\rangle, |1\rangle\}\right).$$

Durch n-faches Tensorprodukt erhalten wir den 2^n-dimensionalen Skalarproduktraum

$$\mathbb{V} := \bigotimes_{i=1}^{n} \mathbb{V}_i = \mathbb{V}_1 \otimes \ldots \otimes \mathbb{V}_n. \tag{6.69}$$

Wir betrachten nun die bereits in Abschnitt 2.6.3 verwendeten n-stelligen
Binärcodes $b = [\beta_n \ldots \beta_1]_2 \in \{0, \ldots, 2^n - 1\}$. Eine Orthonormalbasis von $\mathbb{V}$

ist gegeben durch die Ket-Vektoren $|b\rangle$, wobei b die n-stelligen Binärcodes durchläuft.

In Abschnitt 2.6.4 hatten wir den Begriff des Minterms eingeführt und die Menge der Minterme über n Variablen mit Ω_n bezeichnet. Nun entspricht jedem Minterm $m_b \in \Omega_n$ der eindimensionale Untervektorraum

$$\operatorname{span}(|b\rangle) \subseteq \mathbb{V}.$$

Ist L die von den Elementartermen a_i aufgebaute Sprache aussagenlogischer Terme, dann ist jedem aussagenlogischen Term $t \in L$ über seine disjunktive Normalform eine Minterm-Menge $M_t \subseteq \Omega_n$ zugordnet. Aus dieser gewinnen wir den achsenparallelen Untervektorraum

$$A_t := \operatorname{span}(|b\rangle : m_b \in M_t).$$

Insgesamt haben wir die Entsprechungen

$$\begin{pmatrix} \text{aussagenlogischer} \\ \text{Term} \\ t \in L \end{pmatrix} \cong \begin{pmatrix} \text{Minterm-} \\ \text{Menge} \\ M_t \subseteq \Omega_n \end{pmatrix} \cong \begin{pmatrix} \text{achsenparalleler} \\ \text{Untervektorraum} \\ A_t \subseteq \mathbb{V} \end{pmatrix},$$

wobei logisch äquivalenten Termen dieselbe Minterm-Menge entspricht. Der BOOLE'sche Verband der Äquivalenzklassen aussagenlogischer Terme ist daher isomorph zum BOOLE'schen Verband der achsenparallelen Untervektorräume von $\mathbb{V}$.

Repräsentation der Wahrscheinlichkeiten

Gegeben sei jetzt zusätzlich die in Abschnitt 3.1.5 definierte wahrscheinlichkeitswertige Evaluierungsfunktion

$$P = [\![\cdot]\!]_{\mathrm{pAL}} : L \to [0,1].$$

Wir haben in Abschnitt 3.1.5 gesehen, dass diese durch eine Wahrscheinlichkeitsfunktion

$$f_P : \Omega_n \to [0,1], \quad m \mapsto f_P(m)$$

durch Summation über die Minterme der Minterm-Menge M_t festgelegt ist:

$$P(t) = \sum_{m \in M_t} f_P(m).$$

Andererseits gilt für einen Einheits-Ket-Vektor

$$|x\rangle = (|b\rangle \xi_b : b \in \{0, \ldots, 2^n - 1\}) \in \mathbb{V},$$

wenn wir ihn als Blickpunkt nehmen,

$$p_x(A_t) = \sum_{m_b \in M_t} |\xi_b|^2.$$

Wir setzen $\xi_b := \sqrt{f_P(m_b)}$ und erhalten den Blickpunkt

$$|x_P\rangle := \left(|b\rangle \sqrt{f_P(m_b)} : b \in \{0, \ldots, 2^n - 1\} \right) \in \mathbb{V}. \tag{6.70}$$

Daraus ergibt sich für jeden Term $t \in L$ die Projektionswahrscheinlichkeit

$$p_{x_P}(A_t) = \sum_{m_b \in M_t} \left(\sqrt{f_P(m_b)} \right)^2 = \sum_{m \in M_t} f_P(m) = P(t). \tag{6.71}$$

Der Spezialfall stochastische Unabhängigkeit

Die Konstruktion des Blickpunktes $|x_P\rangle$ nach Gleichung (6.70) erfordert die Berücksichtigung von 2^n Koordinaten, was die Kenntnis von $P(m_b)$ für jeden Minterm m_b erfordert. Wir widmen uns jetzt dem Spezialfall stochastisch unabhängiger Elementarterme, in dem wir den Blickpunkt allein aus den Wahrscheinlichkeiten $P(a_i)$ der elementaren Terme $a_1, \ldots, a_n$ berechnen können. Um dies zu beweisen, genügt es, für jeden Minterm $m_b \in \Omega_n$ die Minterm-Wahrscheinlichkeit $P(m_b)$ allein aus den gegebenen $P(a_i)$ zu berechnen.

Beweis. Ausgehend von der Konstruktion des Skalarproduktraums $\mathbb{V}$ durch ein n-faches Tensorprodukt wie in Gleichung (6.69) können wir für jedes $i \in \{1, \ldots, n\}$ die Wahrscheinlichkeit $P(a_i)$ durch einen Blickpunkt $|x_i\rangle \in \mathbb{V}_i$ repräsentieren:

$$|x_i\rangle := |0\rangle \sqrt{1 - P(a_i)} + |1\rangle \sqrt{P(a_i)} \in \mathbb{V}_i. \tag{6.72}$$

Damit errechnen sich die Projektionswahrscheinlichkeiten in $\mathbb{V}_i$ wie folgt:

$$p_{x_i}\big(\mathrm{span}(|1\rangle)\big) = P(a_i) \quad \text{und} \quad p_{x_i}\big(\mathrm{span}(|0\rangle)\big) = 1 - P(a_i). \tag{6.73}$$

Nun gehört zu jedem Binärcode $b = [\beta_n \ldots \beta_1]_2$ der Minterm $m_b \in \Omega_n$ und der Untervektorraum

$$A_{m_b} := \bigotimes_{i=1}^{n} \mathrm{span}(|\beta_i\rangle) \subseteq \bigotimes_{i=1}^{n} \mathbb{V}_i = \mathbb{V}. \tag{6.74}$$

Mit dem Blickpunkt

$$|x\rangle := |x_1\rangle \otimes \ldots \otimes |x_n\rangle = |x_1 \ldots x_n\rangle \in \mathbb{V} \tag{6.75}$$

ist die folgende Rechnung durchführbar:

$$p_x(A_{m_b}) = p_x\left(\bigotimes_{i=1}^{n} \mathrm{span}(|\beta_i\rangle)\right) \qquad \text{nach Gleichung (6.74)}$$

$$= \prod_{i=1}^{n} p_{x_i}\left(\mathrm{span}(|\beta_i\rangle)\right) \qquad \text{wegen Gleichung (6.67)}$$

$$= \prod_{i=1}^{n}\left(\begin{cases} P(a_i) & \text{falls } \beta_i = 1 \\ 1 - P(a_i) & \text{falls } \beta_i = 0 \end{cases}\right) \qquad \text{nach Gleichungen (6.73)}$$

$$= P\left(\bigwedge_{i=1}^{n} \begin{cases} a_i & \text{falls } \beta_i = 1 \\ \overline{a_i} & \text{falls } \beta_i = 0 \end{cases}\right) \qquad \begin{array}{l}\text{da die } a_1 \text{ stochastisch} \\ \text{unabhängig sind}\end{array}$$

$$= P(m_b) \qquad \begin{array}{l}\text{nach Konstruktion der} \\ m_b \text{ in Gleichung (2.33).}\end{array}$$

Damit ist gezeigt, dass im Fall der stochastischen Unabhängigkeit der Elementarterme a_i ein geeigneter Blickpunkt mit Gleichungen (6.72) und (6.75) allein aus den $P(a_i)$ berechnet werden kann. $\qquad\square$

6.6.2 Modallogik

In der in Abschnitt 3.2 behandelten Modallogik verwenden wir zum Aufbau des BOOLE'schen Verbands die Menge der möglichen Welten. Wahrscheinlichkeiten werden wieder durch einen geeigneten Blickpunkt repräsentiert.

Aufbau des BOOLE'schen Verbands

Wie in Abschnitt 3.2 beginnen wir mit einer endlichen Menge Ω möglicher Welten. Mit dieser Menge als Orthonormalbasis konstruieren wir einen Skalarproduktraum

$$\mathbb{V} := \mathrm{span}(\Omega).$$

Zu jedem Term $t \in L$ gehört die in Gleichung (3.37) definierte Erfüllungsmenge $[\![t]\!]_{\mathrm{ML}} \subseteq \Omega$. Diese besteht genau aus denjenigen möglichen Welten, in denen die durch t gegebene Aussage wahr ist. Dadurch erhalten wir die Abbildung

$$[\![\cdot]\!]_{\mathrm{ML}} : L \to \wp(\Omega), \quad t \mapsto [\![t]\!]_{\mathrm{ML}}.$$

Allerdings muss nicht unbedingt *jede* Teilmenge von Ω als Erfüllungsmenge eines Terms $t \in L$ auftreten. Nach unserer Konstruktion ist nämlich nicht ausgeschlossen, dass in zwei verschiedenen möglichen Welten $\omega_1, \omega_2 \in \Omega$ sämtliche Terme den gleichen Wahrheitswert erhalten. In einer Formel ausgedrückt kann also gelten:

$$\omega_1 \neq \omega_2 \quad \wedge \quad \forall t \in L : [\![t]\!]_{\mathrm{AL}}^{\omega_1} = [\![t]\!]_{\mathrm{AL}}^{\omega_2} \, .$$

In einem solchen Fall käme die Menge $\{\omega_1\} \in \wp(\Omega)$ nicht als Erfüllungsmenge in Frage.

Die Menge der möglichen Erfüllungsmengen aussagenlogischer Terme umfasst also möglicherweise nicht alle Teilmengen von Ω. Dennoch gelten für die Zuordnung der Erfüllungsmenge zu Termen aus L die in Tabelle 3.19 aufgeführten Gesetze. Darunter sind diejenigen, die zum Aufbau eines BOO-LE'schen Verbands erforderlich sind:

$$[\![a \wedge b]\!]_{\mathrm{ML}} = [\![a]\!]_{\mathrm{ML}} \cap [\![b]\!]_{\mathrm{ML}},$$
$$[\![a \vee b]\!]_{\mathrm{ML}} = [\![a]\!]_{\mathrm{ML}} \cup [\![b]\!]_{\mathrm{ML}} \quad \text{und}$$
$$[\![\overline{a}]\!]_{\mathrm{ML}} = \Omega \setminus [\![a]\!]_{\mathrm{ML}}.$$

Weil diese Gesetze erfüllt sind, bilden die möglichen Erfüllungsmengen einen BOOLE'schen Teilverband des Teilmengenverbands von Ω.

Bezogen auf den Skalarproduktraum $\mathbb{V} = \mathrm{span}(\Omega)$ ist jedem aussagenlogischen Term t ein achsenparalleler Untervektorraum

$$A_t := \mathrm{span}\big([\![t]\!]_{\mathrm{ML}}\big) \subseteq \mathbb{V}$$

zugeordnet. Dabei werden möglicherweise nicht alle achsenparallelen Untervektorräume von $\mathbb{V}$ erfasst. Aber die Menge

$$\{A_t : t \in L\} \subseteq \wp(\Omega)$$

ist dennoch Trägermenge eines BOOLE'schen Verbands.

Repräsentation der Wahrscheinlichkeiten

Zum Aufbau einer probabilistischen Erweiterung der Modallogik haben wir in Abschnitt 3.2.4 mit einer Wahrscheinlichkeitsfunktion

$$f_P : \Omega \to [0, 1]$$

begonnen. Analog zur Aussagenlogik liefert der Blickpunkt

$$|x\rangle := \Big(|\omega\rangle \sqrt{f_P(\omega)} : \omega \in \Omega\Big) \tag{6.76}$$

für jeden Term $t \in L$ die Projektionswahrscheinlichkeit

$$p_x(A_t) = \sum_{\omega \in [\![t]\!]_{\mathrm{ML}}} f_P(\omega) = P(t).$$

Damit haben wir auch für die probabilistische Modallogik ein geeignetes quantenlogisches Modell gefunden.

6.6.3 Prädikatenlogik

Aus den in Abschnitt 3.3.1 beschriebenen Sprachelementen der Prädikatenlogik verwenden wir zum Aufbau eines BOOLE'schen Verbands die elementaren Grundwahrheitsterme. Wahrscheinlichkeiten werden wieder durch einen geeigneten Blickpunkt repräsentiert. Die Konstruktionen sind hier analog zu denjenigen in der Aussagenlogik in Abschnitt 6.6.1.

Aufbau des BOOLE'schen Verbands

Wir beginnen mit n elementaren Grundwahrheitstermen $a_1, \ldots, a_n$ und definieren den BOOLE'schen Verband analog zu unserer Vorgehensweise in Abschnitt 6.6.1. Wir konstruieren zunächst zu jedem a_i den zweidimensionalen Skalarproduktraum

$$\mathbb{V}_i := \mathrm{span}\big(\{|0\rangle, |1\rangle\}\big).$$

Durch n-faches Tensorprodukt erhalten wir den 2^n-dimensionalen Skalarproduktraum

$$\mathbb{V} := \bigotimes_{i=1}^{n} \mathbb{V}_i = \mathbb{V}_1 \otimes \ldots \otimes \mathbb{V}_n. \tag{6.77}$$

Wieder ist eine Orthonormalbasis von $\mathbb{V}$ durch die Ket-Vektoren $|b\rangle$ gegeben, wobei b die n-stelligen Binärcodes durchläuft. Nun entspricht jedem Minterm m_b der eindimensionale Untervektorraum

$$\mathrm{span}(|b\rangle) \subseteq \mathbb{V}.$$

Weiter ist jedem prädikatenlogischen Wahrheitsterm a über seine disjunktive Normalform eine Minterm-Menge $M_a \subseteq \Omega_n$ zugordnet. Aus dieser gewinnen wir den achsenparallelen Untervektorraum

$$A_a := \mathrm{span}\big(|b\rangle : m_b \in M_a\big).$$

Der BOOLE'sche Verband der Äquivalenzklassen prädikatenlogischer Wahrheitsterme ist jetzt isomorph zum BOOLE'schen Verband der achsenparallelen Untervektorräume von $\mathbb{V}$.

Repräsentation der Wahrscheinlichkeiten

In Abschnitt 3.3.5 haben wir eine probabilistische Erweiterung der Prädikatenlogik beschrieben, indem wir jeden elementaren Wahrheitsterm a_i mit einer Wahrscheinlichkeit

$$P(a_i) \in [0,1]$$

ausgestattet haben. Außerdem nehmen wir wie in Abschnitt 3.3.5 an, dass die elementaren Wahrheitsterme stochastisch unabhängig sind. Wir können also einen Blickpunkt zur Repräsentation der Wahrscheinlichkeiten analog zu unserem Vorgehen in Abschnitt 6.6.1 im Fall stochastischer Unabhängigkeit konstruieren.

Zunächst repräsentieren wir für jedes $i \in \{1, \ldots, n\}$ die Wahrscheinlichkeit $P(a_i)$ durch einen Blickpunkt $|x_i\rangle \in \mathbb{V}_i$:

$$|x_i\rangle := |0\rangle \sqrt{P(\overline{a_i})} + |1\rangle \sqrt{P(a_i)} \in \mathbb{V}_i.$$

Der Blickpunkt $|x\rangle \in \mathbb{V}$, der sämtliche Wahrscheinlichkeiten repräsentiert, kann jetzt analog zu Gleichung (6.75) konstruiert werden:

$$|x\rangle := |x_1\rangle \otimes \ldots \otimes |x_n\rangle = |x_1 \ldots x_n\rangle \in \mathbb{V}.$$

Literatur

1. Arens, T., Busam, R., Hettlich, F., Karpfinger, C., Stachel, H.: Grundwissen Mathematikstudium. Springer Spektrum (2013)
2. Dirac, P.A.M.: A new notation for quantum mechanics. Proceedings of the Cambridge Philosophical Society **35**(3), 416 (1939). DOI 10.1017/S0305004100021162
3. von Neumann, J.: Mathematische Grundlagen der Quantenmechanik. Springer, Berlin (1932). Nachdrucke 1981 und 1996
4. Schmitt, I.: Quantum-based construction of a probability measure. Tech. Rep. 2019, 1, Institut für Informatik (2019)

Kapitel 7
Anwendungen in Datenbanken und Psychologie

In diesem Kapitel soll der praktische Einsatz von Quantenlogik gezeigt werden. In den letzten Kapiteln haben wir gelernt, dass Orthogonalprojektoren in einem Skalarproduktraum eine Quantenlogik bilden. Eine auf der Grundlage der Quantenmechanik basierende Modellierung von Systemzuständen in einem geeigneten Skalarproduktraum ist die Grundlage zum Lesen des Systemzustands mittels einer Orthogonalprojektion. Aus praktischen Gründen werden in diesem Kapitel nicht alle Aspekte der Quantenmechanik berücksichtigt. Daher nennen wir die in diesem Kapitel entwickelten Verfahren *quanteninspirierte Verfahren*.

Im nächsten Abschnitt wird die Evaluierung von Logiktermen entsprechend dem CQQL-Ansatz [6] vorgestellt. Der CQQL-Ansatz – CQQL steht für *Commuting Quantum Query Language* – erlaubt eine für praktische Anwendungen wichtige effiziente Logikevaluierung im Wertebereich der Evaluierungsfunktion. Die Probleme der Fuzzy-Logik mit einigen Logikgesetzen werden vermieden. Statt dessen gelten in CQQL die Gesetze der BOOLE'schen Algebra.

In den folgenden Abschnitten werden prinzipielle Verfahren zur Datenmodellierung und die algorithmische CQQL-Evaluierung von Logiktermen aus den Gesetzen der Quantenmechanik und der Quantenlogik abgeleitet. Die entsprechenden Datentypen und Werte sowie die Projektoren werden in einem endlichdimensionalen, reellwertigen Skalarproduktraum ausgedrückt. Das Lesen von Datenzuständen führt *nicht* zu einer Änderung des Zustands.

Im letzten Abschnitt wird ein Anwendungsbezug zur Psychologie hergestellt, bei dem der Aspekt der Zustandsänderung beim Lesen von entscheidender Bedeutung ist.

© Springer-Verlag GmbH Deutschland, ein Teil von Springer Nature 2023
G. Wirsching et al., *Quantenlogik*, https://doi.org/10.1007/978-3-662-66780-4_7

7.1 Commuting Quantum Query Language

Commuting Quantum Query Language [6] – im Folgenden kurz CQQL – ist eine durch die Quantenlogik inspirierte Datenbankanfragesprache. Sie basiert auf folgenden Konzepten:

1. *Typtheorie* zur Darstellung von Datenbankstrukturen; wir werden in den Abschnitten 7.2 und 7.3 eine kurze Einführung geben,

2. *Skalarprodukträume* nach Abschnitt 6.1 zur Repräsentation von Datenbankobjekten in Vektorräumen,

3. *Logik der Orthogonalprojektoren* nach Abschnitt 6.4 zur Formulierung von Datenbankbedingungen sowie schließlich

4. *Projektionswahrscheinlichkeiten* nach Abschnitt 6.5 und *probabilistische Aussagenlogik* nach Abschnitt 3.1.5 zur praktischen Evaluierung von Anfragebedingungen auf einem Datenbankobjekt.

Das Beispiel CQQL wird veranschaulichen, wie mit Hilfe der Quantenlogik praktische Anwendungen realisiert werden können, die anderweitig nur schwer hätten erdacht werden können. Die CQQL-Evaluierung wird konzeptionell über die Quantenlogik und Quantenmechanik entwickelt. Die finale Evaluierung jedoch kommt ohne direkte algorithmische Implementierung von Konzepten der Quantenlogik und der Quantenmechanik aus, welche einen sehr hohen Berechnungsaufwand erfordern würde. Statt dessen erhalten wir leicht implementierbare arithmetische Evaluierungsregeln, die denen der probabilistischen Aussagenlogik sehr nahe sind. Darüber hinaus werden auch Konzepte, wie etwa die Gewichtung von Bedingungen, entwickelt, welche über die probabilistischen Aussagenlogik hinausgehen.

7.1.1 Die Logik der CQQL

CQQL basiert auf der konzeptionellen Darstellung von Datenbankobjekten und Anfragebedingungen in Skalarprodukträumen. Bedingungen werden als Terme $t \in L$ einer logischen Sprache formuliert. Jede Bedingung korrespondiert, wie in Abschnitt 6.4 beschrieben, zu einem Untervektorraum $T \subseteq \mathbb{V}$ eines geeignet konstruierten Skalarproduktraums $\mathbb{V}$. Ein Datenbankobjekt selbst wird als Ket-Ausdruck $|\psi\rangle \in \mathbb{V}$ ausgedrückt. Der genaue Aufbau des Skalarproduktraums $\mathbb{V}$ soll uns zunächst nicht weiter interessieren. Wir werden in den folgenden Abschnitten darauf zurückkommen.

Eine CQQL-Anfragebedingung wird als logischer Term t formuliert. Wie wir in Abschnitt 6.4.5 gesehen haben, korrespondiert zum Untervektorraum $T \subseteq \mathbb{V}$ der Bedingung $t \in L$ ein Projektor P_T:

$$\begin{pmatrix} \text{Bedingung} \\ t \in L \end{pmatrix} \Leftrightarrow \begin{pmatrix} \text{Untervektorraum} \\ T \subseteq \mathbb{V} \end{pmatrix} \Leftrightarrow \begin{pmatrix} \text{Projektor} \\ P_T : \mathbb{V} \to T \end{pmatrix}.$$

Die Logik der Orthogonalprojektoren, welche der CQQL konzeptionell zugrunde liegt, erlaubt nun die Auswertung einer Bedingung t an ein Datenbankobjekt $|\psi\rangle$ als Orthogonalprojektion. Der Projektor P_T repräsentiert dabei die Bedingung und das Datenbankobjekt $|\psi\rangle$ ist der Blickpunkt der Projektion:

$$[\![t]\!]^{\psi}_{\text{CQQL}} := \langle\psi|P_T|\psi\rangle \in [0,1]. \tag{7.1}$$

Wir haben die Auswertung hier in Form einer Evaluierungsfunktion notiert. Das Ergebnis der Bedingung ist ein Skalar aus dem Intervall $[0,1]$, der ausdrückt, zu welchem Grad die Bedingung erfüllt ist. Obwohl es sich bei diesem Wert formal um eine Projektionswahrscheinlichkeit handelt, wollen wir im Folgenden den Begriff „Evaluierung" (der Bedingung) verwenden. Grund dafür ist, dass hinter dem Ergebnis einer Anfragebedingung in der Regel kein tatsächliches Wahrscheinlichkeitsmaß steht.

7.1.2 Vereinfachung der Evaluierungsfunktion

CQQL führt die Logik der Orthogonalprojektoren auf die probabilistische Aussagenlogik nach Abschnitt 3.1.5 zurück. Um eine bestmögliche rechentechnische Effizienz zu erzielen, rechnet CQQL im Wertebereich der Evaluierungsfunktion. Wie der Vergleich der probabilistischen Aussagenlogik mit der Fuzzy-Logik nach Abschnitt 3.4 zeigt, gibt es hierbei einiges zu beachten.

Wir betrachten im Folgenden logische Terme $t(a_1, \ldots, a_n) \in L$, welche außer Klammern und Operatorzeichen lediglich Elementarterme $a_i \in L_{\text{elem}}$ enthalten. Solche Elementarterme entsprechen in der Datenbankwelt atomaren Attributbedingungen. Sei $A_i \subseteq \mathbb{V}$ der zum Elementarterm a_i korrespondierende Untervektorraum und sei P_{A_i} der Projektor auf diesen Untervektorraum. Dann können wir die Evaluierung jedes Elementarterms a_i bei gegebenem Datenbankobjekt $|\psi\rangle$ nach Gleichung (7.1) wie folgt berechnen:

$$[\![a_i]\!]^{\psi}_{\text{CQQL}} = \langle\psi|P_{A_i}|\psi\rangle \in [0,1].$$

Wir gehen davon aus, dass die Evaluierungen $[\![a_i]\!]^{\psi}_{\text{CQQL}}$ für alle betrachteten Elementaraussagen a_i bekannt sind.

CQQL beruht auf der Annahme, dass die Elementarbedingungen vollständig unabhängig sind. Das heißt, es gilt:

$$\forall A \subseteq L_{\text{elem}} : \left[\!\!\left[\bigwedge_{a \in A} a\right]\!\!\right]_{\text{CQQL}} = \prod_{a \in A} [\![a]\!]_{\text{CQQL}}.$$

Die Unabhängigkeit der Elementarterme ist keineswegs selbstverständlich. Sie wird jedoch durch die Datenrepräsentation im Skalarproduktraum, welche wir in den folgenden Abschnitten vorstellen, sichergestellt.

Wir wollen nun einen effizienten Weg finden, die Evaluierung eines Terms $t(a_1, \ldots, a_n)$ aus den Evaluierungen der darin enthaltenen Elementarterme zu bestimmen. Dazu suchen wir für jeden Term t der logischen Sprache eine entsprechende arithmetische Funktion f_t, so dass gilt

$$[\![t(a_1, \ldots, a_n)]\!]_{\text{CQQL}} = f_t\big([\![a_1]\!]_{\text{CQQL}}, \ldots, [\![a_n]\!]_{\text{CQQL}}\big) \quad \text{sowie}$$
$$\big(t_1(\cdot) \Leftrightarrow t_2(\cdot)\big) \quad \Leftrightarrow \quad \big(f_{t_1}(\cdot) = f_{t_2}(\cdot)\big). \tag{7.2}$$

Bild 7.1 zeigt das Vorgehen: Wir gehen von Elementartermen $a_1, \ldots, a_n$, links oben im Bild, und deren Evaluierungen $[\![a_1]\!]_{\text{CQQL}}, \ldots, [\![a_2]\!]_{\text{CQQL}}$, rechts oben, aus. Einen Term $t(a_1, \ldots, a_n)$, links unten im Bild, überführen wir zunächst in eine Normalform $\text{NF}(t)$ und stellen anschließend aus der Normalform die arithmetische Funktion f_t zum Term auf (Bildmitte). Die Evaluierung des Terms t wird dann mit Hilfe der Funktion f_t bestimmt, rechts unten im Bild.

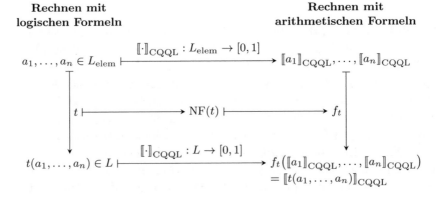

Bild 7.1: Semantik der Evaluierungsfunktion $[\![\cdot]\!]_{\text{CQQL}}$ des CQQL-Ansatzes für nicht-elementare Terme

Wir werden zeigen, dass eine Funktion f_t nach Gleichung (7.2) für beliebige Terme $t \in L$ gefunden werden kann, sofern die elementaren Terme in der zugrunde liegenden Logik der Orthogonalprojektoren durch kommutierende Projektoren ausgedrückt werden können, sie also voneinander unabhängig sind. In diesem Fall ist die Vorbedingung eines BOOLE'schen Verbands erfüllt.

Term-Normalisierung

Für die Evaluierung nicht-elementarer Terme müssen die Abbildung eines Terms $t \in L$ auf eine Normalform $\mathrm{NF}(t) \in L$ und dann die Abbildung auf eine arithmetische Funktion f_t definiert werden.

Zur Erklärung des Begriffs „Normalform" definieren wir zunächst eine Abbildung

$$\alpha : L \to \wp(L_{\mathrm{elem}}), \qquad (7.3)$$

die jedem Term $t \in L$ der Sprache die Menge der in ihm enthaltenen Elementarterme zuordnet.

Beispiel 7.1 *Wir betrachten drei Elementarterme $a_1, a_2, a_3 \in L$ und den Term $t := (a_1 \vee a_2) \wedge (a_1 \vee a_3)$ und bezeichnen die Operanden der Konjunktion mit $t_1 := a_1 \vee a_2$ sowie $t_2 := a_1 \vee a_3$. Die Funktion α ordnet den Termen t_1 und t_2 folgende Elementartermmengen zu*

$$\begin{aligned}
\alpha(t_1) &= \alpha(a_1 \vee a_2) = \{a_1, a_2\} \quad und \\
\alpha(t_2) &= \alpha(a_1 \vee a_3) = \{a_1, a_3\}.
\end{aligned}$$ $\square$

Beispiel 7.2 *Wir betrachten zwei Elementarterme $a_1, a_2 \in L$ und den Term $t := (a_1 \wedge a_2) \vee (\overline{a_1} \wedge \overline{a_2})$ und bezeichnen die Operanden der Adjunktion mit $t_1 := a_1 \wedge a_2$ sowie $\overline{a_1} \wedge \overline{a_2}$. Die Funktion α ordnet den Termen t_1 und t_2 folgende Elementartermmengen zu*

$$\begin{aligned}
\alpha(t_1) &= \alpha(a_1 \wedge a_2) = \{a_1, a_2\} \quad und \\
\alpha(t_2) &= \alpha(\overline{a_1} \wedge \overline{a_2}) = \{a_1, a_2\}.
\end{aligned}$$ $\square$

Wir definieren jetzt rekursiv eine Menge N, die wir als Menge von Termen in der *CQQL-Normalform* bezeichnen, durch die folgenden Bedingungen:

1. Ein Term in der Normalform enthält außer Klammern und Operatorzeichen nur Elementarterme $a_1, \ldots, a_m \in L_{\mathrm{elem}}$. Die Wahrheitswertkonstante f alleine ist in der Normalform, jedoch nicht in Verbindung mit anderen Termen.

2. Direkt aufeinander folgende Negationen treten nicht auf.

   Beispiel 7.3 *Der Term $\neg(\neg t)$ ist nicht in der Normalform.* $\square$

3. Elementarterme $a_i \in L_{\mathrm{elem}}$ und deren Negationen $\overline{a_i}$ sind Terme in der Normalform.

4. Sind n_1 und n_2 Normalformterme, und gilt $n_1 \wedge n_2 \Leftrightarrow$ f, dann ist die Disjunktion $n_1 \dot{\vee} n_2$ ein Normalformterm.

5. Sind n_1 und n_2 Normalformterme, und gilt $\alpha(n_1) \cap \alpha(n_2) = \varnothing$, dann ist die Konjunktion $n_1 \wedge n_2$ ein Normalformterm.

6. Sind n_1 und n_2 Normalformterme, und gilt $\alpha(n_1) \cap \alpha(n_2) = \varnothing$, dann ist die Adjunktion $n_1 \vee n_2$ ein Normalformterm.

Das Überführen eines Terms $t \in L$ in die CQQL-Normalform können wir formal als Abbildung auffassen:

$$\mathrm{NF} : L \to N, \quad t \mapsto \mathrm{NF}(t) \quad \text{mit } \mathrm{NF}(t) \Leftrightarrow t.$$

Die CQQL-Normalform wurde definiert, damit jeder Term $t \in L$ in eine geeignete Form für die arithmetische Auswertung überführt werden kann. Tatsächlich gibt es verschiedene Wege, die CQQL-Normalform zu erreichen. Ein Beispiel liefert die (vollständige) disjunktive Normalform (DNF), welche wir in Abschnitt 2.6.4 kennengelernt haben. Da die Minterme der DNF disjunkt sind, kann das Adjunktionszeichen $\vee$ in Gleichung (2.43) durch ein Disjunktionszeichen $\dot{\vee}$ ersetzt werden. Damit erfüllt die DNF die oben genannten Bedingungen für die CQQL-Normalform. Alternativ kann auch die kompakte disjunktive Normalform über ein KARNAUGH-Diagramm und mit Hilfe der Minterm-Methode aufgestellt werden, um die CQQL-Normalform zu erreichen. In [6, Bild 6] wird ein Algorithmus zum Überführen eines beliebigen Terms t in die CQQL-Normalform angegeben.

Arithmetische Evaluierung

Hat man zu einem Term $t \in L$ einen Normalformterm $\mathrm{NF}(t) \in L$ ermittelt, kann zu seiner Evaluierung eine arithmetische Funktion f_t nach Gleichung (7.2) durch rekursive Anwendung der nachfolgend genannten Regeln auf den Normalformterm aufgestellt werden. Zur besseren Lesbarkeit lassen wir den Index CQQL der Evaluierungsfunktion weg. Seien $n, n_1, n_2 \in L$ beliebige Normalformterme. Dann gilt für deren Evaluierung:

$$\llbracket \mathrm{f} \rrbracket \xmapsto{f_t} 0$$

$$\llbracket \overline{n} \rrbracket \xmapsto{f_t} 1 - \llbracket n \rrbracket$$

$$\llbracket n_1 \wedge n_2 \rrbracket \xmapsto{f_t} \llbracket n_1 \rrbracket \cdot \llbracket n_2 \rrbracket$$

$$\llbracket n_1 \vee n_2 \rrbracket \xmapsto{f_t} \llbracket n_1 \rrbracket + \llbracket n_2 \rrbracket - \llbracket n_1 \rrbracket \cdot \llbracket n_2 \rrbracket$$

$$\llbracket n_1 \dot{\vee} n_2 \rrbracket \xmapsto{f_t} \llbracket n_1 \rrbracket + \llbracket n_2 \rrbracket$$

Diese Abbildung entspricht der Definition der Evaluierungsfunktion in der probabilistischen Aussagenlogik nach Abschnitt 3.1.5. Sie ähnelt außerdem der algebraischen Semantik von Produkt und Summe in der Fuzzy-Logik nach Abschnitt 3.4.1. In den Fällen Negation, Konjunktion und Adjunktion lässt sich diese Abbildung auch aus der Sicht der Wahrscheinlichkeitsrechnung verstehen, wenn man die Interpretationen als Wahrscheinlichkeiten unabhängiger Ereignisse, siehe Abschnitt 2.8, auffasst. Im Fall der exklusiven Adjunktion schließen sich die Ereignisse gegenseitig aus, sind also nicht unabhängig.

Durch die Überführung eines nicht-elementaren Terms $t \in L$ in eine Normalform $NF(t)$ und die Abbildung f_t auf eine arithmetische Formel wird die Berechnung der Evaluierung des Terms t festgelegt. Im Folgenden sollen deren semantische Eigenschaften diskutiert werden. Regeln der Logik können als Gleichungen ausgedrückt werden. Die Normalisierung verwendet diese in Form von Transformationsregeln. Damit werden einige Logikgesetze nach Konstruktion erfüllt:

1. Direkt aufeinander folgende Negation, also $\neg(\neg(t)) = t$: Während der Normalisierung werden doppelte Negationen eliminiert.

2. Distributivgesetze, also

$$t_1 \wedge (t_2 \vee t_3) = (t_1 \wedge t_2) \vee (t_1 \wedge t_3) \quad \text{sowie}$$
$$t_1 \vee (t_2 \wedge t_3) = (t_1 \vee t_2) \wedge (t_1 \vee t_3): \tag{7.4}$$

Wir betrachten zuerst die Fälle der Konjunktion und der nicht-exklusiven Adjunktion. Die jeweils rechten Seiten, also $(t_1 \wedge t_2) \vee (t_1 \wedge t_3)$ und $(t_1 \vee t_2) \wedge (t_1 \vee t_3)$, sind keine Normalformterme, da der Ausdruck t_1 jeweils doppelt auftritt. Aus diesem Grund dürfen die rechten Seiten im Gegensatz zu den linken Seiten, also $t_1 \wedge (t_2 \vee t_3)$ und $t_1 \vee (t_2 \wedge t_3)$, nicht auftreten. Das bedeutet, dass durch die Normalisierung die eventuell auftretenden rechten Seiten in linke Seiten transformiert werden. Daher kann eine Verletzung der Distributivgesetze bei der Auswertung nach der Normalisierung gar nicht auftreten.

Im Fall der exklusiven Adjunktion, also $\vee$ interpretiert als $\dot{\vee}$, sind beide Seiten gültige Ausdrücke der Normalform. Wir betrachten also den Ausdruck

$$t_1 \wedge (t_2 \dot{\vee} t_3) = (t_1 \wedge t_2) \dot{\vee} (t_1 \wedge t_3).$$

Die Evaluierung entsprechend der arithmetischen Abbildung liefert:

$$
\begin{aligned}
[\![t_1 \wedge (t_2 \dot{\vee} t_3)]\!]_{\text{CQQL}} &= [\![t_1]\!]_{\text{CQQL}} \cdot ([\![t_2]\!]_{\text{CQQL}} + [\![t_3]\!]_{\text{CQQL}}) \\
&= [\![t_1]\!]_{\text{CQQL}} \cdot [\![t_2]\!]_{\text{CQQL}} + [\![t_1]\!]_{\text{CQQL}} \cdot [\![t_3]\!]_{\text{CQQL}} \\
&= [\![(t_1 \wedge t_2) \dot{\vee} (t_1 \wedge t_3)]\!]_{\text{CQQL}}.
\end{aligned}
$$

3. Idempotenzgesetze $t \wedge t \Leftrightarrow t \vee t \Leftrightarrow t$: Die Normalform verbietet die Ausdrücke $t \wedge t$ und $t \vee t$. Statt dessen werden solche Ausdrücke durch die Normalisierung in den Ausdruck t transformiert.

4. Widerspruchsfreiheit $t \wedge \bar{t} \Leftrightarrow \bar{t} \wedge t \Leftrightarrow \mathsf{f}$: Die Normalform verbietet die Ausdrücke $t \wedge \bar{t}$ und $\bar{t} \wedge t$. Diese werden durch die Normalisierung beseitigt.

5. Tertium non Datur $t \vee \bar{t} \Leftrightarrow \bar{t} \vee t \Leftrightarrow \mathsf{w}$: Die Normalform verbietet die Ausdrücke $t \vee \bar{t}$ und $\bar{t} \vee t$. Ist t ein Normalformterm, also $t \in N$, dann

sind die Disjunktionen $t \mathbin{\dot\vee} \bar{t}$ und $\bar{t} \mathbin{\dot\vee} t$ ebenfalls Normalformterme. Die Evaluierung entsprechend der arithmetischen Abbildung liefert

$$\llbracket t \mathbin{\dot\vee} \bar{t} \rrbracket_{\mathrm{CQQL}} = \llbracket t \rrbracket_{\mathrm{CQQL}} + (1 - \llbracket t \rrbracket_{\mathrm{CQQL}}) = 1$$

sowie

$$\llbracket \bar{t} \mathbin{\dot\vee} t \rrbracket_{\mathrm{CQQL}} = (1 - \llbracket t \rrbracket_{\mathrm{CQQL}}) + \llbracket t \rrbracket_{\mathrm{CQQL}} = 1$$

und erfüllt damit die Idempotenzregel.

Bezugnehmend auf das Beispiel 3.74 wird der Term

$$(t_1 \wedge t_1) \vee (t_2 \wedge \bar{t_2})$$

durch die Normalisierung in den Ausdruck t_1 überführt.

Wie wir gezeigt haben, führt die Anwendung der Evaluierungsfunktion $\llbracket \cdot \rrbracket_{\mathrm{CQQL}}$ auf äquivalenten Termen zu gleichen arithmetischen Ergebnissen, wenn die Evaluierungen der elementaren Terme $\llbracket a_i \rrbracket_{\mathrm{CQQL}}$ festgelegt sind.

7.1.3 Vergleich mit den Evaluierungen in anderen Logiken

Wir haben in den vorangegangenen Kapiteln verschiedene Logiken behandelt und jeweils Evaluierungsfunktionen angegeben. Tabellen 7.1 und 7.2 geben eine zusammenfassende und vergleichende Übersicht.

Tabelle 7.1: Varianten der Evaluierungsfunktion $\llbracket \cdot \rrbracket$. Die Kürzel in der ersten Spalte dienen der richtigen Zeilenzuodnung in Tabelle 7.2. A bezeichnet den Untervektorraum zur Aussage a.

	Logik	Semantik	Evaluierung
Boole	BOOLE'sche Logik	Wahrheitswert	$\llbracket a \rrbracket_{\mathrm{Boole}} \in \{0,1\}$
AL	Aussagenlogik	Wahrheitswert	$\llbracket a \rrbracket_{\mathrm{AL}} \in \{0,1\}$
pAL	Prob. Aussagenlogik	Wahrscheinlichkeit	$\llbracket a \rrbracket_{\mathrm{pAL}} = P(M_a) \in [0,1]$
ML	Modallogik	Erfüllungsmenge	$\llbracket a \rrbracket_{\mathrm{ML}} = \Omega(a) \subseteq \Omega$
PL	Prädikatenlogik	Wahrheitswert	$\llbracket a \rrbracket_{\mathrm{PL}} = w(a) \in \{\mathsf{f}, \mathsf{w}\}$
FLZ	Fuzzylogik ZADEH	Zugehörigkeit von u zu S	$\llbracket S \rrbracket^u_{\mathrm{FLZ}} = \mu_S(u) \in [0,1]$
FLA	Fuzzylogik algebraisch	Zugehörigkeit von u zu S	$\llbracket S \rrbracket^u_{\mathrm{FLA}} = \mu_S(u) \in [0,1]$
FLL	Fuzzylogik Luka	Zugehörigkeit von u zu S	$\llbracket S \rrbracket^u_{\mathrm{FLL}} = \mu_S(u) \in [0,1]$
CQQL	Quantenlogik	W'keit von a bzgl. $|\psi\rangle$	$\llbracket a \rrbracket^\psi_{\mathrm{CQQL}} = \langle \psi | P_A | \psi \rangle \in [0,1]$

Tabelle 7.2: Vergleich der Operationen der Evaluierungsfunktion $[\![\cdot]\!]$. A und B bezeichnen die Untervektorräume zu den Aussagen a und b.

Logik	Konjunktion $a \wedge b$	Adjunktion $a \vee b$	Negation $\overline{a}$
Boole	$w(a) \cdot w(b)$	$w(a) + w(b) - w(a) \cdot w(b)$	$1 - w(a)$
AL	$[\![a \wedge b]\!]_{\mathrm{AL}}$	$[\![a \vee b]\!]_{\mathrm{AL}}$	$[\![\overline{a}]\!]_{\mathrm{AL}}$
pAL	$P(M_a \cap M_b)$	$P(M_a \cup M_b)$	$P(\Omega_n \setminus M_a)$
ML	$\Omega(a) \cap \Omega(b)$	$\Omega(a) \cup \Omega(b)$	$\Omega \setminus \Omega(a)$
PL	$[\![a]\!]_{\mathrm{PL}} \wedge [\![b]\!]_{\mathrm{PL}}$	$[\![a]\!]_{\mathrm{PL}} \vee [\![b]\!]_{\mathrm{PL}}$	$\overline{[\![a]\!]_{\mathrm{PL}}}$
FLZ	$\min(\mu_a(u), \mu_b(u))$	$\max(\mu(a), \mu(b))$	$1 - \mu(a)$
FLA	$\mu_a(u) \cdot \mu_b(u)$	$\mu_a(u) + \mu_b(u) - \mu_a(u) \cdot \mu_b(u)$	$1 - \mu_a(u)$
FLL	$\max(0, \mu_a(u) + \mu_b(u) - 1)$	$\min(\mu_a(u) + \mu_b(u), 1)$	$1 - \mu_a(u)$
CQQL	$\langle \psi | P_{A \cap B} | \psi \rangle$	$\langle \psi | P_{A+B} | \psi \rangle$	$1 - \langle \psi | P_A | \psi \rangle$

7.2 Modellierung elementarer Datentypen

In den folgenden Abschnitten wird eine Datenmodellierung im Skalarprodukt-raum anhand eines durchgängigen Beispiels entwickelt. Datenbankzustände lassen sich als normierte Vektoren eines Skalarproduktraums interpretieren. Darauf aufbauend wird, in Analogie zu Datenbank-Anfragesprachen, gezeigt, wie logikbasierte Suchbedingungen mittels Projektoren ausgedrückt und aus-gewertet werden können.

7.2.1 Motivierendes Beispiel

Im Folgenden entwickeln wir ein Beispiel, an welchem sowohl die *Datenmo-dellierung* als auch die Evaluierung von logischen Ausdrücken, also Sprach-termen, im Sinne von Datenbankanfragen anschaulich beschrieben werden.

Beispiel 7.4 *Ein Autohaus verwaltet verschiedene konkrete Fahrzeuge. Die-se stellen komplexe Objekte dar. Jedes Fahrzeug besteht aus verschiedenen technischen Komponenten, siehe Bild 7.2. Außerdem existiert zu jedem Fahr-zeug ein Service-Heft, in welchem Service-Einträge gesammelt werden.*

Wir gehen weiterhin von den in Tabelle 7.3 aufgelisteten Eigenschaften von Komponenten aus, deren Werte den Zustand der Fahrzeuge festlegen. Für die Evaluierung der Zustände werden in Tabelle 7.4 einige elementare Bedingungen definiert.

Eine beispielhafte Anfrage ist die Suche nach einem Fahrzeug aus dem Bestand des Autohauses mit folgenden Bedingungen: Das Baujahr soll 2016 oder 2017 betragen. Zusätzlich ist wichtig, dass nicht sowohl das Ladevolumen

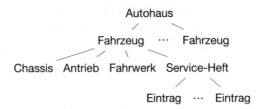

Bild 7.2: Komponenten der Fahrzeugverwaltung in einem Autohaus

Tabelle 7.3: Eigenschaften der Fahrzeugkomponenten

Komponente	Eigenschaft	Wertebereich
Fahrzeug	Kennzeichen	Menge erlaubter Kennzeichen
Fahrzeug	Baujahr	2000 bis 2023
Antrieb	AnzZylinder	2 bis 16
Antrieb	ZylinderAnordnung	Reihe, V-Form, Boxer-Form
Antrieb	Tankvolumen (Liter)	30 bis 80
Chassis	Kilometerstand (km)	0 bis 300.000
Chassis	Ladevolumen (Liter)	200 bis 500
Eintrag	KmStand	0 bis 300.000
Eintrag	Datum	01.01.2000 bis 31.12.2030

Tabelle 7.4: Bedingungen über Fahrzeugeigenschaften

Kürzel	Bedingung
BJ1	Baujahr = 2016
BJ2	Baujahr = 2017
LV1	Ladevolumen > 300
LV2	Ladevolumen möglichst groß
KS1	Kilometerstand ≈ 15.000
KS2	Kilometerstand möglichst gering
AZ	AnzahlZylinder = 4
ZA1	ZylinderAnordnung = Reihe
ZA2	ZylinderAnordnung = Boxer
TV	Tankvolumen in der Nähe von 35

klein als auch der Kilometerstand hoch ist. Mit der Hilfe von Logikoperationen und der Bedingungen aus Tabelle 7.4 lässt sich diese Suche wie folgt ausdrücken:

$$(\text{BJ1} \vee \text{BJ2}) \wedge \overline{\overline{\text{LV2}} \wedge \overline{\text{KS2}}} = (\text{BJ1} \vee \text{BJ2}) \wedge (\text{LV2} \vee \text{KS2}). \qquad \Box$$

Aus der Analyse dieses Beispiels ergibt sich folgende Erkenntnis: Die Erfüllung der Bedingung LV2 (möglichst großes Ladevolumen) kann nicht adäquat mit ja oder nein ausgewertet werden. Adäquat stattdessen sind Erfüllungsgrade aus dem Intervall $[0, 1]$, wobei ein großer Wert eine gute Erfüllung der Bedingung signalisiert. Daraus ergibt sich natürlich die Frage, wie die Semantik von Adjunktion, Konjunktion und Negation für solche Bedingungen beziehungsweise deren Erfüllungsgrade festgelegt werden kann.

Wir verwenden im Kontext der Datenmodellierung und der Datenbank-Anfragen den Begriff *Bedingung* anstelle von Ausdruck und Term.

Beispiel 7.5 *Die elementaren Bedingungen unseres einleitenden Beispiels 7.4 sind in Tabelle 7.4 gegeben und bilden die Menge Elem. Für ein konkretes Fahrzeug ordnet die Evaluierungsfunktion* $[\![\cdot]\!]$ *jedem elementaren Ausdruck* $A \in L$ *einen* Erfüllungsgrad *aus* $[0, 1]$ *zu.* □

Offen ist vorerst, wie sich die Erfüllungsgrade für nicht-elementare Ausdrücke berechnen lassen. Der CQQL-Ansatz aus Abschnitt 7.1 soll hergeleitet werden.

Im Folgenden soll die Modellierung und Kodierung von Zuständen mittels des mathematischen Modells der Quantenlogik vorgestellt werden. Damit lassen sich Methoden der Quantenlogik zum Auswerten von Zuständen nutzen.

7.2.2 Elementare Datentypen

Elementaren Eigenschaften werden *elementare Datentypen* zugewiesen. Für jeden Datentyp wird mittels der Funktion *Dom* eine endliche Menge erlaubter Werte, auch *Wertebereich* genannt, definiert. Ein Datentyp ist elementar, wenn nur elementare Werte erlaubt sind. Neben dem Wertebereich kann ein Datentyp auch Operationen zum Zugriff auf die Werte festlegen. Zum Beispiel ist die Eigenschaft `Baujahr` elementar. Der Wertebereich umfasst Jahresangaben. Eine mögliche Operation wäre die Berechnung der Differenz zwischen zwei Jahresangaben.

Wir unterscheiden zwei Arten von elementaren Datentypen:

- *Orthogonale Datentypen*: Die Werte dieser Datentypen sind unabhängig voneinander. Eine Ähnlichkeit zwischen zwei Werten ist nicht definiert, entweder sind zwei Werte identisch oder nicht identisch. Zum Beispiel ist die Eigenschaft `ZylinderAnordnung` mit den Werten Reihe, V-Form und Boxer-Form orthogonal.
- *Nicht-orthogonale Datentypen*: Neben dem Test auf Identität zwischen zwei Werten sollen *graduelle Ähnlichkeitswerte* zwischen zwei Werten berechenbar sein. Zum Beispiel ist die Eigenschaft `Tankvolumen` nicht-orthogonal. Ein gefordertes Volumen von 35 Litern ist einem gegebenen Volumen von 40 Litern näher als einem von 45 Litern.

Die Unterscheidung zwischen orthogonal und nicht-orthogonal ist häufig von der beabsichtigten Semantik der Anwendung abhängig. So kann es in einer

Anwendung wichtig sein, ein Tankvolumen von genau 35 zu fordern und jede Abweichung davon gilt als falsch. In diesem Fall wäre `Tankvolumen` im Gegensatz zu oben ein orthogonaler Datentyp. Im Folgenden gehen wir vereinfachend davon aus, dass jede Eigenschaft entweder in die Kategorie orthogonal oder nicht-orthogonal fällt.

In den nächsten Abschnitten soll die Kodierung eines elementaren Datentyps $\langle \texttt{Dt} \rangle$ mit dem endlichen Bereich von k unterschiedlichen Werten

$$Dom\left(\langle \texttt{Dt} \rangle\right) := \{w_1, \ldots, w_k\} \tag{7.5}$$

durch eine Familie von Ket-Ausdrücken diskutiert werden, die als Elemente eines geeigneten Skalarproduktraums realisiert werden. Für die Kodierung der einzelnen Werte, also die Abbildung auf Ket-Ausdrücke, verwenden wir das Symbol $\mapsto$. Wir weisen einem Datentyp mit der Funktion $QDom$ eine Menge von Ket-Ausdrücken zu.

Eine Bedingung B auf einem als Ket-Ausdruck $|w_x\rangle$ kodierten Wert eines Datentyps wird als Projektor $P_B = \sum_i |i\rangle\langle i|$ konstruiert. Die Evaluierung $[\![B]\!]^x_{\mathrm{CQQL}}$ wird wie folgt definiert[1]

$$[\![B]\!]^x_{\mathrm{CQQL}} := \langle w_x | P_B | w_x \rangle = \sum_i \langle w_x | i \rangle \langle i | w_x \rangle. \tag{7.6}$$

Das Ergebnis kann als Wahrscheinlichkeit aufgefasst werden, siehe dazu Abschnitt 6.5. Wie bereits erwähnt, verwenden wir hier im praktischen Kontext der Datenmodellierung den Begriff einer Bedingung anstelle der Begriffe *Ausdruck* oder *Term*.

7.2.3 Orthogonale Datentypen

Die erlaubten Werte w_1 bis w_k eines *orthogonalen Datentyps* $\langle \texttt{Dt} \rangle$ werden bijektiv auf Ket-Ausdrücke abgebildet und durch Elemente $|1\rangle, \ldots, |k\rangle$ einer Orthonormalbasis O eines k-dimensionalen Skalarproduktraums realisiert:

$$Dom(\langle \texttt{Dt} \rangle) \to QDom(\langle \texttt{Dt} \rangle) = \{|w_1\rangle, \ldots, |w_k\rangle\} \doteq O \tag{7.7}$$

$$\forall i \in (1, \ldots, k) : w_i \mapsto |w_i\rangle = |i\rangle. \tag{7.8}$$

---

[1] In der Physik ist eine Quantenmessung mit dem Ergebnis eines kollabierten Quantenzustands, siehe Abschnitt 1.4.1, verbunden. Hier wird stattdessen implizit eine Statistik vieler Einzelmessungen mittels einer Quantenprojektion angenommen. Im Kontext einer Statistik und realisierenden Unterräumen eines Skalarproduktraums entspricht dann das Evaluierungsergebnis dem quadrierten Kosinus des durch die Unterräume minimal eingeschlossenen Winkels. Das Ergebnis kann gleichzeitig als Wahrscheinlichkeitswert des Eintretens eines Ereignisses interpretiert werden. Der Quantenzustand ändert sich hier nicht.

Damit stehen die entsprechenden Ket-Ausdrücke senkrecht aufeinander und spannen einen k-dimensionalen Skalarproduktraum auf.

Gegeben sei ein Ket-Ausdruck $|w_x\rangle = |x\rangle$, welcher den Wert einer orthogonalen Eigenschaft ausdrückt, also einem Basis-Ket entspricht. Zur Evaluierung konkreter Werte auf Gleichheit bezüglich $|w_x\rangle$ werden Projektoren verwendet. Soll etwa der Wert w_i, $|w_i\rangle = |i\rangle$ ist ein normierter Basis-Ket, für die Evaluierung genutzt werden, kommt der Projektor $P_i = |w_i\rangle\langle w_i| = |i\rangle\langle i|$ für die Bedingung $x = w_i$ zum Einsatz:

$$\langle w_x|P_i|w_x\rangle = \langle x|i\rangle\langle i|x\rangle = \begin{cases} 1 \text{ wenn } w_i = w_x \\ 0 \text{ sonst.} \end{cases} \tag{7.9}$$

Die Auswertung entspricht der Evaluierung $[\![x = w_i]\!]_{\mathrm{CQQL}}^{w_x}$.

Das Enthaltensein in einer Wertemenge $S = \{w_s\}$ wird mit dem Projektor $P_S = \sum_{w_i \in S} |w_i\rangle\langle w_i| = \sum_{w_i \in S} |i\rangle\langle i|$ für die Bedingung $x \in S$ überprüft:

$$\langle w_x|P_S|w_x\rangle = \langle x|\left(\sum_{w_i \in S}|i\rangle\langle i|\right)|x\rangle = \sum_{w_i \in S}\langle x|i\rangle\langle i|x\rangle = \begin{cases} 1 \text{ wenn } w_i \in S \\ 0 \text{ sonst.} \end{cases} \tag{7.10}$$

Die Auswertung entspricht der Evaluierung $[\![x \in S]\!]_{\mathrm{CQQL}}^{w_x}$.

7.2.4 Nicht-orthogonale Datentypen

Bei einem *nicht-orthogonalen Datentyp* $\langle \mathrm{Dt}\rangle$ existieren Werte, bei denen der Test auf Gleichheit weder wahr noch falsch, sondern einen Erfüllungsgrad aus dem Intervall $]0,1[$ ergibt. Daraus folgt, dass dazugehörige Kets nicht senkrecht aufeinander stehen können. Wir werden feststellen, dass für k zu kodierende Werte oft ein Skalarproduktraum einer geringeren Dimensionalität $n \leqslant k$ genutzt werden kann. Im Extremfall reichen sogar nur zwei Dimensionen aus, wie Bild 7.3 für drei Beispielwerte illustriert.

Konstruktion der Kets

Ausgangspunkt für einen nicht-orthogonalen Datentyp mit k Werten w_1 bis w_k ist eine $k \times k$-*Ähnlichkeitsmatrix* $S = (s_{ij})$, welche anwendungsspezifisch vorgegeben ist. Sie muss folgende Bedingungen erfüllen:

- für ihre Elemente gilt $s_{ij} \in [0,1]$, wobei $s_{ij} = 1$ Gleichheit und $s_{ij} = 0$ maximale Unähnlichkeit der entsprechenden Datenwerte bedeuten,
- für die Elemente auf der Hauptdiagonalen gilt $s_{ii} = 1$, da jeder Datenwert mit sich selbst gleich ist, und

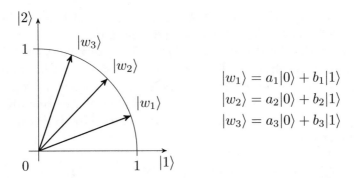

Bild 7.3: Wertkodierung in einem reellen Ein-Qubit-System

- die Matrix ist symmetrisch, $s_{ij} = s_{ji}$, das heißt, wir fordern, dass die Ähnlichkeit zwischen zwei Datenwerten nicht von der Reihenfolge der Werte abhängt.

Es stellt sich nun die Frage, wie man einen geeigneten Ket-Ausdruck $|w_i\rangle$ für einen Datenwert $w_i \in \{w_1, \ldots, w_k\}$ unter Berücksichtigung der vorgegebenen Ähnlichkeiten s_{ij} konstruiert. Wir setzen die Werte-Kets wie folgt an:

$$|w_j\rangle = \sum_{i=1}^{n} u_{ij} |i\rangle \qquad \text{mit } n \leqslant k, \tag{7.11}$$

wobei wir mit u_{ij} die Elemente einer gesuchten $n \times k$-Koeffizientenmatrix U bezeichnen. Das Matrixelement s_{ij} soll gleich der quadrierten Kosinusähnlichkeit, siehe Bild 5.11, der entsprechenden Werte-Kets $|w_i\rangle$ und $|w_j\rangle$ sein:

$$\forall i, j \in (1, \ldots, k) : \langle w_i | w_j \rangle \langle w_j | w_i \rangle = s_{ij}. \tag{7.12}$$

In den Koordinaten nach Gleichung (7.11) und unter Verwendung des elementweisen Matrizenprodukts ausgedrückt lautet Gleichung (7.12)

$$(U^\dagger U) \circ (U^\dagger U)^\dagger = S. \tag{7.13}$$

Wir nehmen nun die Matrix der Wurzeln der Ähnlichkeitswerte

$$S_{\sqrt{}} := (\sqrt{s_{ij}}).$$

Gleichung (7.13) ist erfüllt, wenn wir U so konstruieren können, dass

$$U^\dagger U = S_{\sqrt{}} \tag{7.14}$$

gilt. Wenn eine Gleichung (7.14) erfüllende Matrix U existiert, dann muss $S_{\sqrt{}}$ positiv semidefinit sein. Wir nehmen also die positive Semidefinitheit von $S_\sqrt{}$ als zusätzliche Anforderung an die Ähnlichkeitsmatrix $S_\sqrt{}$ an und konstruieren darauf aufbauend die Matrix U. Für eine positiv semidefinite Matrix existiert eine Spektralzerlegung, siehe auch Gleichung (5.42):

$$\Lambda = V^\dagger S_\sqrt{} V. \tag{7.15}$$

Hierbei bezeichnen $\Lambda = \text{diag}\left(\lambda_1 \ldots \lambda_k\right)$ die Diagonalmatrix mit den Eigenwerten von $S_\sqrt{}$ und $V = \left(\vec{v}_1 \ldots \vec{v}_k\right)$ die Matrix entsprechender normierter Eigenvektoren $\vec{v}_i$. Mit dem Ziel, eine Matrix U für Gleichung (7.14) zu bestimmen, formulieren wir Gleichung (7.15) um als

$$V \Lambda V^\dagger = S_\sqrt{}.$$

Für alle verschwindenden Eigenwerte $\lambda_i = 0$ entfernen wir die i-te Spalte in V, die i-te Zeile in $V^\dagger$ – also die i-ten Eigenvektoren – sowie die i-te Zeile und Spalte in Λ. Wir kennzeichnen die so gekürzten Matrizen jeweils mit einer Tilde. Ist n die Anzahl der von Null verschiedenen Eigenwerte, dann werden nach dem Kürzen $\widetilde{V}$ eine $k \times n$-Matrix, $\widetilde{\Lambda}$ eine $n \times n$-Matrix und $\widetilde{V}^\dagger$ eine $n \times k$-Matrix, und wir erhalten

$$S_\sqrt{} = \widetilde{V} \widetilde{\Lambda} \widetilde{V}^\dagger. \tag{7.16}$$

Die Zahl n ist gleichzeitig die Dimension des für die Darstellung der Werte-Kets benötigten Skalarproduktraums. Wir bestimmen jetzt durch elementweises Wurzelziehen eine Matrix $\widetilde{\Lambda}_\sqrt{}$, so dass

$$\widetilde{\Lambda} = \widetilde{\Lambda}_\sqrt{} \widetilde{\Lambda}_\sqrt{}$$

gilt. Weil alle Eigenwerte λ_i von $S_\sqrt{}$ nichtnegativ sind, sind die Wurzeln daraus reelle Zahlen, also gilt $\widetilde{\Lambda}^\dagger_\sqrt{} = \widetilde{\Lambda}_\sqrt{}$. Wir können daher weiter rechnen:

$$S_\sqrt{} = \widetilde{V} \widetilde{\Lambda}_\sqrt{} \widetilde{\Lambda}_\sqrt{} \widetilde{V}^\dagger = \widetilde{V} \widetilde{\Lambda}_\sqrt{} \widetilde{\Lambda}^\dagger_\sqrt{} \widetilde{V}^\dagger = \left(\widetilde{V} \widetilde{\Lambda}_\sqrt{}\right) \left(\widetilde{V} \widetilde{\Lambda}_\sqrt{}\right)^\dagger \tag{7.17}$$

und erhalten somit die für Gleichung (7.14) gesuchte Koeffizientenmatrix

$$U = \left(\widetilde{V} \widetilde{\Lambda}_\sqrt{}\right)^\dagger. \tag{7.18}$$

Ein rechentechnisch effizientes Verfahren zur Berechnung von U ist die CHOLESKY-*Zerlegung*, siehe etwa [4]. Diese ist einer Spektralzerlegung konzeptuell ähnlich. Sie liefert eine Lösung für Gleichung (7.14) in Form einer Dreiecksmatrix U mit $S_\sqrt{} = U^\dagger U$, deren Spalten nach einer Reduktion von

Nullzeilen geeignete Koeffizienten zur Konstruktion der Ket-Ausdrücke nach Gleichung (7.11) enthalten[2].

Im Gegensatz zur Modellierung der Werte eines orthogonalen Datentyps entsprechen die Ket-Ausdrücke eines nicht-orthogonalen Datentyps üblicherweise nicht den Basis-Kets des Skalarproduktraums[3].

Zusammengefasst lautet die Abbildung der Werte eines nicht-orthogonalen Datentypes in Ket-Ausdrücke also

$$Dom(\langle \texttt{Dt} \rangle) \to QDom(\langle \texttt{Dt} \rangle) = \big\{ |\mathrm{w}_1\rangle, \ldots, |\mathrm{w}_k\rangle \big\} \qquad (7.19)$$

$$\forall j \in (1, \ldots, k) : \mathrm{w}_j \mapsto |\mathrm{w}_j\rangle = \sum_{i=1}^{n} u_{ij} |i\rangle \quad \text{mit } U = \big(u_{ij} \big). \qquad (7.20)$$

Beispiel 7.6 – Konstruktion von Kets
Wir betrachten einen nicht-orthogonalen Datentyp mit $k = 3$ Werten w_1 bis w_3 und der Ähnlichkeitsmatrix:

$$S = \left(\begin{array}{c|ccc} & w_1 & w_2 & w_3 \\ \hline w_1 & 1 & \frac{1}{2} & 0 \\ w_2 & \frac{1}{2} & 1 & \frac{1}{2} \\ w_3 & 0 & \frac{1}{2} & 1 \end{array} \right). \qquad (7.21)$$

Wie oben ausgeführt, bestimmen wir als erstes die Matrix der Wurzeln der Ähnlichkeitswerte:

$$S_{\sqrt{}} = \left(\begin{array}{c|ccc} & w_1 & w_2 & w_3 \\ \hline w_1 & 1 & \frac{1}{\sqrt{2}} & 0 \\ w_2 & \frac{1}{\sqrt{2}} & 1 & \frac{1}{\sqrt{2}} \\ w_3 & 0 & \frac{1}{\sqrt{2}} & 1 \end{array} \right).$$

Nun führen wir eine Spektralzerlegung dieser Matrix nach Gleichung (7.16) durch und erhalten die Eigenvektoren

$$V = \big(\vec{v}_1 \; \vec{v}_2 \; \vec{v}_3 \big) = \left(\begin{array}{ccc} \frac{1}{2} & -\frac{1}{\sqrt{2}} & \frac{1}{2} \\ -\frac{1}{\sqrt{2}} & 0 & \frac{1}{\sqrt{2}} \\ \frac{1}{2} & \frac{1}{\sqrt{2}} & \frac{1}{2} \end{array} \right)$$

zu den Eigenwerten $\Lambda = \mathrm{diag} \big(0 \; 1 \; 2 \big)$. Da der erste Eigenwert Null ist, können wir die erste Spalte aus V streichen. Die benötigte Dimension des Skalarproduktraums zur Darstellung unserer Beispielwerte ist dann $n = 2 < k$. Die

---

[2] Die durch die Zerlegung erhaltenen Ket-Ausdrücke sind nicht eindeutig, sondern rotations- und spiegelinvariant. Sie können also ineinander durch Rotation und Spiegelung überführt werden, erzeugen aber die gleiche Ähnlichkeitsmatrix.

[3] Nur im Fall einer Einheitsmatrix als Ähnlichkeitsmatrix erhalten wir Basis-Kets und damit einen orthogonalen Datentyp.

Rechnung nach Gleichung (7.18) ergibt schließlich die 2×3 Koeffizientenmatrix

$$U = (u_{ij}) = \left(\begin{array}{c|ccc} & w_1 & w_2 & w_3 \\ \hline |1\rangle & -\frac{1}{\sqrt{2}} & 0 & \frac{1}{\sqrt{2}} \\ |2\rangle & \frac{1}{\sqrt{2}} & 1 & \frac{1}{\sqrt{2}} \end{array} \right)$$

und wir erhalten damit folgende Ket-Ausdrücke für die drei Datenwerte

$$|w_1\rangle = \sum_{i=1}^{2} u_{i1} |i\rangle = \frac{1}{\sqrt{2}} \big(-|1\rangle + |2\rangle \big),$$

$$|w_2\rangle = \sum_{i=1}^{2} u_{i2} |i\rangle = 0\,|1\rangle + 1\,|2\rangle = |2\rangle \quad und$$

$$|w_3\rangle = \sum_{i=1}^{2} u_{i3} |i\rangle = \frac{1}{\sqrt{2}} \big(|1\rangle + |2\rangle \big).$$

Ein etwas anderes Ergebnis ergibt sich bei Verwendung der oben angesprochenen CHOLESKY-*Faktorisierung $S_{\sqrt{}} = U^{\dagger}U$, mit der wir*

$$U = (u_{ij}) = \begin{pmatrix} 1 & \frac{1}{\sqrt{2}} & 0 \\ 0 & \frac{1}{\sqrt{2}} & 1 \\ 0 & 0 & 0 \end{pmatrix}$$

erhalten. Wir streichen die letzte Zeile, welche nur Nullen enthält. Mit der verbleibenden 2×3-Koeffizientenmatrix konstruieren wir folgende Ket-Ausdrücke für die drei Datenwerte

$$|w_1\rangle = \sum_{i=1}^{n} u_{i1} |i\rangle = 1\,|1\rangle + 0\,|2\rangle = |1\rangle,$$

$$|w_2\rangle = \sum_{i=1}^{n} u_{i2} |i\rangle = \frac{1}{\sqrt{2}} \big(|1\rangle + |2\rangle \big) \quad und$$

$$|w_3\rangle = \sum_{i=1}^{n} u_{i3} |i\rangle = 0\,|1\rangle + 1\,|2\rangle = |2\rangle.$$

Bild 7.4 zeigt eine grafische Darstellung der erhaltenen Ket-Ausdrücke. Da die CHOLESKY-*Zerlegung Dreiecksmatrizen liefert, liegen die mit ihrer Hilfe konstruierten Werte-Kets stets im nicht-negativen Orthanten des Skalarproduktraums* □

Beispiel 7.7 – Konstruktion von Kets

Wir wollen zeigen, dass für eine nicht positiv semidefinite Ähnlichkeitsmatrix keine geeigneten Werte-Kets nach Gleichung (7.13) gefunden werden können.

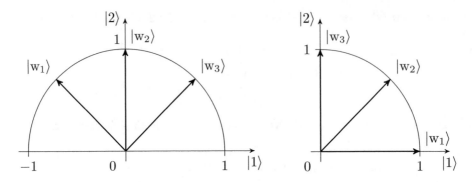

Bild 7.4: Ket-Ausdrücke für nichtorthogonale Werte mit Ähnlichkeiten laut Gleichung (7.21), kodiert in einem reellwertigen Qubit; links ermittelt mit Spektralzerlegung, rechts ermittelt mit CHOLESKY-Zerlegung

Dazu betrachten wir

$$S = \begin{pmatrix} & w_1 & w_2 & w_3 \\ \hline w_1 & 1 & 0 & a \\ w_2 & 0 & 1 & b \\ w_3 & a & b & 1 \end{pmatrix}.$$

Die Werte w_1 und w_2 sind maximal unähnlich mit $s_{12} = s_{21} = 0$. Daher müssen die entsprechenden Ket-Ausdrücke senkrecht aufeinander stehen, also $\langle w_1 | w_2 \rangle = \langle w_2 | w_1 \rangle = 0$. Die Matrix $S_{\sqrt{}}$ ist in Abhängigkeit von den Werten a und b positiv semidefinit oder nicht positiv semidefinit.

Wir wählen ohne Beschränkung der Allgemeinheit $|w_1\rangle = |1\rangle$ und $|w_2\rangle = |2\rangle$. Für $|w_3\rangle$ muss gelten

$$\langle w_3 | w_1 \rangle \langle w_1 | w_3 \rangle = \langle w_1 | w_3 \rangle \langle w_3 | w_1 \rangle = a,$$
$$\langle w_3 | w_2 \rangle \langle w_2 | w_3 \rangle = \langle w_2 | w_3 \rangle \langle w_3 | w_2 \rangle = b \; und$$
$$\langle w_3 | w_3 \rangle \langle w_3 | w_3 \rangle = 1$$

beziehungsweise

$$\langle w_3 | w_1 \rangle = \langle w_1 | w_3 \rangle = \pm\sqrt{a},$$
$$\langle w_3 | w_2 \rangle = \langle w_2 | w_3 \rangle = \pm\sqrt{b} \; und$$
$$\langle w_3 | w_3 \rangle = 1.$$

Bild 7.5 stellt den Sachverhalt grafisch dar. Insbesondere wird der Zusammenhang zwischen der Summe von a und b, der Geometrie, der Existenz von Lösungen sowie der Forderung nach positiver Semidefinitheit anschaulich verdeutlicht.   □

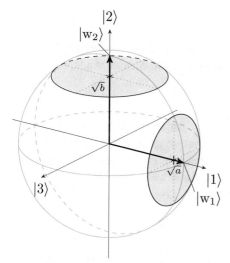

(a) Fall $a + b > 1$: keine Lösung für $|w_3\rangle$

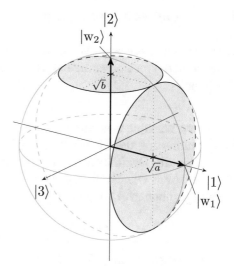

(b) Fall $a + b = 1$: eine Lösung für $|w_3\rangle$, 2-dimensionaler Skalarproduktraum ausreichend

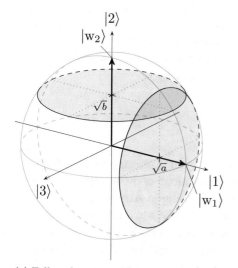

(c) Fall $a+b < 1$: zwei Lösungen für $|w_3\rangle$, 3-dimensionaler Skalarproduktraum erforderlich

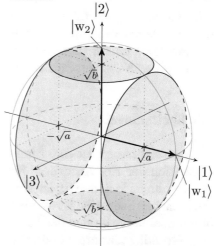

(d) Fall (b) mit Zulassung negativer Wurzeln $-\sqrt{a}$ und $-\sqrt{b}$. Es existieren dann vier mögliche Lösungen für $|w_3\rangle$.

Bild 7.5: Veranschaulichung möglicher Lösungen für Beispiel 2. Ket-Ausdrücke $|w_3\rangle$ auf dem Kreis um $|w_1\rangle$ erfüllen die Bedingung $\langle w_1|w_3\rangle = \sqrt{a}$ und Ket-Ausdrücke $|w_3\rangle$ auf dem Kreis um $|w_2\rangle$ erfüllen die Bedingung $\langle w_2|w_3\rangle = \sqrt{b}$. Mögliche Lösungen für $|w_3\rangle$ liegen an Schnittpunkten der Kreise. Je nach Wahl von a und b existieren keine, eine oder zwei Lösungen. $S_{\sqrt{}}$ enthält entweder einen negativen Eigenwert (keine Lösung), keinen negativen Eigenwert, aber einen nullwertigen Eigenwert (eine Lösung) oder nur positive Eigenwerte (zwei Lösungen). Das Beispiel demonstriert damit anschaulich den Effekt der Forderung nach positiver Semidefinitheit.

Evaluierung von Bedingungen

Gegeben seien ein Ket-Ausdruck $|w_x\rangle \in Dom(\langle Dt \rangle)$, siehe Gleichung (7.5), welcher den Wert einer nicht-orthogonalen Eigenschaft ausdrückt, eine Bedingung

$$x \approx w_i$$

mit einer Variable x sowie ein Ket-Ausdruck $|w_i\rangle$ für den Vergleichswert w_i. Die Evaluierung der Bedingung auf $|w_x\rangle$ liefert einen graduellen Erfüllungswert. Für die Evaluierung einer Bedingung konstruieren wir den Projektor $P_i = |w_i\rangle\langle w_i|$. Der Erfüllungswert, welcher dem dazu gehörigen Wert s_{ix} aus der vorgegebenen Ähnlichkeitsmatrix S entspricht, ergibt sich aus:

$$\langle w_x|P_i|w_x\rangle = \langle w_x|w_i\rangle\langle w_i|w_x\rangle = s_{ix}.$$

Die Auswertung entspricht der Evaluierung $[\![x \approx w_i]\!]_{CQQL}^{w_x}$ und liefert einen Wert aus dem Intervall $[0,1]$.

Beispiel 7.8 *In Bezug zu den Bedingungen unseres Autohausbeispiels, siehe Tabelle 7.3 und Tabelle 7.4, sind die Eigenschaften* Tankvolumen, Kilometerstand *und* Ladevolumen *nicht-orthogonale Eigenschaften. Die Bedingung* TV *etwa kann durch eine Evaluierung mit dem Projektor* $|w_{35}\rangle\langle w_{35}|$ *für ein Tankvolumen in der Nähe von 35 Litern ausgedrückt werden.*   □

Ähnlichkeitsmatrix

Wie wir gezeigt haben, ist eine Ähnlichkeitsmatrix der Ausgangspunkt für die Konstruktion der Ket-Ausdrücke für Werte eines nicht-orthogonalen Datentyps. Die Ähnlichkeitsmatrix ist abhängig vom jeweiligen Anwendungsszenario. In manchen Szenarien ist sie direkt gegeben. Dies ist etwa im Kontext von wahrnehmbaren Farbtönen der Fall. Die Ähnlichkeitswerte wurden empirisch auf der Grundlage wahrgenommener Ähnlichkeiten zwischen Farbwerten ermittelt.

In vielen Anwendungsszenarien hingegen liegen die erforderlichen Ähnlichkeitswerte nicht vor und müssen daher eigens festgelegt werden. Speziell bei nicht-orthogonalen Datentypen, welche eine Distanzberechnung $d(w_x, w_y)$ auf ihren Werten ermöglichen, fordert man häufig, dass der Ähnlichkeitswert aus dem Intervall $[0,1]$ mit einer steigenden Distanz zweier Werte monoton sinkt. Dies lässt sich etwa durch Subtraktion von Eins und Skalierung erreichen:

$$s_{ij} = 1 - \frac{d(w_i, w_j)}{\max\limits_{w_x, w_y \in Dom} d(w_x, w_y)}. \tag{7.22}$$

Alternativ lässt sich auch die Exponentialfunktion einsetzen, wobei eine Skalierung mit der Maximaldistanz entfällt:

$$s_{ij} = e^{-d(w_i, w_j)}. \tag{7.23}$$

Man beachte, dass diese beiden beispielhaften Funktionen die Anforderungen an eine Ähnlichkeitsmatrix S wegen der allgemeinen Eigenschaften einer Distanzfunktion (Reflexivität, Positivität, Symmetrie, Dreiecksungleichung) erfüllen. Die Forderung nach positiver Semidefinitheit ist im Allgemeinen nicht erfüllt und muss im Einzelfall geprüft werden.

Es sind auch Anwendungsszenarien denkbar, bei denen die Symmetrie nicht gewünscht wird. Wird etwa die Ähnlichkeit des Tankfüllstands eines Autos mit einem bestimmten Grenzwert ermittelt, sind die Auswirkungen, etwa Neutanken, davon abhängig, ob der Füllstand kleiner oder größer als der Grenzwert ist. Solche Fälle der verletzten Symmetrie sind mit einer Quantenauswertung nicht adäquat abbildbar. Als Ausweg wäre das Aufspalten einer solchen asymmetrischen Bedingung in zwei symmetrische Bedingungen denkbar.

7.3 Modellierung komplexer Datentypen

Für die Modellierung von Zuständen für praktische Anwendungen reichen einzelne Eigenschaften und elementare Datentypen in der Regel nicht aus. Statt dessen benötigen wir *komplexe Datentypen*, um komplexe Eigenschaftsstrukturen der Realwelt nachzubilden. Wir überführen die Konzepte der Datentypkonstruktoren in einen Skalarproduktraum. Dabei stellen wir eine Bijektion zwischen den Werten eines konstruierten Datentyps und den Kets eines Skalarproduktraums her.

7.3.1 Typtheorie objektorientierter Datenbanken

In der *Typtheorie* objektorientierter Datenbanken [1], aber auch in vielen Programmiersprachen, werden *Datentypkonstruktoren* zur Konstruktion komplexer Datentypen eingesetzt. Typkonstruktoren bauen auf bestehenden Datentypen auf, die als Argumente übergeben werden. Die zwei wichtigsten Typkonstruktoren sind die Folgenden:

- `tuple`: Der *Tupel-Datentypkonstruktor* fasst eine feste Anzahl von Komponenten zusammen. Jede Komponente besteht dabei aus einem Bezeichner und einem Datentyp. Die entsprechenden Komponenten werden über den Bezeichner angesprochen:

$$\langle \texttt{Tupel-Datentyp} \rangle := \texttt{tuple}(\text{Bez}_u : \langle \texttt{Dt}_u \rangle, \text{Bez}_v : \langle \texttt{Dt}_v \rangle, \dots).$$

Der Wertebereich des neu konstruierten Datentyps entspricht dem kartesischen Produkt der Wertebereiche der Eingangsdatentypen:

$$Dom\,(\langle\texttt{Tupel-Datentyp}\rangle) := Dom\,(\langle\texttt{Dt}_u\rangle) \times Dom\,(\langle\texttt{Dt}_v\rangle \times \ldots).$$

Entsprechend der Datentypkonstruktion müssen auch die Werte konstruiert werden. Wenn $\texttt{Wert}_u$, $\texttt{Wert}_v$, ... Werte der einzelnen Komponenten sind, dann wird der Wert $\texttt{Tupel-Wert}$ wie folgt definiert:

$$\texttt{Tupel-Wert} := \texttt{tuple}(\texttt{Wert}_u, \texttt{Wert}_v, \ldots).$$

Ausgehend von einem Wert $\texttt{Tupel-Wert}$ wird auf den Wert einer Komponente $\texttt{Bez}_u$ mit Hilfe eines Punkts lesend und schreibend zugegriffen: $\texttt{Tupel-Wert}.\texttt{Bez}_u$.

- set: Der *Mengendatentypkonstruktor* erzeugt einen Datentyp für eine Menge von Werten eines vorgegebenen Datentyps:

$$\langle\texttt{Set-Datentyp}\rangle := \texttt{set}(\langle\texttt{Dt}\rangle).$$

Der Wertebereich des konstruierten Datentyps berechnet sich über die Potenzmenge:

$$Dom\,(\langle\texttt{Set-Datentyp}\rangle) := \wp(Dom\,(\langle\texttt{Dt}\rangle)).$$

Die Wertkonstruktion erfolgt analog:

$$\texttt{Set-Wert} := \texttt{set}().$$

Das Konstrukt $\texttt{set}()$ erzeugt eine leere Menge. Weitere Operationen zum Einfügen, Zugriff und Löschen von Elementen sowie für allgemeine Mengenoperationen existieren, werden hier aber nicht aufgeführt.

Beispiel 7.9 – Tupel-Datentypkonstruktion

In unserem Beispiel in Tabelle 7.3 sind jedem Fahrzeug des Autohauses mehrere Eigenschaften, etwa Kennzeichen *und* Baujahr, *zugeordnet. Ein Service-Heft umfasst mehrere Einträge und das Autohaus mehrere Fahrzeuge.*

Für eine Typkonstruktion nehmen wir an, dass die elementaren Datentypen $\langle\texttt{Kennzeichen-Dt}\rangle$, $\langle\texttt{Baujahr-Dt}\rangle$, $\langle\texttt{KmStand-Dt}\rangle$ *und* $\langle\texttt{Datum-Dt}\rangle$ *bereits definiert sind. Die Datentypen für ein Fahrzeug und einen Eintrag des Service-Hefts lassen sich wie folgt konstruieren:*

$\langle\texttt{Fahrzeug-Dt}\rangle := \texttt{tuple}(\text{Kennz}: \langle\texttt{Kennzeichen-Dt}\rangle, \text{Bauj}: \langle\texttt{Baujahr-Dt}\rangle)$

$\langle\texttt{Eintrag-Dt}\rangle := \texttt{tuple}(\text{KmStand}: \langle\texttt{KmStand-Dt}\rangle, \text{Datum}: \langle\texttt{Datum-Dt}\rangle).$ □

Datentypkonstuktoren lassen sich rekursiv anwenden. Im Folgenden definierten wir rekursiv einen *Datentyp*. Der Startpunkt sind die elementaren Datentypen:

1. Ein elementarer Datentyp ist ein *Datentyp*.

2. Sind $\langle \text{Dt}_u \rangle$, $\langle \text{Dt}_v \rangle$, ... Datentypen und Bez_u, Bez_v, ... Bezeichner, dann ist $\text{tuple}(\text{Bez}_u : \langle \text{Dt}_u \rangle, \text{Bez}_v : \langle \text{Dt}_v \rangle, \ldots)$ ein *Datentyp*.

3. Ist $\langle \text{Dt} \rangle$ ein Datentyp, dann ist $\text{set}(\langle \text{Dt} \rangle)$ ein *Datentyp*.

Beispiel 7.10 – Set-Datentypkonstruktion
In unserem Beispiel soll demonstriert werden, wie der set*-Datentypkonstruktor auf der Grundlage des* tuple*-Datentypkonstruktors angewendet werden kann. Dies ist für die Konstruktion des Datentyps* $\langle \text{Service-Heft-Dt} \rangle$ *und des Datentypes* $\langle \text{Autohaus-Dt} \rangle$ *erforderlich:*

$$\langle \text{Service-Heft-Dt} \rangle := \text{set}(\langle \text{Eintrag-Dt} \rangle)$$
$$\langle \text{Autohaus-Dt} \rangle := \text{set}(\langle \text{Fahrzeug-Dt} \rangle).$$

Analog lassen sich auch die Datentypen der Fahrzeugkomponenten Chassis *und* Antrieb *mittels des Tupel-Datentypkonstruktors modellieren.* □

Auch der Datentyp einer beliebigen relationalen Datenbank [3] lässt sich mit diesen Konzepten konstruieren. Eine relationale Datenbank besteht aus mehreren Relationen, welche über einen Namen angesprochen werden (tuple). Eine Relation selbst ist als Menge (set) von Zeilen (tuple) über elementaren Datentypen definiert. Eine relationale Datenbank gilt als universelle Datenstruktur zur Modellierung der Realwelt. In diesem Sinn ist die obige Datentypkonstruktion ebenfalls universell.

Im Folgenden stellen wir die Abbildung der Konzepte der Datentypkonstruktoren in einen Skalarproduktraum vor. Dabei wird eine Bijektion zwischen den Werten eines konstruierten Datentyps und $QDom$ hergestellt.

7.3.2 Der Tupel-Datentypkonstruktor

Der Tupel-Datentypkonstruktor fasst eine feste Anzahl von Komponenten, bestehend jeweils aus einem Bezeichner und einem Datentyp, zusammen. Wir gehen hier davon aus, dass die Werte $u_1 \in Dom(\langle \text{Dt}_u \rangle), v_1 \in Dom(\langle \text{Dt}_v \rangle), \ldots$ jeder Komponente $u, v, \ldots$ in einem Skalarproduktraum als $|u_1\rangle, |v_1\rangle, \ldots$ bereits kodiert sind. In der Mathematik der Quantenmechanik werden, siehe Abschnitt 6.5.2, mehrere Skalarprodukträume mit Hilfe des Tensorprodukts miteinander verknüpft. Ausgehend von einer Tupel-Datentypkonstruktion

$$\langle \text{T-Dt} \rangle := \text{tuple}(\text{Bez}_u : \langle \text{Dt}_u \rangle, \text{Bez}_v : \langle \text{Dt}_v \rangle, \ldots)$$

werden die Tupel-Werte beziehungsweise ihre Wertebereiche als Ket-Ausdrücke beziehungsweise in der Realisierung als Skalarprodukträume mittels des Tensorprodukts miteinander kombiniert:

$$QDom(\langle \text{T-Dt}\rangle) = QDom(\langle \text{Dt}_u\rangle) \otimes QDom(\langle \text{Dt}_v\rangle) \otimes \dots$$

$$Dom(\langle \text{T-Dt}\rangle) \to QDom(\langle \text{T-Dt}\rangle)$$

$$(u_1, v_1, \dots) \mapsto |u_1\rangle \otimes |v_1\rangle \otimes \dots$$

Der tensorkonstruierte Wert $|u_1\rangle \otimes |v_1\rangle \otimes \dots$ kann in Kurzform auch als $|u_1 v_1 \dots\rangle$ notiert werden.

Wie erfolgt nun die Ermittlung der Ähnlichkeit nach einer Tupel-Datentypkonstruktion?

Beispiel 7.11 – 3-Tupel-Wert-Ket mit Projektoren

Gegeben sei ein 3-Tupel-Wert-Ket $|u_1 v_1 w_1\rangle$ als Ergebnis einer Tupel-Datentypkonstruktion. Weiterhin seien $P_u = \sum_{u \in U} |u\rangle\langle u|$, $P_v = \sum_{v \in V} |v\rangle\langle v|$ sowie $P_w = \sum_{w \in W} |w\rangle\langle w|$ Orthogonalprojektoren über gegebenen Indexmengen U, V, W die kodierten Bedingungen der jeweiligen Komponenten (Skalarprodukträume). Für die Ermittlung der Ähnlichkeit gegenüber einem Tupel-Wert müssen auch die Projektoren mittels des Tensorprodukts kombiniert werden:

$$P_{uvw} = P_u \otimes P_v \otimes P_w$$

$$= \left(\sum_{u \in U} |u\rangle\langle u|\right) \otimes \left(\sum_{v \in V} |v\rangle\langle v|\right) \otimes \left(\sum_{w \in W} |w\rangle\langle w|\right) \quad (7.24)$$

$$= \sum_{u \in U} \sum_{v \in V} \sum_{w \in W} |uvw\rangle\langle uvw|.$$

Die Evaluierung erfolgt nach bekannter Methode:

$$\langle u_1 v_1 w_1 | P_{uvw} | u_1 v_1 w_1\rangle = \sum_{u \in U} \sum_{v \in V} \sum_{w \in W} \langle u_1 v_1 w_1 | uvw\rangle\langle uvw | u_1 v_1 w_1\rangle.$$

Wegen

$$\langle u_1 v_1 w_1 | uvw\rangle = \langle u_1 | u\rangle\langle v_1 | v\rangle\langle w_1 | w\rangle$$

gilt

$$\langle u_1 v_1 w_1 | P_{uvw} | u_1 v_1 w_1\rangle = \langle u_1 | P_u | u_1\rangle\langle v_1 | P_v | v_1\rangle\langle w_1 | P_w | w_1\rangle.$$

Das bedeutet, die Evaluierung eines Tupel-Werts ist gleich dem Produkt der Evaluierungen der einzelnen Komponenten.

Wie ist jedoch vorzugehen, wenn nur eine Komponente ausgewertet werden soll? Dies lässt sich leicht durch Verwendung der Identität

$$\mathbb{1} = \sum_{|i\rangle \in O} |i\rangle\langle i|$$

als Projektor für die zu ignorierenden Komponenten realisieren. So erfolgt die Evaluierung beispielsweise der ersten Komponente mittels:

$$\langle u_1 v_1 w_1 | \, (P_u \otimes \mathbb{1} \otimes \mathbb{1}) \, | u_1 v_1 w_1 \rangle = \langle u_1 | P_u | u_1 \rangle. \qquad \square$$

7.3.3 Der Set-Datentypkonstruktor

Der Set-Datentypkonstruktor baut auf einem vorhandenen orthogonalen Datentyp $\langle \texttt{Dt} \rangle$ auf, dessen Werte $QDom(\langle \texttt{Dt} \rangle) = \{|w_1\rangle, \ldots, |w_k\rangle\}$ einer Orthonormalbasis entsprechen. Folgender Set-Datentyp sei definiert:

$$\langle \texttt{S-Dt} \rangle := \texttt{set}(\langle \texttt{Dt} \rangle). \qquad (7.25)$$

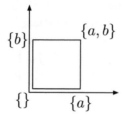

Bild 7.6: Darstellung von Teilmengen von $\{a, b\}$ als Ecken eines Quadrats

Jedes Element aus $Dom(\langle \texttt{S-Dt} \rangle)$ ist eine Teilmenge von $Dom(\langle \texttt{Dt} \rangle)$. Die Idee der Quantenmodellierung liegt in der Verwendung der Superposition, siehe Bild 7.6. Die Ket-Ausdrücke der Elemente einer Menge werden überlagert. Allerdings gibt es ein Problem mit der leeren Menge. Diese würde im Skalarproduktraum durch den Null-Ket abgebildet. Eine Evaluierung mit einem Null-Ket liefert jedoch immer den Wert 0. Statt dessen soll es möglich sein, eine gegebene Menge zu prüfen, ob sie leer ist. Daher wird ein zusätzliches, spezielles, längennormiertes Basis-Ket $|\varnothing\rangle$, das Null-Ket, für die leere Menge eingefügt. In der Mengentheorie ist die leere Menge bezüglich der Vereinigung ein neutrales Element. Das Null-Ket ist in jeder Mengendarstellung im Skalarproduktraum enthalten, siehe Bild 7.7.

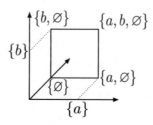

Bild 7.7: Darstellung von Mengen über $\{a, b\}$ als Ecken eines Quadrats mit Überlagerung mit dem Null-Ket $|\varnothing\rangle$

Wir erhalten folgende Abbildung:

$$QDom\left(\langle\texttt{S-Dt}\rangle\right) = \left\{ \frac{\left(\sum_{\mathrm{w}_i \in S} |\mathrm{w}_i\rangle\right) + |\varnothing\rangle}{\sqrt{|S|+1}} \;\middle|\; S \subseteq Dom\left(\langle\texttt{Dt}\rangle\right) \right\}$$

$$Dom\left(\langle\texttt{S-Dt}\rangle\right) \to QDom\left(\langle\texttt{S-Dt}\rangle\right)$$

$$S \in Dom\left(\langle\texttt{S-Dt}\rangle\right) \mapsto \frac{\left(\sum_{\mathrm{w}_i \in S} |\mathrm{w}_i\rangle\right) + |\varnothing\rangle}{\sqrt{|S|+1}} = |S\rangle.$$

Die Anzahl der Basis-Kets für $QDom(\langle\texttt{S-Dt}\rangle)$, also die Dimension des Skalar-produktraums, erhöht sich gegenüber $QDom(\langle\texttt{Dt}\rangle)$ wegen des Null-Kets um Eins.

Wie erfolgt nun die Ermittlung der Ähnlichkeit nach einer Mengen-Daten-typkonstruktion? Gegeben sei ein Superpositions-Ket-Ausdruck $|S\rangle$, welcher die Menge S kodiert. Durch eine Orthogonalprojektion soll überprüft werden, ob ein als Ket-Ausdruck $|\mathrm{w}_j\rangle \in QDom(\langle\texttt{Dt}\rangle) \cup \{|\varnothing\rangle\}$ kodierter Wert w_j Element von S ist. Die Evaluierung erfolgt mittels des Projektors $P_j = |\mathrm{w}_j\rangle\langle\mathrm{w}_j|$:

$$\langle S|\mathrm{w}_j\rangle\langle\mathrm{w}_j|S\rangle = \frac{1}{|S|+1} \sum_{\mathrm{w}_i \in S} \langle\mathrm{w}_i|\mathrm{w}_j\rangle\langle\mathrm{w}_j|\mathrm{w}_i\rangle = \begin{cases} \frac{1}{|S|+1} & \text{wenn } \mathrm{w}_j \in S \\ 0 & \text{sonst.} \end{cases}$$

Eine Evaluierung mit einem mengenwertigen Orthogonalprojektor

$$P_\mathrm{W} = \left(\sum_{\mathrm{w}_j \in W} |\mathrm{w}_j\rangle\langle\mathrm{w}_j| \right) + |\varnothing\rangle\langle\varnothing|$$

auf der Grundlage der Menge

$$W \subseteq Dom(\langle\texttt{Dt}\rangle) \text{ bzw. } W \in Dom(\langle\texttt{S-Dt}\rangle)$$

liefert:

$$\langle S|P_\mathrm{W}|S\rangle = \frac{1}{|S|+1} \sum_{\mathrm{w}_i \in S} \sum_{\mathrm{w}_j \in W} \langle\mathrm{w}_i|\mathrm{w}_j\rangle\langle\mathrm{w}_j|\mathrm{w}_i\rangle = \frac{|W \cap S|+1}{|S|+1}.$$

Es gilt also

$$\langle S|P_\mathrm{W}|S\rangle = \begin{cases} 1 & \text{wenn } S \subseteq \mathrm{W} \\ < 1 & \text{sonst.} \end{cases}$$

In Tabelle 7.5 wird ein Beispiel für eine Mengenevaluierung gegeben.

Tabelle 7.5: Elementweise Evaluierung einer Menge $S = \{w_1, w_2, w_3\}$ mit einer als Orthogonalprojektor modellierten Evaluierungsmenge $W = \{w_2, w_3, w_4, w_5\}$, als Ergebnis wird $1/4 + 1/4 + 1/4 = 3/4 < 1$ berechnet. Es liegt also keine Wertegleichheit vor.

	w_2	w_3	w_4	w_5	$\varnothing$
w_3	0	1/4	0	0	0
w_2	1/4	0	0	0	0
w_1	0	0	0	0	0
$\varnothing$	0	0	0	0	1/4

Set-Datentypkonstruktor für nicht-orthogonale Datentypen

Angenommen, ein *nicht-orthogonaler Datentyp* $\langle \texttt{Dt} \rangle$ mit

$$QDom(\langle \texttt{Dt} \rangle) = \{|w_1\rangle, \ldots, |w_k\rangle\}$$

ist gegeben. Für diesen Fall ist unser Set-Datentypkonstruktor nicht definiert. Als Ausweg lassen sich die Ket-Ausdrücke von $QDom(\langle \texttt{Dt} \rangle)$ orthogonalisieren. Dies lässt sich leicht durch eine zusätzliche Tupel-Datentypkonstruktion realisieren, welche für

$$\langle \texttt{S-Dt} \rangle := \texttt{set}(\texttt{tuple}(\texttt{id} : \langle \texttt{Dt}_{\texttt{id}} \rangle, \texttt{wert} : \langle \texttt{Dt} \rangle))$$

neue orthogonale Ket-Ausdrücke mittels des Tensorprodukts der ursprünglichen Ket-Ausdrücke mit den $(k + 1)$-dimensionalen, identifizierenden Basis-Kets $|\varnothing\rangle, |1\rangle, \ldots, |k\rangle \in O$ verknüpft:

$$QDom(\langle \texttt{Dt}_{\texttt{id}} \rangle) := \{|\varnothing\rangle, |1\rangle, \ldots, |k\rangle\}$$

$$QDom(\langle \texttt{S-Dt} \rangle) = \left\{ \frac{\sum_{w_i \in S} |iw_i\rangle + |\varnothing\varnothing\rangle}{\sqrt{|S| + 1}} \;\middle|\; S \subseteq Dom(\langle \texttt{Dt} \rangle) \right\}$$

$$Dom(\langle \texttt{S-Dt} \rangle) \to QDom(\langle \texttt{S-Dt} \rangle)$$

$$S \in Dom(\langle \texttt{S-Dt} \rangle) \mapsto \frac{\left(\sum_{w_i \in S} |iw_i\rangle\right) + |\varnothing\varnothing\rangle}{\sqrt{|S| + 1}} = |S\rangle.$$

7.3.4 Datentypkonstruktion und Verschränkung

Wir wollen die Beziehung zwischen Datentypkonstruktion und dem Prinzip der Verschränkung demonstrieren. Dazu konstruieren wir beispielhaft den Datentyp $\langle \texttt{Relation-Dt} \rangle$ mittels folgender Datentypkonstruktion:

$$\langle \texttt{Relation-Dt} \rangle := \texttt{set}(\texttt{tuple}(\text{Bez}_u : \langle \text{Dt}_u \rangle , \text{Bez}_v : \langle \text{Dt}_v \rangle)).$$

Mittels einer solchen **set-tuple**-Datentypkonstruktion lassen sich allgemein Relationen einer relationalen Datenbank [3] konstruieren. Weiterhin gehen wir der Einfachheit halber von folgenden Wertebereichen und korrespondierenden Ket-Ausdrücken aus:

$$Dom(\langle \text{DT}_u \rangle) = \{u_1, u_2\}$$
$$Dom(\langle \text{DT}_v \rangle) = \{v_1, v_2\}$$
$$|u_1\rangle = |v_1\rangle := \begin{pmatrix} 1 \\ 0 \end{pmatrix}$$
$$|u_2\rangle = |v_2\rangle := \begin{pmatrix} 0 \\ 1 \end{pmatrix}.$$

Wenn wir nun den Wert $w = \{(u_1, v_1), (u_2, v_2)\} \in Dom(\langle \texttt{Relation-Dt} \rangle)$ entsprechend der oben beschrieben Vorschrift, hier aber vereinfachend ohne Berücksichtigung des Null-Kets, als Ket-Ausdruck konstruieren, erhalten wir

$$|w\rangle := \frac{1}{\sqrt{2}} \left(\begin{pmatrix} 1 \\ 0 \end{pmatrix} \otimes \begin{pmatrix} 1 \\ 0 \end{pmatrix} + \begin{pmatrix} 0 \\ 1 \end{pmatrix} \otimes \begin{pmatrix} 0 \\ 1 \end{pmatrix} \right) = \frac{1}{\sqrt{2}} \begin{pmatrix} 1 \\ 0 \\ 0 \\ 1 \end{pmatrix}.$$

Man beachte, dass $|w\rangle$ nicht zerlegbar ist. Es gilt also für alle Kets $|w_u\rangle, |w_v\rangle$:

$$|w\rangle \neq |w_u\rangle \otimes |w_v\rangle.$$

Damit ist der Ket-Ausdruck $|w\rangle$ *verschränkt*. Die Komponenten u und v lassen sich nicht ohne Informationsverlust getrennt voneinander auslesen.

Dies gilt in diesem konkreten Fall auch, wenn der Null-Ket berücksichtigt wird. Der Null-Ket bedeutet einen zusätzlichen Basis-Ket

$$|u_1v_1\rangle := \begin{pmatrix} 1 \\ 0 \\ 0 \\ 0 \\ 0 \end{pmatrix} \quad |u_2v_2\rangle := \begin{pmatrix} 0 \\ 0 \\ 0 \\ 1 \\ 0 \end{pmatrix} \quad |\varnothing\rangle := \begin{pmatrix} 0 \\ 0 \\ 0 \\ 0 \\ 1 \end{pmatrix}.$$

Damit erhalten wir für $|w\rangle$

$$|w\rangle := \frac{1}{\sqrt{3}} \begin{pmatrix} 1 \\ 0 \\ 0 \\ 1 \\ 1 \end{pmatrix}.$$

Man beachte, dass die Anzahl der Basis-Kets des einbettenden Skalarproduktraums in diesem Fall eine Primzahl ist, nämlich die Zahl fünf. Bei der Anwendung eines Tensorprodukts jedoch multiplizieren sich die Dimensionszahlen[4] der Tupelkomponenten. Ein Skalarproduktraum mit fünf Dimensionen kann nicht mittels eines Tensorprodukts mehrdimensionaler Skalarprodukträume ausgedrückt werden. Damit wurde gezeigt, dass im Allgemeinen Kets einer `set-tuple`-Datentypkonstruktion nicht mittels einer Tupel-Konstruktion erzeugt werden können, also verschränkt sind.

7.4 Komplexe Bedingungen auf Tupel-Werten

Bis jetzt haben wir bei den diskutierten Orthogonalprojektionen nur elementare Bedingungen behandelt, die mittels Projektoren ausgedrückt wurden. In vorigen Kapiteln wurde gezeigt, dass Projektoren über einem Skalarproduktraum Unterräume induzieren und diese einen orthomodularen Verband und damit eine Quantenlogik bilden.

Gegeben sei eine fest gewählte Orthonormalbasis $O = \{|b_1\rangle, \ldots, |b_n\rangle\}$. Ist $T \subseteq O$, dann ist

$$P = \sum_{|b\rangle \in T} |b\rangle\langle b|$$

ein achsenparalleler Projektor. Die Menge $M_{\mathcal{P}} = \{P_i\}$ aller achsenparallelen Projektoren über O trägt einen BOOLE'schen Verband, siehe Gleichung (6.45). Sie hat eine Mächtigkeit von 2^n, da jede Teilmenge von O einem Projektor entspricht. Es zeigt sich, dass Projektoren aus $M_{\mathcal{P}}$ paarweise kommutieren, siehe Abschnitt 6.4.5, es gilt also

$$\forall P_1, P_2 \in M_{\mathcal{P}} : P_1 \cdot P_2 = P_2 \cdot P_1.$$

7.4.1 Was sind komplexe Bedingungen?

Angenommen zwei Bedingungen B_1 und B_2 korrespondieren zu den Unterräumen A_1 beziehungsweise A_2. Diese seien durch die Projektoren P_1 und P_2 über einer Orthonormalbasis O ausgedrückt. Die logischen Operationen Adjunktion, Konjunktion und Negation auf B_1 und B_2 werden wie folgt durch Verbandsoperationen auf $M_{\mathcal{P}}$ umgesetzt:

$$P_{B_1 \wedge B_2} := P_{A_1 \cap A_2}$$
$$P_{B_1 \vee B_2} := P_{A_1 + A_2}$$

---

[4] Alle in diesem Kapitel verwendeten Skalarprodukträume weisen mindestens zwei Dimensionen auf.

$$P_{B_1}\mathfrak{c} := P_{A_{1'}}.$$

Komplexe Bedingungen können sowohl mittels Projektoren aus $M_{\mathcal{P}}$ als auch mit der Sprache L Wie wir wissen, folgt die Evaluierung einer komplexen Bedingung als Projektor im Verband $M_{\mathcal{P}}$ den Regeln der BOOLE'schen Algebra. Im Folgenden wird eine alternative Evaluierung komplexer Bedingungen entwickelt. Dadurch kann die quantenbasierte Evaluierung eines Projektors elegant durch Anwendung einfacher, arithmetischer Operationen umgangen werden. Anzumerken ist, dass die Sprache L eine unendliche Menge von Ausdrücken umfasst, der Verband $P \in M_{\mathcal{P}}$ jedoch genau 2^n viele Projektoren aufweist. Die Zuordnung zu Projektoren ist also nicht injektiv. Entsprechend den Regeln einer BOOLE'schen Algebra werden etwa die Ausdrücke $a \wedge a$ und a wegen der Idempotenz dem selben Projektor zugewiesen.

Zunächst diskutieren wir entsprechend dem $CQQL$-Ansatz (siehe Abschnitt 7.1 und [6]) die Konstruktion nicht-elementarer Bedingungen und deren Evaluierung auf einem Tupel-Wert. Wir konzentrieren uns der Einfachheit halber auf einen 2-Tupel-Wert mit den benannten Komponenten A_1 und A_2, wobei natürlich auch ein beliebiger Tupel-Wert möglich wäre:

$$|x_1 x_2\rangle \in QDom\left(\texttt{tuple}(A_1 : \langle A_1\texttt{-Dt}\rangle, A_2 : \langle A_2\texttt{-Dt}\rangle)\right).$$

Wir haben in Abschnitt 7.2.2 die Abbildung von Werten und elementaren Bedingungen in einen Skalarproduktraum diskutiert. Für orthogonale und nicht-orthogonale Datentypen haben wir insgesamt drei verschiedene Arten von elementaren Bedingungen kennen gelernt, die wir auf der Grundlage des obigen Tupel-Wertes wie folgt notieren werden:

$A_i = \mathrm{w}_j$: wenn $\langle A_i\texttt{-Dt}\rangle$ orthogonal ist (Werttest),

$A_i \in S$: wenn $\langle A_i\texttt{-Dt}\rangle$ orthogonal ist (Elementtest),

$A_i \approx \mathrm{w}_j$: wenn $\langle A_i\texttt{-Dt}\rangle$ nicht-orthogonal ist (Ähnlichkeitstest).

Dabei gilt

$$i \in \{1, 2\}, \mathrm{w} \in Dom(\langle A_i\texttt{-Dt}\rangle), S \subseteq Dom(\langle A_i\texttt{-Dt}\rangle).$$

Sei *Elem* eine Menge von elementaren Bedingungen der obigen Form, wobei pro nicht-orthogonalem Attribut A_i nur eine einzige elementare Bedingung erlaubt ist. Durch die Restriktion auf nur eine elementare Bedingung pro nicht-orthogonalem Attribut wird erreicht, dass die korrespondierenden Projektoren kommutieren. Die Projektoren orthogonaler Datentypen kommutieren immer, da die Projektoren auf achsenparallelen Kets aufgebaut sind. Die Kets von Projektoren eines nicht-orthogonalen Datentyps jedoch können weder identisch noch orthogonal zueinander sein. In diesem Fall würden die korrespondierenden Projektoren nicht kommutieren. Nur kommutierende Projektoren erzeugen einen BOOLE'schen Verband. Um einen BOOLE'schen Verband zu erhalten, wird daher gefordert, dass pro nicht-orthogonalem Attribut A_i nur eine einzige elementare Bedingung erlaubt ist.

Im Folgenden konstruieren wir die Menge *Bed* von Bedingungen, welche durch die rekursive Anwendung der Konjunktion, Adjunktion und Negation auf elementaren Bedingungen entstanden ist.

Wir bezeichnen die Evaluierung einer Bedingung $B \in Bed$ anhand eines Tupel-Werts $w \in Dom(\langle \texttt{tuple-Dt} \rangle)$ mit der Evaluierungsfunktion $[\![B]\!]^w_{\mathrm{CQQL}}$. Die Funktion $[\![B]\!]^w_{\mathrm{CQQL}}$ bedeutet die Evaluierung von elementaren oder nicht-elementaren Bedingungen auf Tupel-Werten mittels Orthogonalprojektion und liefert einen möglicherweise graduellen Wert der Erfüllung von B in Bezug auf w:

$$[\![\cdot]\!]_{\mathrm{CQQL}} : Bed \times dom(\langle \texttt{tuple-Dt} \rangle) \to [0,1],$$

$$(B, w) \mapsto \langle w | P_B | w \rangle =: [\![B]\!]^w_{\mathrm{CQQL}}. \quad (7.26)$$

Die Semantik von $[\![\cdot]\!]_{\mathrm{CQQL}}$ ist durch Formel 7.26 festgelegt und soll hier als *deklarative Semantik* bezeichnet werden. Für eine programmtechnische Evaluierung von Bedingungen entsprechend der deklarativen Semantik ist der explizite Umgang mit einem Skalarproduktraum und der Orthogonalprojektion sehr umständlich. Daher suchen wir nach einem einfach zu realisierenden Weg, die Ergebnisse der deklarativen Semantik zu erhalten.

In den nächsten Abschnitten wird die Auswirkung der Konjunktion, Adjunktion und Negation auf $[\![\cdot]\!]_{\mathrm{CQQL}}$ untersucht. Wir werden zeigen, dass diese Operationen durch einfache arithmetische Regeln auf der Grundlage von graduellen Erfüllungsgraden der elementaren Bedingungen realisiert werden können. Diese Regeln wurden bereits in Abschnitt 7.1.2 diskutiert. Diese Form der Evaluierung ist einfach zu implementieren und wird hier als *operationale Semantik* bezeichnet. Als Ergebnis der folgenden Diskussion wird gezeigt, dass die operationale Evaluierungssemantik und die deklarative Evaluierungssemantik zum selben Ergebnis führen.

7.4.2 Konjunktion, Adjunktion und Negation

Zuerst soll die Konjunktion zweier Bedingungen $B_1, B_2 \in Elem \subseteq Bed$ jeweils auf den Komponenten A_1 und A_2 eines Tupel-Werts w diskutiert werden. Ein Beispiel ist die Bedingung LV2 $\wedge$ KS2, welche ein möglichst hohes Ladevermögen und einen möglichst niedrigen Kilometerstand fordert.

Die Bedingungen B_1 und B_2 sollen konjunktiv verknüpft werden. Die korrespondierenden Projektoren und deren negierte Varianten seien:

$$P_1 = |w_1\rangle\langle w_1| \quad \text{und} \quad P_{1\mathtt{c}} = \mathbb{1} - |w_1\rangle\langle w_1| \quad (7.27)$$

$$P_2 = |w_2\rangle\langle w_2| \quad \text{und} \quad P_{2\mathtt{c}} = \mathbb{1} - |w_2\rangle\langle w_2|, \quad (7.28)$$

wobei $\mathbb{1}$ die Einheitsmatrix beziehungsweise den Projektor über alle Basiskets einer Orthonormalbasis notiert.

Es gilt also

$$\mathbb{1} = P_1 + P_{1^\complement} = P_2 + P_{2^\complement}.$$

Ausgehend von der Tupel-Konstruktion der Projektoren, siehe Formel (7.24), müssen wir das Tensorprodukt mit $\mathbb{1}$ anwenden, um eine Bedingung über einen Wert auf eine Bedingung über einem Tupelwert umzuwandeln:

$$P_{1*} := P_1 \otimes \mathbb{1} = P_1 \otimes (P_2 + P_{2^\complement}) = P_{12} + P_{12^\complement} =: P_{\{12, 12^\complement\}}$$

$$P_{*2} := \mathbb{1} \otimes P_2 = (P_1 + P_{1^\complement}) \otimes P_2 = P_{12} + P_{1^\complement 2} =: P_{\{12, 1^\complement 2\}}.$$

Das Sternchen signalisiert ein Ignorieren der entsprechenden Tupelkomponente. Die Mengenschreibweise $P_{\{12,12^\complement\}}$ und $P_{\{12,1^\complement 2\}}$ ist praktisch für kommutierende Projektoren. Die beiden achsenparallelen Projektoren P_{1*}, P_{*2} kommutieren:

$$
\begin{aligned}
P_{1*}P_{*2} &= (P_{12} + P_{12^\complement})(P_{12} + P_{1^\complement 2}) \\
&= P_{12}P_{12} + P_{12}P_{1^\complement 2} + P_{12^\complement}P_{12} + P_{12^\complement}P_{1^\complement 2} \\
&= P_{12}P_{12} \\
&= P_{12} = P_{\{12\}}
\end{aligned}
\tag{7.29}
$$

sowie

$$
\begin{aligned}
P_{*2}P_{1*} &= (P_{12} + P_{1^\complement 2})(P_{12} + P_{12^\complement}) \\
&= P_{12}P_{12} + P_{12}P_{12^\complement} + P_{1^\complement 2}P_{12} + P_{1^\complement 2}P_{12^\complement} \\
&= P_{12}P_{12} \\
&= P_{12} = P_{\{12\}}.
\end{aligned}
$$

Wir haben hier die folgenden Rechenregeln

$$P \cdot P = P$$
$$P \cdot (\mathbb{1} - P) = \mathbb{0}$$
$$(P_1 \otimes P_2) \cdot (P_1 \otimes (\mathbb{1} - P_2)) = \mathbb{0}$$
$$(P_1 \otimes P_2) \cdot ((\mathbb{1} - P_1) \otimes P_2) = \mathbb{0}$$

für Projektoren P, P_1, P_2 genutzt.

Die Konjunktion zweier Projektoren entspricht also dem Projektor für die Schnittmenge der korrespondierenden Vektorunterräume. Bei achsenparallelen und damit kommutierenden Projektoren korrespondiert die Konjunktion mit der Schnittmenge der jeweiligen Mengen von Basisvektoren:

$$P_{1* \wedge *2} = P_{\{12, 12^\complement\} \cap \{12, 1^\complement 2\}} = P_{\{12\}} = P_{12}. \tag{7.30}$$

Die Evaluierung der Konjunktion ausgedrückt durch $P_{1* \wedge *2}$ auf $|x_1 x_2\rangle$ ergibt:

$$\langle x_1 x_2 | P_{1*\wedge *2} | x_1 x_2 \rangle = \langle x_1 x_2 | P_{12} | x_1 x_2 \rangle = \langle x_1 | P_1 | x_1 \rangle \langle x_2 | P_2 | x_2 \rangle. \quad (7.31)$$

Die Berechnung der Konjunktion von Bedingungen auf unterschiedlichen Eigenschaften entspricht damit dem Produkt der einzelnen Evaluierungen.

Wegen Definition 7.26 und der Formeln 7.30 und 7.31 können wir schreiben:

$$[\![B_1 \wedge B_2]\!]_{\mathrm{CQQL}} = [\![B_1]\!]_{\mathrm{CQQL}} \cdot [\![B_2]\!]_{\mathrm{CQQL}}. \quad (7.32)$$

Die Negation einer Bedingung liefert wegen der Komplementbildung des Projektors folgendes Evaluierungsergebnis:

$$\begin{aligned}
[\![\overline{B}]\!]_{\mathrm{CQQL}} &= \langle x_1 x_2 | P_{B^{\complement}} | x_1 x_2 \rangle = \langle x_1 x_2 | (\mathbb{1} - P_B) | x_1 x_2 \rangle \\
&= \langle x_1 x_2 | \mathbb{1} | x_1 x_2 \rangle - \langle x_1 x_2 | P_B | x_1 x_2 \rangle = 1 - \langle x_1 x_2 | P_B | x_1 x_2 \rangle \\
&= 1 - [\![B]\!]_{\mathrm{CQQL}} \quad (7.33)
\end{aligned}$$

Mittels der DE MORGAN'schen Gesetze, siehe Abschnitt 2.5.3, und der doppelten Negation kann nun auch die Evaluierung einer Adjunktion leicht ermittelt werden:

$$\begin{aligned}
[\![B_1 \vee B_2]\!]_{\mathrm{CQQL}} &= \left[\!\left[\overline{\overline{B_1} \wedge \overline{B_2}}\right]\!\right]_{\mathrm{CQQL}} \\
&= 1 - \left(1 - [\![B_1]\!]_{\mathrm{CQQL}}\right) \cdot \left(1 - [\![B_2]\!]_{\mathrm{CQQL}}\right) \\
&= [\![B_1]\!]_{\mathrm{CQQL}} + [\![B_2]\!]_{\mathrm{CQQL}} - [\![B_1]\!]_{\mathrm{CQQL}} \cdot [\![B_2]\!]_{\mathrm{CQQL}}. \quad (7.34)
\end{aligned}$$

Beispiel 7.12 *In unserem Autohausbeispiel kann auf einem Antriebs-Tupel-Wert etwa die Bedingung*

$$\mathtt{AZ} \wedge (\mathtt{TV} \vee \mathtt{ZA1})$$

formuliert und ausgewertet werden. Gesucht ist also ein Antrieb mit vier Zylindern und einem Tankvolumen in der Nähe von 35 Litern oder einer Reihenanordnung der Zylinder. Die Einzelbedingungen sind auf unterschiedlichen Eigenschaften (also Komponenten des Tupels) definiert und kommutieren daher. Die arithmetische Evaluierung der Bedingung liefert

$$[\![\mathtt{AZ} \wedge (\mathtt{TV} \vee \mathtt{ZA1})]\!]_{\mathrm{CQQL}} = [\![\mathtt{AZ}]\!]_{\mathrm{CQQL}} \cdot [\![\mathtt{TV} \vee \mathtt{ZA1}]\!]_{\mathrm{CQQL}}$$
$$[\![\mathtt{TV} \vee \mathtt{ZA1}]\!]_{\mathrm{CQQL}} = [\![\mathtt{TV}]\!]_{\mathrm{CQQL}} + [\![\mathtt{ZA1}]\!]_{\mathrm{CQQL}} - [\![\mathtt{TV}]\!]_{\mathrm{CQQL}} \cdot [\![\mathtt{ZA1}]\!]_{\mathrm{CQQL}}. \quad \square$$

7.4.3 Kommutierende Bedingungen

Wie gestaltet sich jedoch die Evaluierung, wenn zwei Bedingungen auf derselben Eigenschaft, also derselben Tupelkomponente, definiert sind? Ist deren

Datentyp orthogonal, ist dies unproblematisch, da die korrespondierenden Projektoren automatisch kommutieren. Dies gilt, da die Projektoren beider Bedingungen auf derselben Orthonormalbasis definiert sind. Gehen wir vom allgemeinen Fall aus, dass die beiden Bedingungen ein Enthaltensein in jeweils einer Wertemenge testen, dann reduziert sich die Konjunktion zur Schnittmenge der Wertemengen und die Adjunktion zur Mengenvereinigung. Die Evaluierungergebnisse auf einer orthogonalen Eigenschaft liefern ausschließlich die Werte Null oder Eins. Damit gelten für zwei Bedingungen auch auf derselben orthogonalen Eigenschaft:

$$\llbracket B_1 \wedge B_2 \rrbracket_{\mathrm{CQQL}} = \llbracket B_1 \rrbracket_{\mathrm{CQQL}} \cdot \llbracket B_2 \rrbracket_{\mathrm{CQQL}}$$
$$\llbracket B_1 \vee B_2 \rrbracket_{\mathrm{CQQL}} = \llbracket B_1 \rrbracket_{\mathrm{CQQL}} + \llbracket B_2 \rrbracket_{\mathrm{CQQL}} - \llbracket B_1 \rrbracket_{\mathrm{CQQL}} \cdot \llbracket B_2 \rrbracket_{\mathrm{CQQL}} \quad (7.35)$$

Beispiel 7.13 *Ein Beispiel für mehrere Bedingungen auf derselben Eigenschaft ist:*

$$\mathsf{ZA1} \vee \mathsf{ZA2},$$

bei der die Zylinderanordnung in der Boxer- oder in der Reihenanordnung gefordert wird. □

7.4.4 Nicht-kommutierende Bedingungen

Auf einer nicht-orthogonalen Eigenschaft sind die Bedingungen kodierenden Ket-Ausdrücke nicht zwangsläufig orthogonal. Beispielhaft wird dies in Bild 7.8 mit den Kets $|w\rangle$, $|0\rangle$ und $|1\rangle$ illustriert. Die Bedingungen $P_0 = |0\rangle\langle 0|$ und $P_w = |w\rangle\langle w|$ sind nicht orthogonal und daher auch nicht kommutierend $P_0 \cdot P_w \neq P_w \cdot P_0$:

$$P_0 P_w = |0\rangle\langle 0|w\rangle\langle w| \doteq \frac{1}{\sqrt{2}} \frac{1}{\sqrt{2}} \begin{pmatrix} 1 \\ 0 \end{pmatrix} (1\ 1) = \frac{1}{2} \begin{pmatrix} 1 & 1 \\ 0 & 0 \end{pmatrix}$$
$$P_w P_0 = |w\rangle\langle w|0\rangle\langle 0| \doteq \frac{1}{\sqrt{2}} \frac{1}{\sqrt{2}} \begin{pmatrix} 1 \\ 1 \end{pmatrix} (1\ 0) = \frac{1}{2} \begin{pmatrix} 1 & 0 \\ 1 & 0 \end{pmatrix}.$$

Sowohl Konjunktion als auch Adjunktion der beiden Bedingungen führen zu unerwünschten Ergebnissen (im Sinne des Anwendungsbeispiels): Eine Konjunktion korrespondiert zur Schnittmenge der durch die Projektoren ausgedrückten Skalarprodukträume. Im Fall von P_0 und P_w enthält die Schnittmenge nur den Koordinatenursprung und entspricht als Projektor der Nullmatrix $\mathbb{0}$ mit $\llbracket \mathbb{0} \rrbracket_{\mathrm{CQQL}} = 0$ für alle Zustandsvektoren. Intuitiv hätte man für das Anwendungsbeispiel eine Evaluierung etwa anhand eines Ket-Ausdrucks gewünscht, welcher zwischen $|0\rangle$ und $|w\rangle$ liegt. Die Adjunktion beider Bedingungen hingegen entspricht der Kombinationshülle der Vereinigung ihrer

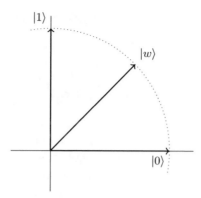

Bild 7.8: Nicht-orthogonale Kets $|0\rangle, |1\rangle, |w\rangle = \frac{1}{\sqrt{2}}(|0\rangle + |1\rangle)$.

Skalarprodukträume. Im konkreten Fall von P_0 und P_w entsteht ein Skalarproduktraum, welcher der durch die Ket-Ausdrücke $|0\rangle$ und $|w\rangle$ aufgespannten Ebene entspricht. Dieser Raum enthält also auch den Vektor $|1\rangle$ und kann durch den Projektor $|0\rangle\langle 0| + |1\rangle\langle 1| = \mathbb{1}$ mit $[\![\mathbb{1}]\!]_{\mathrm{CQQL}} = 1$ für alle Zustandsvektoren ausgedrückt werden.

Wegen dieser unerwünschten Effekte bei der Evaluierung ist es für viele Anwendungen sinnvoll, eine komplexe Bedingung nur über kommutierenden Bedingungen zu konstruieren. Dies bedeutet, dass für jede nicht-orthogonale Eigenschaft keine zwei unterschiedlichen Bedingungen in einer komplexen Bedingung auftreten dürfen. Wir gehen im Folgenden von paarweise kommutierenden Bedingungen aus, wie das bereits bei der Definition von *Elem* formuliert wurde. Damit gelten die Regeln der BOOLE'schen Algebra.

7.4.5 Überlappende Bedingungen

Bei der Konstruktion komplexer Bedingungen mittels Konjunktion, Adjunktion und Negation kann es prinzipiell zu gegenseitig überlappenden Bedingungen kommen, bei welchen die obigen Evaluierungsregeln (7.32), (7.33) und (7.34) nicht anwendbar sind. Diese Fälle wurden bei ihrer Definition explizit ausgeschlossen.

Ein Trivialbeispiel ist die Idempotenz $B \wedge B = B$, wobei B auf einer nicht-orthogonalen Eigenschaft definiert ist. Damit liefert die Evaluierung Ähnlichkeitswerte aus dem Intervall $[0, 1]$ im Gegensatz zu den Werten 1 oder 0 bei der Evaluierung orthogonaler Eigenschaften. Eine Evaluierung $[\![B]\!]_{\mathrm{CQQL}} = 0{,}5$ etwa führt zur Verletzung der Idempotenz:

$$[\![B]\!]_{\mathrm{CQQL}} = 0{,}5 \neq [\![B \wedge B]\!]_{\mathrm{CQQL}} = [\![B]\!]_{\mathrm{CQQL}} \cdot [\![B]\!]_{\mathrm{CQQL}} = 0{,}25.$$

Ähnliche Probleme entstehen etwa bei der Evaluierung von

$$B \vee \overline{B}$$

oder

$$(B_1 \wedge B_2) \vee (B_1 \wedge B_3)$$

und werden im Kontext einer Fuzzy-Logik-Evaluierung in Abschnitt 3.4 diskutiert. Dies zeigt die Verletzung der Gesetze der BOOLE'schen Algebra, wenn überlappende Bedingungen nach obigen Regeln ausgewertet würden.

Der Sonderfall einer *exklusiven Adjunktion* liegt vor, wenn zwei komplexe Bedingungen über die Adjunktion verknüpft sind und gegenseitig ausschließend sind. Syntaktisch liegt eine exklusive Adjunktion bei

$$(B \wedge B_1) \vee (\overline{B} \wedge B_2)$$

vor, wobei $B \in Bed$ ein logischer Ausdruck ist. Man beachte, dass B_1 und B_2 sich durchaus überlappen können. Die Evaluierung einer exklusiven Adjunktion erfolgt nach folgender Regel:

$$\llbracket (B \wedge B_1) \vee (\overline{B} \wedge B_2) \rrbracket_{\text{CQQL}} = \llbracket B \wedge B_1 \rrbracket_{\text{CQQL}} + \llbracket \overline{B} \wedge B_2 \rrbracket_{\text{CQQL}},$$

welche aus der Regel 7.35 abgeleitet wurde, bei der das Produkt wegen Exklusivität den Wert Null liefert und daher weggelassen wird.

Wir bezeichnen im Folgenden mit $\alpha : Bed \to \wp(Elem)$ eine Funktion, die einer Bedingung die Menge der zugrunde liegenden elementaren Bedingungen aus *Elem* zuordnet. Wenn zum Beispiel für

$$Elem = \{B_1, B_2, B_3, B_4\}$$

die komplexe Bedingung

$$B_1 \wedge (B_2 \vee B_3) \in Bed$$

gegeben ist, erhalten wir

$$\alpha(B_1 \wedge (B_2 \vee B_3)) = \{B_1, B_2, B_3\} \subseteq Elem.$$

Zusammenfassend erhalten wir folgende Regeln für die Evaluierung komplexer Bedingungen. Für $B_1, B_2 \in Bed$ gelten:

1. Konjunktion – für die komplexe Bedingung $B = B_1 \wedge B_2$ gilt:

$$\llbracket B_1 \wedge B_2 \rrbracket_{\text{CQQL}} = \llbracket B_1 \rrbracket_{\text{CQQL}} \cdot \llbracket B_2 \rrbracket_{\text{CQQL}},$$

wenn $\alpha(B_1) \cap \alpha(B_2) = \varnothing$.

2. Adjunktion – für die komplexe Bedingung $B = B_1 \vee B_2$ gilt:

$$[\![B_1 \vee B_2]\!]_{\mathrm{CQQL}} = [\![B_1]\!]_{\mathrm{CQQL}} + [\![B_2]\!]_{\mathrm{CQQL}} - [\![B_1]\!]_{\mathrm{CQQL}} \cdot [\![B_2]\!]_{\mathrm{CQQL}},$$

wenn $\alpha(B_1) \cap \alpha(B_2) = \varnothing$.

3. Exklusive Adjunktion – für die komplexe Bedingung $B = B_1 \mathbin{\dot{\vee}} B_2$ gilt:

$$[\![B_1 \mathbin{\dot{\vee}} B_2]\!]_{\mathrm{CQQL}} = [\![B_1]\!]_{\mathrm{CQQL}} + [\![B_2]\!]_{\mathrm{CQQL}},$$

wenn $[\![B_1 \wedge B_2]\!]_{\mathrm{CQQL}} = 0$.

4. Negation – für die komplexe Bedingung $B = \overline{B_1}$ gilt:

$$[\![\overline{B_1}]\!]_{\mathrm{CQQL}} = 1 - [\![B_1]\!]_{\mathrm{CQQL}}.$$

Die Regeln für Konjunktion und Adjunktion sind also nur anwendbar, wenn $\alpha(B_1) \cap \alpha(B_2) = \varnothing$ gilt. Zusammen mit der Forderung nach kommutierenden Bedingungen machen diese Beschränkungen den wesentlichen Unterschied zur Fuzzy-Logik-Evaluierung aus.

7.4.6 Normalisierung überlappender Bedingungen

Wie sind aber komplexe Bedingungen aus *Bed* auszuwerten, bei denen die Beschränkung bezüglich der Funktion α nicht eingehalten wird? Da wir uns auf kommutierende Bedingungen beschränkt haben, können die Regeln der BOOLE'schen Algebra zur Transformation in die gewünschte Form angewendet werden. Eine Variante ist die Überführung in die vollständige disjunktive Normalform (DNF) nach Abschnitt 1.2.4. Es ist bekannt, dass jede komplexe Bedingung mittels der Anwendung der Regeln der BOOLE'scher Algebra in die DNF überführt werden kann. In einer DNF-Bedingung sind innerhalb der Adjunkte nur überlappungsfreie Bedingungen mittels der Konjunktion kombiniert. Die Adjunkte sind paarweise untereinander bezüglich mindestens einer Bedingung exklusiv. Damit ist jede komplexe Bedingung in der DNF durch obige Regeln auswertbar. Ein Nachteil ist jedoch, dass die DNF im schlimmsten Fall exponentiell viele Adjunkte in Bezug zur Anzahl von elementaren Bedingungen aufweisen kann.

Eine kompaktere Form bietet die 1OF-Normalform (one-occurrence-form) [5], bei der jede Bedingung nur genau einmal auftaucht. Ein weiterer Algorithmus zum Überführen einer beliebigen komplexen Bedingung in eine auswertbare Form wird in [6] gegeben.

Wir haben also ein Verfahren zur Evaluierung einer komplexen Bedingung entwickelt, bei dem nach einer syntaktischen Normalisierung die vier obigen Regeln angewendet werden. Wir bezeichnen diese Evaluierung als *operationale Semantik*. Da wir diese Regeln aus der deklarativen Semantik, also der Orthogonalprojektion, abgeleitet haben, ist die Äquivalenz zwischen operationaler und deklarativer Semantik gegeben. Dabei sind wir dem Formalismus aus Abschnitt 7.1 gefolgt.

7.5 Gewichtete Bedingungen

In unserem Autohausbeispiel sei auf einem Fahrzeug-Tupel-Wert die komplexe Bedingung

$$LV2 \wedge KS2$$

definiert, siehe Tabelle 7.4. Es soll also ein Fahrzeug bezüglich eines möglichst hohen Ladevolumens und eines möglichst geringen Kilometerstands bewertet werden. Die beiden Einzelbedingungen sind auf unterschiedlichen Eigenschaften definiert und kommutieren. Die arithmetische Evaluierung der Bedingung liefert:

$$[\![LV2 \wedge KS2]\!]_{CQQL} = [\![LV2]\!]_{CQQL} \cdot [\![KS2]\!]_{CQQL}.$$

Beide Einzelbedingungen gehen gleichberechtigt in die Evaluierung ein. In manchen Anwendungsszenarien ist dies jedoch nicht erwünscht. So könnte etwa der Wunsch bestehen, dass bei der Evaluierung der Konjunktion das Ladevermögen eine größere Rolle als der Kilometerstand spielen sollte.

Es wird also nach einem Weg gesucht, wie die Operanden einer Konjunktion oder einer Adjunktion mit Gewichten ausgestattet werden können: Gewichte lassen sich mittels Gewichtsvariablen $\theta \in [0,1]$ ausdrücken. Ein geringer Wert entspricht einem geringen Gewicht und ein hoher Wert einem hohen Gewicht. Unser Ziel ist die Konstruktion von Verknüpfungen zwischen gewichteten Bedingungen. Diese sollen die bekannten Verknüpfungen Konjunktion und Adjunktion verallgemeinern. Wir verwenden die Gewichtsvariable $\theta_1 \in [0,1]$ für die erste Bedingung B_1, also den linken Operanden, und die Gewichtsvariable $\theta_2 \in [0,1]$ für die zweite Bedingung B_2, also den rechten Operanden. Ein fehlendes Gewicht wird durch einen Bindestrich ausgedrückt:

$$B_1 \wedge_{\theta_1,\theta_2} B_2, \quad B_1 \wedge_{-,\theta_2} B_2 \quad \text{und} \quad B_1 \wedge_{\theta_1,-} B_2.$$

Analog erweitern wir die Adjunktion:

$$B_1 \vee_{\theta_1,\theta_2} B_2, \quad B_1 \vee_{-,\theta_2} B_2 \quad \text{und} \quad B_1 \vee_{\theta_1,-} B_2.$$

7.5.1 Anforderungen an eine Gewichtung

Die um Gewichte erweiterten Verknüpfungen sollen die folgenden Bedingungen erfüllen:

1. **Nullgewicht**: Ein Gewichtswert von Null bezüglich einer Teilbedingung macht diese Teilbedingung unwirksam:

$$[\![B_1 \wedge_{0,\theta_2} B_2]\!]_{\mathrm{CQQL}} = [\![\mathbb{1} \wedge_{-,\theta_2} B_2]\!]_{\mathrm{CQQL}}$$

$$[\![B_1 \wedge_{\theta_1,0} B_2]\!]_{\mathrm{CQQL}} = [\![B_1 \wedge_{\theta_1,-} \mathbb{1}]\!]_{\mathrm{CQQL}}$$

$$[\![B_1 \wedge_{0,-} B_2]\!]_{\mathrm{CQQL}} = [\![B_2]\!]_{\mathrm{CQQL}}$$

$$[\![B_1 \wedge_{-,0} B_2]\!]_{\mathrm{CQQL}} = [\![B_1]\!]_{\mathrm{CQQL}}$$

$$[\![B_1 \vee_{0,\theta_2} B_2]\!]_{\mathrm{CQQL}} = [\![\mathbb{0} \vee_{-,\theta_2} B_2]\!]_{\mathrm{CQQL}}$$

$$[\![B_1 \vee_{\theta_1,0} B_2]\!]_{\mathrm{CQQL}} = [\![B_1 \vee_{\theta_1,-} \mathbb{0}]\!]_{\mathrm{CQQL}}$$

$$[\![B_1 \vee_{0,-} B_2]\!]_{\mathrm{CQQL}} = [\![B_2]\!]_{\mathrm{CQQL}}$$

$$[\![B_1 \vee_{-,0} B_2]\!]_{\mathrm{CQQL}} = [\![B_1]\!]_{\mathrm{CQQL}}$$

Ein Nullgewicht wird durch Verwendung des jeweiligen neutralen Elements der Konjunktion beziehungsweise der Adjunktion umgesetzt.

2. **Einsgewicht**: Ein Gewichtswert von Eins bezüglich einer Teilbedingung entspricht der ungewichteten Teilbedingung:

$$[\![B_1 \wedge_{1,\theta_2} B_2]\!]_{\mathrm{CQQL}} = [\![B_1 \wedge_{-,\theta_2} B_2]\!]_{\mathrm{CQQL}}$$

$$[\![B_1 \wedge_{\theta_1,1} B_2]\!]_{\mathrm{CQQL}} = [\![B_1 \wedge_{\theta_1,-} B_2]\!]_{\mathrm{CQQL}}$$

$$[\![B_1 \vee_{1,\theta_2} B_2]\!]_{\mathrm{CQQL}} = [\![B_1 \vee_{-,\theta_2} B_2]\!]_{\mathrm{CQQL}}$$

$$[\![B_1 \vee_{\theta_1,1} B_2]\!]_{\mathrm{CQQL}} = [\![B_1 \vee_{\theta_1,-} B_2]\!]_{\mathrm{CQQL}}$$

$$[\![B_1 \wedge_{1,1} B_2]\!]_{\mathrm{CQQL}} = [\![B_1 \wedge B_2]\!]_{\mathrm{CQQL}}$$

$$[\![B_1 \vee_{1,1} B_2]\!]_{\mathrm{CQQL}} = [\![B_1 \vee B_2]\!]_{\mathrm{CQQL}}$$

3. **Linearität bezüglich Konvexkombination**: Die gewichtete Konjunktion und Adjunktion sind linear bezüglich der Gewichte:

$$\forall \alpha \in [0,1]: \quad [\![B_1 \wedge_{\alpha\theta_1+(1-\alpha)\theta_1',\theta_2} B_2]\!]_{\mathrm{CQQL}}$$
$$= \alpha \cdot [\![B_1 \wedge_{\theta_1,\theta_2} B_2]\!]_{\mathrm{CQQL}} + (1-\alpha) \cdot [\![B_1 \wedge_{\theta_1',\theta_2} B_2]\!]_{\mathrm{CQQL}}$$

$$\forall \alpha \in [0,1]: \quad [\![B_1 \wedge_{\theta_1,\alpha\theta_2+(1-\alpha)\theta_2'} B_2]\!]_{\mathrm{CQQL}}$$
$$= \alpha \cdot [\![B_1 \wedge_{\theta_1,\theta_2} B_2]\!]_{\mathrm{CQQL}} + (1-\alpha) \cdot [\![B_1 \wedge_{\theta_1,\theta_2'} B_2]\!]_{\mathrm{CQQL}}$$

$$\forall \alpha \in [0,1]: \quad [\![B_1 \vee_{\alpha\theta_1+(1-\alpha)\theta_1',\theta_2} B_2]\!]_{\mathrm{CQQL}}$$
$$= \alpha \cdot [\![B_1 \vee_{\theta_1,\theta_2} B_2]\!]_{\mathrm{CQQL}} + (1-\alpha) \cdot [\![B_1 \vee_{\theta_1',\theta_2} B_2]\!]_{\mathrm{CQQL}}$$

$$\forall \alpha \in [0, 1]: \quad \left[\!\left[B_1 \vee_{\theta_1, \alpha\theta_2 + (1-\alpha)\theta_2'} B_2 \right]\!\right]_{\mathrm{CQQL}}$$

$$= \alpha \cdot \left[\!\left[B_1 \vee_{\theta_1, \theta_2} B_2 \right]\!\right]_{\mathrm{CQQL}} + (1 - \alpha) \cdot \left[\!\left[B_1 \vee_{\theta_1, \theta_2'} B_2 \right]\!\right]_{\mathrm{CQQL}}.$$

7.5.2 Gewichtete Adjunktion

Zunächst konzentrieren wir uns auf die gewichtete Adjunktion. Die Herausforderung besteht darin herauszufinden, wie die geforderte Gewichtung mit den Mitteln der Quantenlogik realisiert werden kann.

Künstliche Gewichtsdimensionen

Wir kehren zurück zu unserer Orthonormalbasis $\{|b_1\rangle, \ldots, |b_n\rangle\}$ und deren Skalarproduktraum $\mathcal{V} := \mathrm{span}\{|b_1\rangle, \ldots, |b_n\rangle\}$. Die Grundidee besteht darin, pro zu gewichtendem Operanden einer Adjunktion künstliche Dimensionen für ein Gewicht θ einzuführen. Diese künstlichen Dimensionen bezeichnen wir mit $|0\rangle$ und $|1\rangle$. Für jedes b aus der Orthonormalbasis setzen wir

$$|b_\theta\rangle := |b\rangle \otimes \left(\sqrt{\theta}\,|0\rangle + \sqrt{1 - \theta}\,|1\rangle \right) = \sqrt{\theta}\,|b0\rangle + \sqrt{1 - \theta}\,|b1\rangle.$$

Erweiterung der Projektoren

Zu jeder Bedingung $B \in Bed$ gehört eine Teilmenge T der Orthonormalbasis sowie der Projektor

$$P = \sum_{|b\rangle \in T} |b\rangle\langle b|.$$

Auf dem erweiterten Zustandsraum $\mathcal{V} \otimes \mathrm{span}\{|0\rangle, |1\rangle\}$ konstruieren wir den erweiterten Projektor

$$P_\theta := \sum_{|b\rangle \in T} |b_\theta\rangle\langle b_\theta|.$$

Ist $|z\rangle \in \mathcal{V}$, so nehmen wir $|z0\rangle := |z\rangle \otimes |0\rangle \in \mathcal{V} \otimes \mathrm{span}\{|0\rangle, |1\rangle\}$ und erhalten für die Evaluierung der Bedingung B ausgedrückt durch P_θ gegenüber $|z0\rangle$

$$\langle z0|P_\theta|z0\rangle = \sum_{|b\rangle \in T} \langle z0|b_\theta\rangle\langle b_\theta|z0\rangle$$

$$= \sum_{|b\rangle \in T} \left(\sqrt{\theta}\,\langle z0|b0\rangle + \sqrt{1-\theta}\,\langle z0|b1\rangle \right)\left(\sqrt{\theta}\,\langle b0|z0\rangle + \sqrt{1-\theta}\,\langle b1|z0\rangle \right).$$

Wegen

$$\langle b1|z0\rangle = \langle z0|b1\rangle = \langle z|b\rangle\langle 0|1\rangle = 0$$

und

$$\langle b0|z0 \rangle = \langle z0|b0 \rangle = \langle z|b \rangle \langle 0|0 \rangle = \langle z|b \rangle = \langle b|z \rangle$$

reduziert sich die Evaluierung zu

$$\langle z0|P_\theta|z0 \rangle = \sum_{|b\rangle \in T} \theta \langle z|b \rangle \langle b|z \rangle = \theta \cdot \langle z|P_B|z \rangle.$$

Gewichtsbedingung

Der Projektor $|\theta\rangle\langle\theta|$ mit $|\theta\rangle = \sqrt{\theta}|0\rangle + \sqrt{1-\theta}|1\rangle$ kann als Bedingung, nämlich als künstliche *Gewichtsbedingung* c_θ für den Wert θ, aufgefasst werden. Dessen Evaluierung ergibt gegenüber einem beliebigen Ket $|z\rangle$, welches zu $|z0\rangle$ erweitert wurde, wie oben gezeigt, $[\![c_\theta]\!]_{\text{CQQL}} = \theta$.

Die Projektoren $\left(\sum_{|b\rangle \in T} |b\rangle\langle b|\right) \otimes \mathbb{1}$ und $\mathbb{1} \otimes |\theta\rangle\langle\theta|$ kommutieren entsprechend Gleichung (7.29). Daher berechnet sich der Projektor über deren Konjunktion analog zu Gleichung (7.30) über der Schnittmenge der beteiligten Mengen von Basisvektoren und wir erhalten $P_{B \wedge c_\theta} = P_\theta$. Dieses wichtige Ergebnis bedeutet, dass eine Gewichtung der Operanden einer Adjunktion mit der Konjunktion der Quantenlogik ausgedrückt werden kann.

Damit können wir der Notation $B_1 \vee_{\theta_1, \theta_2} B_2$ eine quantenlogische Bedeutung zuweisen:

$$B_1 \vee_{\theta_1, \theta_2} B_2 := (B_1 \wedge c_{\theta_1}) \vee (B_2 \wedge c_{\theta_2}). \tag{7.36}$$

Wie man leicht überprüfen kann, erfüllt diese durch Quantenlogik ausgedrückte gewichtete Adjunktion die vier oben aufgestellten Forderungen. Zusätzlich gilt, dass wegen dieser Konstruktion mit einem künstlichen Gewichts-Qubit die Gewichtsbedingung kommutierend zu den nicht gewichteten Ausgangsbedingungen ist. Daher bleiben auch für die Auswertung $[\![\cdot]\!]_{\text{CQQL}}$ der gewichteten Adjunktion die Regeln der BOOLE'schen Algebra erhalten.

7.5.3 Gewichtete Konjunktion

Die gewichtete Konjunktion kann mittels der DE MORGAN'schen Regel und den Regeln der Negation wie folgt abgeleitet werden:

$$\begin{aligned}
B_1 \wedge_{\theta_1, \theta_2} B_2 &= \overline{\overline{B_1 \wedge_{\theta_1, \theta_2} B_2}} \\
&= \overline{\overline{B_1} \vee_{\theta_1, \theta_2} \overline{B_2}} \\
&= \overline{(\overline{B_1} \wedge c_{\theta_1}) \vee (\overline{B_2} \wedge c_{\theta_2})} \\
&= \overline{(\overline{B_1} \wedge c_{\theta_1})} \wedge \overline{(\overline{B_2} \wedge c_{\theta_2})}
\end{aligned}$$

$$= \left(\overline{\overline{B_1}} \vee \overline{c_{\theta_1}} \right) \wedge \left(\overline{\overline{B_2}} \vee \overline{c_{\theta_2}} \right)$$
$$= (B_1 \vee \overline{c_{\theta_1}}) \wedge (B_2 \vee \overline{c_{\theta_2}}). \tag{7.37}$$

Nicht überraschend erfüllt auch diese gewichtete Konjunktion die vier oben genannten Forderungen.

7.5.4 Gewichtsverband und geschachtelte Gewichtung

Angenommen, die Bedingung B ist über einem als Qubit dargestellten Attributwert, also in zwei Dimensionen, definiert. Die Gewichtung bedeutet eine Tensormultiplikation mit einem Gewichts-Ket $|\theta\rangle$. Als Ergebnis erhalten wir einen vierdimensionalen Skalarproduktraum mit der Orthonormalbasis $|B\theta\rangle$, $|\overline{B}\theta\rangle$, $|B\overline{\theta}\rangle$ und $|\overline{B}\overline{\theta}\rangle$. Jede Teilmenge der vier Basis-Kets korrespondiert zu einem Projektor. Die $2^4 = 16$ Projektoren kommutieren und bilden einen BOOLE'schen Verband. In Bild 7.9 ist das HASSE-Diagramm dieses Verbands abgebildet. Jeder Projektor wird durch einen Binärcode bezüglich der vier Basis-Kets identifiziert und zusätzlich durch einen entsprechenden Logikterm beschrieben. Die $\wedge$-Gewichtung wird als Projektor 1011 und die $\vee$-Gewichtung als Projektor 1000 dargestellt.

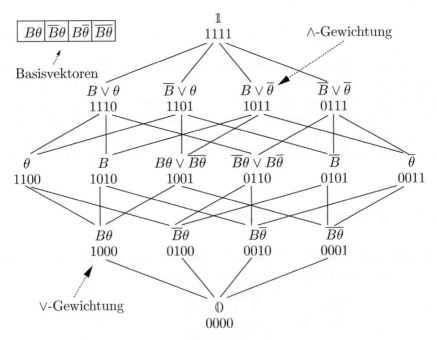

Bild 7.9: Gewichtsverband, vergleiche Bild 2.7

Geschachtelte Gewichtung

Entsprechend Bild 7.9 kann eine Gewichtung komplett mit den Mitteln der Quantenlogik ausgedrückt werden. Es kommen also die Gesetze der Quantenlogik für Gewichtsbedingungen zur Anwendung. Bei kommutierenden Bedingungen sind zudem die Regeln der BOOLE'schen Algebra anwendbar. Dies ist hilfreich, um den Effekt einer geschachtelten Gewichtung zu verstehen. Angenommen, die drei kommutierenden Bedingungen B_1, B_2 und B_3 sollen mittels einer geschachtelten Konjunktion kombiniert werden. Das Gewicht θ_1 gibt der Bedingung B_1 ein Gewicht und das Gewicht θ_{12} gewichtet die Konjunktion von B_1 und B_2, siehe Bild 7.10. Wir erhalten also

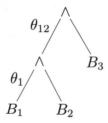

Bild 7.10: Geschachtelte Konjunktionsgewichtung

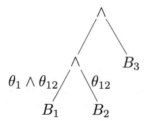

Bild 7.11: Entschachtelte Konjunktionsgewichtung

$$(B_1 \wedge_{\theta_1,1} B_2) \wedge_{\theta_{12},1} B_3 = (((B_1 \vee \overline{c_{\theta_1}}) \wedge B_2) \vee \overline{c_{\theta_{12}}}) \wedge B_3$$
$$= (((B_1 \vee \overline{c_{\theta_1}}) \vee \overline{c_{\theta_{12}}}) \wedge (B_2 \vee \overline{c_{\theta_{12}}})) \wedge B_3$$
$$= ((B_1 \vee \overline{c_{\theta_1} \wedge c_{\theta_{12}}}) \wedge (B_2 \vee \overline{c_{\theta_{12}}})) \wedge B_3.$$

Diese Ableitung demonstriert eine *Gewichtsentschachtelung* zweier aufeinander folgender Konjunktionen. Vergleicht man nun das Ergebnis

$$((B_1 \vee \overline{c_{\theta_1} \wedge c_{\theta_{12}}}) \wedge (B_2 \vee \overline{c_{\theta_{12}}})) \wedge B_3$$

mit dem Ersetzungsschema für die gewichtete Konjunktion, siehe Gleichung (7.37),

$$B_a \wedge_{\theta_a, \theta_b} B_b = (B_a \vee \overline{c_{\theta_a}}) \wedge (B_b \vee \overline{c_{\theta_b}}),$$

dann kann man das Ergebnis obiger Gewichtsentschachtelung wie folgt als gewichtete Konjunktion

$$(B_1 \wedge_{\theta_1 \wedge \theta_{12}, \theta_{12}} B_2) \wedge B_3$$

schreiben, wobei die zwei konjunktiv verknüpften Gewichte $\theta_1 \wedge \theta_{12}$ als ein Gewicht für B_1 betrachtet werden. Dies wird grafisch in Bild 7.11 gezeigt. Bei der Evaluierung würden die Gewichte θ_1 und θ_{12} für B_1 also als Produkt wirksam werden.

Die Entschachtelung zweier gewichteter Adjunktionen ist analog:

$$\begin{aligned}
(B_1 \vee_{\theta_1, 1} B_2) \vee_{\theta_{12}, 1} B_3 &= (((B_1 \wedge c_{\theta_1}) \vee B_2) \wedge c_{\theta_{12}}) \vee B_3 \\
&= (((B_1 \wedge c_{\theta_1}) \wedge c_{\theta_{12}}) \vee (B_2 \wedge c_{\theta_{12}})) \vee B_3 \\
&= ((B_1 \wedge (c_{\theta_1} \wedge c_{\theta_{12}})) \vee (B_2 \wedge c_{\theta_{12}})) \vee B_3
\end{aligned}$$

Auch bei der Gewichtsentschachtelung zweier aufeinander folgender Adjunktionen werden die Gewichtsbedingungen c_{θ_1} und $c_{\theta_{12}}$ konjunktiv verknüpft.

7.5.5 Abhängige Gewichte

Die oben eingeführte Gewichtung für eine binäre Adjunktion beziehungsweise Konjunktion basiert auf voneinander unabhängigen Gewichten θ_1 und θ_2. In vielen alternativen Gewichtsansätzen fordert man jedoch eine Abhängigkeit der Gewichtsvariablen in dem Sinn, dass die Summe der Gewichte genau Eins betragen soll. Dies ist auch intuitiv, da man für die Gewichtung zwischen zwei Operanden eigentlich nur ein Gewicht θ benötigt, welches den einen Operanden auf Kosten des anderen Operanden gewichtet.

Entsprechend den Definitionen (7.36) und (7.37) und der Semantik der Negation lassen sich mit den Mitteln der Quantenlogik die Adjunktion mit abhängigen Gewichten durch

$$B_1 \vee_{\theta, 1-\theta} B_2 := (B_1 \wedge c_\theta) \vee (B_2 \wedge \overline{c_\theta}) \tag{7.38}$$

und die gewichtete Konjunktion durch

$$B_1 \wedge_{\theta, 1-\theta} B_2 := (B_1 \vee \overline{c_\theta}) \wedge (B_2 \vee c_\theta) \tag{7.39}$$

ausdrücken.

Überraschenderweise lassen sich Adjunktion und Konjunktion mit abhängigen Gewichtsvariablen ineinander überführen:

$$B_1 \wedge_{\theta,1-\theta} B_2 = (B_1 \vee \overline{c_\theta}) \wedge (B_2 \vee c_\theta)$$
$$= (B_1 \wedge B_2) \vee (B_1 \wedge c_\theta) \vee (B_2 \wedge \overline{c_\theta}) \vee (c_\theta \wedge \overline{c_\theta})$$
$$= (B_1 \wedge B_2) \vee (B_1 \wedge c_\theta) \vee (B_2 \wedge \overline{c_\theta})$$
$$= ((B_1 \wedge B_2) \wedge (c_\theta \vee \overline{c_\theta})) \vee (B_1 \wedge c_\theta) \vee (B_2 \wedge \overline{c_\theta})$$
$$= (B_1 \wedge B_2 \wedge c_\theta) \vee (B_1 \wedge B_2 \wedge \overline{c_\theta}) \vee (B_1 \wedge c_\theta) \vee (B_2 \wedge \overline{c_\theta})$$
$$= (B_1 \wedge c_\theta) \vee (B_2 \wedge \overline{c_\theta}) = B_1 \vee_{\theta,1-\theta} B_2.$$

Wegen dieser überraschenden Äquivalenz von Konjunktion und Adjunktion mit abhängigen Gewichten kann man in diesem Kontext von einem *neutralen Junktor* sprechen, dessen Semantik sozusagen mittig zwischen Konjunktion und Adjunktion liegt. Die Evaluierung liefert die in vielen logikunabhängigen Ansätzen verwendete gewichtete Summe. Dies wird klar, da c_θ und $\overline{c_\theta}$ sich gegenseitig ausschließen:

$$[\![B_1 \wedge_{\theta,1-\theta} B_2]\!]_{\mathrm{CQQL}} = [\![B_1 \vee_{\theta,1-\theta} B_2]\!]_{\mathrm{CQQL}}$$
$$= [\![(B_1 \wedge c_\theta) \dot{\vee} (B_2 \wedge \overline{c_\theta})]\!]_{\mathrm{CQQL}}$$
$$= \theta \cdot [\![B_1]\!]_{\mathrm{CQQL}} + (1-\theta) \cdot [\![B_2]\!]_{\mathrm{CQQL}}.$$

7.6 Kognitive Verzerrungen

Die Psychologie untersucht menschliche Wahrnehmungen und Entscheidungen und versucht, diese zu beschreiben und vorherzusagen. Mathematische Formalismen wie BOOLE'sche Logik und Probabilistik sind zur Beschreibung dafür nur teilweise geeignet. Empirische Studien folgen eben häufig nicht den Gesetzen der BOOLE'schen Logik oder der Probabilistik. Wir reden hier davon, dass einige empirische Studien eine kognitive Verzerrung der menschlichen Wahrnehmungen und Entscheidungen aufweisen.

In diesem Abschnitt wird auf eine bestimmte kognitive Verzerrung eingegangen, nämlich die Abhängigkeit von Antworten von der zeitlichen Reihenfolge, in welcher Personen Ja/Nein-Fragen gestellt werden. Wir werden zeigen, dass bedingte Wahrscheinlichkeiten diese kognitiven Verzerrungen nicht ausreichend beschreiben. Statt dessen scheint die Beantwortung einer Frage den „Zustand" einer befragten Person zu modifizieren, so dass die Beantwortung einer weiteren Ja-Nein-Frage anders erfolgt, als wenn die Fragen in der anderen Reihenfolge gestellt würden. Dieses, durch viele Studien, siehe etwa [7], belegte Phänomen erinnert an Erkenntnisse aus der Quantenmechanik, bei denen eine Messung den Zustand eines Systems ändert. Aus diesem Grund wurde in [2] eine reihenfolgebedingte kognitive Verzerrung mit den Gesetzen der Quantenlogik beschrieben.

7.6.1 Ein Beispiel

Wir wollen dies an zwei Beispielfragen demonstrieren:

1. L: Sind Sie mit Ihrem Leben insgesamt glücklich?
2. P: Sind Sie mit Ihrer Partnerschaft glücklich?

Aus empirischen Studien, etwa [7], werden relative Häufigkeiten von Ja-Antworten von einer hinreichend großen Anzahl von Befragten erhoben. Dabei wurde darauf geachtet, dass die einzelnen Fragen, wenn nicht anders angegeben, zeitlich unabhängig voneinander gestellt wurden. Aus diesen relativen Häufigkeiten schließen wir auf folgende Wahrscheinlichkeiten:

- $P(L)$: Die Wahrscheinlichkeit, auf Frage L mit Ja zu antworten,
- $P(P)$: die Wahrscheinlichkeit, auf Frage P mit Ja zu antworten,
- $P(L \wedge P)$: die Wahrscheinlichkeit, auf die Fragen L und P gemeinsam mit Ja zu antworten,
- $P(L$ nach $P)$: die Wahrscheinlichkeit, auf die Frage L mit Ja zu antworten, wenn unmittelbar vorher auf die Frage P mit Ja geantwortet wurde und
- $P(P$ nach $L)$: die Wahrscheinlichkeit, auf die Frage P mit Ja zu antworten, wenn unmittelbar vorher auf die Frage L mit Ja geantwortet wurde.

Man beachte, dass die logische Konjunktion in $P(L \wedge P)$ kommutiert, also keine Reihenfolge ausdrückt.

7.6.2 Wahrscheinlichkeitstheoretischer Ansatz

Man könnte naiv vermuten, dass die Fragen L und P statistisch voneinander unabhängig sind. Jedoch zeigen Studien deutlich, dass dies nicht der Fall ist:

$$P(L \wedge P) \neq P(L) \cdot P(P).$$

Ein nächster klassischer Ansatz wäre daher die Beschreibung mittels bedingter Wahrscheinlichkeiten, also:

$$P(L \text{ nach } P) := P(L|P) = \frac{P(L \wedge P)}{P(P)}$$

$$P(P \text{ nach } L) := P(P|L) = \frac{P(L \wedge P)}{P(L)}$$

für $P(P) \neq 0$ und $P(L) \neq 0$. Allerdings zeigen die Studien, dass bedingte Wahrscheinlichkeiten die Studienergebnisse nicht geeignet beschreiben:

$$P(L \text{ nach } P) \cdot P(P) \quad = \quad P(L|P) \cdot P(P)$$
$$\neq$$

$$P(\mathsf{L} \wedge \mathsf{P})$$
$$\neq$$
$$P(\mathsf{P} \text{ nach } \mathsf{L}) \cdot P(\mathsf{L}) \quad = \quad P(\mathsf{P}|\mathsf{L}) \cdot P(\mathsf{L}).$$

Die logische Konjunktion kommutiert im Gegensatz zu den Studienresultaten und ist daher in Kombination mit den bedingten Wahrscheinlichkeiten hier nicht geeignet. $P(\mathsf{L} \text{ nach } \mathsf{P})$ bzw. $P(\mathsf{P} \text{ nach } \mathsf{L})$ können also nicht durch $P(\mathsf{L}|\mathsf{P})$ bzw. $P(\mathsf{P}|\mathsf{L})$ ausgedrückt werden.

7.6.3 Ein quantenlogischer Ansatz

Nachdem der klassische Ansatz gescheitert ist, sollen Konzepte der Quantenlogik zur Beschreibung genutzt werden [2]. Im Wesentlichen geht es um die Frage, welche Auswirkung die Reihenfolge bei der Auswertung mehrerer Projektoren bezüglich eines Ket-Ausdrucks hat. Hier wird ausgenutzt, dass in der Quantenmechanik eine physikalische Messung den Systemzustand ändert. Im Folgenden betrachten wir nur mit Ja beantwortete Fragen - mit Nein beantwortete Fragen können analog behandelt werden. Für die weitere Diskussion definieren wir:

1. *Normalisierter Ket-Ausdruck* $|\varphi\rangle$: Dieser Ausdruck definiert den Quantenzustand, welcher in [2] als *belief state* bezeichnet wird. Er repräsentiert die in der Studie befragte Personengruppe.

2. *Projektor* P_L: Dieser Projektor repräsentiert die Frage L.

3. *Projektor* P_P: Dieser Projektor repräsentiert die Frage P.

Die Wahrscheinlichkeiten der Bejahung der Fragen L beziehungsweise P berechnen sich dann durch:

$$P(\mathsf{L}) := \langle\varphi|P_\mathsf{L}|\varphi\rangle = \|P_\mathsf{L}\varphi\|^2 \text{ und}$$
$$P(\mathsf{P}) := \langle\varphi|P_\mathsf{P}|\varphi\rangle = \|P_\mathsf{P}\varphi\|^2.$$

Durch eine bejahende Beantwortung wechselt der Zustand φ zu φ_L beziehungsweise φ_P:

$$\varphi_\mathsf{L} = \frac{P_\mathsf{L}|\varphi\rangle}{\|P_\mathsf{L}|\varphi\rangle\|} \tag{7.40}$$

$$\varphi_\mathsf{P} = \frac{P_\mathsf{P}|\varphi\rangle}{\|P_\mathsf{P}|\varphi\rangle\|}. \tag{7.41}$$

Nun definieren wir $P(\mathsf{P} \text{ nach } \mathsf{L})$ und $P(\mathsf{L} \text{ nach } \mathsf{P})$ wie folgt:

$$P(\mathsf{P} \text{ nach } \mathsf{L}) := \langle\varphi_\mathsf{L}|P_\mathsf{P}|\varphi_\mathsf{L}\rangle = \|P_\mathsf{P}\varphi_\mathsf{L}\|^2$$

$$P(\text{L nach P}) := \langle \varphi_P | P_L | \varphi_P \rangle = \| P_L \varphi_P \|^2.$$

Durch Einsetzen von (7.40) beziehungsweise (7.41) erhalten wir:

$$P(\text{P nach L}) = \| P_P \varphi_L \|^2 = \left\| P_P \frac{P_L | \varphi \rangle}{\| P_L | \varphi \rangle \|} \right\|^2 = \frac{\| P_P P_L | \varphi \rangle \|^2}{\| P_L | \varphi \rangle \|^2}$$

$$P(\text{L nach P}) = \| P_L \varphi_P \|^2 = \left\| P_L \frac{P_P | \varphi \rangle}{\| P_P | \varphi \rangle \|} \right\|^2 = \frac{\| P_L P_P | \varphi \rangle \|^2}{\| P_P | \varphi \rangle \|^2}.$$

Nach Multiplikation mit $P(\text{L})$ bzw. $P(\text{P})$ erhält man eine reihenfolgensensitive Variante einer Konjunktion:

$$P(\text{L und dann P}) := P(\text{P nach L}) \cdot P(\text{L}) = \| P_P P_L | \varphi \rangle \|^2 = \langle \varphi | P_L P_P P_L | \varphi \rangle$$

$$P(\text{P und dann L}) := P(\text{L nach P}) \cdot P(\text{P}) = \| P_L P_P | \varphi \rangle \|^2 = \langle \varphi | P_P P_L P_P | \varphi \rangle.$$

Die Empfindlichkeit bezüglich der Reihenfolge ergibt sich genau dann, wenn

$$P_P P_L \neq P_L P_P$$

erfüllt ist, wenn die Projektoren P_P und P_L also nicht kommutieren. Oder anders formuliert, nur wenn die Projektoren kommutieren, sind die Ergebnisse konform zur klassischen Definition bedingter Wahrscheinlichkeiten und einer kommutierenden Konjunktion.

7.6.4 Ein Rechenbeispiel

In folgendem Rechenbeispiel wollen wir die Abhängigkeit einer Konjunktion von unterschiedlichen Auswertungsreihenfolgen demonstrieren.

Gegeben seien die zweidimensionalen Projektoren P_P und P_L im vierdimensionalen Skalarproduktraum, welche über die jeweils zwei orthonormalen Ket-Ausdrücke $|\phi_{L_1}\rangle, |\phi_{L_2}\rangle$ sowie $|\phi_{P_1}\rangle, |\phi_{P_2}\rangle$ definiert werden:

$$|\phi_{L_1}\rangle := \begin{pmatrix} 1 \\ 0 \\ 0 \\ 0 \end{pmatrix} \qquad |\phi_{L_2}\rangle := \begin{pmatrix} 0 \\ 1 \\ 0 \\ 0 \end{pmatrix}$$

$$|\phi_{P_1}\rangle := \frac{1}{\sqrt{6}} \begin{pmatrix} 1 \\ 2 \\ 1 \\ 0 \end{pmatrix} \qquad |\phi_{P_2}\rangle := \frac{1}{\sqrt{5}} \begin{pmatrix} -2 \\ 1 \\ 0 \\ 0 \end{pmatrix}.$$

Somit erhalten wir:

$$P_{\mathrm{L}} = |\phi_{\mathrm{L}_1}\rangle\langle\phi_{\mathrm{L}_1}| + |\phi_{\mathrm{L}_2}\rangle\langle\phi_{\mathrm{L}_2}| = \begin{pmatrix} 1 & 0 & 0 & 0 \\ 0 & 1 & 0 & 0 \\ 0 & 0 & 0 & 0 \\ 0 & 0 & 0 & 0 \end{pmatrix}$$

$$P_{\mathrm{P}} = |\phi_{\mathrm{P}_1}\rangle\langle\phi_{\mathrm{P}_1}| + |\phi_{\mathrm{P}_2}\rangle\langle\phi_{\mathrm{P}_2}| = \frac{1}{30}\begin{pmatrix} 29 & -2 & 5 & 0 \\ -2 & 26 & 10 & 0 \\ 5 & 10 & 5 & 0 \\ 0 & 0 & 0 & 0 \end{pmatrix}.$$

Deren Produkt kommutiert nicht:

$$P_{\mathrm{L}}P_{\mathrm{P}} = \frac{1}{30}\begin{pmatrix} 29 & -2 & 5 & 0 \\ -2 & 26 & 10 & 0 \\ 0 & 0 & 0 & 0 \\ 0 & 0 & 0 & 0 \end{pmatrix} \neq P_{\mathrm{P}}P_{\mathrm{L}} = \frac{1}{30}\begin{pmatrix} 29 & -2 & 0 & 0 \\ -2 & 26 & 0 & 0 \\ 5 & 10 & 0 & 0 \\ 0 & 0 & 0 & 0 \end{pmatrix}.$$

Aus P_{L} und P_{P} erhalten wir für deren Konjunktion folgend dem Algorithmus 1 auf Seite 261:

$$P_{\mathrm{L}\cap\mathrm{P}} = \begin{pmatrix} \frac{2}{\sqrt{5}} \\ -\frac{1}{\sqrt{5}} \\ 0 \\ 0 \end{pmatrix} \begin{pmatrix} \frac{2}{\sqrt{5}} & -\frac{1}{\sqrt{5}} & 0 & 0 \end{pmatrix} = \frac{1}{5}\begin{pmatrix} 4 & -2 & 0 & 0 \\ -2 & 1 & 0 & 0 \\ 0 & 0 & 0 & 0 \\ 0 & 0 & 0 & 0 \end{pmatrix}.$$

Für die Auswertung der Projektoren gehen wir von folgendem Ket-Ausdruck

$$|\varphi\rangle := \frac{1}{\sqrt{30}}\begin{pmatrix} 1 \\ 2 \\ 3 \\ 4 \end{pmatrix}$$

aus und bekommen folgende Ergebnisse:

$$P(\mathrm{L}) = \langle\varphi|P_{\mathrm{L}}|\varphi\rangle = \frac{1}{6}$$

$$P(\mathrm{P}) = \langle\varphi|P_{\mathrm{P}}|\varphi\rangle = \frac{16}{45}$$

$$P(\mathrm{L}\cap\mathrm{P}) = \langle\varphi|P_{\mathrm{L}\cap\mathrm{P}}|\varphi\rangle = 0$$

$$P(\mathrm{L}\text{ und dann }\mathrm{P}) = \langle\varphi|P_{\mathrm{L}}P_{\mathrm{P}}P_{\mathrm{L}}|\varphi\rangle = \frac{5}{36}$$

$$P(\mathrm{P}\text{ und dann }\mathrm{L}) = \langle\varphi|P_{\mathrm{P}}P_{\mathrm{L}}P_{\mathrm{P}}|\varphi\rangle = \frac{8}{27}.$$

Wir beobachten also

$$P(\mathrm{L}\cap\mathrm{P}) \neq P(\mathrm{L}\text{ und dann }\mathrm{P})$$
$$P(\mathrm{L}\text{ und dann }\mathrm{P}) \neq P(\mathrm{P}\text{ und dann }\mathrm{L})$$

$$P(\text{P und dann L}) \neq P(\text{L} \cap \text{P})$$

und bestätigen damit die Beobachtung der empirischen Studie.

Eine interessante, offene Fragestellung ist, ob zu jeder empirischen Studie Projektoren und ein Ket-Ausdruck existieren, welche genau die erhobenen Wahrscheinlichkeiten liefern.

7.6.5 Die Stärke der Reihenfolgensensitivität

Für empirische Studien ist es oft interessant, wie stark eine Reihenfolgensensitivität ausgeprägt ist. Um dies zu ermitteln, nutzen wir folgenden Zusammenhang aus, welcher die Kommutierung zweier Projektoren mit der Symmetrieeigenschaft des Produkts verbindet:

$$P_\text{P} P_\text{L} = P_\text{L} P_\text{P} \iff (P_\text{P} P_\text{L})^\dagger = P_\text{P} P_\text{L}.$$

Dieser Zusammenhang wird sofort klar, wenn die Transponierung aufgelöst und die Symmetrie eines Projektors ausgenutzt werden:

$$(P_\text{P} P_\text{L})^\dagger = P_\text{L}^\dagger P_\text{P}^\dagger = P_\text{L} P_\text{P}.$$

Wir können also den Grad der Symmetrie von $P_\text{P} P_\text{L}$ als Grad der Reihenfolgensensitivität verwenden. Dazu wenden wir eine Zerlegung von $P_\text{P} P_\text{L}$ in die zwei Matrizen SY und SS an:

$$SY = \frac{1}{2}(P_\text{P} P_\text{L} + P_\text{L} P_\text{P}) = \frac{1}{2}(P_\text{P} P_\text{L} + (P_\text{P} P_\text{L})^\dagger)$$
$$SS = \frac{1}{2}(P_\text{P} P_\text{L} - P_\text{L} P_\text{P}) = \frac{1}{2}(P_\text{P} P_\text{L} - (P_\text{P} P_\text{L})^\dagger).$$

Wie man sich leicht klar machen kann, ist die Matrix SY symmetrisch ($SY = SY^\dagger$) und SS schiefsymmetrisch ($SS = -SS^\dagger$). Weiterhin gilt:

$$SS + SY = P_\text{P} P_\text{L}.$$

Die Matrix SY drückt also die Gemeinsamkeit und SS die Unterschiede zwischen $P_\text{P} P_\text{L}$ und $P_\text{L} P_\text{P}$ aus. Wenn also SS die Nullmatrix ist, dann bedeutet dies Symmetrie und damit Kommutativität. Mit Hilfe einer geeigneten Matrixnorm lässt sich nun der Grad der Symmetrie beziehungsweise der Grad der Kommutativität von $P_\text{P} P_\text{L}$ mittels folgender Formel quantifizieren:

$$\frac{|SY| - |SS|}{|SY| + |SS|} \in [-1, 1].$$

Ein Wert von 1 bedeutet Kommutativität, also ein maximaler Grad an Kommutativität, zwischen P_L und P_P. Hingegen bedeutet das andere Extrem -1 einen minimalen Grad an Kommutativität.

Literatur

1. Bancilhon, F.: Object-Oriented Databases. In: A.B. Tucker (ed.) The Computer Science and Engineering Handbook, pp. 1158–1170. CRC Press (1997)
2. Busemeyer, J.R., Bruza, P.D.: Quantum models of cognition and decision. Cambridge University Press (2012)
3. Elmasri, R., Navathe, S.: Fundamentals of database systems. Addison-Wesley Publishing Company (2010)
4. Higham, N.J.: Cholesky factorization. Wiley Interdisciplinary Reviews: Computational Statistics 1(2), 251–254 (2009)
5. Olteanu, D., Huang, J., Koch, C.: Sprout: Lazy vs. eager query plans for tuple-independent probabilistic databases. 2009 IEEE 25th International Conference on Data Engineering pp. 640–651 (2009)
6. Schmitt, I.: QQL: A DB&IR Query Language. The VLDB Journal 17(1), 39–56 (2008). DOI 10.1007/s00778-007-0070-1. URL http://dx.doi.org/10.1007/s00778-007-0070-1
7. Schwarz, N., Strack, F., Mai, H.P.: Assimilation and contrast effects in part-whole question sequences: A conversational logic analysis. Public opinion quarterly 55(1), 3–23 (1991)

Sachverzeichnis

Printed in the United States
by Baker & Taylor Publisher Services